Version 17.2

High-Speed를 고려한

Cadence™ OrCAD® Allegro®
PCB Designer

김우성 저

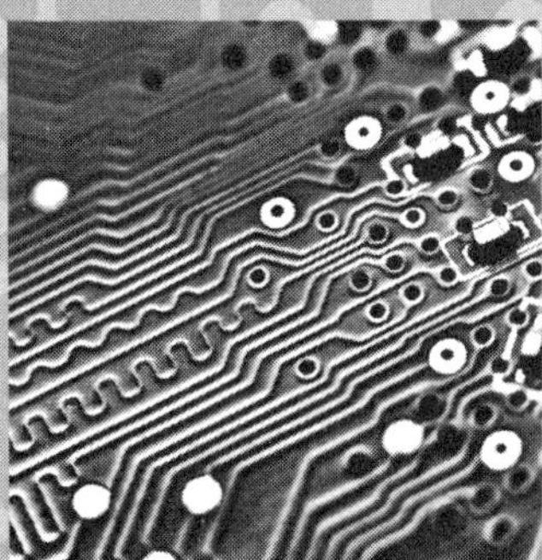

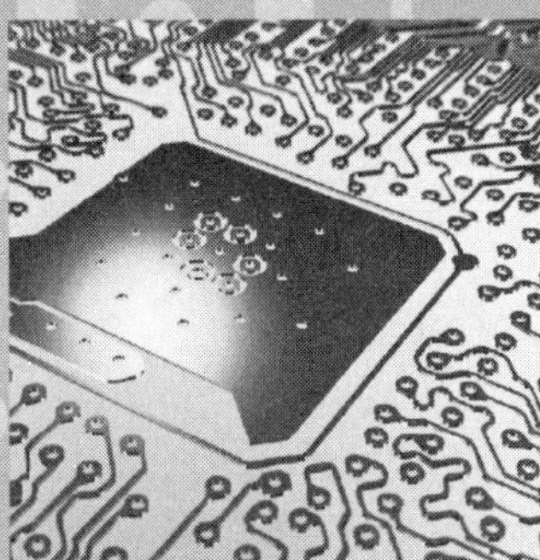

D.B.Info

Table of Contents

제 1 부 OrCAD Capture Techniques

제 2 부 OrCAD PCB Techniques

What's new 17.2

OrCAD 17.2 What's New

OrCAD Solution

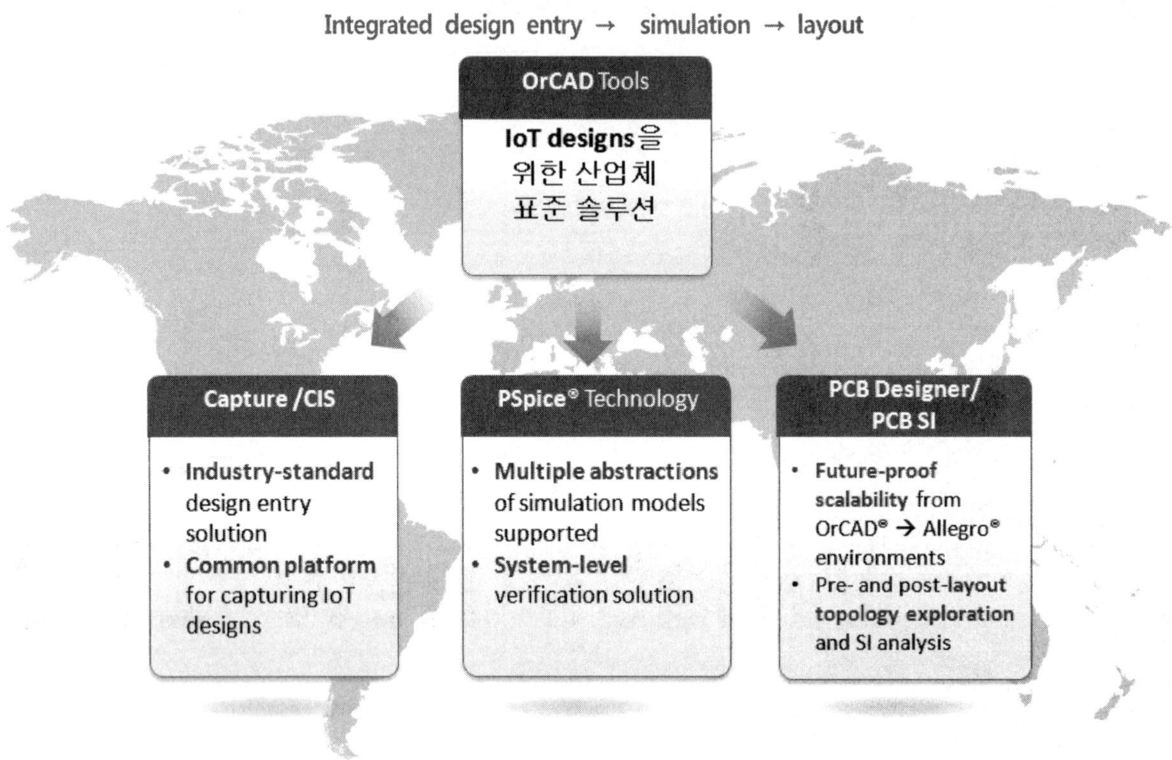

Capture

◆ Advanced Annotation

Complete control on components annotation

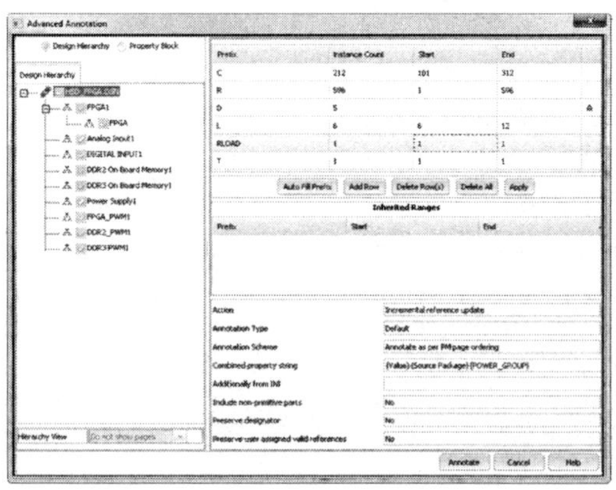

- 계층도면을 여러 기준으로 Reference를 정리
  - At block, page, and property block levels
  - Prefix based and generic rules
  - Automatic inheritance of range values
  - Auto-scanning
  - Perform selective annotation
  - Fully integrated with auto-referencing

◆ Graphical Design Difference Viewer

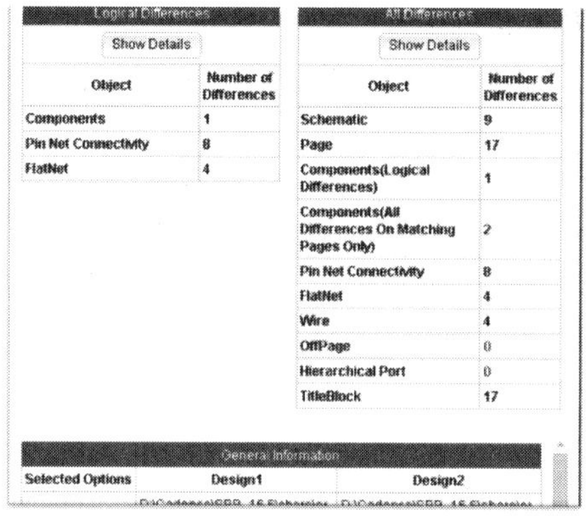

Compare designs - logically and graphically

- 여러팀이 가진 설계를 비교 검토
- 종합적인 요약 보기 레포트 지원
  - 회로도에서 부품의 그래픽과 논리적으로 다른
- 부분을 비교하여 다른 부분의 수를 표기.
  - Compare
    - √Designs
    - √Schematics
    - √Pages

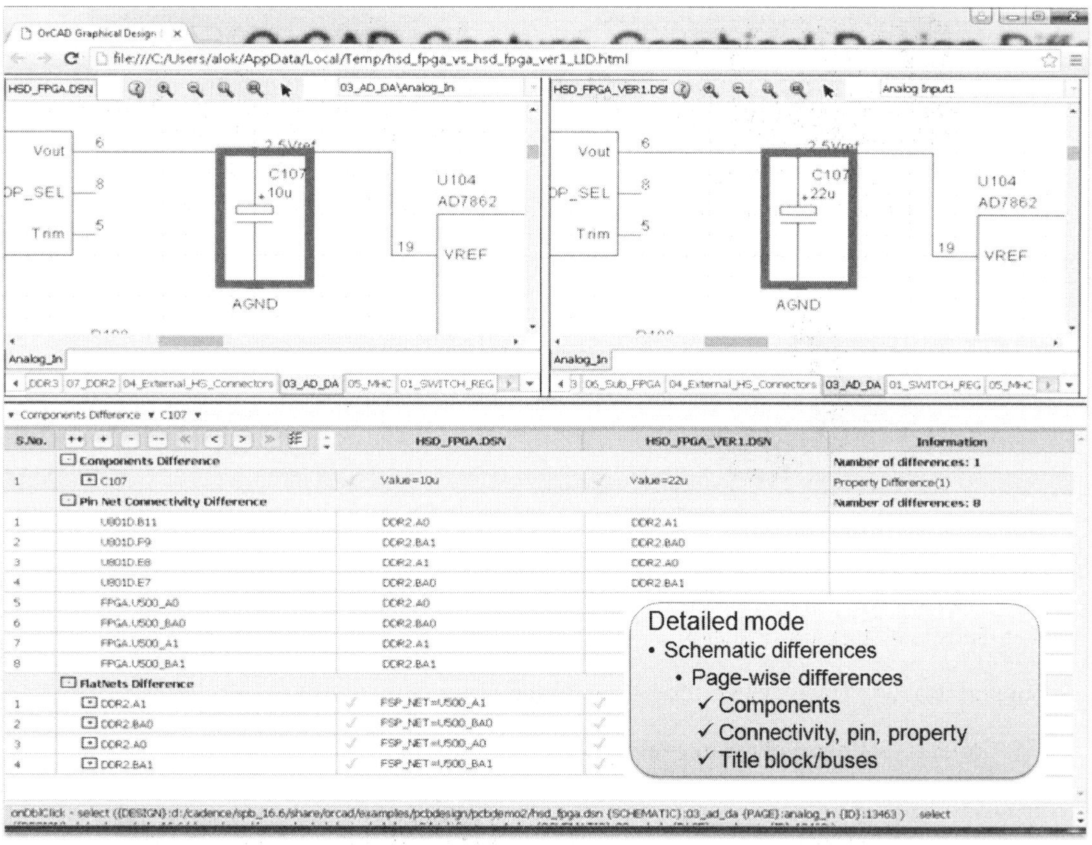

◆ Export ISCF format (Intel Schematic Convert Format)

- IoT, Wearable, mobile, wireless, handheld computer 등 Intel Inside와 함께 디자인 가능
- ISCF format파일을 Intel에 직접 전달하여 빠른 디자인 리뷰와 TTM, 손실과 비용을 줄여줄 수 있음

◆ **Export PDF**

- Tcl/Tk에서 지원하던 Intelligent PDF 생성기능을 향상하여 지원

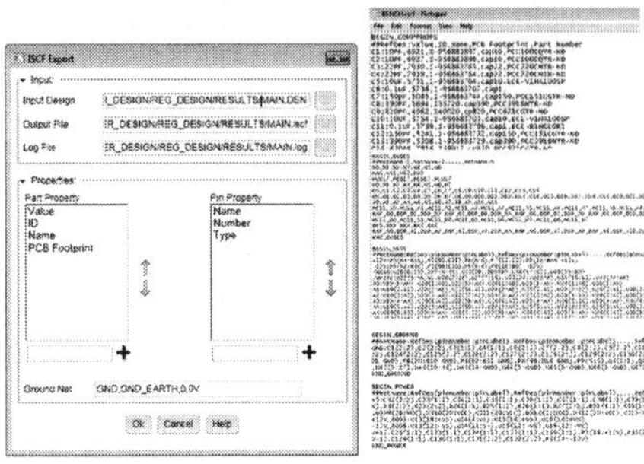

[File=>Export=>ICSF]

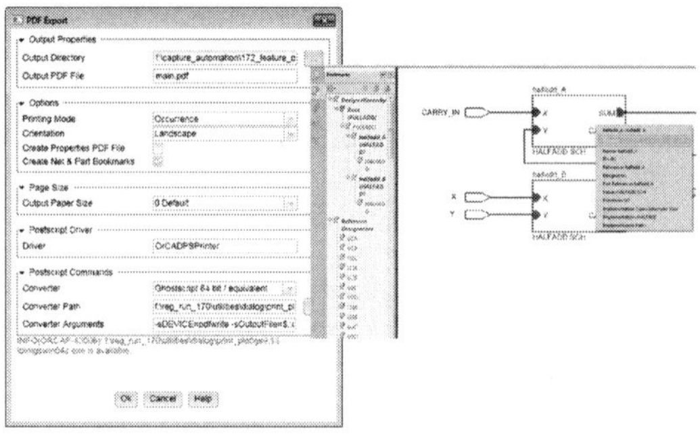

[File=>Export=>PDF]

PCB Designer

◆ **향상된 Flex와 Regid-Flex design을 위해 획기적으로 단축된 Design Cycle.**

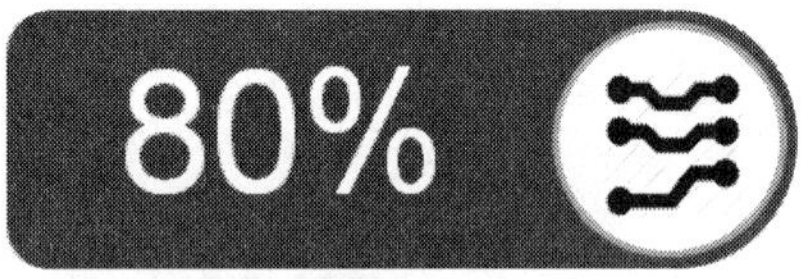

80%* Time spent on
layout of a Rigid-Flex design

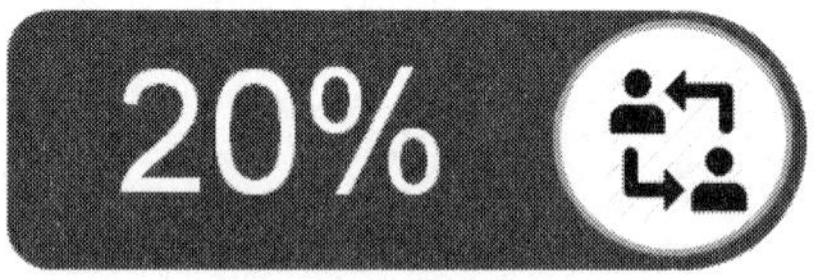

20%* Time spent on
ECAD-MCAD co-design

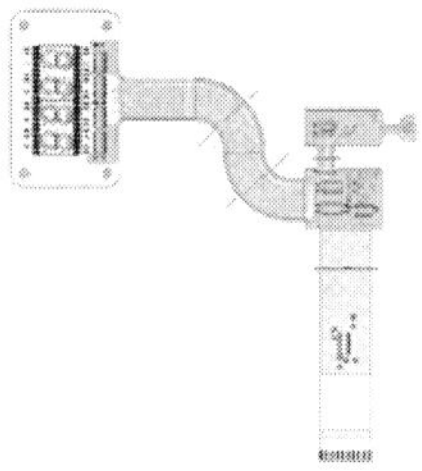

- Multi-Substrate stack-up definition
  - Support masking layers above top/below bottom

    Eg: Coverlay, Stiffner, Adhesives, Platings, ...

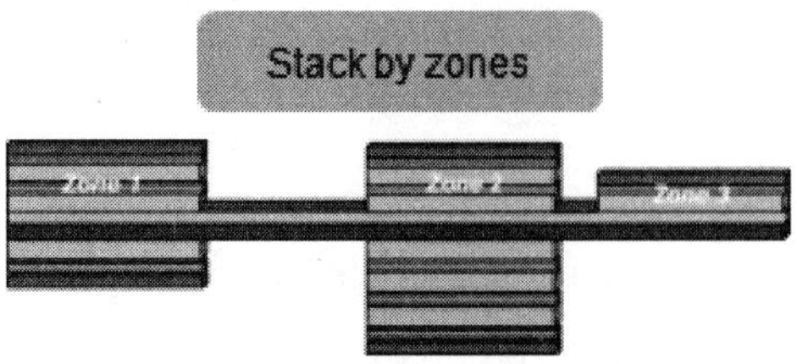

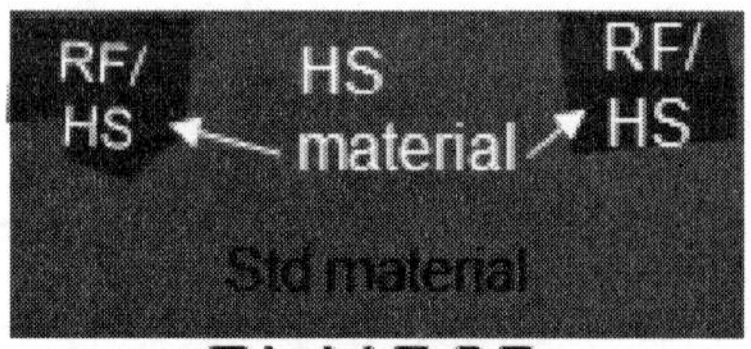

Rigid PCB

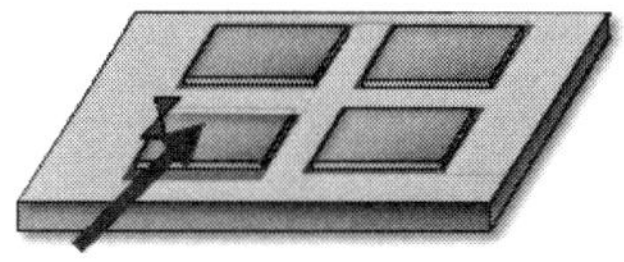

DRC Violation: Coverlay on PAD

- Inter layer DRC for flex layers
- Arc aware add connect & shove/hug for routes
- Smart Placement by design section
  - Components placed on top Flex zone layer automatically

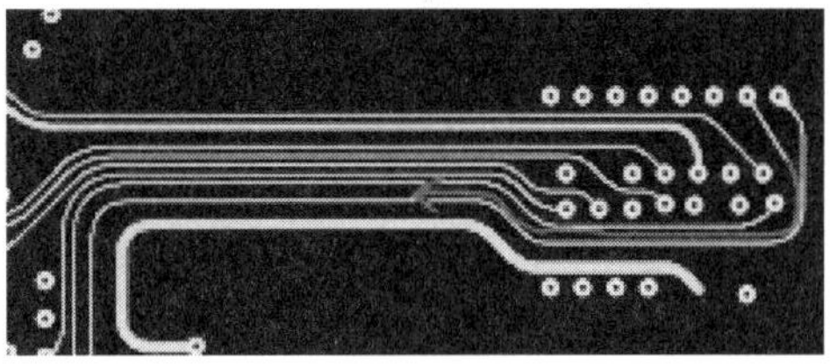

- Hand off to manufacturing - traditional and IPC-2581

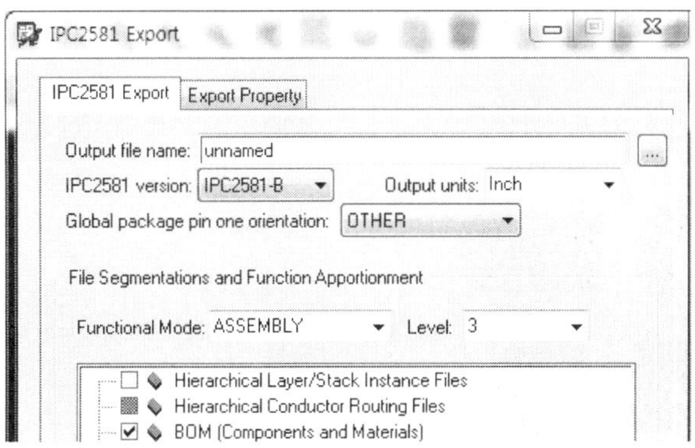

◆ New Cross Section Editor

- Support Rigid Flex
  - Stack-up by Zone
- Dockable graphical display of layers and their attributes
- Display of drill direction
- Material thickness supports both +/- tolerance values
- Material name length extended to 250 characters
- Import/Export 2581

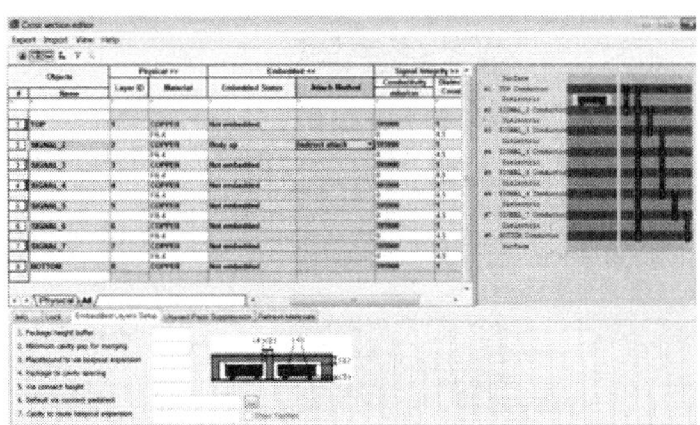

◆ New Pad Stack Editor

- Expansion of Padstack Types
  - Bond Finger, Tooling Hole, Mounting Hole, Fiducial

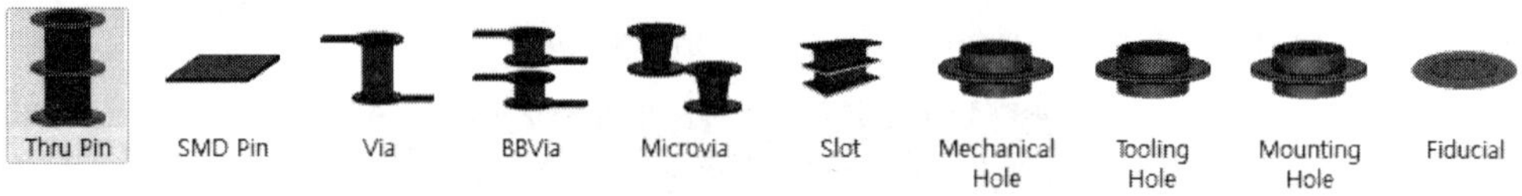

- Alignment with IPC 2581
- New Pad primitives
  - Donut
  - Chamfered and Rounded Rectangle Edit controls to created variations of chamfered or rounded rectangles
  - Access to shape editor

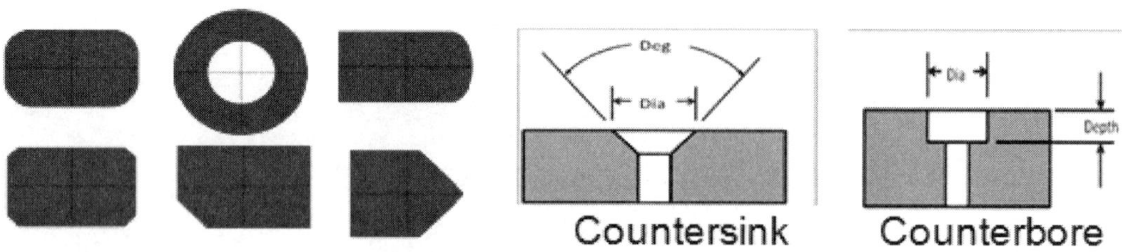

- Thermal/Voiding Controls by Layer
- Include Route KO areas beyond the begin/end layers of the pad definition

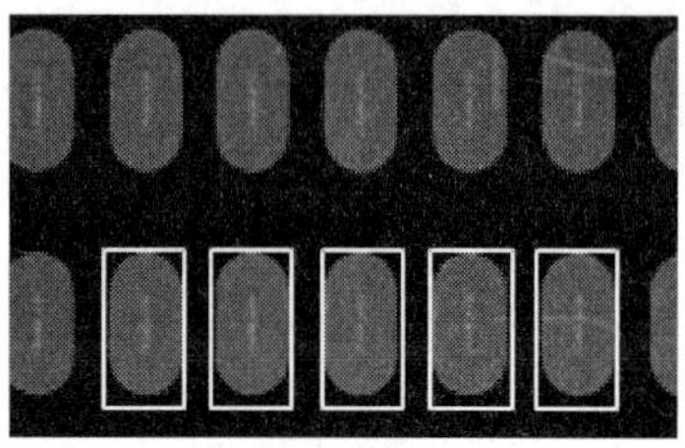

◆ **Altium Design Converter (16.6) / Eagle Design Converter (17.2)**

Import => Translate =>

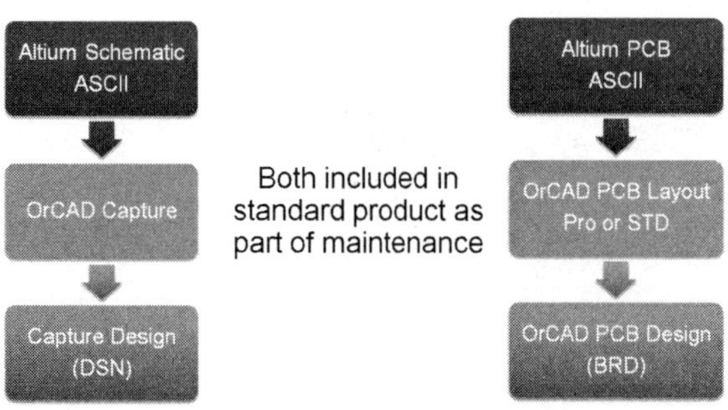

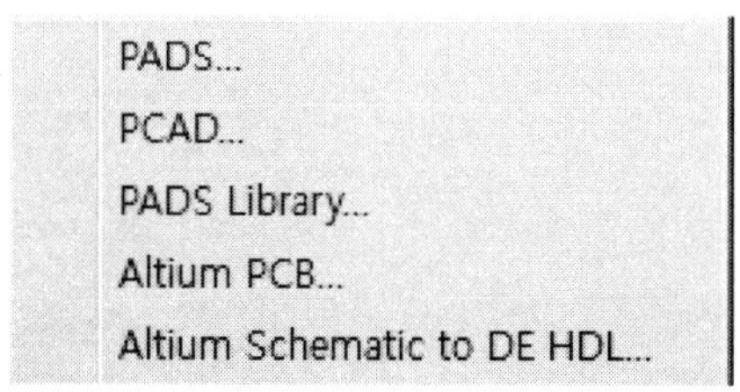

시스템 요구 사항

OS (Operating System)

√ Microsoft® Windows 7 - Professional, Enterprise, Ultimate or Home Premium (64-bit)

√ Microsoft® Windows 8 - All Service Packs (64-bit)

√ Microsoft® Windows 10 (64-bit)

√ Microsoft® Windows 2008 R2 Server

√ Microsoft® Windows 2012 Server – All Service Packs

Recommended Software

√ Microsoft® Internet Explorer 11.0 or later

Hardware

최소 사양	권장 사양
√ Intel® Pentium 4 or AMD Athlon XP 2000 with multi-core CPU √ 8 GB RAM √ Virtual memory at least twice physical memory √ 50 GB free disk space √ 1,024 x 769 display resolution with true color (16-bit color) √ Broadband Internet connection for some device √ Ethernet card (for network communications and security hostID) √ Three-button Microsoft-compatible mouse	√ Intel® Core™ 2 Duo 2.66 GHz or AMD Athlon 64 X2 5200+ √ 8 GB RAM √ 500 GB free disk space √ 1,280 x 1024 display resolution with true color (at lease 32-bit color) √ Broadband Internet connection for some device √ A dedicated graphics card √ For physical design dual monitors

Dongle

√ Flexid USB dongle (version 9, flexid9)

OrCAD PCB Design Flow

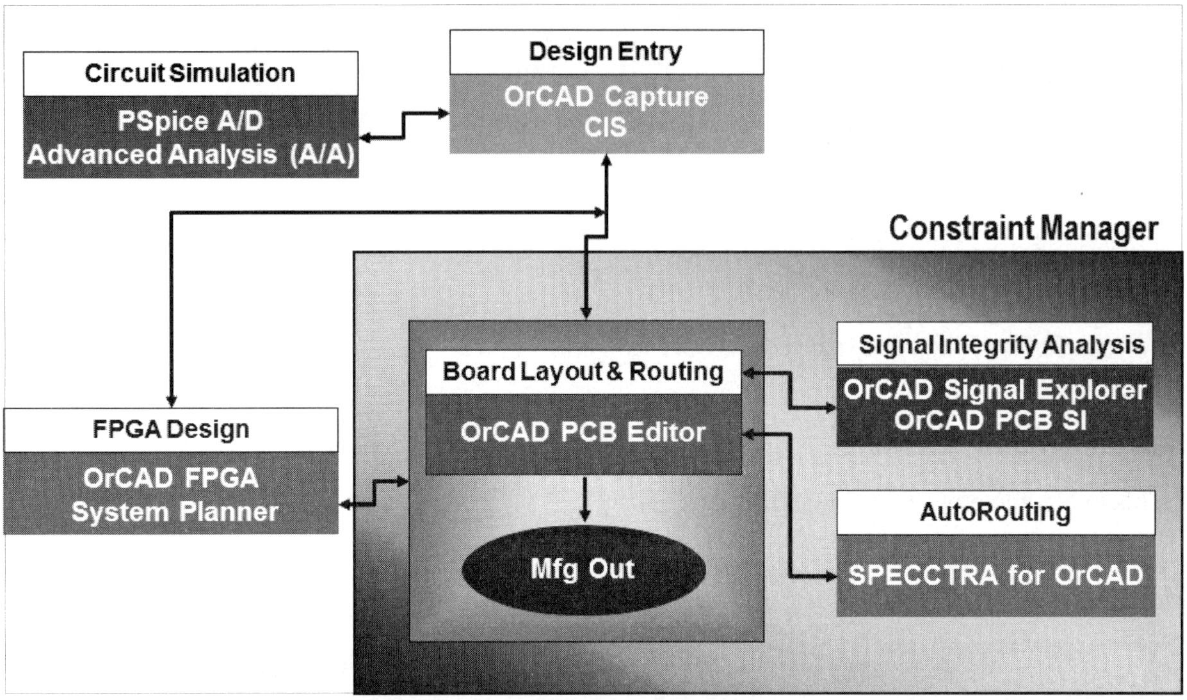

√ Design Entry - OrCAD Capture (CIS)

: OrCAD의 도면 작성 Tool로써 Simulation 또는 PCB Artwork을 위한 Netlist를 추출 할 수 있다.

√ Circuit Simulation - OrCAD PSpice A/D (A/A)

: OrCAD의 Simulation를 위한 Tool로써 OrCAD Capture와 완벽한 호환성을 가지며 빠르 정확하게 검증이 가능하다.

√ Board Layout & Routing - OrCAD PCB Editor

: OrCAD의 PCB 작업을 위한 Tool로써 Constraint Manager를 통한 Design Rules Driven 방식의 설계를 진행한다.

√ Signal Integrity Analysis – OrCAD Signal Explorer / OrCAD PCB SI

: OrCAD PCB Editor 설계 Data 기반의 Simulation Tool로써 빠르고 정확하게 검증이 가능하다.

√ AutoRouting – Spectra for OrCAD

: OrCAD PCB Editor의 Auto Routing 기능의 Tool이다.

01 PART

OrCAD Capture Techniques

Chapter 1 회로도의 시작

OrCAD Capture Flow

Capture 프로그램은 "시작 - 모든 프로그램 - Cadence Release 17.2-2016 - OrCAD Products - Capture (윈도우키 + R -> Capture 실행)"로 실행하며, 회로도 설계 작업 순서는 아래와 같이 진행된다.

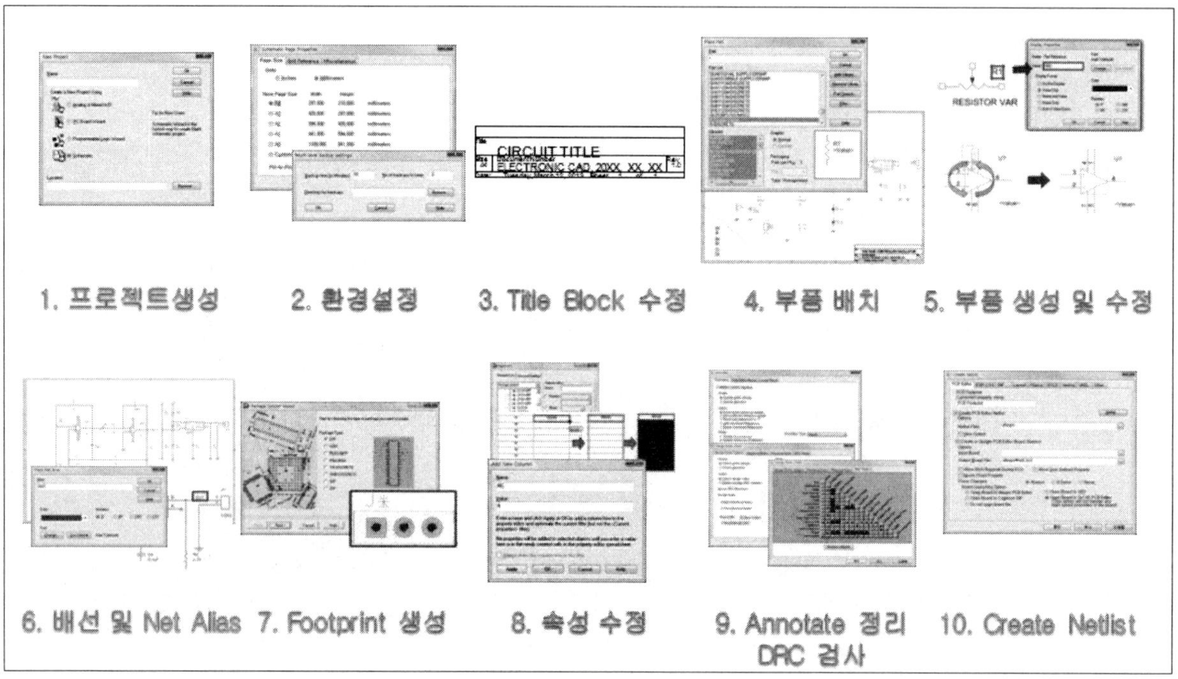

1-1 : 작업환경

Capture의 환경 설정은 메뉴 Options에서 Preferences(Capture 환경설정), Design Template(Capture의 초기 템플릿), Autobackup(자동저장기능)이 있다. 그리고 각 작업 프로젝트를 설정하는 Design Properties와 각 페이지의 설정을 하는 Schematic Page Properties로 구성되어 있다.

Capture의 Options에서 설정된 작업 환경은 Home경로(기본 경로는 C:₩SPB_Data로 설정)의 하위 경로인 ₩cdssetup₩OrCAD_Capture₩17.2.0에 OrCAD Capture 관련 파일들이 포함되며, OrCAD Capture의 초기 환경 설정 파일은 capture.ini 파일이다.

◆ Preferences

Capture의 환경을 설정하는 기능으로 Colors/Print(색상), Grid Display(그리드), Pan and Zoom(화면확대와 축소), Select(부품의 선택방법), Miscellaneous(기타기능) 등 설정한다.

■ **Colors/Print**

Capture의 Part 및 화면구성에 필요한 요소의 색상에 대한 설정과 프린트 시 해당 항목을 출력 여부를 "Print"를 체크하여 설정할 수 있다.

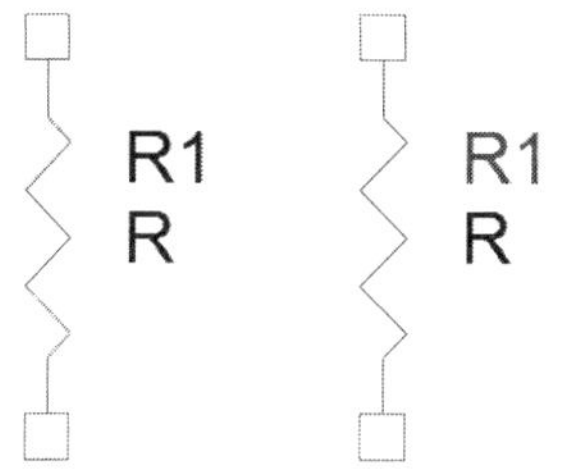

기본 색상　　변경된 색상

■ **Grid Display**

회로도 작성과 부품 편집기에서 작업 화면에서 Grid의 형태를 Dot 형태와 Line 형태로 설정하며, 표시 여부를 설정한다.

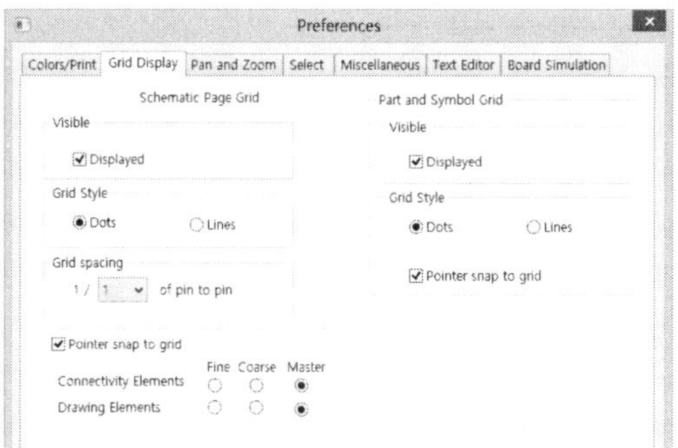

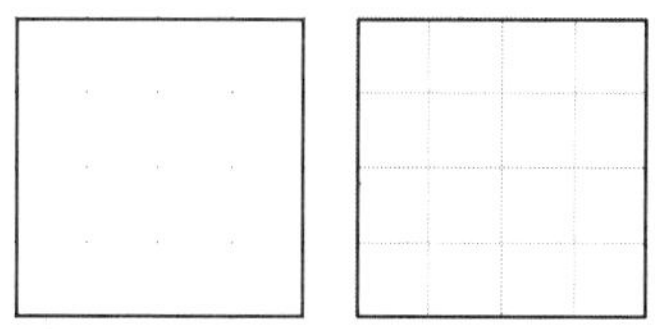

Dot 형태　　Line 형태

■ **Pan and Zoom**

회로도 작성과 부품 편집기에서 작업 화면에서 Zoom 확대 시 확대 비율을 설정한다.

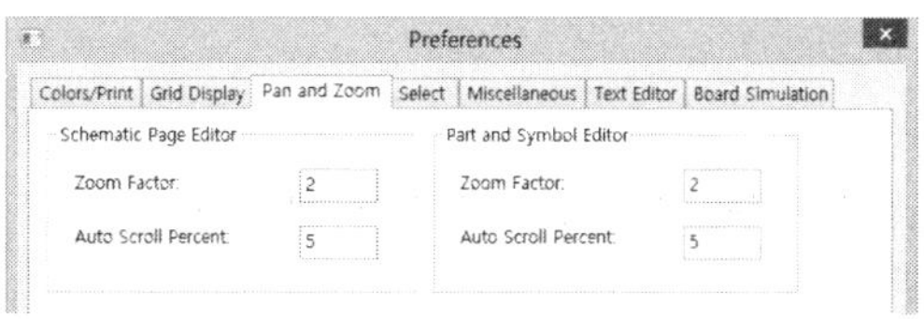

■ **Select**

작업 화면에서 마우스로 드래그 시 요소의 일부가 포함되면 해당 요소가 선택되는 모드(Intersecting)와 요소가 모두 선택되어야 선택되는 모드(Fully Enclosed)를 선택할 수 있다.

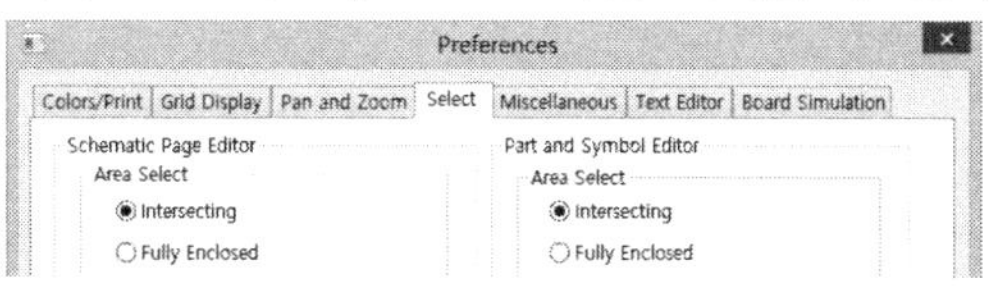

■ **Miscellaneous**

Line에 대한 형태와 두께 및 색상, Junction의 크기, Session Log 창에 대한 폰트 설정한다.

Auto Reference는 Part를 배치하였을 경우 Part의 Reference를 자동으로 부여할지와 "?"로 표시할지는 Automatically reference placed parts의 체크 여부로 설정되며, Design Level은 Part를 배치 시 Part Reference가 빠진 번호를 자동으로 채워나간다.`

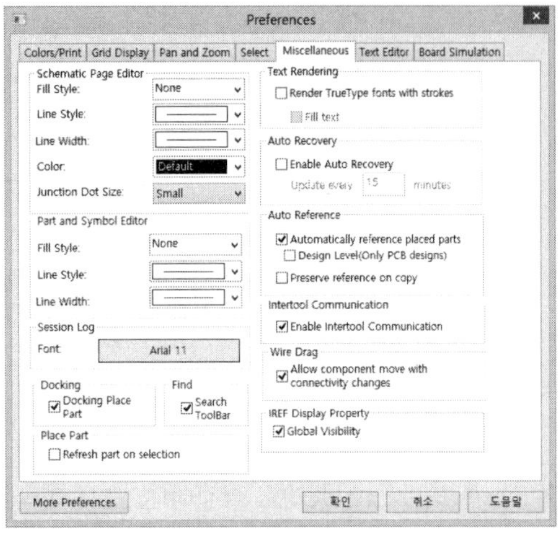

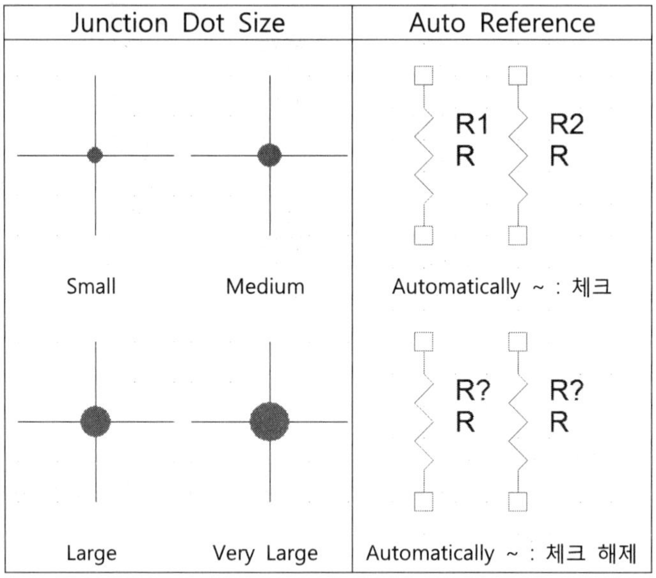

■ **Text Editor**

Capture에서 문서를 편집 시 글꼴 및 색상에 대한 설정을 한다.

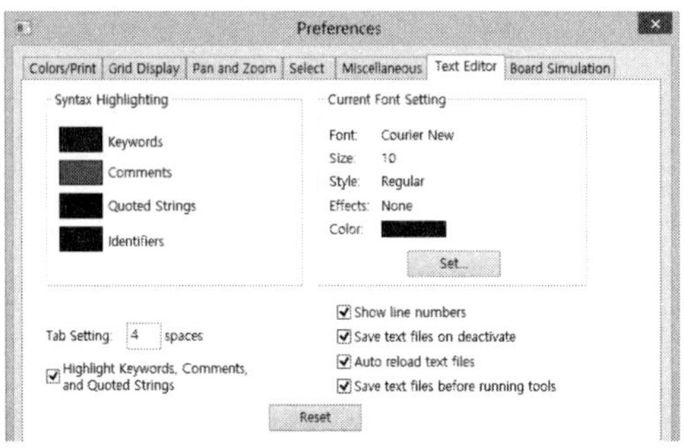

■ **Board Simulation**

Programmable Logic Wizard 프로젝트에서 시뮬레이션 환경에 대한 설정을 한다.

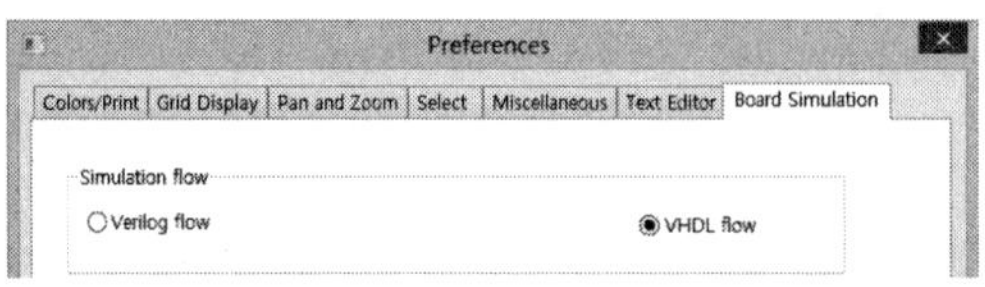

■ **More Preference**

기타 환경설정에 대한 설정을 한다.

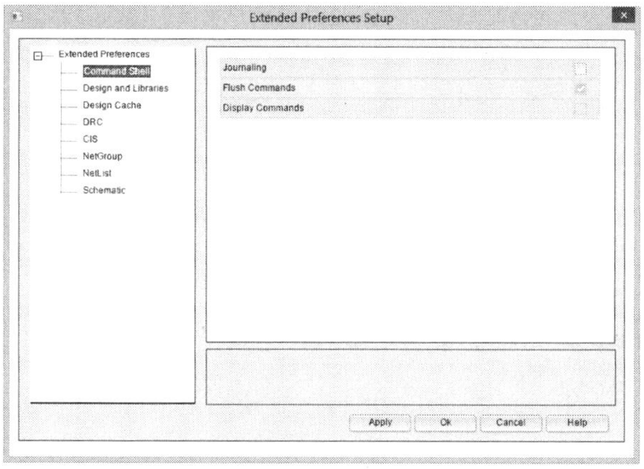

Command Shell : Command 창의 표시여부
Design and Libraries : input pin에 화살표 표시 여부(Draw arrows on part input pins)와 이미지를 BMP로 변경(Convert images to BMP format) 등 라이브러리와 관련된 기능
Design Cache : 16.2 이전버전의 라이브러리를 강제로 Update Cache를 진행
DRC : Waived DRC의 표시여부
CIS : DBC 구성을 설정한 테이블까지 표시(Query All Configured Tables)여부와 지역설정 사용(Disable Regional Setting)여부 설정
NetGroup : NetGroup을 표시여부를 설정
NetList : 모든 프로젝트에 대한 전역 문자의 제한 여부를 설정
Schematic : 계층블록을 클릭 시 하위 도면의 선택 페이지 설정(Schematic Descend), 사용자가 설정한 Part Reference에 "_" 표시 및 인쇄를 설정(Display/Print underscore (_) on User Assigned Part)

◆ **Design Template**

Capture의 기본 글꼴과 Title Block, Page Size 등을 설정한다.

■ **Fonts**

Capture에서 사용하는 글꼴 및 크기를 설정한다.

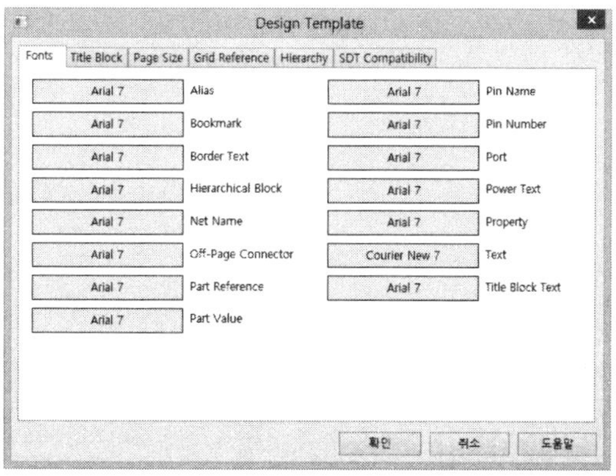

■ **Title Block**

프로젝트를 생성 시에 기본 Title Block Symbol 및 문구를 설정한다.

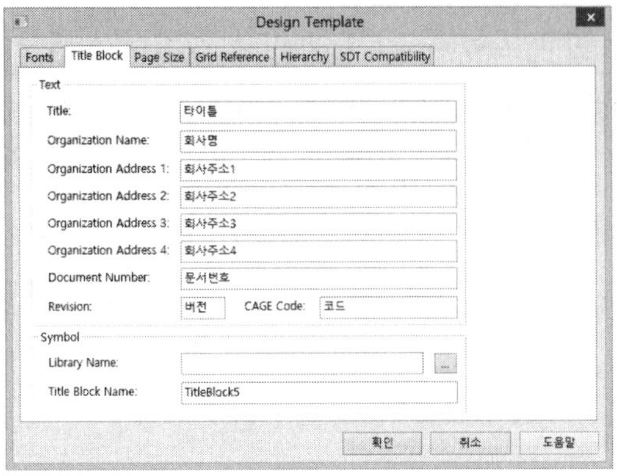

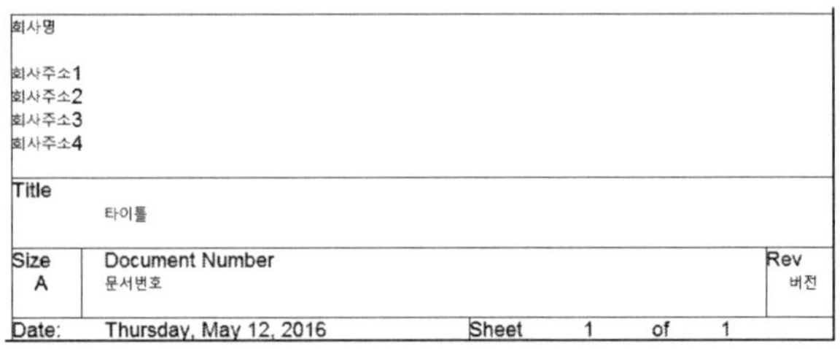

■ **Page Size**

회로도면의 크기의 사용 단위(Inch, Millimeter)와 Page의 크기를 설정하고, Part 핀의 간격(Part의 크기)을 설정한다.

■ **Grid Reference**

회로도의 왼쪽과 상단의 Grid의 크기 및 개수설정과 화면의 표시 및 인쇄 출력 여부를 설정한다. 그리고 Title Block의 화면 및 인쇄 출력 여부를 설정한다.

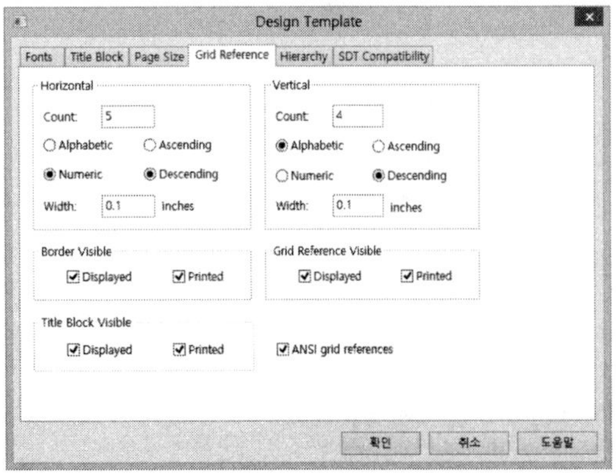

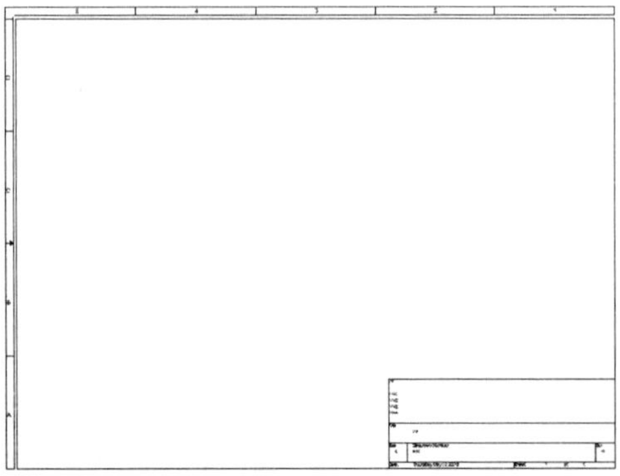

■ **Hierarchy**

계층 블록을 Part로 인식할 것인지 하위 계층도면으로 인식할 것인지를 기본값 설정한다.

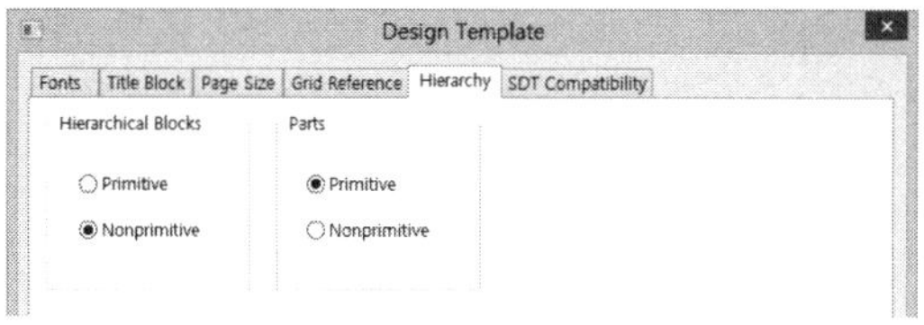

◆ **Autobackup**

자동으로 저장할 시간간격, 파일 수, 저장 경로를 설정하며, 백업 파일(DBK 파일)을 DSN으로 확장자를 변경하여 사용할 수 있다.

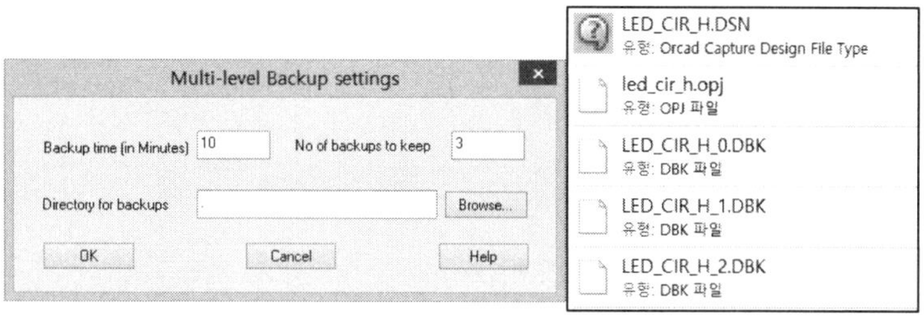

◆ **Design Properties**

프로젝트매니저 화면에서 도면(파일명.DSN)을 선택한 다음 설정가능하며, 현재 설계 중이 도면에 대한 글꼴이나 크기, 시간 표시 방법 등을 설정한다.

■ **Fonts**

현재 도면에 대한 글꼴과 크기를 설정한다.

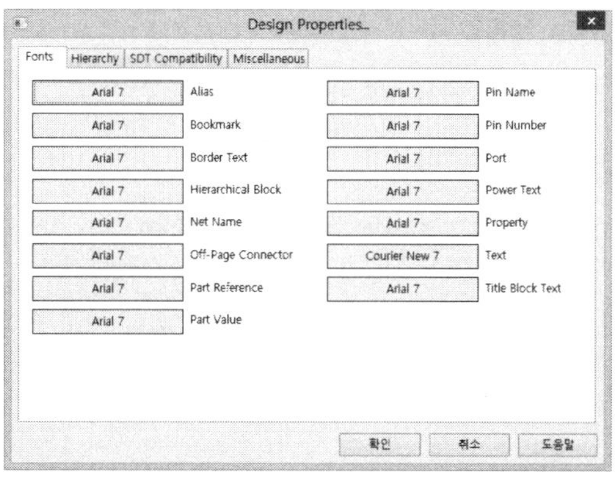

■ **Hierarchy**

현재 도면에 대한 계측블록을 설정한다.

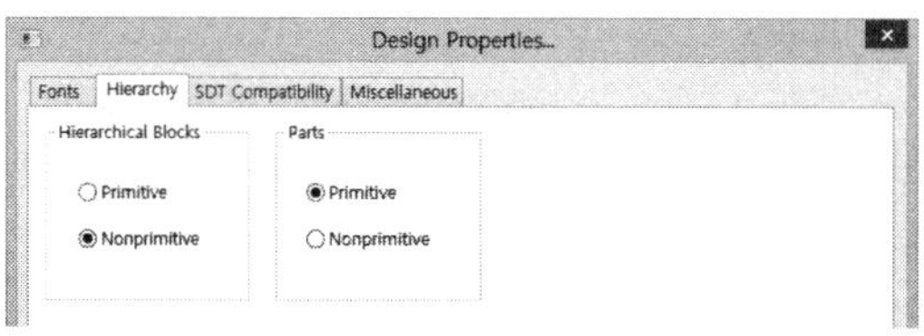

■ **Miscellaneous**

현재 도면의 시간표시 형태를 설정한다.

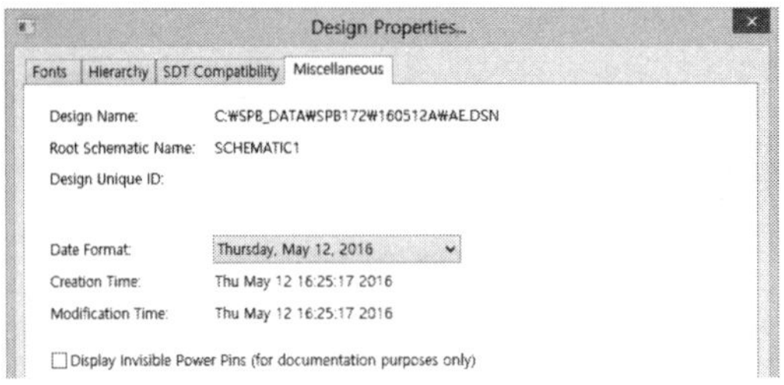

◆ **Schematic Page Properties**

페이지 화면에서 설정 가능하며, 현재 페이지에 대한 크기 및 Grid를 설정한다.

■ **Page Size**

현재 도면에 대한 크기를 설정한다.

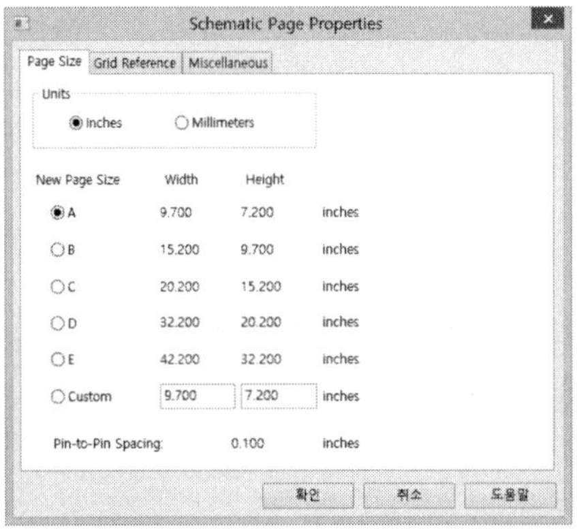

■ **Grid Reference**

현재 작업 중인 도면의 Grid를 설정한다.

■ **Schematic Page Properties**

현재 도면에 대한 정보가 표시된다.

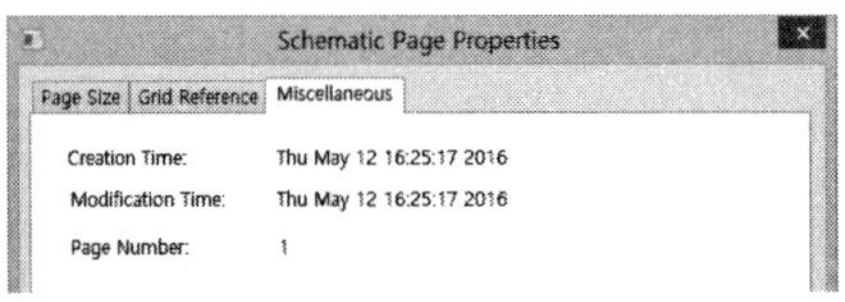

◆ Capture Toolbar

(Create Document)	새 프로젝트를 생성
(Open Document)	기존 프로젝트 열기
(Save Document)	현재 프로젝트 파일이나 도면을 저장
(Print)	도면 출력
(Cut to clipboard)	선택된 개체를 잘라내기
(Copy to clipboard)	선택된 개체를 클립보드로 복사
(Paste from clipboard)	클립보드에 있는 내용을 붙여넣기
(Undo)	이전 작업을 취소
(Redo)	취소된 작업을 다시 실행
(Zoom In)	화면 확대
(Zoom out)	화면 축소
(Zoom to region)	특정 영역만큼 확대
(Zoom to all)	도면 전체를 작업창 안에 표시
(Fisheye view)	도면에 특정 부분을 볼록렌즈처럼 확대
(Annotate)	부품 Reference에 대한 정렬작업
(Back annotate)	PCB에서 변경된 내용을 회로도에 재적용
(Design Rules Check)	현재 도면에 설계 규칙 검사
(Create netlist)	도면에 대한 Netlist를 생성
(Cross reference parts)	도면에 사용된 부품심벌의 경로목록을 생성
(Bill of materials)	부품 목록을 생성
, (Snap To grid)	Grid기반 작업 선택 여부를 설정
, (Area Select)	부품 선택 시 부분 선택 또는 전체 선택에 대한 설정
, (Drag connected object)	Part 간 연결방법에 대한 설정
(Project manager)	프로젝트 매니저 창을 선택
(Help)	도움말
(Searches item)	프로젝트에서 Part 및 Net 등을 검색

◆ **Tool Palette**

(Select)	개체 선택 시 사용
(Place part)	도면에 사용할 부품선택 시 사용
(Place wire)	배선. Part 간 Net 연결에 사용
(Place net alias)	Net에 이름을 부여하는데 사용
(Place bus)	Busline을 표시하는데 사용
(Place junction)	Net의 접점을 표시하는데 사용
(Place bus entry)	Bus와 Net을 연결하는데 사용
(Place power)	Power Symbol을 표시하는데 사용
(Place ground)	Ground Symbol을 표시하는데 사용
(Place hierarchical block)	계층블록 구조를 그리는데 사용
(Place port)	입/출력 등 다양한 포트를 표시하는데 사용
(Place pin)	계층블록의 Pin을 정의하는데 사용
(Place off-page connector)	Page간 Net연결에 사용
(Place no connect)	사용하지 않는 Pin을 표시하는데 사용
(Place line)	도면에 Line을 그리는데 사용
(Place polyline)	도면에 다각형을 그리는데 사용
(Place rectangle)	도면에 사각형을 그리는데 사용
(Place ellipse)	도면에 타원을 그리는데 사용
(Place arc)	도면에 호를 그리는데 사용
(Place text)	도면에 글자를 나타내는데 사용
(Place Bezier)	도면에 곡선을 그리는데 사용
(Auto connect two points)	선택한 단일 pin과 pin을 wire로 자동 연결
(Auto connect multi points)	선택한 여러 pin과 pin을 wire로 자동 연결
(Auto connect to Bus)	선택한 pin들과 Bus를 자동 생성 연결
(Place NetGroup)	Net을 그룹으로 관리
(Place Pin array)	핀을 순차적으로 설정함 (Edit part에서 가능)
(Place IEEE Symbol)	Part의 Symbol을 그리는데 사용 (Edit part에서 가능)

1-2 : Project Manager 및 Project의 구성

◆ New Project

메뉴 File - New - Project를 클릭하여 새로운 프로젝트를 생성할 수 있다. 작업에 맞는 프로젝트 타입을 선택하여 작업한다.

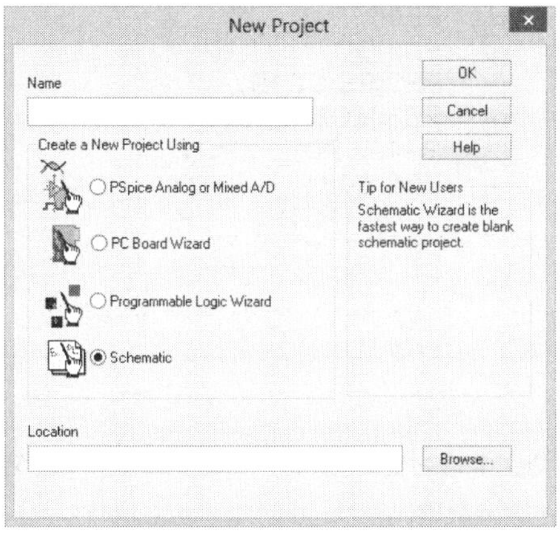	Name : 프로젝트 이름을 설정
	Create a New Project Using - PSpice Analog or Mixed A/D : 시뮬레이션 가능한 프로젝트 생성 PSpice 예제 회로를 이용하여 프로젝트 생성 가능 - PC Board Wizard : 마법사로 프로젝트 환경을 설정 - Programmable Logic Wizard : CPLD, FPGA 설계를 위한 프로젝트 생성 - Schematic 회로도 작성을 위한 프로젝트 생성
	Location : 저장경로를 지정하며, "Browse" 버튼을 이용하여 폴더 지정 및 생성을 할 수 있음

(Tip)

- Project Manager 창 : 회로도 및 출력 파일 관리 창
- 설계 화면 창 : 회로도 작성 화면
- Session Log 창 : 회로도 설계 시 기록 정보를 출력 창

OPJ : 프로젝트 매니저 파일 (다른 파일을 관리),
DSN : 회로도 파일
DBK : 자동 백업 파일
OLB : Capture 라이브러리 파일
DRC : 회로도 검사 이력 파일
BOM : 부품 명세서 파일

DAT : PCB Editor 넷리스트 파일
UPD : 속성 업데이트 데이터 파일
XRF : Cross Reference Part에 대한 리포트 파일
BRD : PCB 설계 파일
PSM, DRA : Footprint 파일 (라이브러리)
PAD : Footprint 핀 파일 (라이브러리)
ART, DRL : 거버 및 드릴데이터 파일

◆ **도면의 형태**

■ **단일도면**

하나의 Schematic과 하나의 Page로 구성되어 있으며, 주로 Net을 구성 시 Wire, Bus, Net Alias를 이용한다.

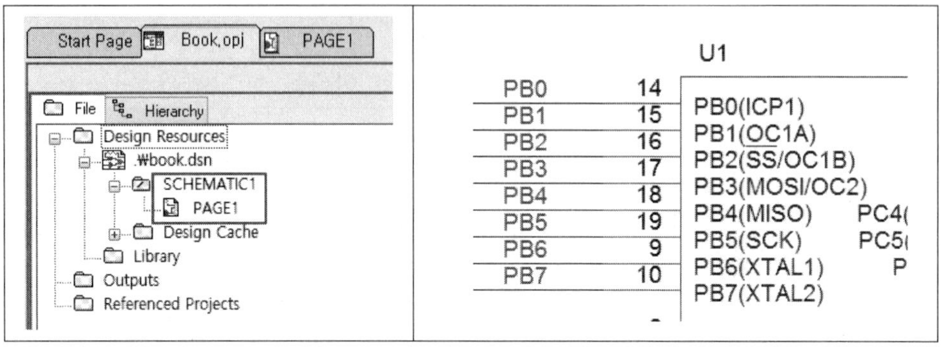

■ **평면도면**

하나의 Schematic과 복수개의 Page로 구성되어 있으며, Net을 구성 시 동일한 Page는 Wire, Bus, Net Alias를 이용하여 표현하며, 다른 페이지의 경우 Off-Page Connecter를 이용한다.

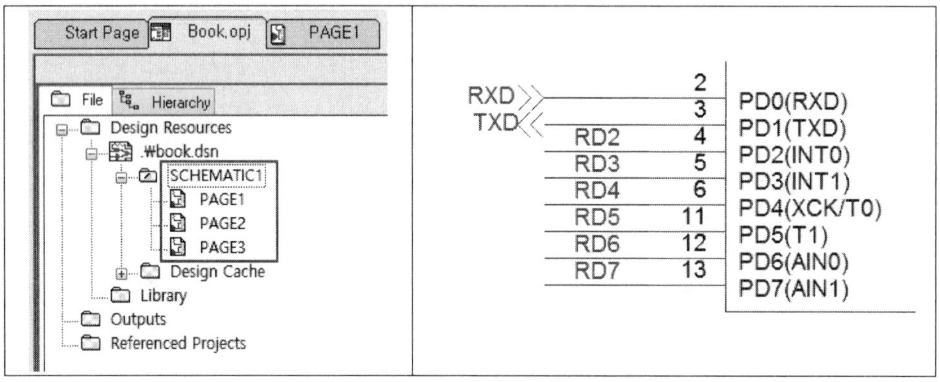

■ **계층도면**

복수개의 Schematic로 구성되어 있으며, 동일한 Schematic에서는 Off-Page Connecter를 이용하며, Hierarchical Port로 구성된 Schematic을 상위 도면에서 연결하기 위해 Hierarchical Block을 이용한다.

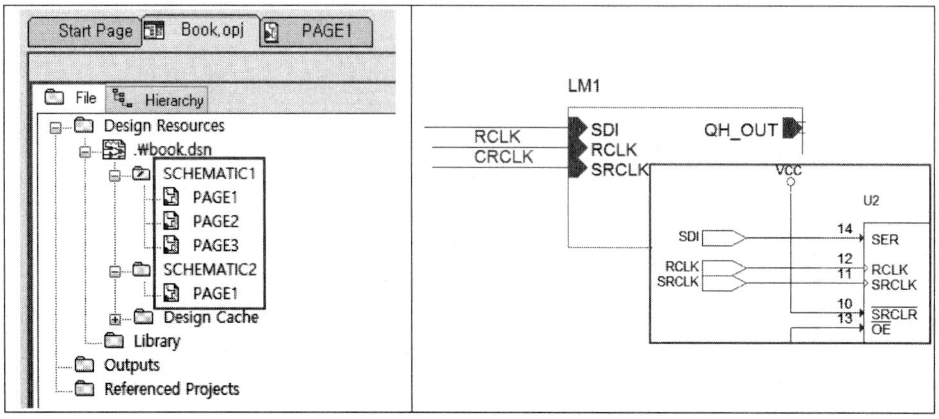

◆ Instances / Occurrences 모드

■ Instances 모드

단면도면과 평면도면에서 사용되는 모드이며, 회로설계자가 입력한 Reference와 화면에 출력 및 인쇄되는 Reference가 동일한 모드이다.

■ Occurrences 모드

계층도면에서 사용되는 모드이며, 하나의 회로도를 상위 회로도에서 2개 이상의 계층블록으로 이용되었을 때 회로도의 Reference를 Occurrences 모드에서 다시 정렬하여 사용하는 모드이다.

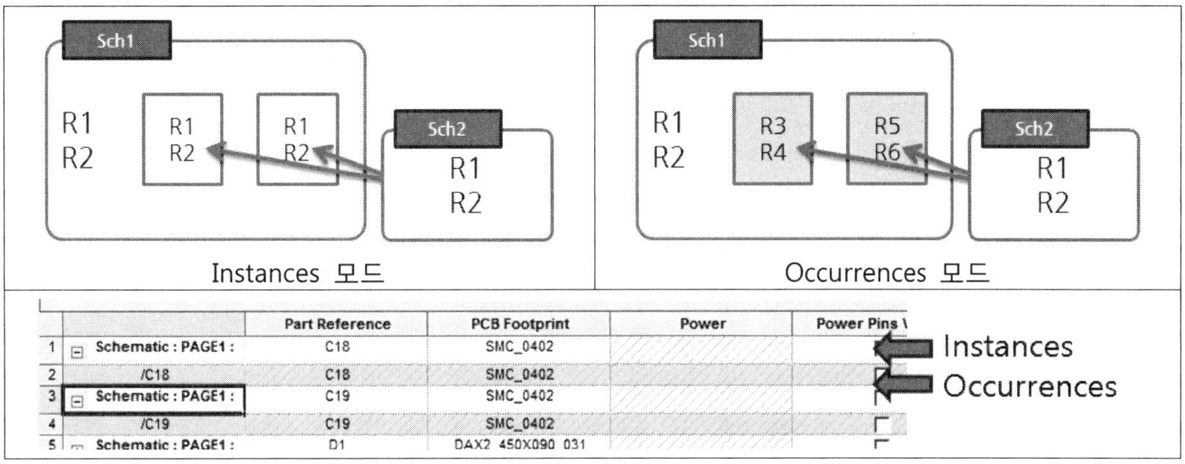

◆ Project Manager

■ File

Project Manager 창에서는 회로도면(DSN)과 Library 파일(OLB)뿐 아니라 각종 출력파일을 관리하는 창이며, 회로도의 Schematic이나 Page를 생성, 이름 변경, 편집(복사, 삭제, 속성편집)등을 할 수 있다.

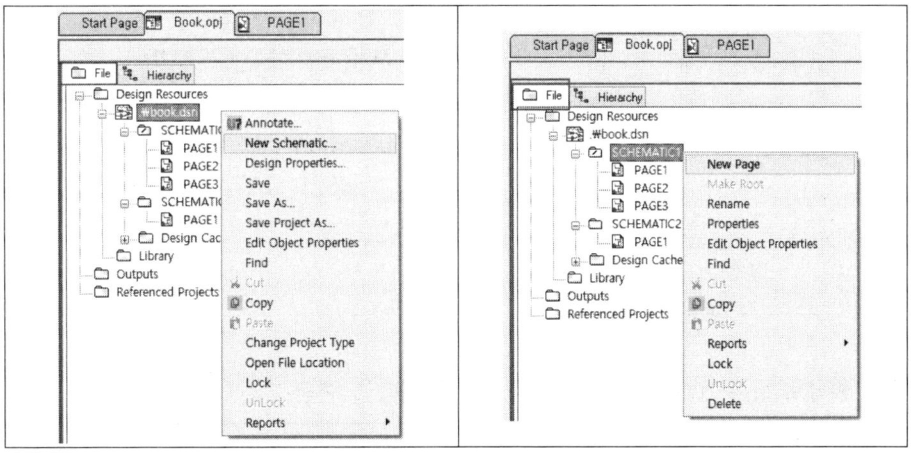

■ Design Cache

회로도 작업에 사용한 Part의 정보를 List 이며, DSN 파일 안에 Part Library 정보가 기록된다. Part를 수정하게 되면 "Part명_0", "Part명_1"과 같이 새로운 Part가 생성되며, Design Cache에 저장된 Part Library는 복사(Part 선택 후 우클릭 - Copy) 하여 새로운 Library 파일(OLB)에 저장(Library에 추가된 OLB 파일을 선택 후 우클릭 - Paste)할 수 있다.

회로도에서 사용하지 않는 Part는 Cleanup Cache로 정리할 수 있으며, 변경된 Part는 Update Cache로 리뉴얼 시키거나, Replace Cache로 회로도에 새로운 Part를 적용시킬 수 있다.

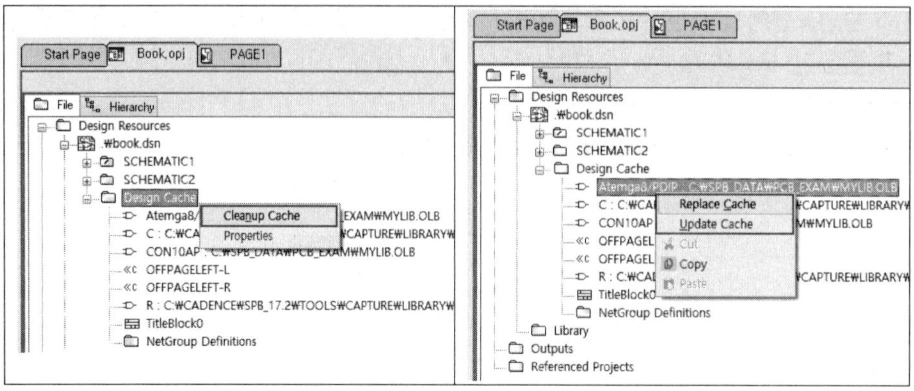

- **Hierarchy**

  회로도에 사용한 Part Reference가 List로 나타나며, Part를 검색하는데 사용한다.

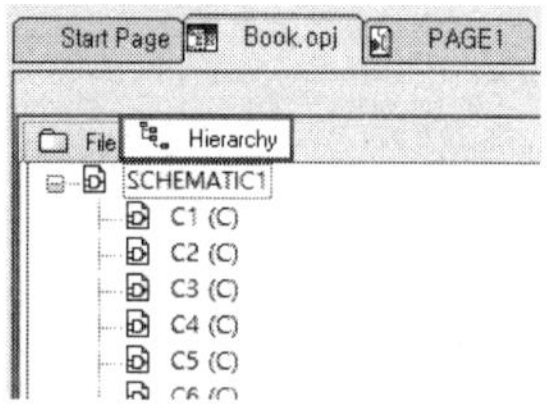

[Lab 1-1] 프로젝트 생성하기

1. 메뉴 File - New - Project 클릭
2. 아래와 같이 구성 후 "OK" 버튼을 클릭함

- Name : LED_CIRCUIT
- Project Type : Schematic
- Location : "C:₩SPB_DATA₩PCB_Exam"

3. 계층 구조 형태로 Schematic 및 Page를 생성하고 이름을 변경

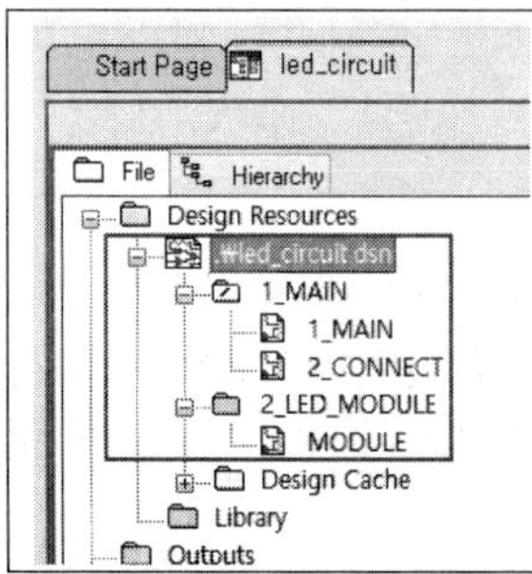

1. LED_CIRCUIT.DSN에 New Schematic 생성
2. "Schematic1"의 이름을 "1_Main"으로 변경
3. "1_Main"의 Page를 "1_Main"과 "2_Connect"로 구성
4. "Schematic2"의 이름을 "2_LED_MODULE"로 변경
5. "2_LED_MODULE"의 Page를 "MODULE"로 구성

Chapter 2 부품의 생성

2-1 : Part 생성 - Package 및 Mechanical

◆ 기존의 부품을 활용하기

▪ 부품 수정하기

기존의 부품을 수정하여 새로운 부품을 생성하기 위해서는 Place Part 창에서 부품을 검색하여 화면에 배치한다. 그리고 해당 부품을 선택한 다음 우클릭 - Edit Part로 부품을 수정한다.

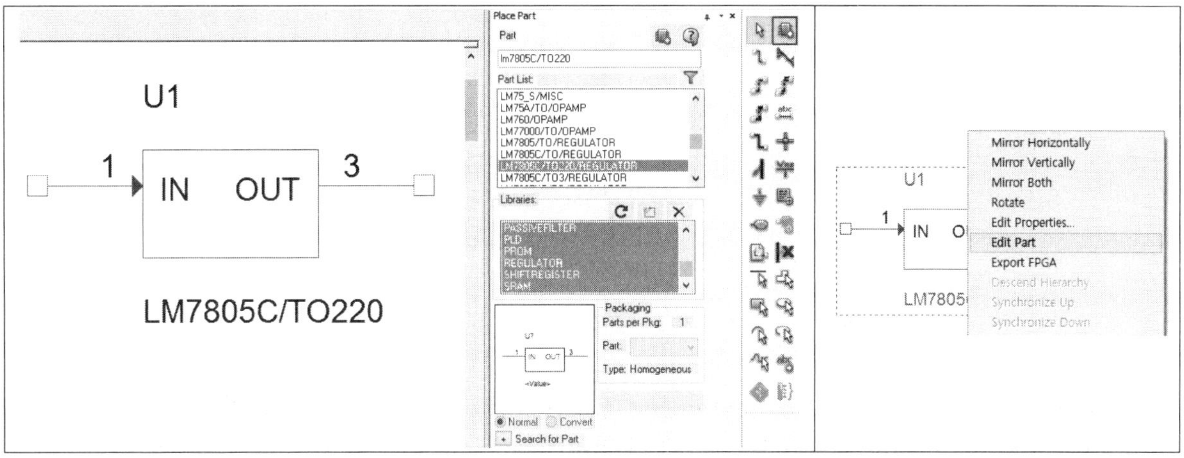

Edit Part를 클릭한 부품이 부품편집기 창에 나타나며, 이 창에서 부품을 수정할 수 있다.

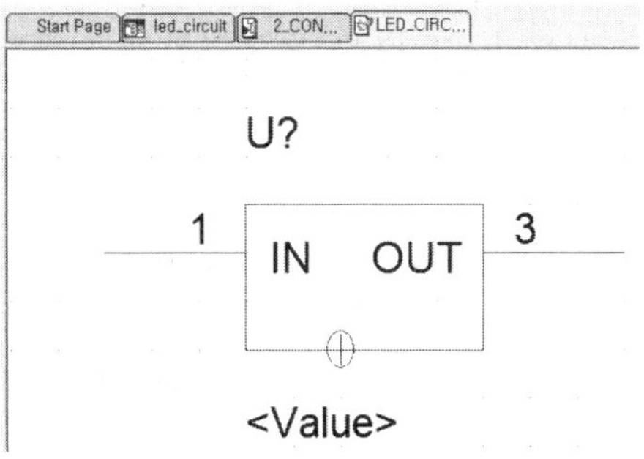

Pin의 위치를 수정할 경우에는 해당 핀을 클릭 후 드래그하여 원하는 위치로 이동시킬 수 있으며, Pin의 Name(이름), Number(핀번호), Shape(핀의 모양)와 Type(핀의 종류), Pin visible(핀을 가시성 여부)를 변경할 수 있다.

- 하단은 LM7805C/TO220 (Regulator.olb)부품에 2번 핀의 Shape를 "Zero Length"에서 "Line"으로 변경하였으며, "Pin Visible"을 체크

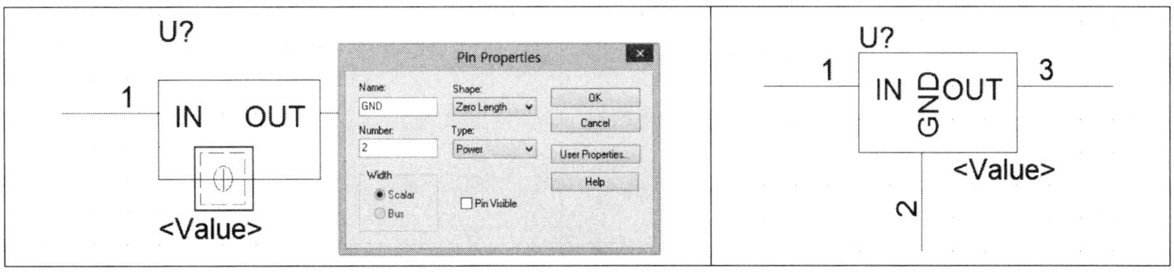

메뉴 options - Package Properties 클릭하여 수정한 PART의 이름(NAME) 또는 Reference 머리글(Part Reference Prefix)을 변경 또는 Footprint 값(PCB Footprint)을 수정할 수 있다.

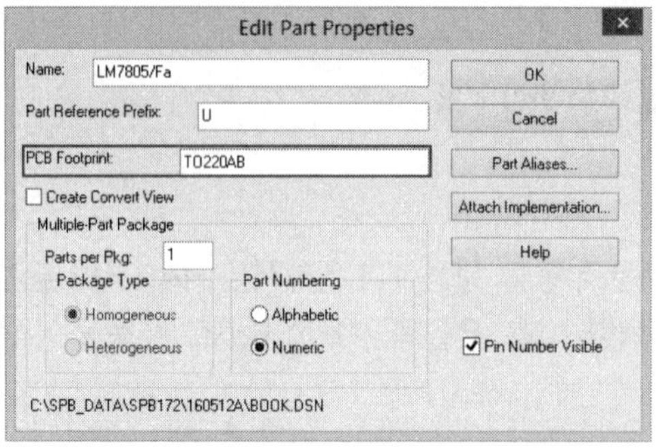

수정이 완료되었으면 메뉴 File - Close를 클릭하여 수정된 내용을 업데이트 또는 취소를 선택한다.

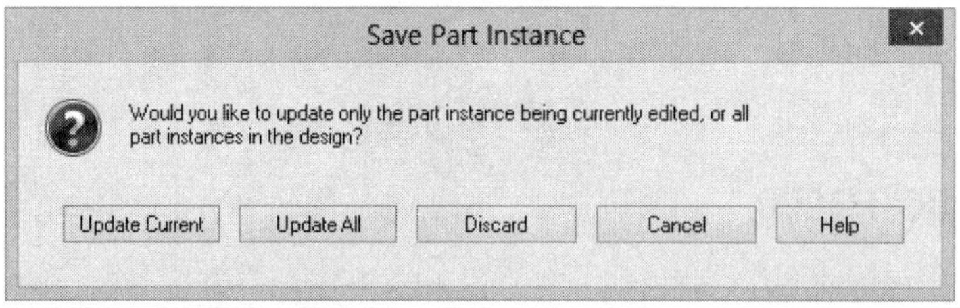

- Update Current : Edit Part를 클릭한 Part 만 수정 및 저장하고 부품편집기창을 닫음
- Update All : Edit Part를 클릭한 Part와 동일한 Graphic을 가진 부품들을 수정 및 저장하고 부품편집기창을 닫음
- Discard : 수정된 내용을 취소하고 부품편집기 창을 닫음
- Cancel : Save Part Instance 창을 닫고 다시 부품편집기 창에서 부품을 수정함

■ **수정된 Part 저장하기**

메뉴 File - New/Open - Library로 기존의 라이브러리 파일을 열거나 새로운 라이브러리 파일을 생성한다.

프로젝트 매니저 창에서 Design Cache에 있는 수정된 부품을 선택 후 우클릭 - Copy를 클릭합니다. 그리고 추가된 라이브러리를 선택하고 우클릭 - Paste를 선택하여 라이브러리 파일에 수정된 Part를 저장할 수 있다.

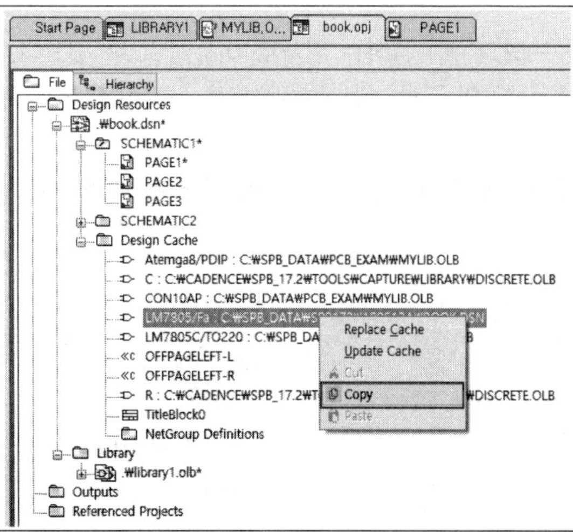

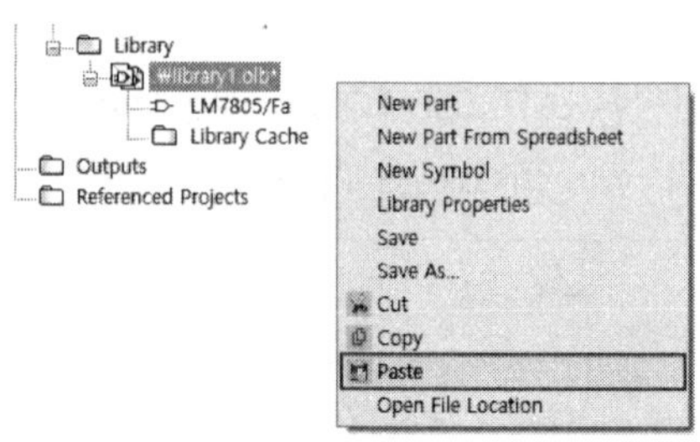

◆ Package 생성

■ New Part

데이터시트를 참고로 새로운 부품을 생성하기 위해 메뉴 File - New - Library를 클릭한다. library1.olb는 임시로 생성된 파일명이다. 저장 또는 다른 이름으로 저장하기(우클릭 - Save 또는 Save As클릭)를 하여 경로 및 파일을 지정한다.

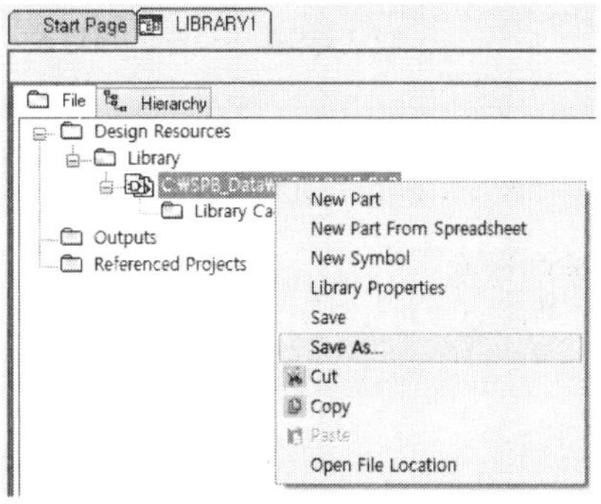

라이브러리 파일을 저장 후 라이브러리를 선택하고 우클릭 - New Part를 클릭하면 New Part Properties 창이 나타나며 Part에 대한 설정을 할 수 있다. (메뉴 Design - New part)

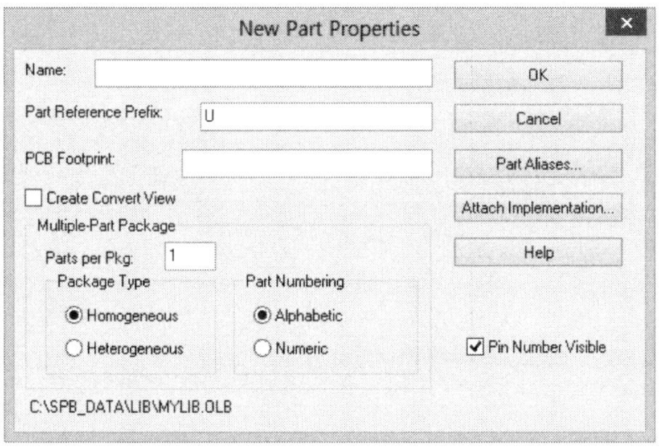

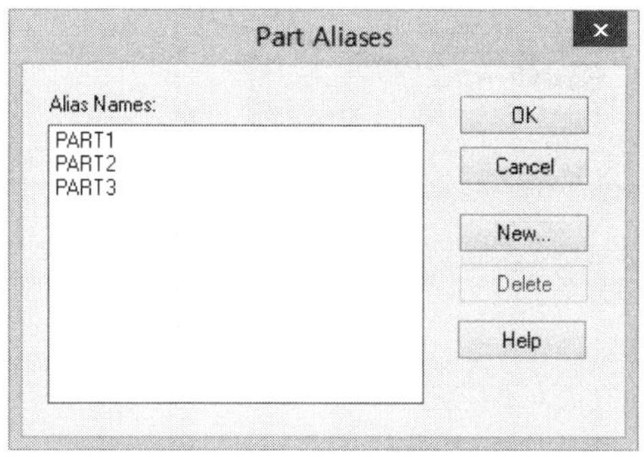

- Name : Package (Part) 이름을 설정
- Part Reference Prefix : Part의 Reference 머리글을 설정, (U로 입력 시 Part를 배치하면 U1, U2, ... 와 같이 Reference가 붙는다.)
- PCB Footprint : Part에 기본 Footprint 명을 설정
- Create Convert View : 하나의 Part에 두개의 Symbol을 설정 (예, CD4011BMS / GATE.OLB)
- Parts per Pkg : 하나의 Package에 복수의 Part가 있을 경우 설정
- Homogeneous : 하나의 Package에 Part가 모두 동일한 Symbol을 가졌을 경우 설정
- Heterogeneous : 하나의 Package에 Part가 서로 다른 Symbol을 가졌거나 FPGA와 같은 많은 핀을 가진 Part를 나눠서 저장할 때 사용
- Part Numbering : Multiple-Part를 설계 시 Part의 이름을 알파벳(Alphabetic;예, U1A, U1B) 또는 숫자(Numeric; 예, U1-1, U1-2)를 적용할 것인지를 설정
- Pin Number Visible : Part를 생성 시 핀 번호를 화면에 보이게 할 것인지 여부를 설정
- "Part Aliases"버튼 : 동일한 symbol과 속성을 가진 Part를 다른 Package와 공유하여 설정
- "Attach Implementation"버튼 : Part의 속성이 PSpice 모델인지, Schematic 모델인지를 설정

■ **부품편집기**

New Part Properties창을 설정 후 부품편집기 창이 나타나며, 툴박스의 Pin배치 도구(Place Pin, Place Pin Array)와 Draw도구 (Text, Line, Rectangle, Ellipse, Arc, Elliptical Arc, Bezier Curve, Polyline), 그리고 그림파일(Picture)를 이용하여 Part를 생성할 수 있다.
Part의 구성은 다음과 같이 구성되어 있다.

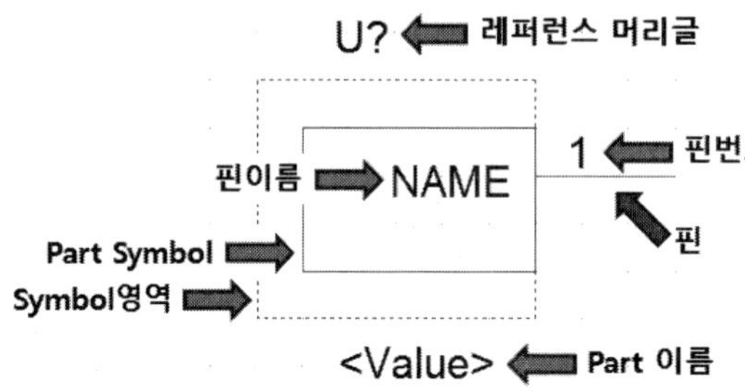

Convert View모드와 Multiple-Part로 설정된 Part는 메뉴 View에서 View 모드(Normal, Convert)를 전환하여 생성할 수 있으며, 하나의 Part만 보이는 Part와 모든 Part를 한꺼번에 볼수 있는 Package로 보기를 선택할 수 있다. 그리고 다른 Part를 편집할 경우에는 Next Part와 Previous Part를 이용하여 편집할 수 있다.

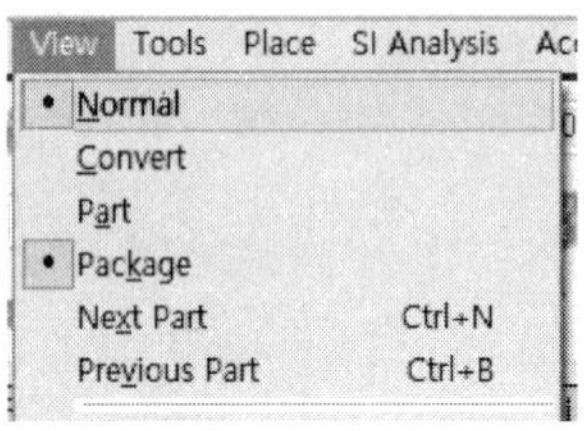

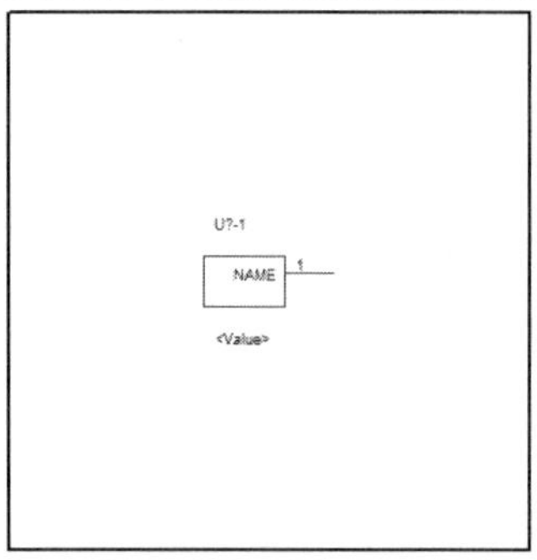

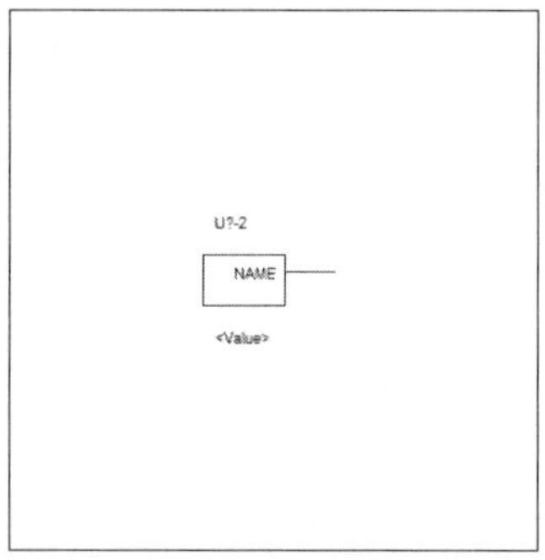

메뉴 Options에서는 Part의 속성을 추가하거나 편집하는 User Properties(메뉴 Options - Part Properties)와 Part의 설정을 변경할 수 있는 Edit Part Properties(메뉴 Options - Package Properties)가 있다.

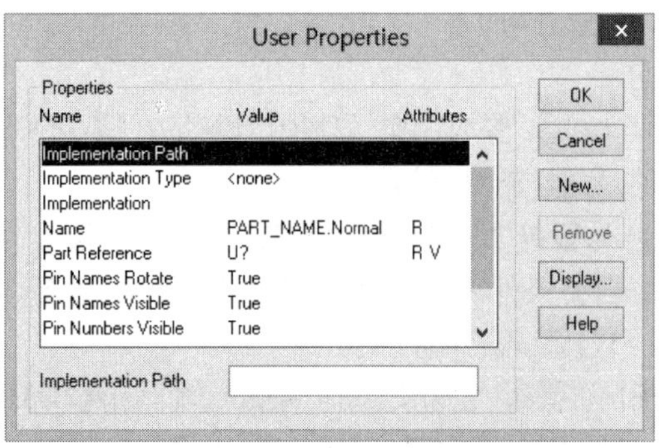

- Pin Names Rotate : 핀 이름 회전 가능
- Pin Names Visible : 핀 이름의 가시성여부
- Pin Numbers Visible : 핀 번호의 가시성여부

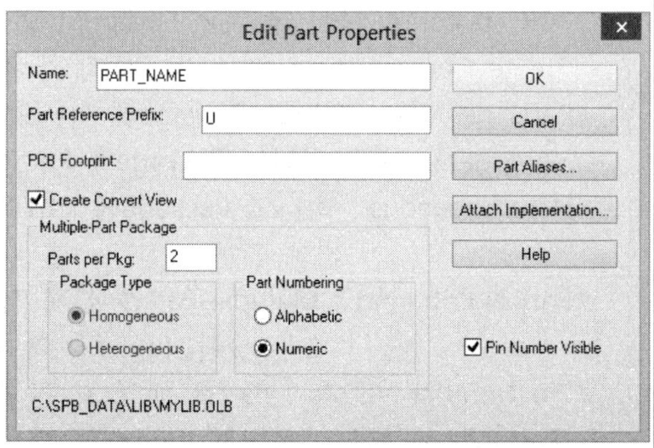

■ Pin 배치/수정

핀을 배치하기 위해서는 메뉴 Place - Pin을 이용하여 Part Symbol에 핀을 생성할 수 있다.

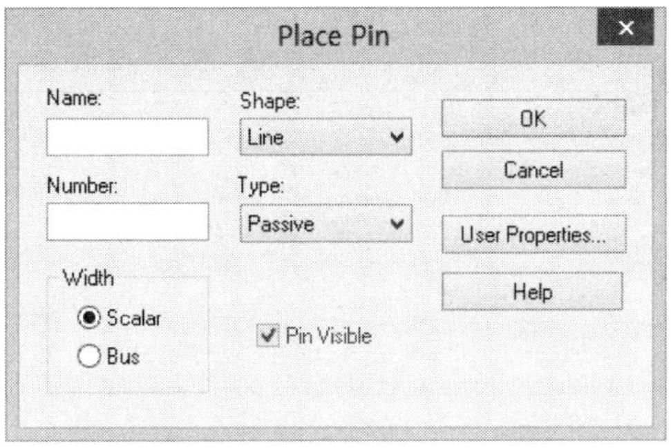

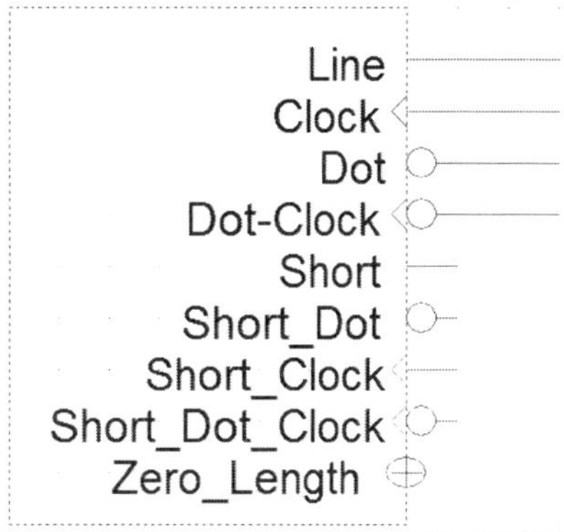

- name : 핀의 이름을 설정
- Number : 핀의 번호를 설정하며, Footprint의 핀과 숫자가 동일하여야 함
- Width : scalar(Part의 한 개의 핀), Bus(한 그룹의 포트; 예, PA0, PA1,...,PA7)
- Shape : 핀 모양 (Line; 3칸 핀, Short; 1칸 핀,Zero Length; 핀 없음, Clock, Dot)
- Type : 핀의 형식을 설정하며, DRC 검사 시 핀의 ERC Matrix에 설정에 따라 에러 또는 경고가 발생
  - 3 State; 3상태 핀,
  - Bidirectional; 인/아웃이 가능한 핀,
  - Input, Open Collector; 트랜지스터의 Collector가 package 핀으로 사용,
  - Open Emitter; 트랜지스터의 Emitter가 package 핀으로 사용,
  - Output, Passive; 수동소자용 핀,
  - Power; 전원핀
- Pin Visible : Pin의 Type이 Power일 때만 핀의 가시성을 설정하며, 체크 해지 시 해당 Pin은 Pin Name과 동일한 이름의 Net으로 자동 연결 (예;GND, VCC...)
- "User Properties" 버튼" : 핀에 설정된 내용을 확인 및 수정이 가능하며, 핀 속성 설정

※ 주의 : Pin의 type이 Power일 경우 핀의 이름과 핀의 번호를 중복 허용

복수개의 핀을 Part Symbol에 배치하기 위해서는 메뉴 Place - Pin Array를 이용하여 핀을 배치할 수 있다.

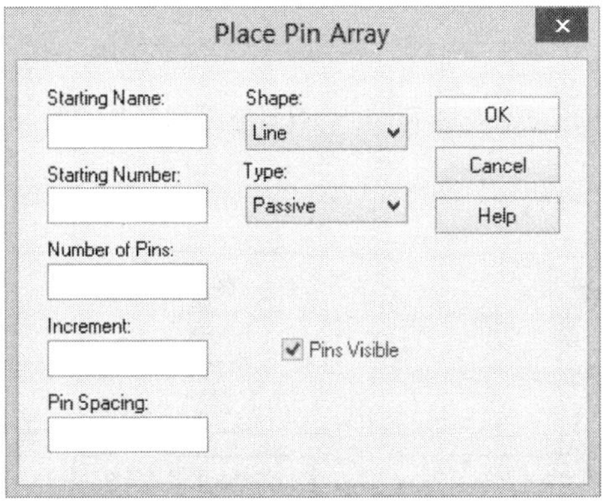

- Starting Name : 시작 핀의 이름이며, 이름의 마지막이 숫자일 경우 해당 번호부터 차례대로 핀 번호가 부여
- Staring Number : 설정된 번호부터 핀의 번호가 부여
- Number of Pins : Array로 배치할 핀의 수를 설정
- Increment : 핀의 이름 및 번호의 증가량을 설정
- Pin Spacing : Array로 배치할 핀의 간격을 설정

배치된 핀은 더블클릭하여 해당 핀을 수정할 수 있다. 배치되어 있는 핀들을 일괄 수정을 할 경우에는 마우스로 드래그 후 우클릭 - Edit Properties를 클릭하면 선택된 핀들을 일괄 수정할 수 있다.

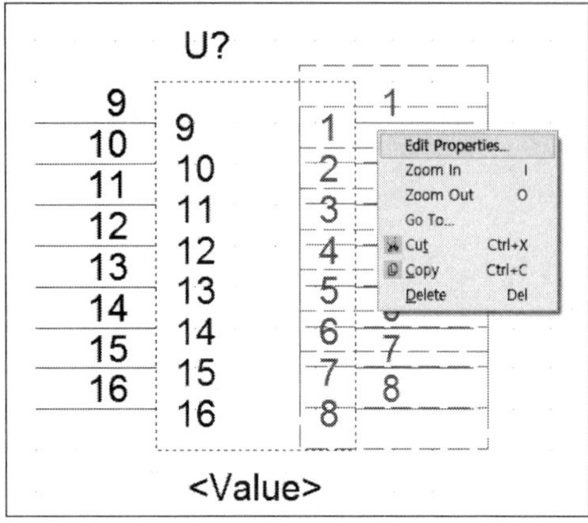

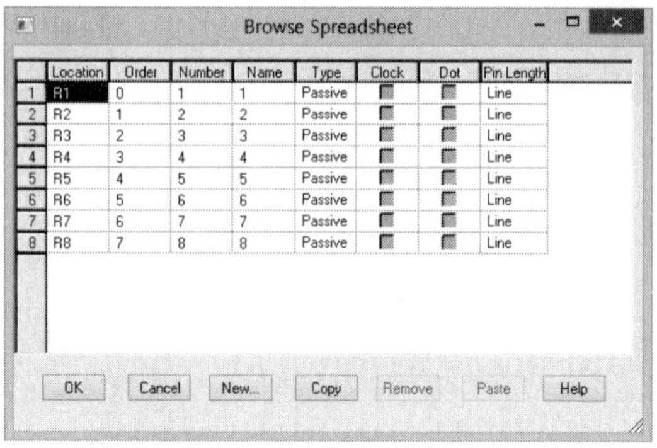

Package View모드(메뉴 View - Package)에서 메뉴 Edit - Properties를 클릭하여 Package Level에서 핀의 속성을 설정할 수 있다.

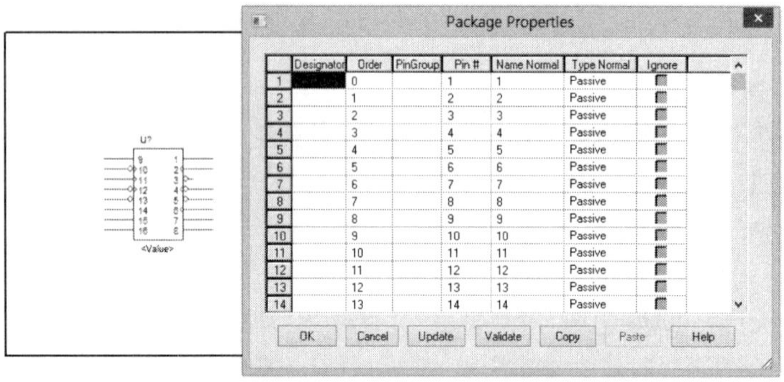

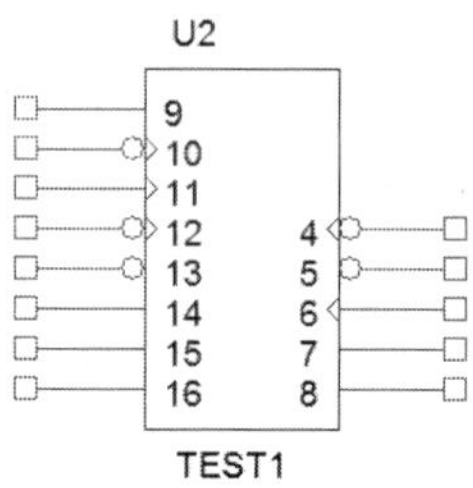

Pin을 Igrone 체크 시
해당핀은 없는핀으로 설정

- Designer : 핀 속성 설계자
- Pin Group : PCB 설계 시 Pin Swap을 위한 그룹을 설정
- Ignore : 해당 핀을 사용하지 않음

(Tip)

- Pin Swap은 PCB 설계 시 저항이나 스위치 등 동일한 성질을 가진 핀을 변경하여 Routing 작업을 용이하게 하는 방법

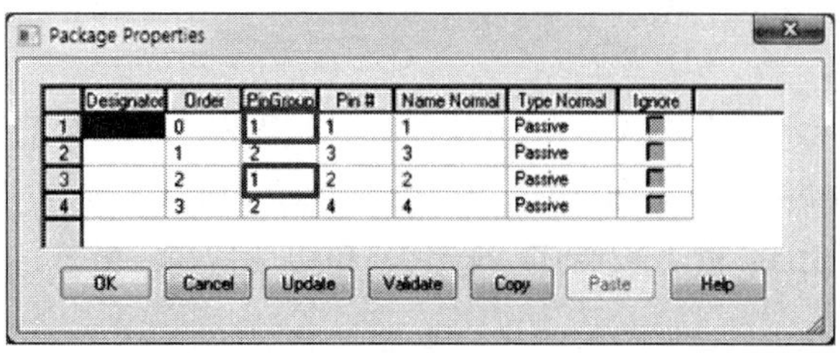

■ **Mechanical Part 속성 설정**

회로도에서 작성되는 Part들은 PCB의 Footprint와 핀 번호가 매칭되어 Netlist가 진행된다. Logo나 방열판, 기구홀 등과 같이 전기적 속성의 핀이 없거나, Footprint에 핀 번호가 없을 경우에는 Mechanical 속성으로 Part를 지정해 주면 된다. Part의 속성을 설정하기 위해서 메뉴 Options - Part Properties를 클릭하고 "New 버튼"을 클릭하여 Name은 "Class"를 입력하고 Value는 "Mechanical"을 입력하면 해당 부품은 Mechanical Part로 인식된다.

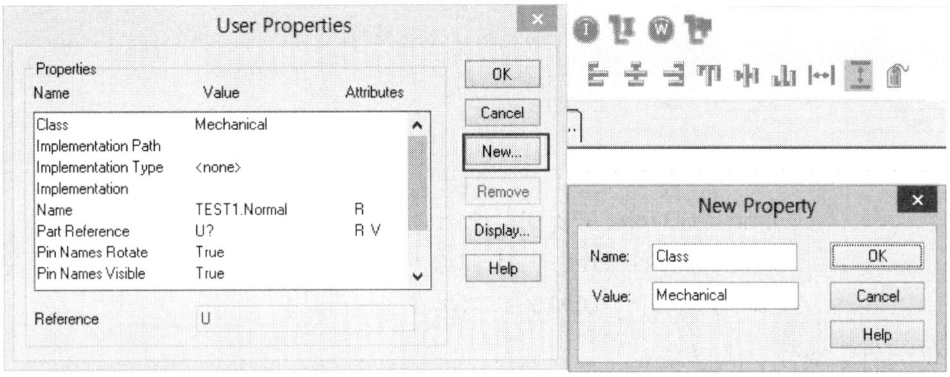

■ **Part에 No Connect Pin 속성 설정**

PCB Footprint에는 있으나 Part Symbol에는 해당 Pin이 없을 경우에는 No Connect(NC)속성을 설정한다. 메뉴 Options - Part Properties를 클릭하고 "New 버튼"을 클릭하여 Name은 "NC"를 입력하고 Value는 "핀번호1,핀번호2"와 같이 핀 번호를 입력한다.

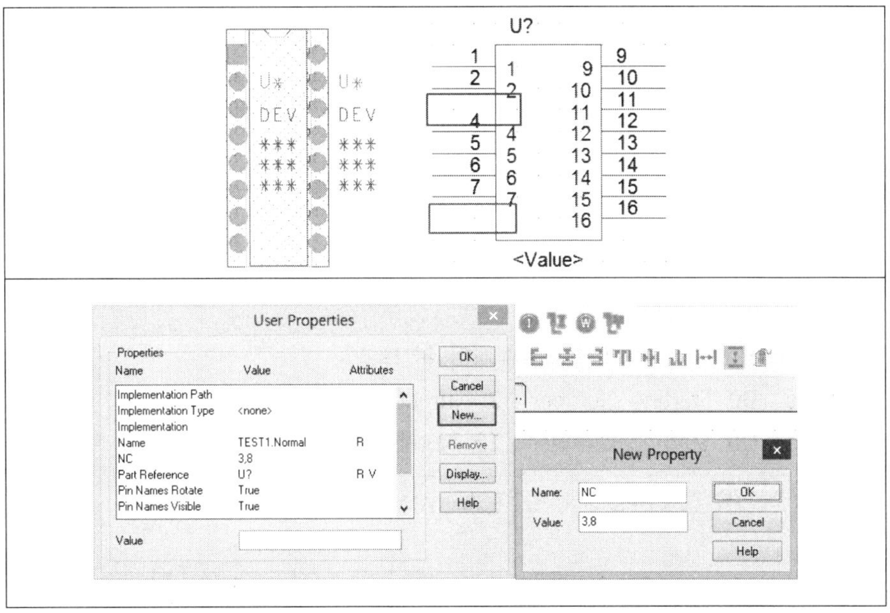

[Lab 2-1] CD74HC595/DIP

1. 메뉴 File - New (또는 Open) - Library를 클릭 후 추가된 Library파일에서 우클릭 - New Part 클릭
2. New Part Properties를 작성 후 "OK" 버튼 클릭

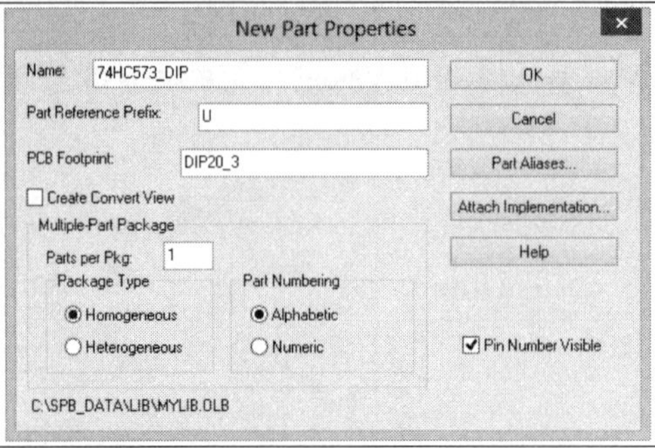

- Name : **CD74HC573_DIP** (Part명, 부품명)
- Part Reference Prefix : **U** (참조번호의 머리글)
- PCB Footprint : **DIP20_3** (기본 Footprint명)

3. 부품의 크기를 설정 (사각형 점선)
   - **세로 12칸, 가로 6칸 설정**
4. 메뉴 Place - Pin으로 Pin 배치 (개별 핀 배치)
   - Name : **O₩E₩** (₩는 윗줄), Number : **1**, Shape : **Line**, Type : **Input**, Width : **Scalar**
   - Name : **L₩E₩** (₩는 윗줄), Number : **11**, Shape : **Line**, Type : **Input**, Width : **Scalar**

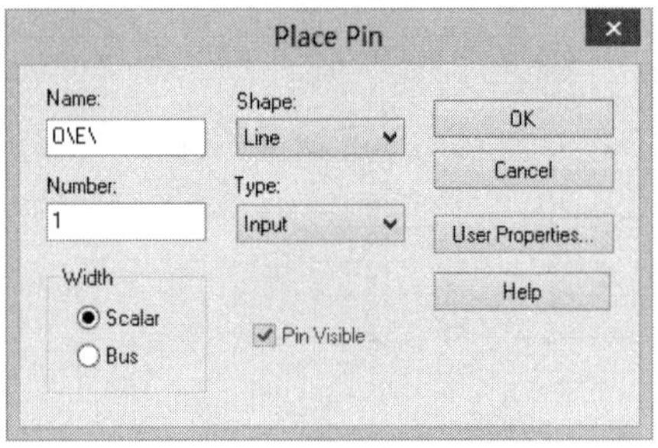

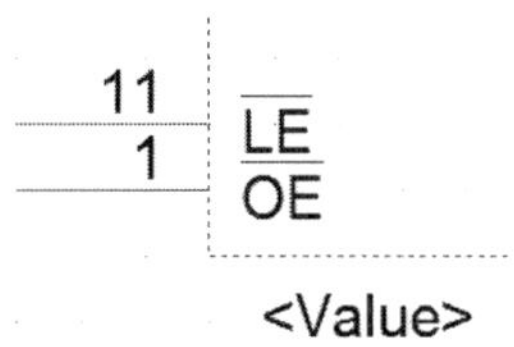

5. 메뉴 Place - Pin Array으로 Pin 배치 (복수개의 핀 배치)
   - Starting Name : **D0**, Starting Number : **2**, Number of Pins : **8**
   - Starting Name : **Q0**, Starting Number : **19**, Number of Pins : **8**

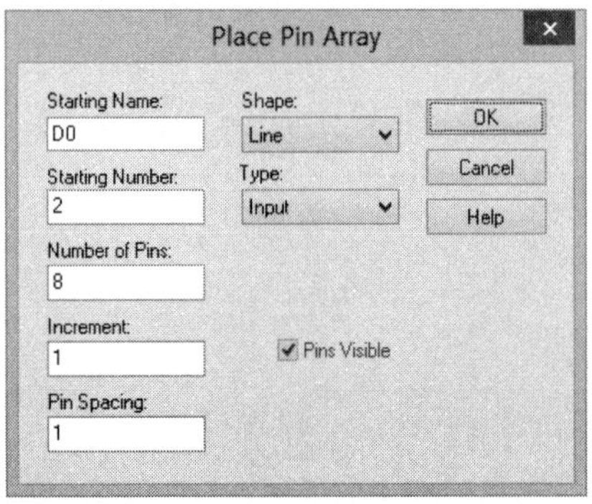

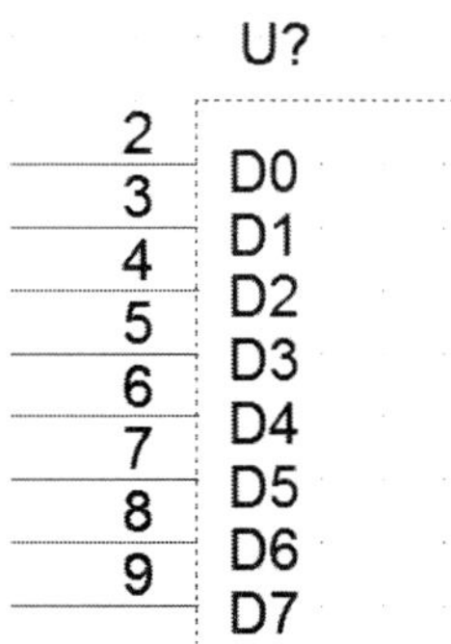

6. 핀의 정보 수정 시 해당 핀을 더블 클릭
7. 복수개 핀의 정보를 수정 시 핀 부분만 드래그 한 뒤 우클릭 - Edit Properties 클릭

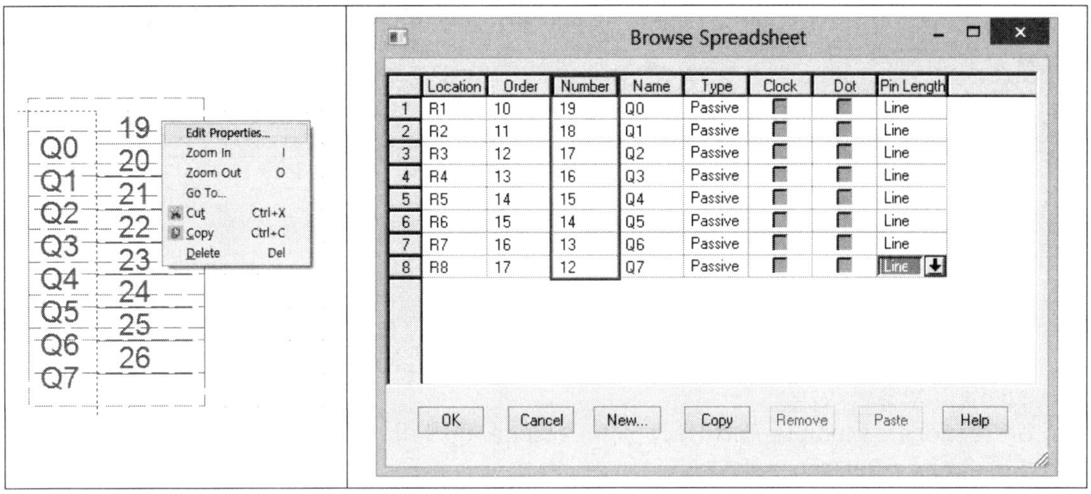

8. 전원 핀을 배치 시 메뉴 Place - Pin으로 power Pin 배치 (전원 핀 배치)
  - Name : **VCC**, Number : **20**, Shape : **Zero Length**, Type : **Power**, Pin Visible : **체크 해제**, Width : **Scalar**
  - Name : **GND**, Number : **10**, Shape : **Zero Length**, Type : **Power**, Pin Visible : **체크 해제**, Width : **Scalar**

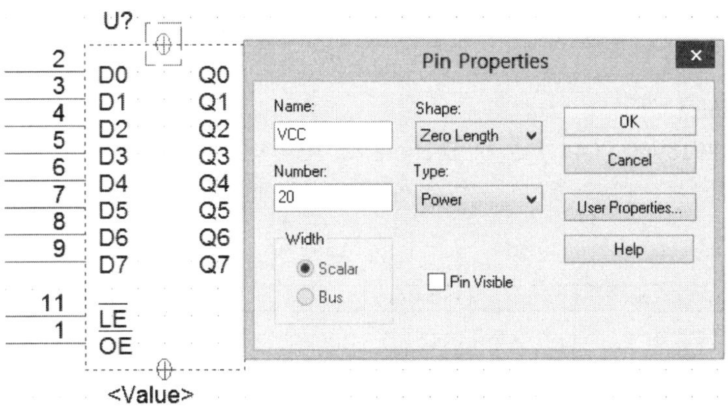

9. 메뉴 Place - Line으로 Part에 대한 Symbol을 작성. 사각형을 그림.

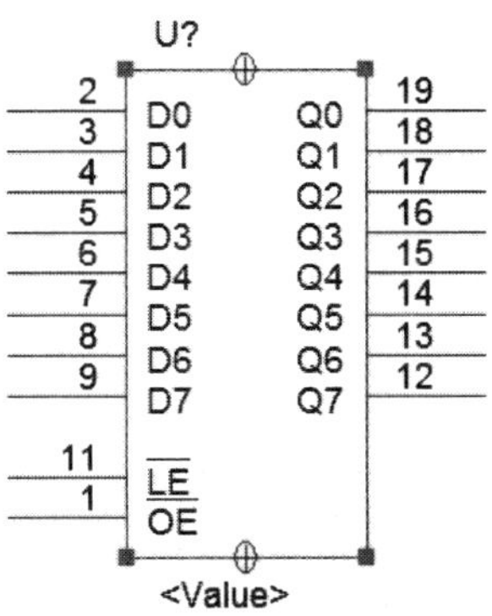

2-2 : Spreadsheet를 이용한 부품 생성

◆ Spreadsheet를 이용한 부품 생성

FPGA와 같이 많은 핀을 가진 Part를 생성할 때 Spreadsheet를 이용하여 간편하게 Part를 생성할 수 있다.

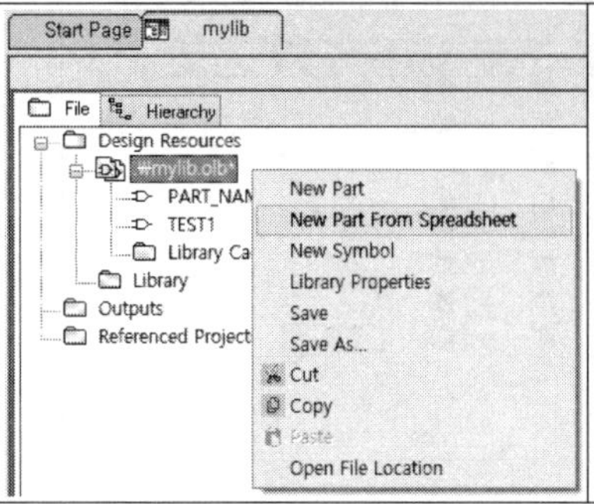

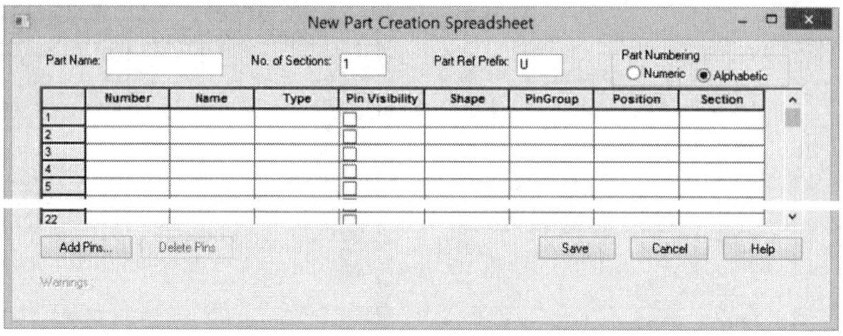

- Part Name : 부품의 이름
- No. of Sections : Multiple Part 생성 시 -Package 안에 몇 개의 Part가 있는지 설정
- Part Ref Prefix : Reference의 머리글
- Part Numbering : Multiple Part 표시할 때 숫자(Numeric)과 알파벳(Alphabetic) 중 선택

- Number : 핀 번호
- Name : 핀 이름
- Type : 핀의 형태
- Pin Visibility : 핀의 가시성
- Shape : 핀의 모양
- PinGroup : Pin Swap 그룹설정
- Position : 핀의 위치
- Section : Multiple Part표시

[Lab 2-2] XC18V00_PC44

1. 메뉴 File - New (또는 Open) - Library를 클릭 후 추가된 Library파일에서 우클릭 - New Part from Spreadsheet 클릭
2. Part에 대한 정보를 기입
   - Part Name : **XC18V00_PC44**, No. of Sections: 3, Part Ref Prefix : **U**, Part Numbering : **Alphabetic**

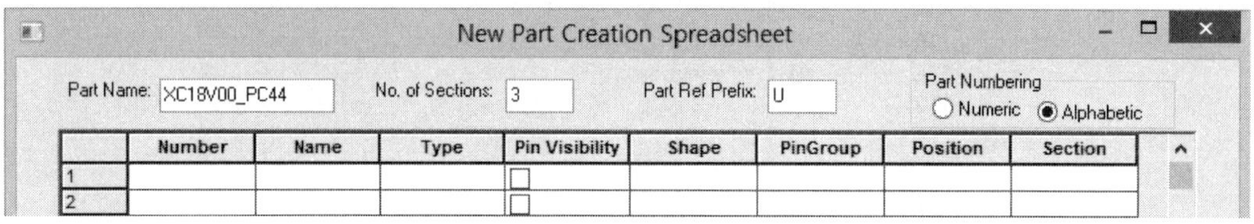

3. Input/Output에 관련된 핀 정보 A Section으로 기입

	Number	Name	Type	Pin Visibility	Shape	PinGroup	Position	Section
1	2	D0	Output	✔	Line		Right	A
2	35	D1	Output	✔	Line		Right	A
3	4	D2	Output	✔	Line		Right	A
4	33	D3	Output	✔	Line		Right	A
5	15	D4	Output	✔	Line		Right	A
6	31	D5	Output	✔	Line		Right	A
7	20	D6	Output	✔	Line		Right	A
8	25	D7	Output	✔	Line		Right	A
9	5	CLK	Input	✔	Line		Left	A
10	19	OE/R\S\T\	Bidirectional	✔	Line		Left	A
11	21	CE	Input	✔	Line		Left	A
12	16	CF	Output	✔	Line		Right	A
13	27	CEO	Output	✔	Line		Right	A
14	11	TMS	Input	✔	Line		Left	A
15	13	TCK	Input	✔	Line		Left	A
16	9	TDI	Input	✔	Line		Left	A
17	37	TDO	Output	✔	Line		Right	A

4. Power에 관련된 핀 정보를 B Section으로 기입

	Number	Name	Type	Pin Visibility	Shape	PinGroup	Position	Section
1	3	GND	Power	✓	Line		Bottom	B
2	12	GND	Power	✓	Line		Bottom	B
3	24	GND	Power	✓	Line		Bottom	B
4	34	GND	Power	✓	Line		Bottom	B
5	23	VCCINT	Power	✓	Line		Top	B
6	41	VCCINT	Power	✓	Line		Top	B
7	44	VCCINT	Power	✓	Line		Top	B
8	14	VCCO	Power	✓	Line		Top	B
9	22	VCCO	Power	✓	Line		Top	B
10	32	VCCO	Power	✓	Line		Top	B
11	42	VCCO	Power	✓	Line		Top	B

5. No Connect 핀은 C Section으로 기입

	Number	Name	Type	Pin Visibility	Shape	PinGroup	Position	Section
1	1	NC1	Passive	✓	Line		Right	C
2	6	NC2	Passive	✓	Line		Right	C
3	7	NC3	Passive	✓	Line		Right	C
4	8	NC4	Passive	✓	Line		Right	C
5	10	NC5	Passive	✓	Line		Right	C
6	17	NC6	Passive	✓	Line		Right	C
7	18	NC7	Passive	✓	Line		Right	C
8	26	NC8	Passive	✓	Line		Right	C
9	28	NC9	Passive	✓	Line		Right	C
10	29	NC10	Passive	✓	Line		Right	C
11	30	NC11	Passive	✓	Line		Right	C
12	36	NC12	Passive	✓	Line		Right	C
13	38	NC13	Passive	✓	Line		Right	C
14	39	NC14	Passive	✓	Line		Right	C
15	40	NC15	Passive	✓	Line		Right	C
16	43	NC16	Passive	✓	Line		Right	C

6. 완성된 Part 정보

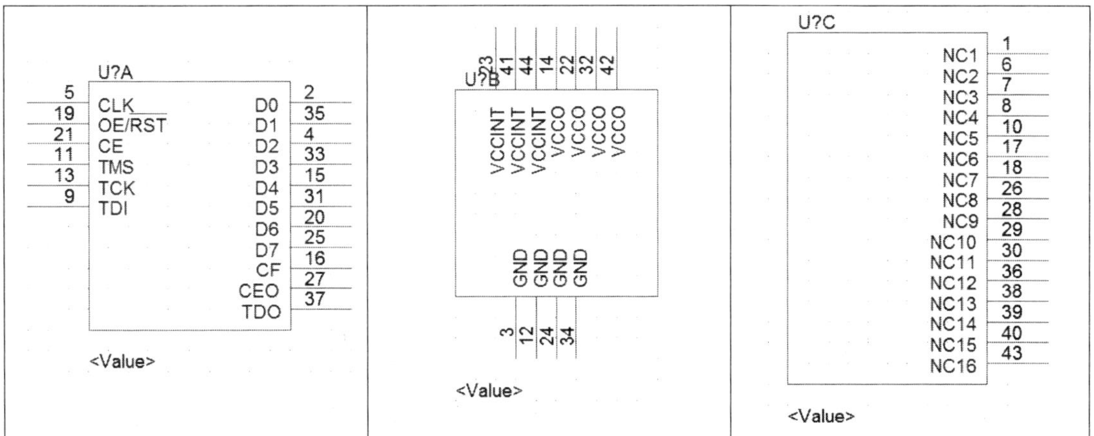

A Section　　B Section　　C Section

2-3 : Symbol 생성

◆ New Symbol

새로운 Symbol을 생성하기 위해서는 라이브러리 파일에서 우클릭 - New symbol을 클릭합니다. 생성할 수 있는 Symbol은 Power, Off-Page Connector, Hierarchical Port, Title Block, Pin Shape를 생성할 수 있다.

Title Block을 제외한 나머지 symbol은 Port가 기본적으로 생성되어 있고 그 외의 모양을 Draw 도구를 이용하여 작성할 수 있다.

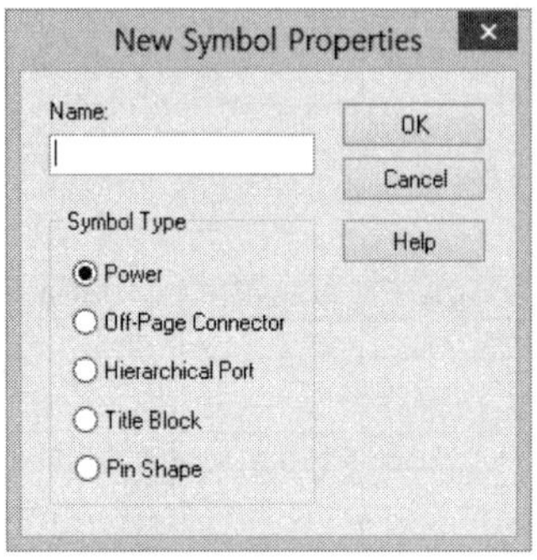

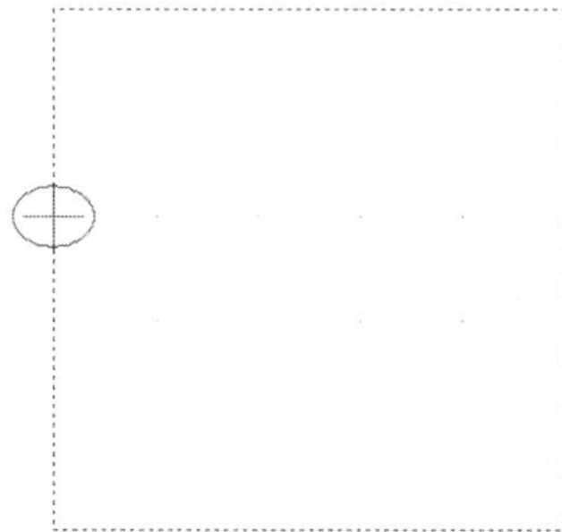

■ **Title Block**

Title Block의 기본 설정은 Design Template(메뉴 Options - Design Template)에서 설정이 가능하도록 속성명이 지정되어 있다.

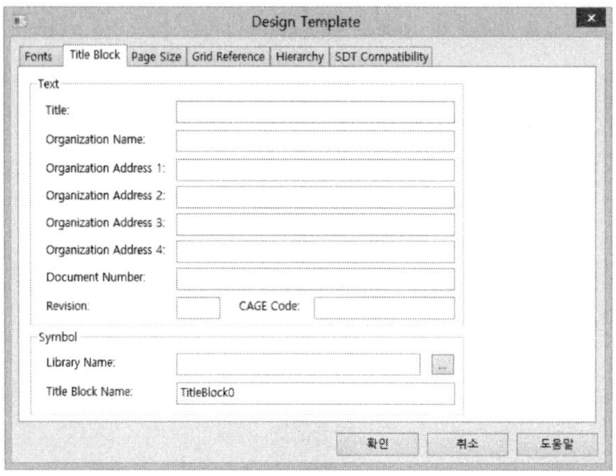

Name	설명
Title	문서의 제목을 기입하는 속성
Doc	문서 번호를 기입하는 속성
OrgAddr1	주소 1 속성
OrgAddr2	주소 2 속성
OrgAddr3	주소 3 속성
OrgAddr4	주소 4 속성
OrgName	회사명을 기입하는 속성
Page Count	총 페이지의 수 (Annotate 시 기입)
Page Number	현재 페이지 번호 (Annotate 시 기입)
Page Create Date	타이틀블록제작 날짜
Page Size	회로도면의 크기
RevCode	도면의 버전
Cage Code	납품 코드
Page Modify Date	회로도 수정날짜

[Lab 2-3] Title Block

1. 라이브러리를 클릭 후 우클릭 - New Symbol을 클릭

2. New Symbol Properties창에서 Name에는 타이틀 블록 이름을 기입하고 Symbol Type에는 Title Block을 선택

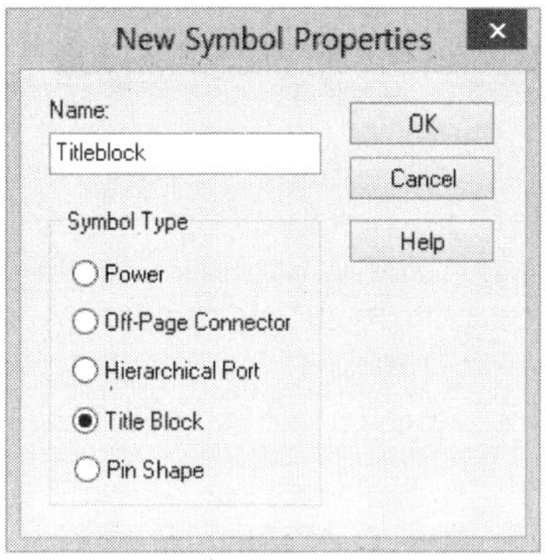

3. 새로운 속성을 기입하기 위해 메뉴 Options - Part Properties... 을 클릭

4. 위 Part Properties 를 클릭하면 아래와 같이 User Properties 창이 나타나며, 여기서 New 버튼을 클릭하여 새로운 라이브러리를 생성

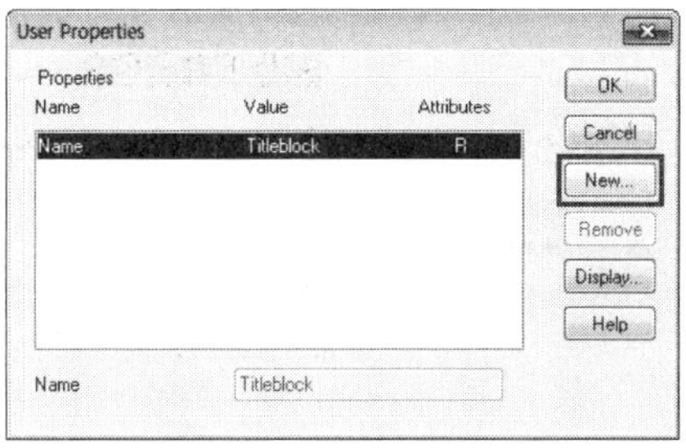

5. 속성이름과 값을 아래와 같이 기입
   - Name : **Title**, Value : **<Title>**
   - Name : **Doc**, Value : **<Doc>**
   - Name : **OrgAddr1**, Value : **<OrgAddr1>**
   - Name : **OrgAddr2**, Value : **<OrgAddr2>**
   - Name : **OrgAddr3**, Value : **<OrgAddr3>**
   - Name : **OrgAddr4**, Value : **<OrgAddr4>**
   - Name : **OrgName**, Value : **{OrgName}**
   - Name : **Page Count**, Value : **1**
   - Name : **Page Number**, Value : **1**
   - Name : **Page Create Date**, Value : **(제작날짜) 20YY. MM. DD**
   - Name : **Page Size**, Value : **A**
   - Name : **RevCode**, Value : **?**
   - Name : **Cage Code**, Value : **<Cage Code>**
   - Name : **Page Modify Date**, Value : **<Page Modify Date>**

6. 속성을 생성 후 속성이 화면에 보이게 하기 위해서 User Properties 창에서 속성 이름을 클릭 후 Display 버튼을 클릭

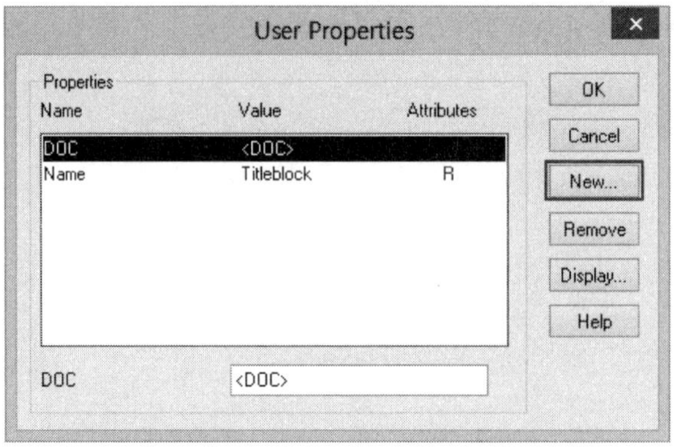

7. Display Format에서 Value Only를 체크 후 "OK버튼"을 클릭

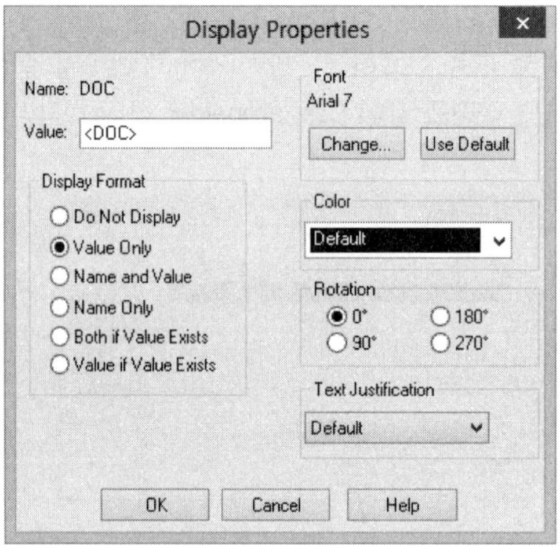

8. 모든 속성값 및 Display 속성을 모두 기입한 다음 User Properties 창을 닫습니다.

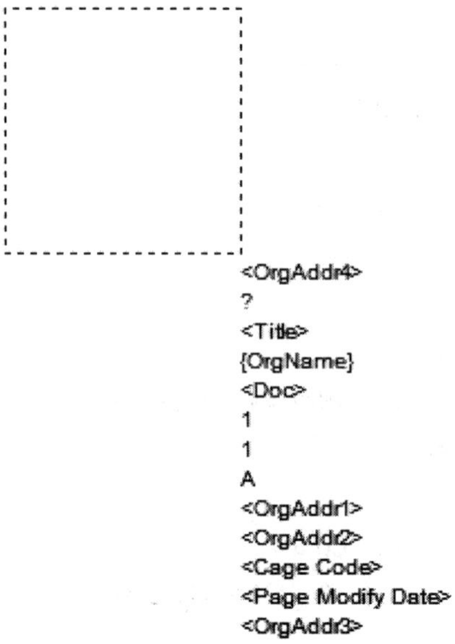

9. Add Line과 Add Rectangle으로 타이틀블록의 외형을 작성

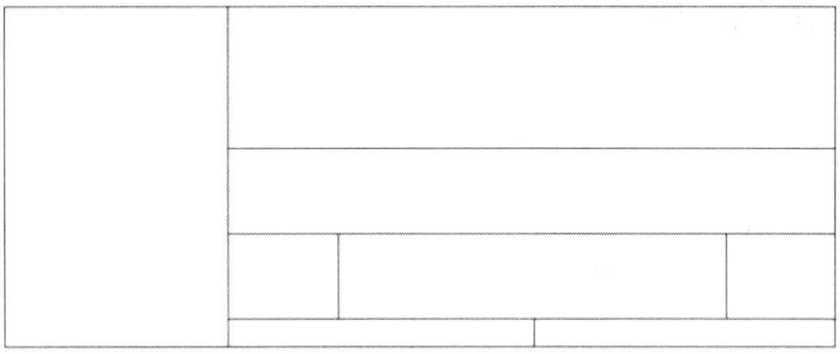

10. Grid를 무시하기 위해서 Snap to Grid아이콘을 클릭하여 Snap to Grid를 끄고, 그리고 Add Text로 텍스트를 배치

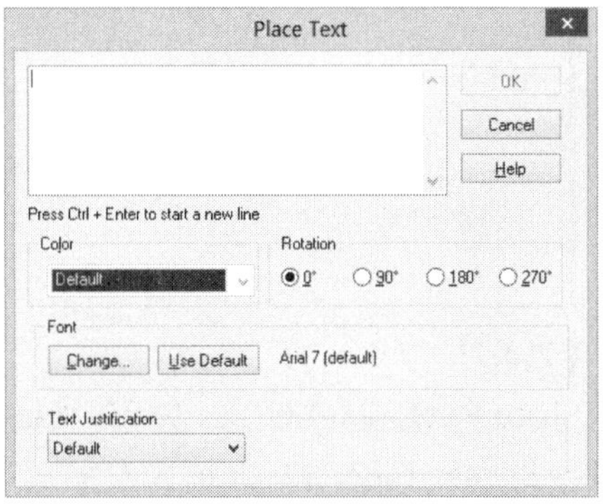

11. 아래와 같이 텍스트를 배치

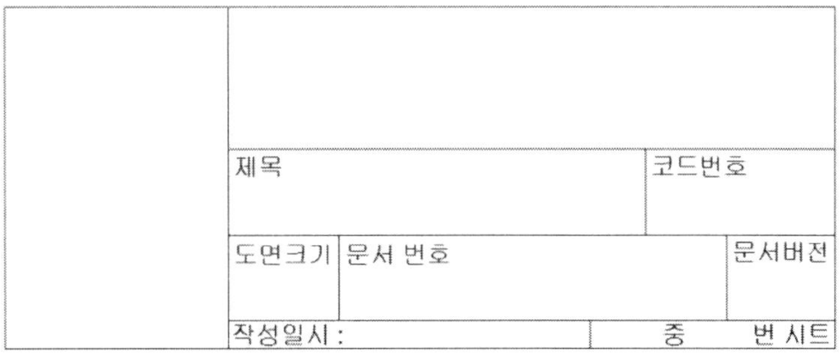

12. 사각형 밖에 있는 속성을 정해진 위치에 배치

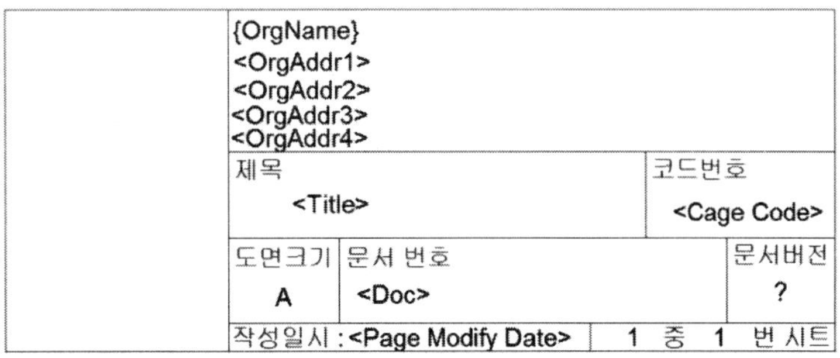

13. 메뉴 Place - Picture를 클릭하여 로고를 배치

14. 메뉴 Save로 저장

Chapter 3 배치 및 배선

3-1 : Part 배치

◆ 라이브러리 추가하기

■ 프로젝트 매니저에서 라이브러리 추가하기

프로젝트 매니저 창에서 Library 항목을 선택 후 우클릭 - Add File을 클릭하여 라이브러리를 추가한다.

※ 주의 : 프로젝트 매니저에 추가된 라이브러리는 Place Part 창에서 "Remove Library로 제거되지 않는다.

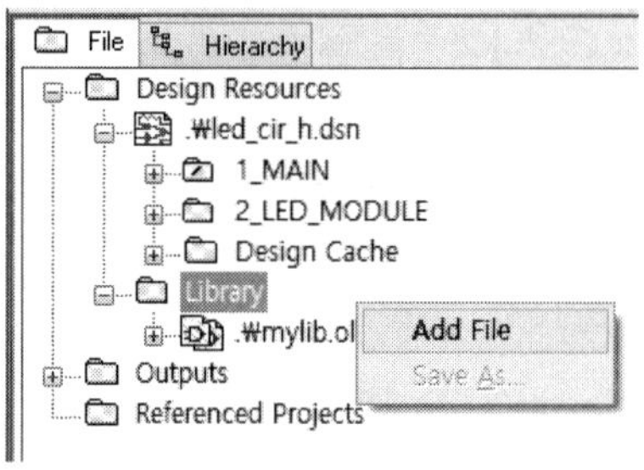

■ Place Part창에서 라이브러리 추가하기

메뉴 Place - Part를 클릭한 다음 Place Part창에서 Libraries 항목의 Add Library 아이콘을 클릭하여 라이브러리를 추가한다. 부품을 추가할 때는 Browse File창에서 "Ctrl + A"를 클릭하면 모든 라이브러리를 선택하여 추가할 수 있다.

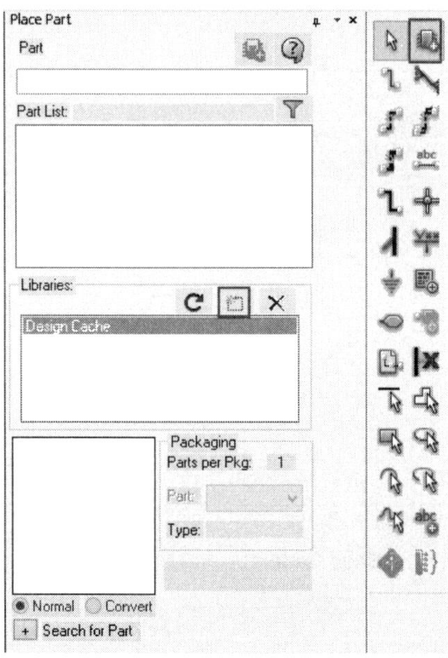

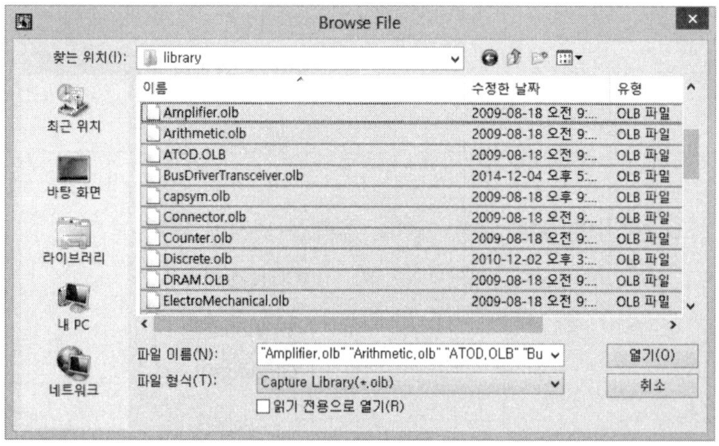

◆ 부품 검색하기

■ Place Part 창의 Part에서 검색하기

Place Part 창에서 Part 기입 칸에 부품명을 검색하여 부품을 찾을 수 있다.

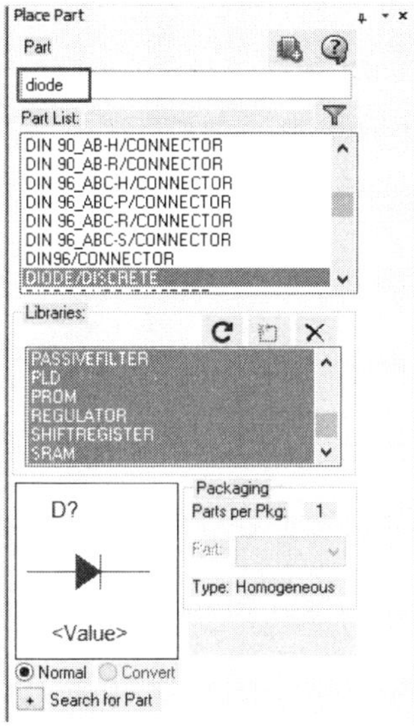

■ Filter 기능을 이용하여 부품 검색

Part 기입 칸에서 "*(와일드 문자)"를 이용하여 부품을 검색할 수 있다. 원하는 검색어가 포함된 Part를 찾을 경우 "*(검색어)*"로 입력하면 되며, 검색어로 끝나는 부품은 "*(검색어)"로 Part를 검색할 수 있다.

Filter 기능을 종료하기 위해서는 " * Enter↵"로 Filter 기능을 해지시킬 수 있다.

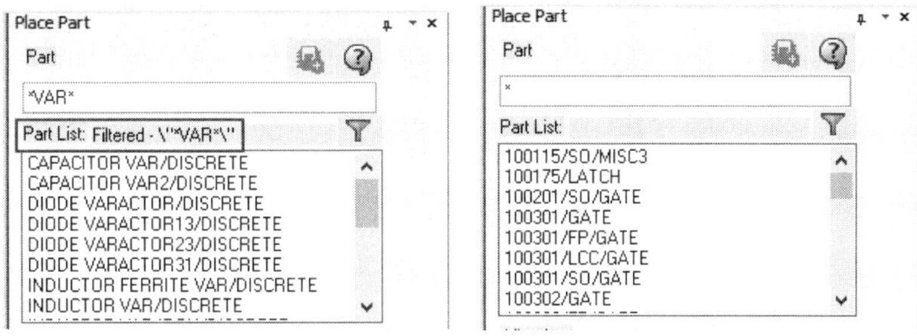

■ Search for Part 창으로 부품 검색

Place Part 창에서 아래에 있는 Search for Part 창에서 라이브러리를 Place Part창에 추가하지 않고 선택된 Path에 포함된 Library를 검색할 수 있다.

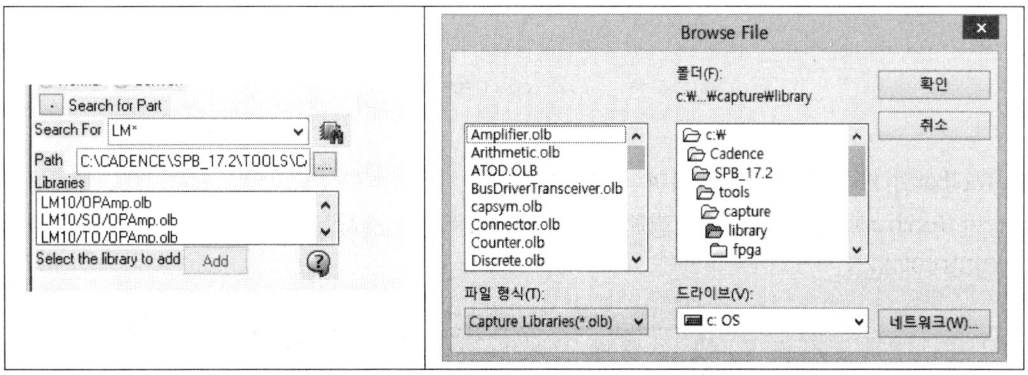

◆ 부품 배치하기

■ Place Part 창에서 부품 배치하기

Place part 창에서 부품을 검색 및 선택한 다음 "Enter↵"키를 누르면 화면에 마우스를 따라 부품이 나타난다. 이 상태에서 부품 배치모드가 종료되기 전까지 연속으로 부품을 배치할 수 있다.

부품을 배치 중에 우클릭 메뉴를 이용하여 90도 회전(Rotate;단축키 R), 좌우반전(Mirror Horizontally; 단축키 H), 상하반전(Mirror Vertically; 단축키 V)를 눌러 회전시켜 배치할 수 있다.

배치모드를 종료할 때에는 우클릭 - End Mode로 배치모드를 종료할 수 있다.

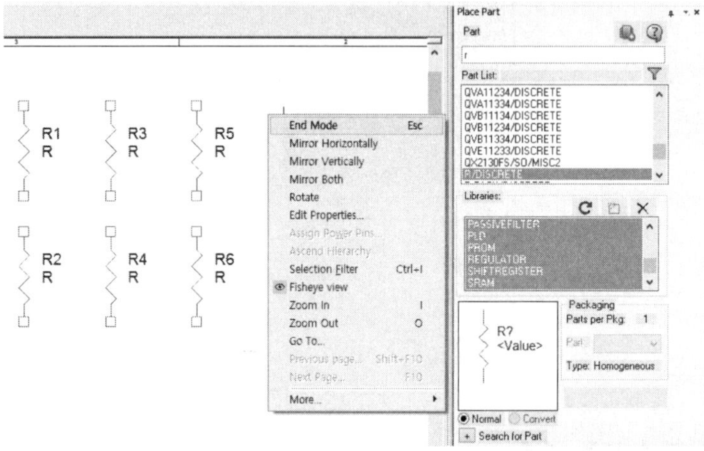

하나의 Package에 여러 개의 Part가 있을 경우에는 Packaging의 Part 중에서 원하는 세션을 선택하여 배치할 수 있으며, 이미 배치된 Part를 수정할 경우에는 Reference의 마지막 세션정보(U1A, U1B,...)를 수정하여 변경할 수 있다.

Convert View가 있는 Part의 경우에는 Normal과 Convert를 체크하여 Symbol을 변경해 가며 부품을 배치할 수 있다.

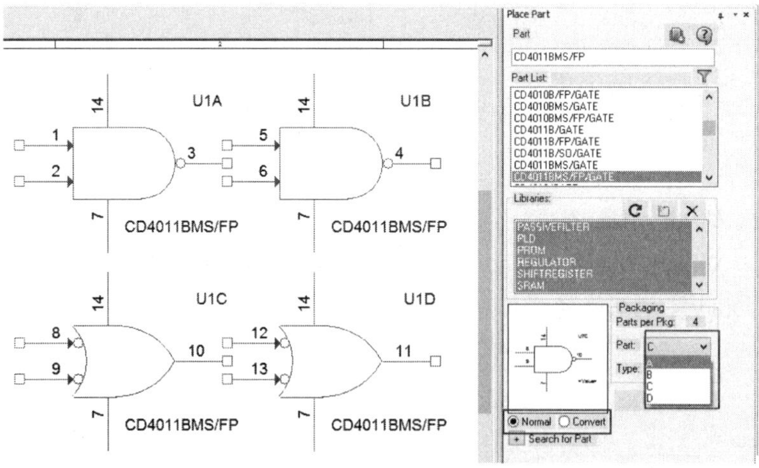

■ Toolbar의 Place Part을 이용하여 부품배치

상단 Toolbar에 있는 Place Part창에서 Part명을 입력하여 배치할 수 있다. 이때 Part의 이름을 정확하게 입력하여야 한다.

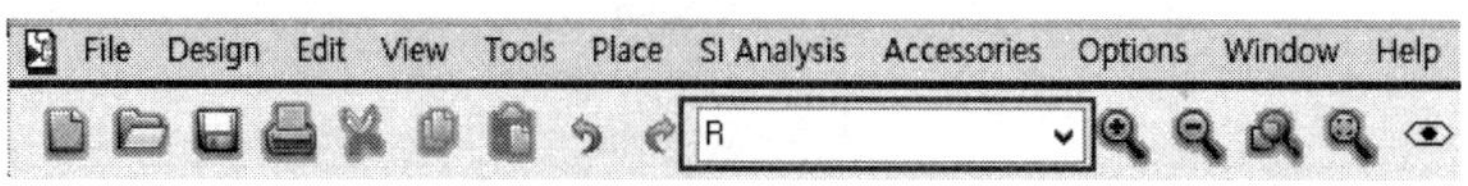

◆ 전원 / 그라운드 / 타이틀블록 / 그림 배치하기

■ 부품 배치하기 전원 / 그라운드 심벌 배치하기

메뉴 Place - Power 또는 Ground를 이용하여 전압 심벌 및 그라운드 심벌을 배치할 수 있다.

※ 주의 : GND와 GND_POWER의 심벌은 동일하지만 Net의 이름이 다르므로 주의한다.

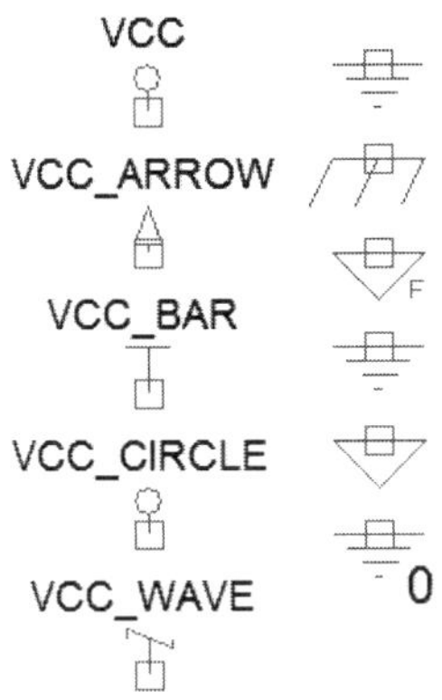

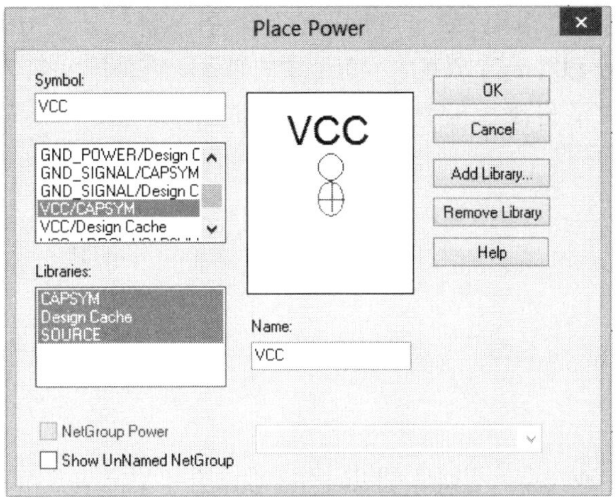

■ 타이틀 블록 배치하기

메뉴 Place - Title Block을 클릭하여 배치된 타이틀 블록을 변경하거나 새로 배치할 수 있다.

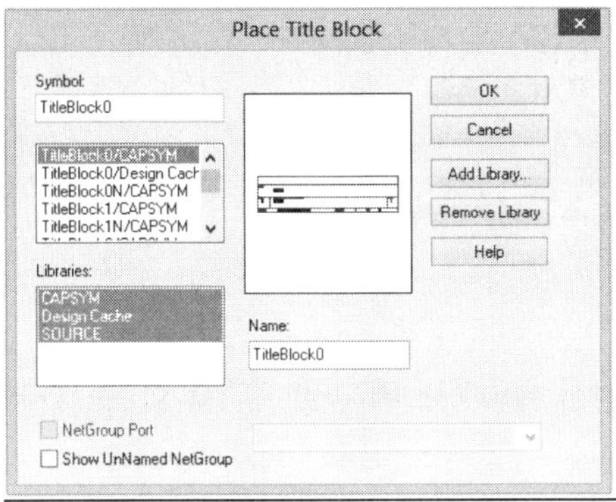

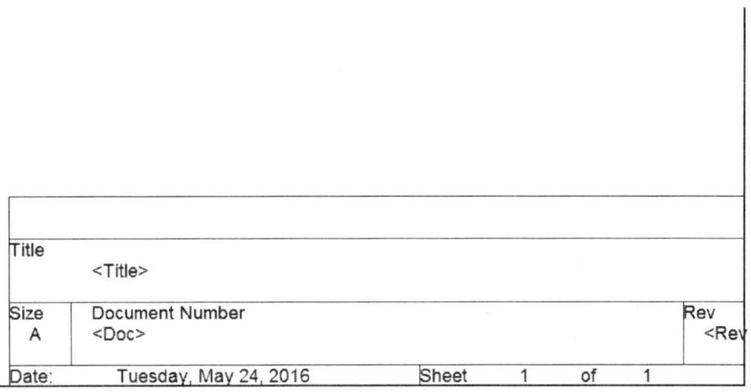

※ 생성한 타이틀블록을 사용하려면 Add Library를 클릭하여 라이브러리를 추가하여야 한다.

■ 그림 배치하기

메뉴 Place - Picture를 클릭한 뒤 Place Picture 창에서 파일형식을 선택하고, 원하는 사진 또는 그림 파일을 불러 올 수 있다.

3-2 : 배선하기

◆ 배선 (Wire / Net Alias / Bus...)

■ Wire

Wire는 PCB 설계 시 Net으로 사용된다. Wire를 그리기 위해서는 메뉴 Place - Wire를 클릭하고 Wire를 연결할 지점들을 마우스로 클릭하여 연결할 수 있다.

Part의 경우 핀의 끝에 있는 사각형을 클릭하였을 때, 사각형이 사라져야 Wire가 제대로 연결이 된 것이다. 그리고 Wire가 핀 또는 다른 Wire에 연결될 때에는 빨간색 원형 점이 생성된다.

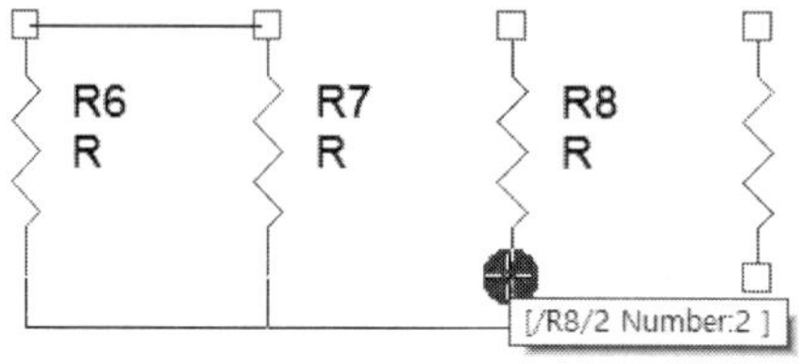

■ Junction

Junction은 Wire가 T 형태로 연결되거나 접속하지 않고 교차하는 배선을 작성할 때 사용하며, 메뉴 Place - Junction을 클릭하여 Junction을 배치하거나 제거할 수 있다. (Toggle 동작)

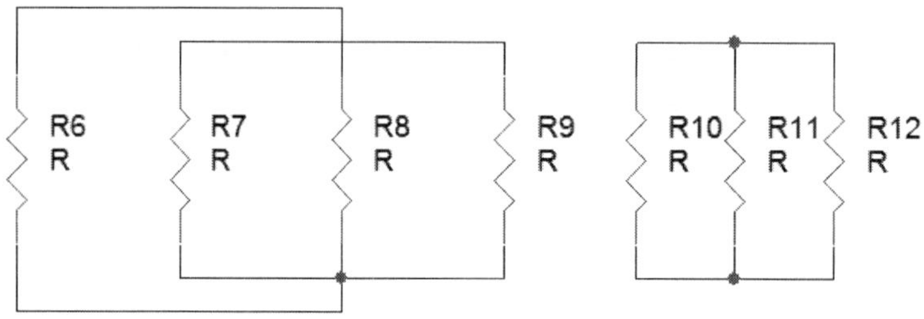

■ No Connect

사용하지 않는 핀을 표시할 때 사용하며, 메뉴 Place - No connect를 클릭하여 배치 및 제거를 할 수 있다. (Toggle 동작)

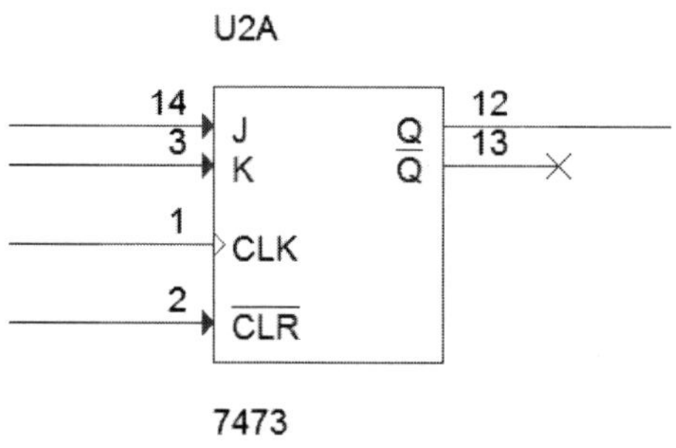

(Tip)

- Wire 작업 시 Part의 사각형 핀이 사라지지 않거나 Wire가 Grid를 따라 움직이지 않을 경우, Snap to Grid 아이콘이 On 상태인지 확인한다.

 (ON 상태),  (OFF 상태)

■ **Net Alias**

Wire에 Net의 이름을 설정하는 기능으로 메뉴 Place - Net Alias 클릭한 다음 Place Net Alias창의 Alias 빈칸에 설정할 넷의 이름을 기입한다. OK를 클릭 후 설정할 Wire를 클릭한다.

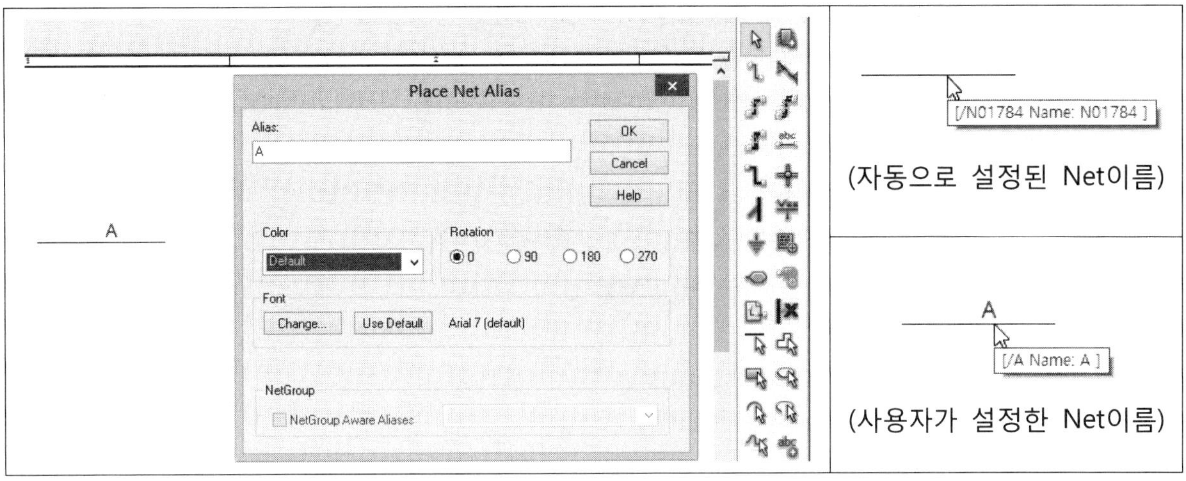

Wire에 Net 이름이 설정되면 같은 Page내에 있는 동일한 이름의 Net은 Logic적으로 연결된 상태가 된다. 아래 두 그림은 동일한 Logic을 가지게 된다.

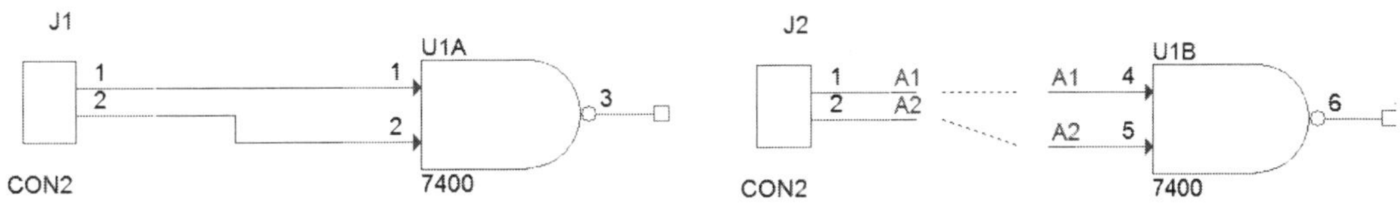

■ **Bus**

Bus는 동일한 Port 또는 Address Wire를 묶어 표현하기 위해 사용되며, 메뉴 Place - Bus 클릭하여 작성할 수 있다. Bus의 Bit를 표현하기 위해서 Net Alias를 이용하며 "머리글[상위비트..하위비트]"순으로 표현할 수 있다.

Wire와 Bus를 연결하기 위해서는 Bus Entry (메뉴 Place - Bus Entry)를 이용하여야 하며, Wire에는 Bus에 연결된 Net의 이름을 Net Alias로 설정하여, Bus를 구성할 수 있다.

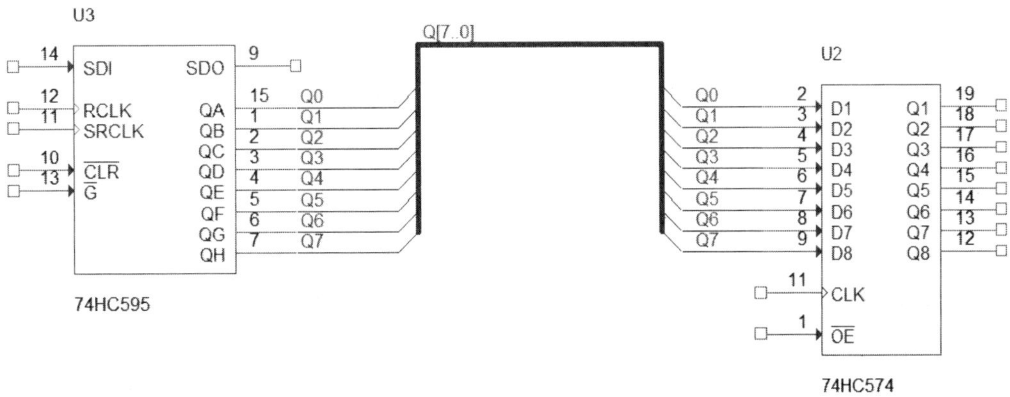

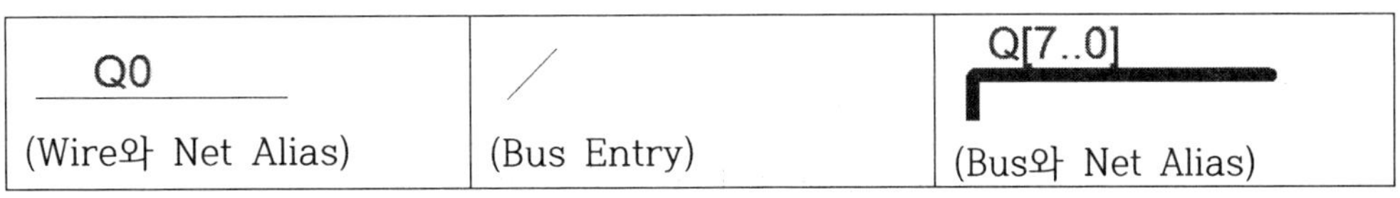

■ **Net Group**

Net Group은 Bus의 상위 개념으로 Connect나 ISP, JTAG와 같이 각각의 넷의 이름은 다르지만 버스처럼 묶어서 사용할 수 있으며 메뉴 Place - Net Group을 클릭하여 설정할 수 있다.

Net Group의 구성은 Scalar(Wire), Bus, 다른 Net Group으로 구성할 수 있다.

NetGroup창의 "Place NetGroup Block"을 클릭하여 Net Group 블록을 생성하여 작성할 수 있으며, 또는 Bus를 그린 후 Net Alias창 하단에 있는 "NetGroup Aware Aliases"를 체크하고 Net의 이름을 설정함으로써 Net Group 블록없이 작성할 수 있다.

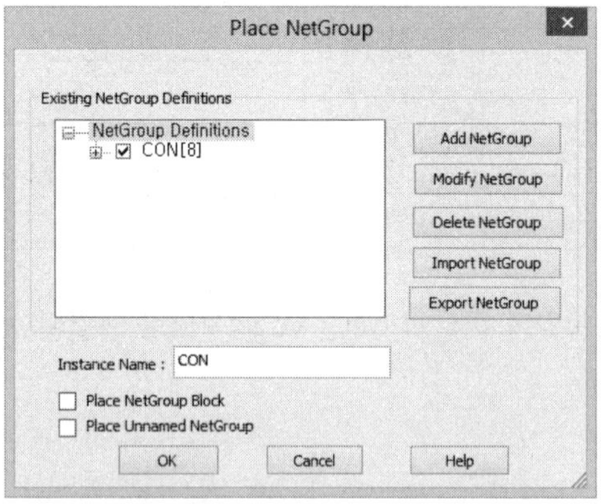

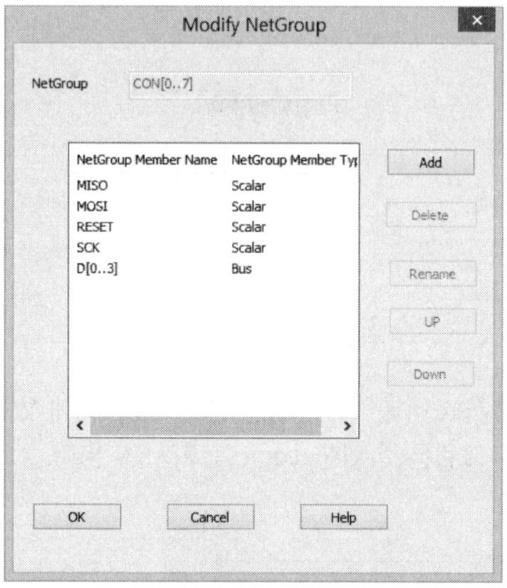

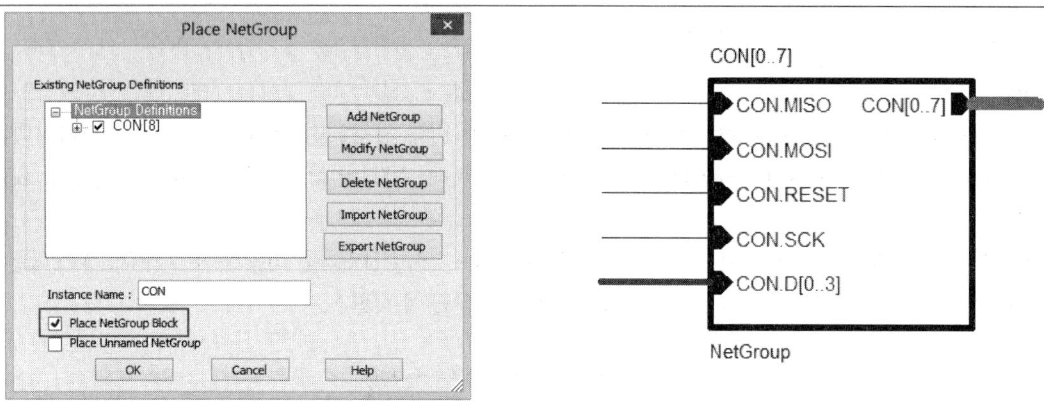

(Net Group Block으로 표현)

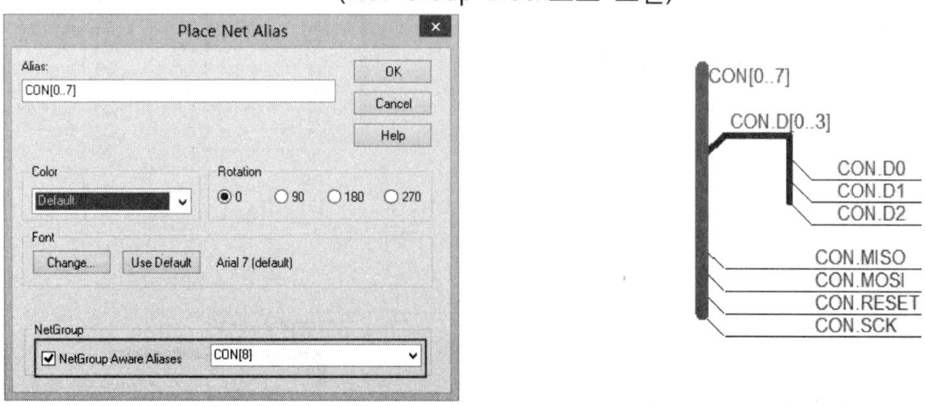

(Bus선과 Net Alias로 표현)

◆ 평면구조 및 계층구조 배선 (Off-Page Connector / Hierarchical Port)

■ Off-Page Connector

동일한 Schematic의 서로 다른 Page를 연결하기 위해서는 Off-page Connector(메뉴 Place - Off-page Connector)로 배치한다.

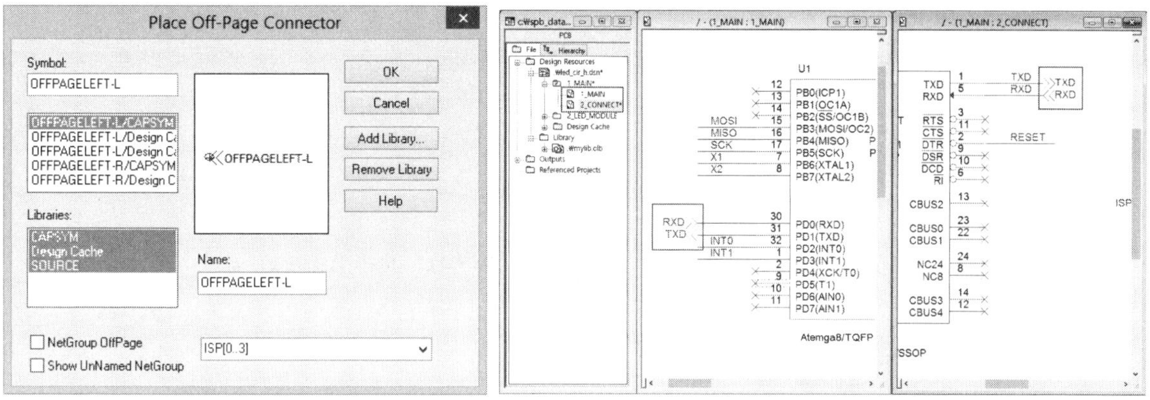

■ Hierarchical Port / Block

상위 Schematic에 하위 Schematic을 배치한 계층구조 형태의 도면을 설계하기 위하여 하위도면에서 상위도면으로 연결한 Net은 Hierarchical Port(메뉴 Place - Hierarchical Port)로 구성되어야 하며, 상위 도면에서는 Hierarchical Block(메뉴 Place - Hierarchical Block)으로 이용할 수 있다. 하위 Schematic이 반복적으로 사용될 경우에는 여러 개의 Hierarchical Block을 이용하여 표현 할 수 있으며, 다른 경로의 파일에 있는 Schematic을 이용할 수도 있다.

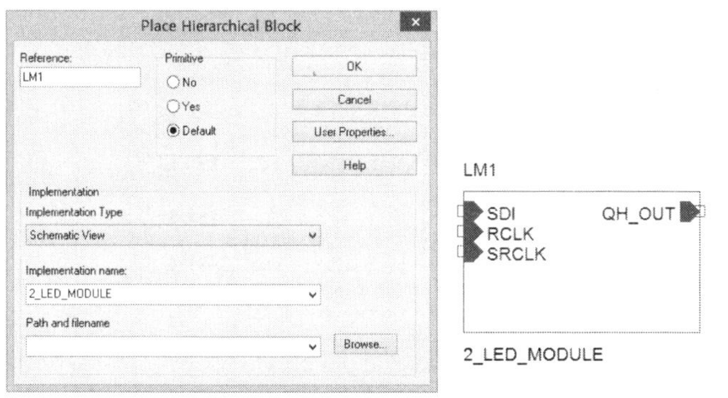

(상위 schematic)

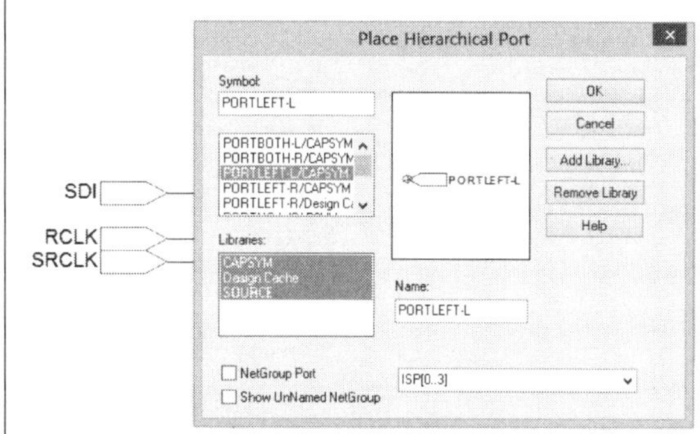

(하위 Schematic)

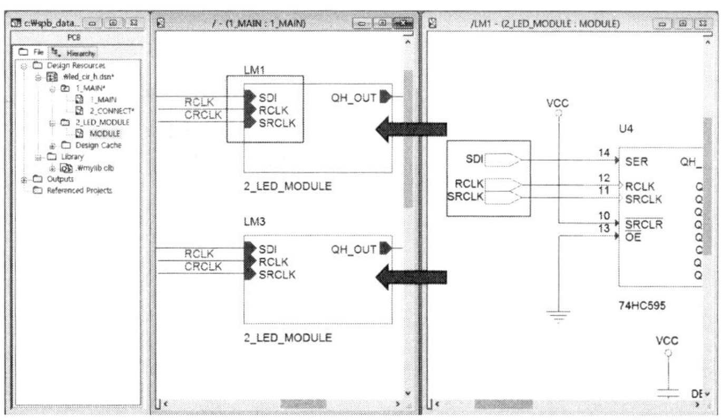

[Lab 3-1] 2_LED_MODULE / MODULE

1. 프로젝트 매니저 창에서 "(파일명).DSN"을 선택 후 우클릭 - New Schematic을 클릭
2. New Schematic 이름을 "2_LED_MODULE"로 설정

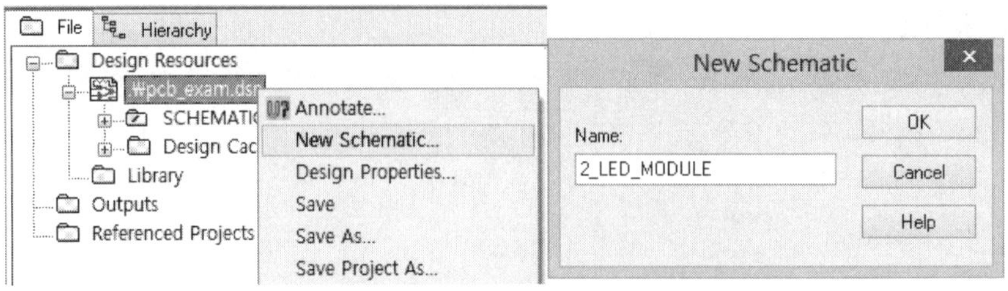

3. 프로젝트 매니저 창에서 "2_LED_MODULE"을 선택 후 우클릭 - New Page를 클릭
4. New page 이름을 "MODULE"로 설정

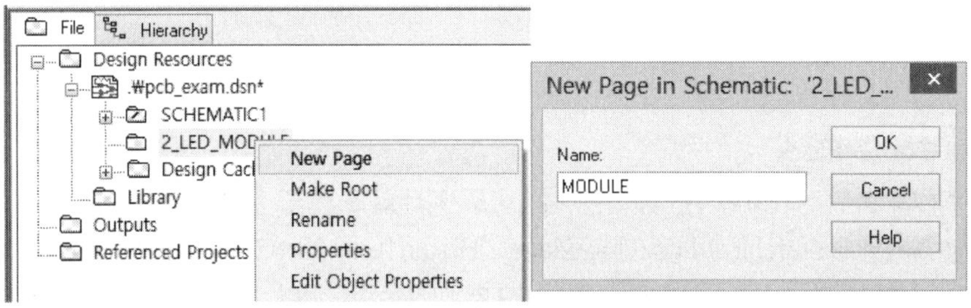

5. "2_LED_MODULE / MODULE"을 아래와 같이 회로도 작성

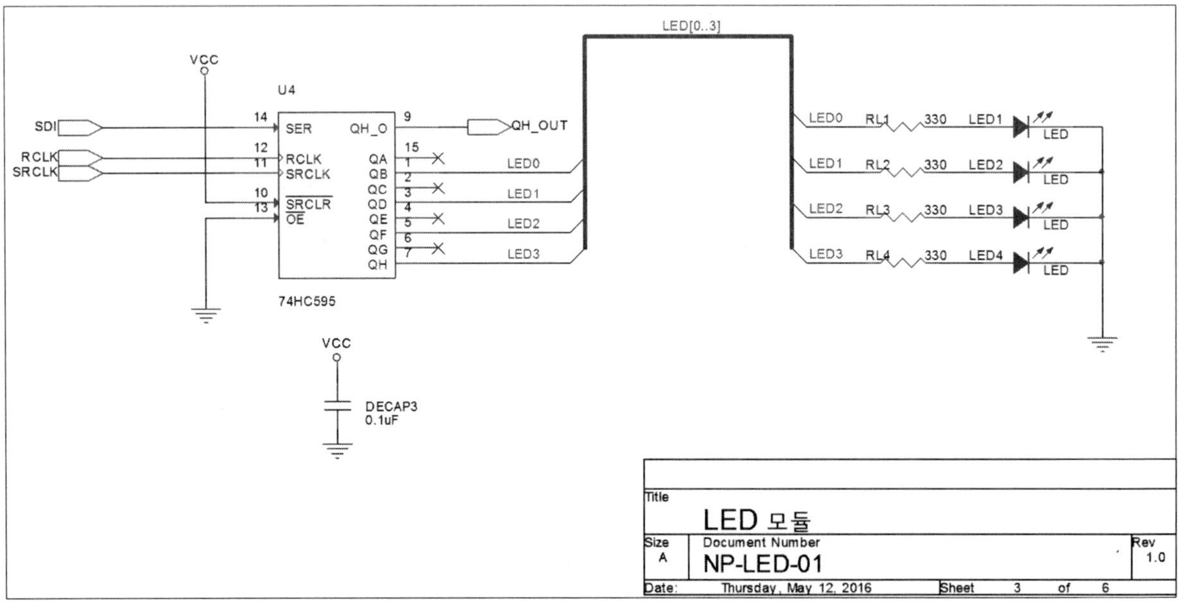

[Lab 3-2] 1_MAIN / 1_MAIN

1. 프로젝트매니저 창에서 "Schematic1"과 Schematic1의 "Page1"을 우클릭 - Rename하여 "1_Main"으로 변경

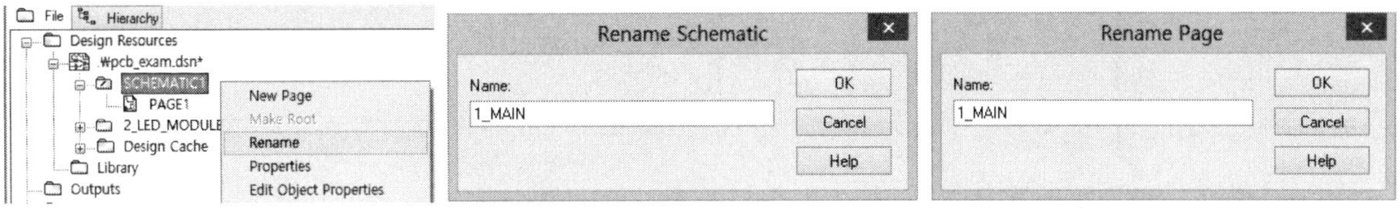

2. "1_MAIN / 1_MAIN"을 아래와 같이 회로도 작성

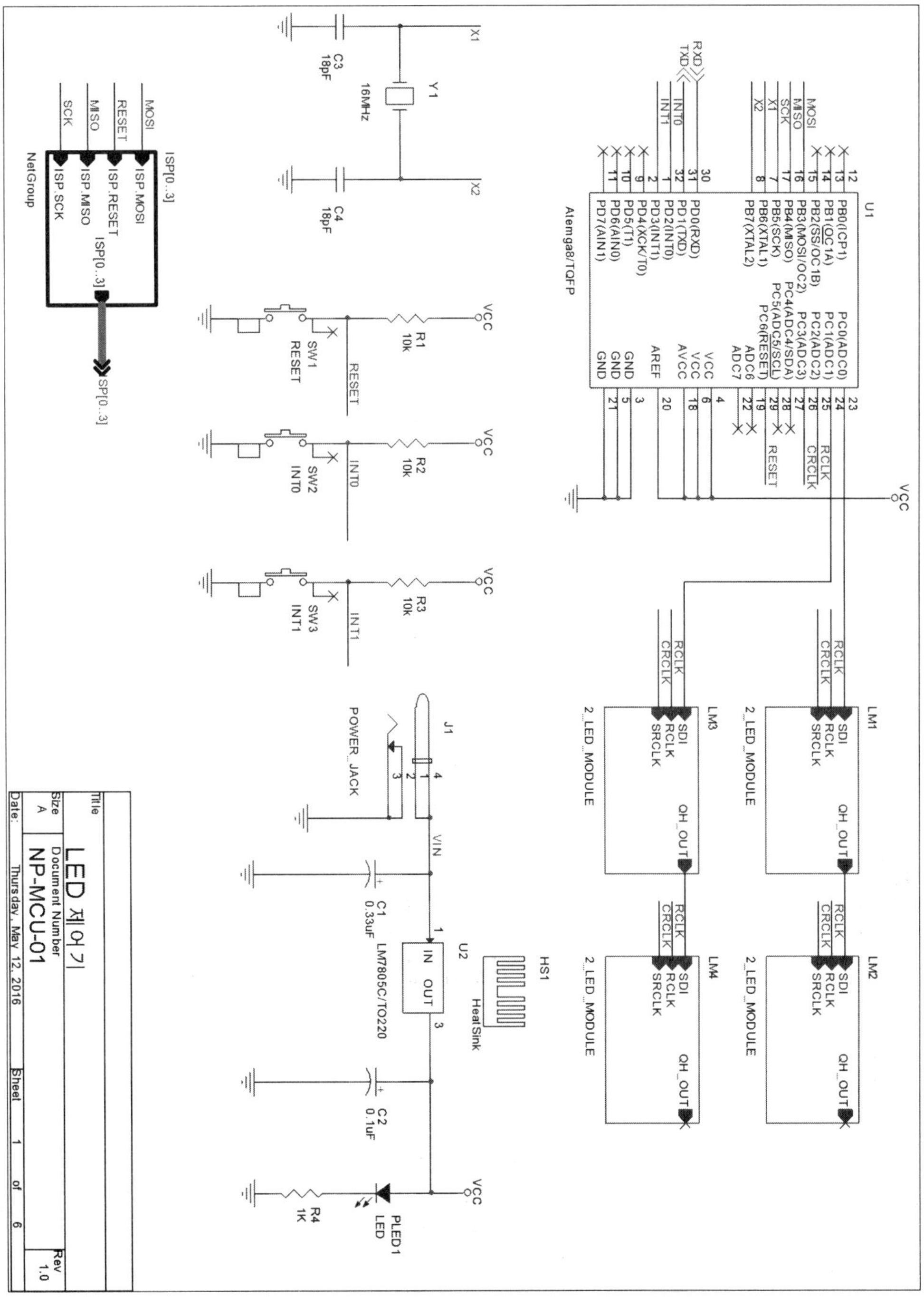

[Lab 3-3] 1_MAIN / 2_CONNECT

1. 프로젝트매니저 창에서 "1_MAIN"(Schematic)을 우클릭 - New Page하여 "2_CONNECT"를 생성

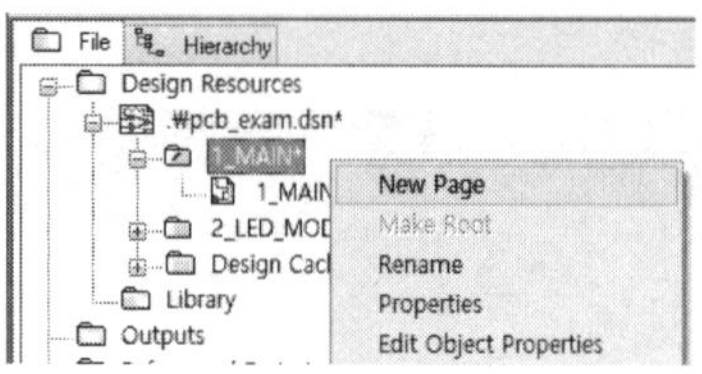

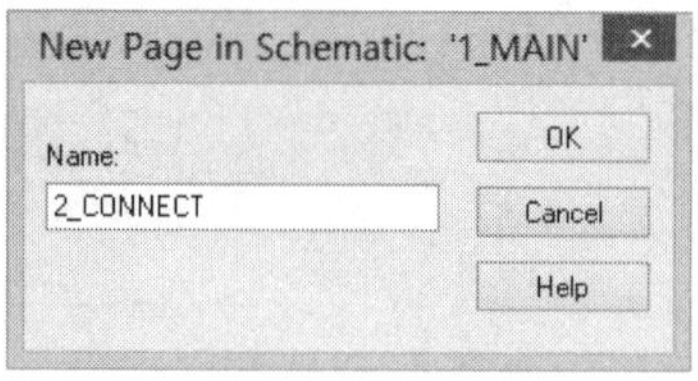

2. "1_MAIN / 2_CONNECT"를 아래와 같이 회로도 작성

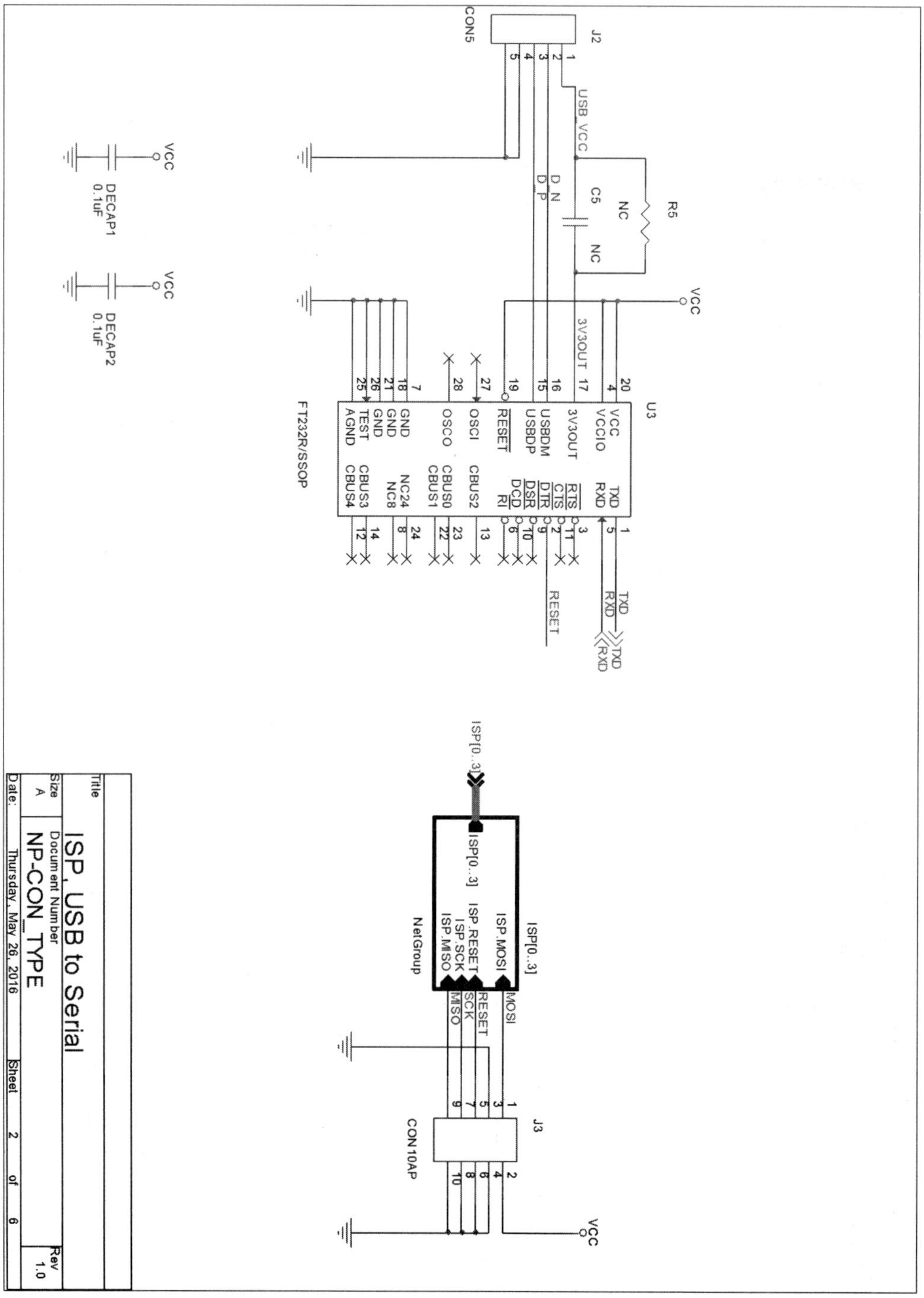

3-3 : Advanced Net Setting

◆ Differential Pair / Assign Power Pin

■ Differential Pair

프로젝트 매니저 창에서 메뉴 Tools - Place Create Differential Pair를 이용하여 PCB 설계에서 적용할 Differential Pair를 설정할 수 있다.

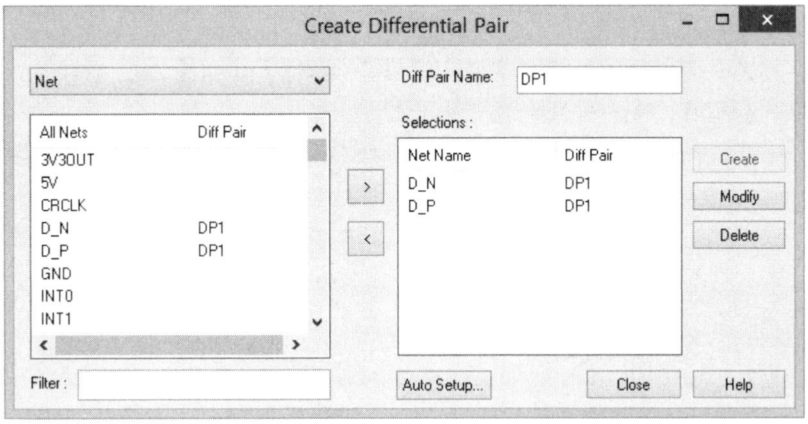

■ Assign Power Pin

Part의 Pin Visible이 설정되지 않은 Power핀은 회로 상에서 Power 핀과 동일한 이름의 Net이 연결된다. PCB 설계 시 해당 Power Net을 다른 Power로 연결하기 위해서 프로젝트 매니저 창에서 메뉴 Tools - Assign Power Pins를 클릭한 다음 해당 Part의 Power 핀에 Power Net을 설정하면 강제로 연결이 된다. 만약 Power 핀에 배선을 하지 않을 경우에는 NC Pins를 체크하면 된다.

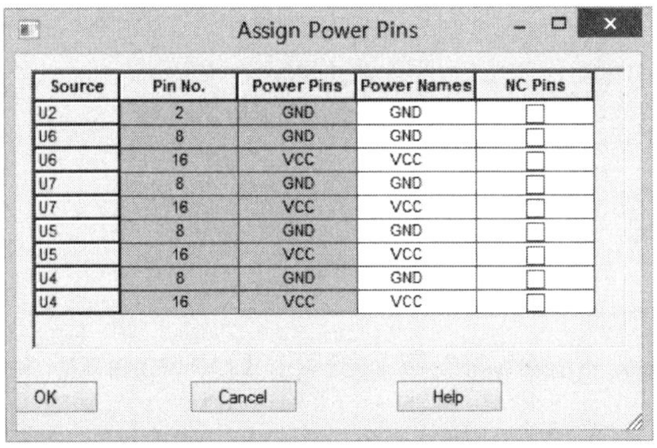

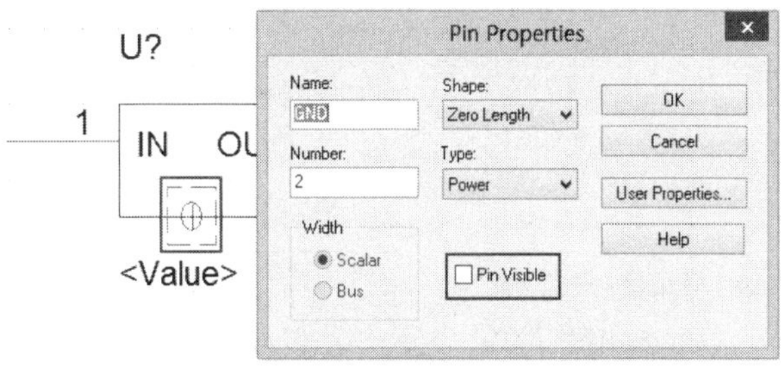

[Lab 3-4] Differential Pair설정하기

1. 프로젝트 매니저 창에서 메뉴 Tools - Place Create Differential Pair 클릭
2. Create Differential Pair 창에서 Differential Pair를 생성
   - Diff Pair Name : **DP1**, Selections : **D_N**, **D_P**
3. "Create 버튼"을 클릭

Chapter 4 Symbol 속성 등록

4-1 : Part 속성 등록

◆ 속성편집기창

■ 개별 속성 설정

Part의 속성을 개별로 설정할 경우에는 속성을 설정할 Part를 Ctrl 키를 누른 상태에서 선택하고 우클릭 - Edit Properties 클릭하여 해당 속성을 입력한다.

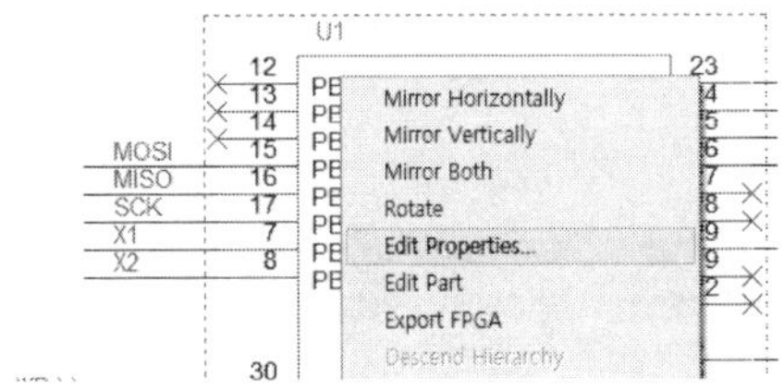

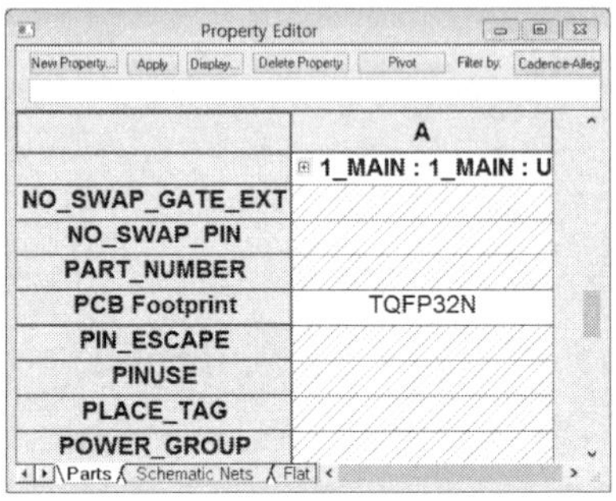

■ 일괄 속성 설정

Part의 속성을 일괄로 설정할 경우에는 프로젝트매니저 창에서 "(파일명).DSN"을 선택하고 우클릭 - Edit Object Properties 클릭 후 작성한다.

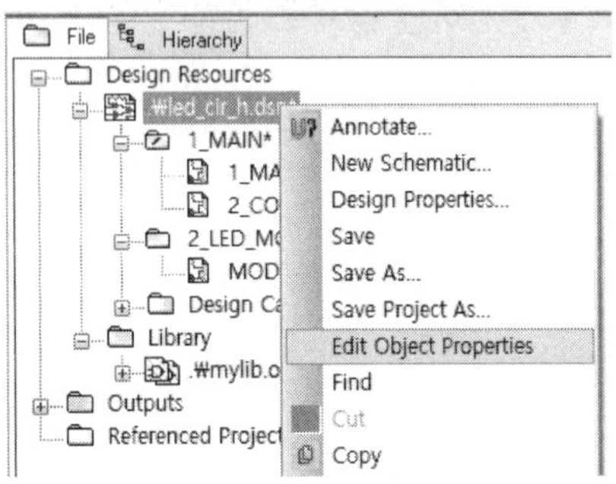

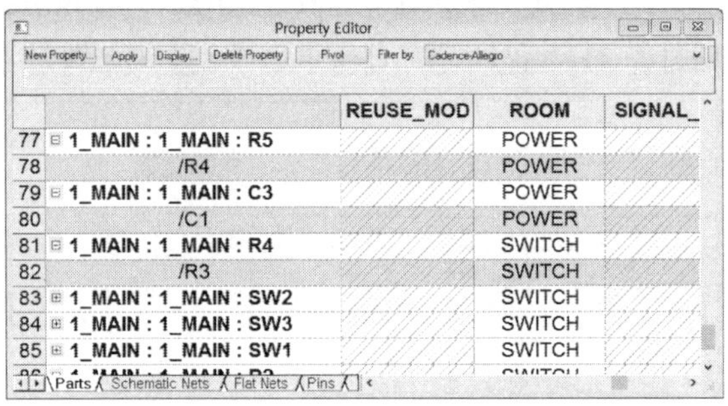

■ 새로운 속성 생성

Comment와 NC와 같은 속성을 새로 작성할 때에는 "New Property아이콘"을 클릭한 다음 Name에는 속성 이름을 Value에는 속성 값을 입력한다.

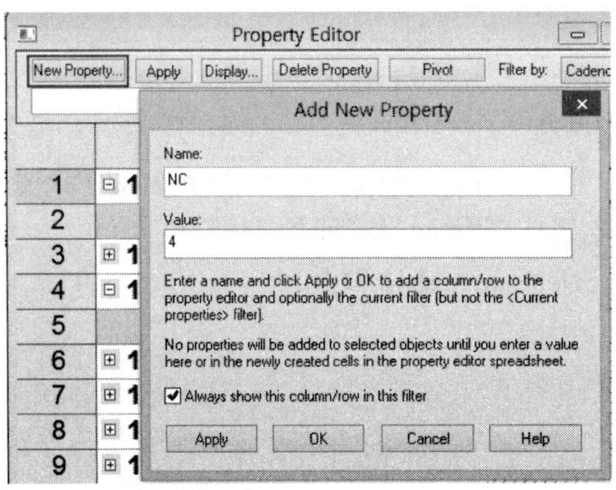

◆ Part 속성 설정

■ PCB Footprint

PCB 설계를 위한 Symbol 이름을 입력하는 속성으로 Part Symbol과 동일한 핀의 수와 핀의 이름을 가진 부품을 선택한다.

PCB Footprint에는 PSM 파일의 파일명이 PCB의 Symbol 이름이며, 아래의 경로를 기본으로 Symbol을 읽어오며, PCB Editor에서 PSMPATH 속성에 경로를 추가할 수 있다.

순위	경로	BRD파일이 있는 경로를 예로 C:₩SPB_DATA₩allegro일 때
1	.₩	C:₩SPB_DATA₩allegro
2	.₩symbols	C:₩SPB_DATA₩allegro₩symbols
3	..₩	C:₩SPB_DATA₩
4	..₩symbols	C:₩SPB_DATA₩symbols
5	$ALLEGRO_SITE/symbols $CDS_SITE/pcb/symbols	ALLEGRO_SITE, CDS_SITE 환경변수에 따라 설정 ALLEGRO_SITE환경변수가 우선순위
6	C:₩Cadence₩SPB_17.2₩share₩pcb₩pcb_lib₩symbols	경로와 동일
7	C:₩Cadence₩SPB_17.2₩share₩pcb₩allegrolib₩symbols	경로와 동일

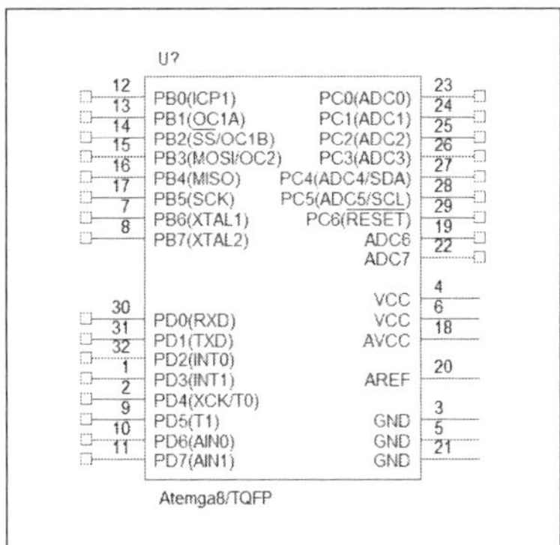

Capture Symbol

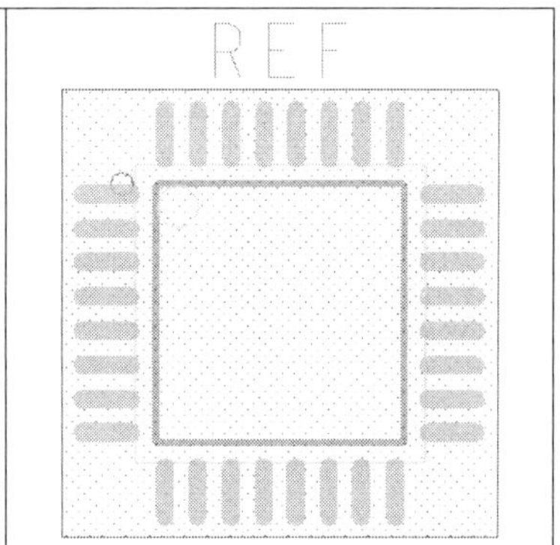

PCB Symbol (Footprint)

■ ALT_SYMBOLS

하나의 Part에 복수개의 Footprint를 지정할 때 사용하는 속성이다.

	A
	⊞ 1_MAIN : 1_MAIN : U1
ALT_SYMBOLS	TO220AB;TO92100
PCB Footprint	TO92
value	LM7805/TO

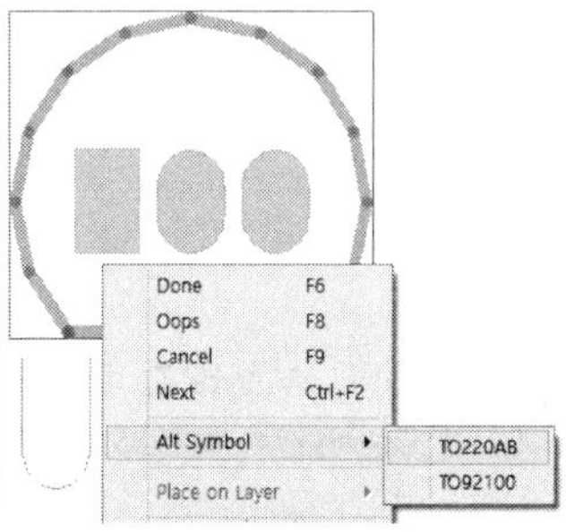

■ NETLIST_IGNORE

NETLIST_IGNORE 속성 값을 "TRUE"로 설정할 경우 해당 부품은 Create Netlist 시 PCB 데이터에서 제외된다.

※ 주의 : NETLIST_IGNORE는 "New Property 아이콘"으로 생성하여야 한다.

■ **BOM_IGNORE**

BOM_IGNORE 속성을 "TRUE"로 설정할 경우 BOM에서 해당 부품이 제외되지만 PCB 데이터로는 Netlist되어 전달된다.

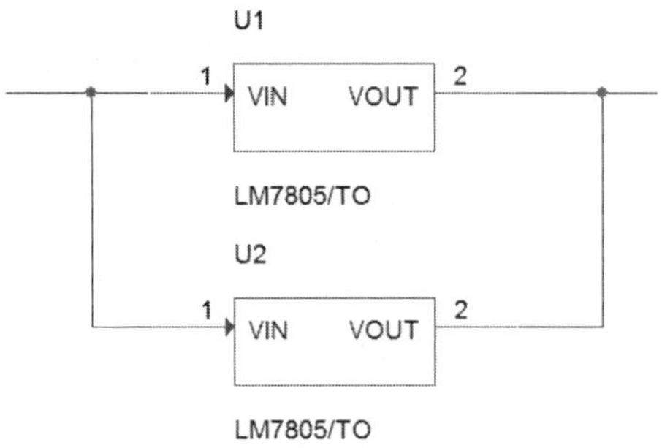

		BOM_IGNORE
1	⊞ 1_MAIN : 1_MAIN : U1	
2	⊞ 1_MAIN : 1_MAIN : U2	TRUE

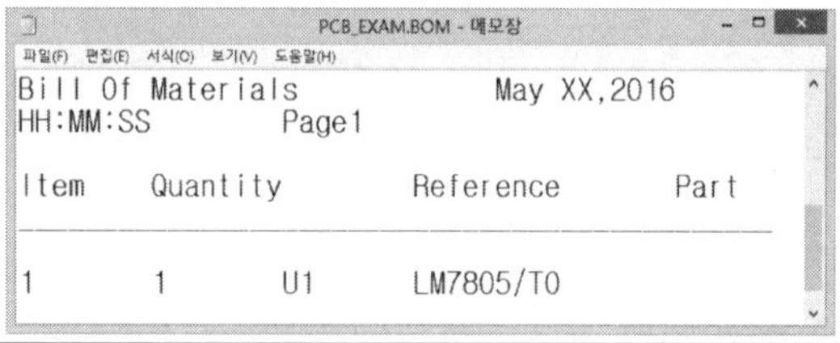

■ **CLASS**

부품의 형태에 대한 속성으로 "IC", "IO", "DISCRETE", "MECHANICAL" 중 하나를 설정할 수 있으며, 빈칸일 경우 기본값인 "IC"속성이 설정된다. 해당 속성은 SI 해석이나 부품의 배치 등 부품을 구별하기 위한 목적으로 사용된다.

로고나 히트싱크(Heat Sink) 등 Part에서 핀이 없는 Symbol은 일반적인 방법으로 Netlist시 에러가 발생하지만, CLASS에 "MECHANICAL" 로 설정하고 PCB Footprint에 Mechanical Symbol을 설정하면 에러없이 PCB로 Netlist가 전송된다.

PCB Editor 의 QuickPlace창

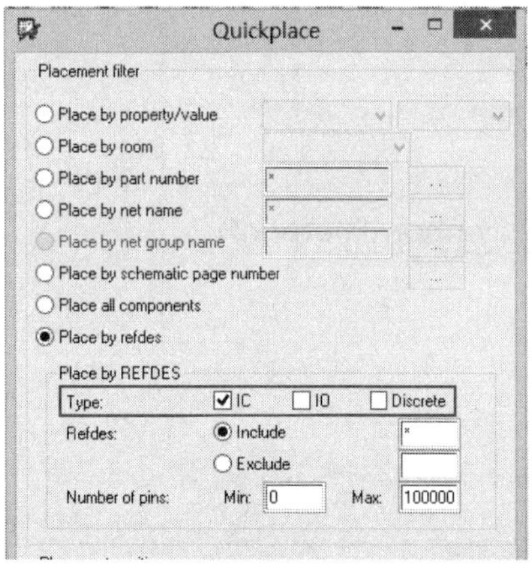

Mechanical Symbol

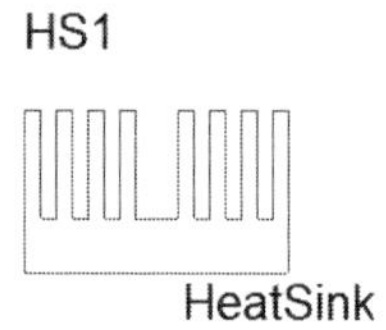

	A
	⊞ 1_MAIN : 1_MAIN : HS1
PCB Footprint	heatsink_to220
CLASS	MECHANICAL

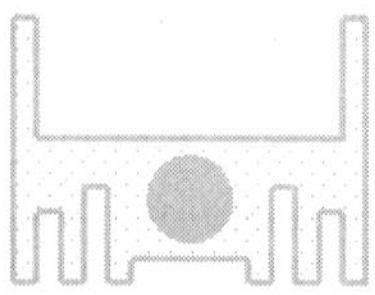

■ **ROOM**

PCB 설계 시 지정된 부품배치 영역이 설정된 부품을 정해진 영역에 배치하는 목적으로 사용된다.

		ROOM
1	⊞ 1_MAIN : 1_MAIN : R2	SWITCH
2	⊞ 1_MAIN : 1_MAIN : SW3	SWITCH
5	⊞ 1_MAIN : 1_MAIN : R2	SWITCH
6	⊞ 1_MAIN : 1_MAIN : SW1	SWITCH
7	⊞ 1_MAIN : 1_MAIN : HS1	POWER
8	⊞ 1_MAIN : 1_MAIN : C4	POWER
12	⊞ 1_MAIN : 1_MAIN : U2	POWER
13	⊞ 1_MAIN : 1_MAIN : R5	POWER

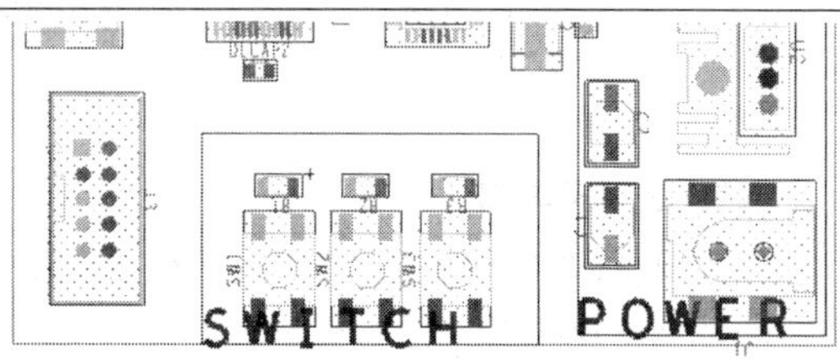

4-2 : Net 속성 등록

◆ 속성 편집기창

■ Schematic Nets

Schematic Nets 속성은 회로 설계자가 설계한 Net 이름이 표시되는 속성창이다.

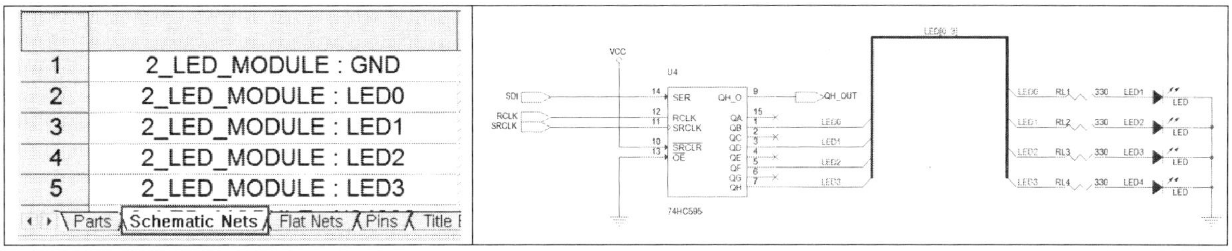

■ Flat Nets

계층 구조로 Net이 나타나며 PCB의 설계에 사용되는 Net 이름으로 표시되는 속성창이다.

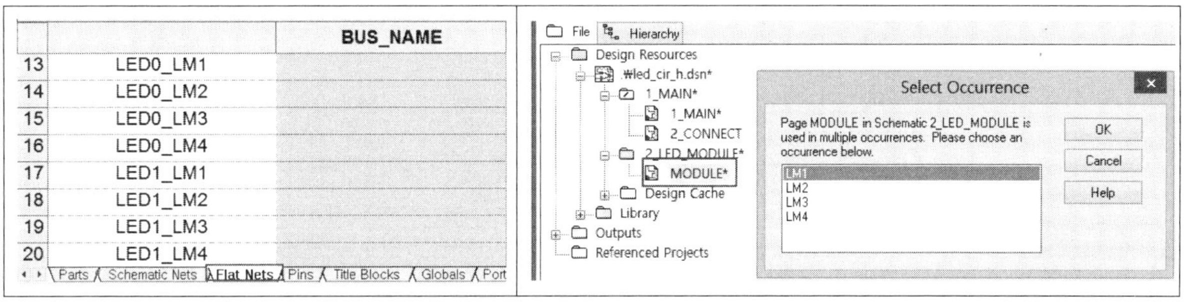

◆ Net 속성 설정

■ BUS_NAME

BUS_NAME 속성에 값을 입력함으로써 PCB Editor에서 BUS으로 활용할 수 있다.

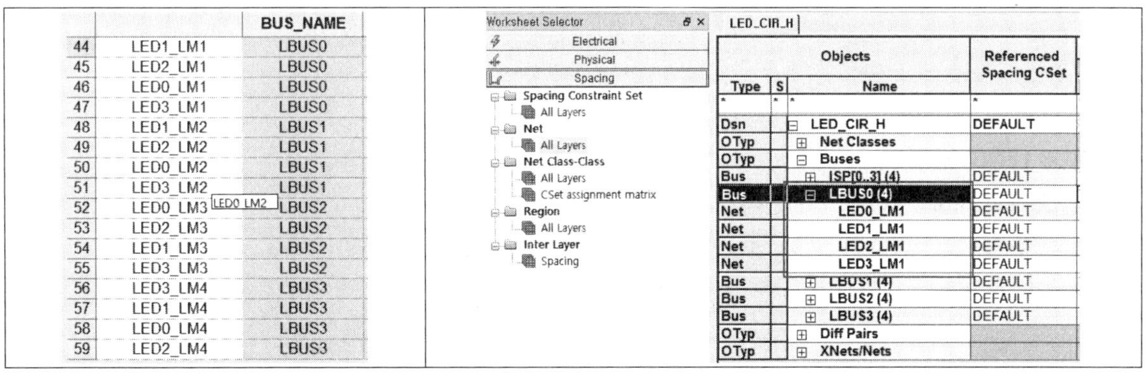

■ ELECTRICAL_CONSTRAINT_SET

PCB Editor에서 설정해놓은 ELECTRICAL_CONSTRAINT_SET을 해당 Net에 적용 시킨다.

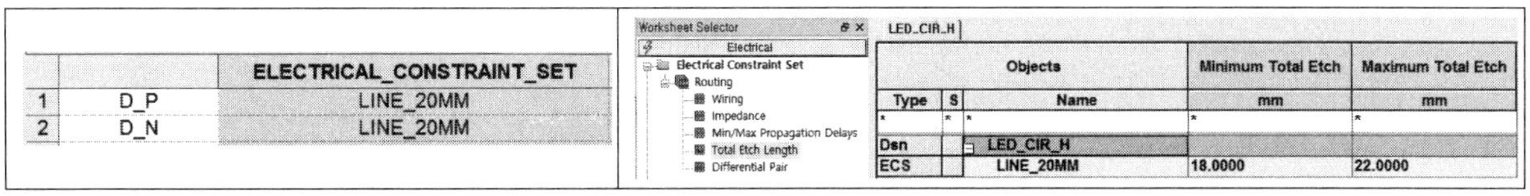

■ **MIN_LINE_WIDTH / MIN_NECK_WIDTH**

PCB Editor서 Route 작업 시 Trace의 최소 두께 설정과 Neck 모드 Route 시 최소 두께 설정을 지정할 수 있다.

		MIN_LINE_WIDTH	MIN_NECK_WIDTH
1	VCC	1MM	
2	3V3OUT	1MM	
3	VIN	1MM	0.5MM
4	GND	1MM	
5	5V	1MM	

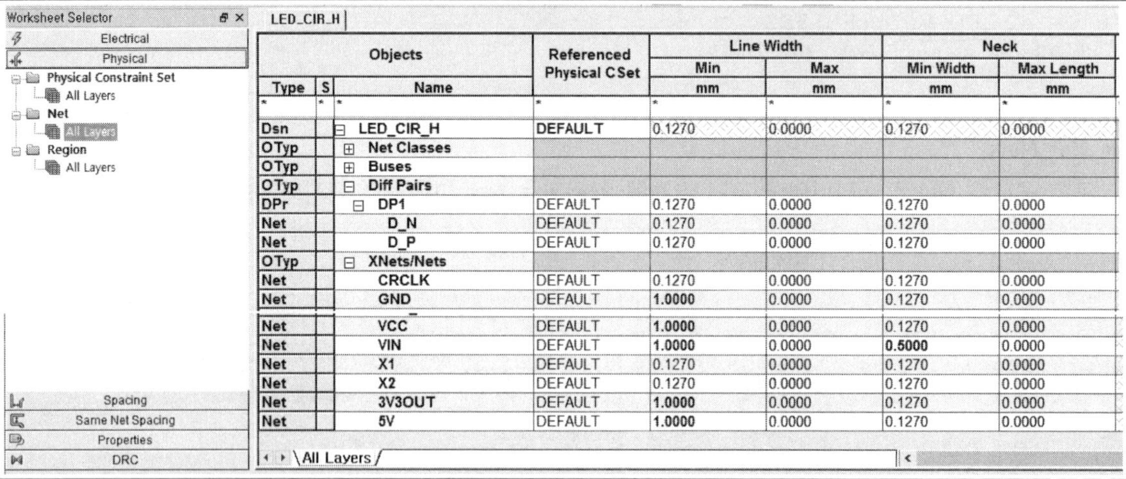

Objects			Referenced Physical CSet	Line Width		Neck	
Type	S	Name		Min	Max	Min Width	Max Length
				mm	mm	mm	mm
*	*	*	*	*	*	*	*
Dsn		LED_CIR_H	DEFAULT	0.1270	0.0000	0.1270	0.0000
OTyp		Net Classes					
OTyp		Buses					
OTyp		Diff Pairs					
DPr		DP1	DEFAULT	0.1270	0.0000	0.1270	0.0000
Net		D_N	DEFAULT	0.1270	0.0000	0.1270	0.0000
Net		D_P	DEFAULT	0.1270	0.0000	0.1270	0.0000
OTyp		XNets/Nets					
Net		CRCLK	DEFAULT	0.1270	0.0000	0.1270	0.0000
Net		GND	DEFAULT	1.0000	0.0000	0.1270	0.0000
Net		VCC	DEFAULT	1.0000	0.0000	0.1270	0.0000
Net		VIN	DEFAULT	1.0000	0.0000	0.5000	0.0000
Net		X1	DEFAULT	0.1270	0.0000	0.1270	0.0000
Net		X2	DEFAULT	0.1270	0.0000	0.1270	0.0000
Net		3V3OUT	DEFAULT	1.0000	0.0000	0.1270	0.0000
Net		5V	DEFAULT	1.0000	0.0000	0.1270	0.0000

■ **NET_PHYSICAL_TYPE / NET_SPACING_TYPE**

Constraint Manager에서 해당 Net을 Class로 설정하여 같이 설정할 수 있다.

		NET_PHYSICAL_TYPE	NET_SPACING_TYPE
7	N12485	CLK	CLK
8	N38403	CLK	CLK
9	N38457	CLK	CLK

※ 주의 : Class는 동일한 규칙을 가진 Net의 묶음이다..

■ **STUB_LENGTH**

해당 Net의 Stub 길이를 제한한다.

		STUB_LENGTH
1	ISP.SCK	1.2MM
2	ISP.MISO	1.2MM
3	ISP.MOSI	1.2MM

■ **VOLTAGE**

SI 해석을 위한 Net의 전원을 설정한다.

		VOLTAGE
1	VCC	5V
2	3V3OUT	3.3V
3	VIN	9V
4	GND	0V
5	5V	5V

[Lab 4-1] Part 속성

1. 아래와 같이 Part 속성을 입력

Part Number (Value)	Reference	BOM_ IGNORE	CLASS	NETLIST_ IGNORE	PCB Footprint	ROOM
CAP_POL/SMD (0.33uF)	C1		Discrete		CAPAL4_0X5_5	POWER
CAP_POL/SMD (0.1uF)	C2		Discrete		CAPAL4_0X5_5	POWER
CAP_NP/SMD2012 (18pF)	C3, C4		Discrete		CAPC2012N	
CAP_NP/SMD2012 (NC)	C5	TRUE	Discrete		CAPC2012N	
CAP_NP/SMD2012 (0.1uF)	DECAP1 ~ DECAP6		Discrete		CAPC2012N	
HeatSink (HeatSink)	HS1		MECHANI CAL		HEATSINK_TO22 0	POWER
POWER_JACK (POWER_JACK)	J1		IO		PJ-002AH-SMT	POWER
CON_USB (CON5)	J2		IO		USB_MINI_SMT_ AB	
CON10AP (CON10AP)	J3		IO		BHS-01-10P	
LED/SMD (LED)	LED1 ~ LED16		Discrete		APHBM2012X	
LED/SMD (LED)	PLED1		Discrete		APHBM2012X	POWER
R/SMD3216 (10k)	R1 ~ R3		Discrete		RESC3216N	SWITCH
R/SMD3216 (1K)	R4		Discrete		RESC3216N	POWER
R/SMD3216 (NC)	R5	TRUE	Discrete	TRUE	RESC3216N	
R/SMD3216 (330)	RL1~RL16		Discrete		RESC3216N	
SW_PUSHBUTTON (RESET)	SW1		Discrete		SW_PUSH	SWITCH
SW_PUSHBUTTON (INT0)	SW2		Discrete		SW_PUSH	SWITCH
SW_PUSHBUTTON (INT1)	SW3		Discrete		SW_PUSH	SWITCH
Atmega8/TQFP (Atmega8/TQFP)	U1		IC		TQFP32N	
LM7805C/TO220 (LM7805C/TO220)	U2		IC		TO220AB	POWER
FT232R/SSOP (FT232R/SSOP)	U3		IC/SSOP		SSOP28_FT232	
CD74HC595/SOIC (74HC595)	U4~U7		IC		SOIC16	
XTAL/SMD (16MHz)	Y1		Discrete		ABLS	

※ 부품은 부록 C를 참고하여 제작하시오.

[Lab 4-2] Flat Net 속성

1. 아래와 같이 Flat Net 속성을 입력

Net Name	MIN_LINE_WIDTH	MIN_NECK_WIDTH	NET_PHYSICAL_TYPE	NET_SPACING_TYPE
VIN	1MM	0.5MM		
VCC	1MM			
3V3OUT	1MM			
GND	1MM			
LED0_LM1 ~ LED0_LM4, LED1_LM1 ~ LED1_LM4 LED2_LM1 ~ LED2_LM4 LED3_LM1 ~ LED3_LM4			LED	LED
RCLK				CLK
CRCLK				CLK

Chapter 5 후처리

5-1 : Annotate

◆ Reference 정리

프로젝트 매니저 창에서 메뉴 Tools - Annotate를 클릭하여 실행하며, 회로도상의 Part의 Reference를 정리하거나 Off-page Connector와 Port가 연결된 위치를 표시한다.

<table>
<tr><td rowspan="7">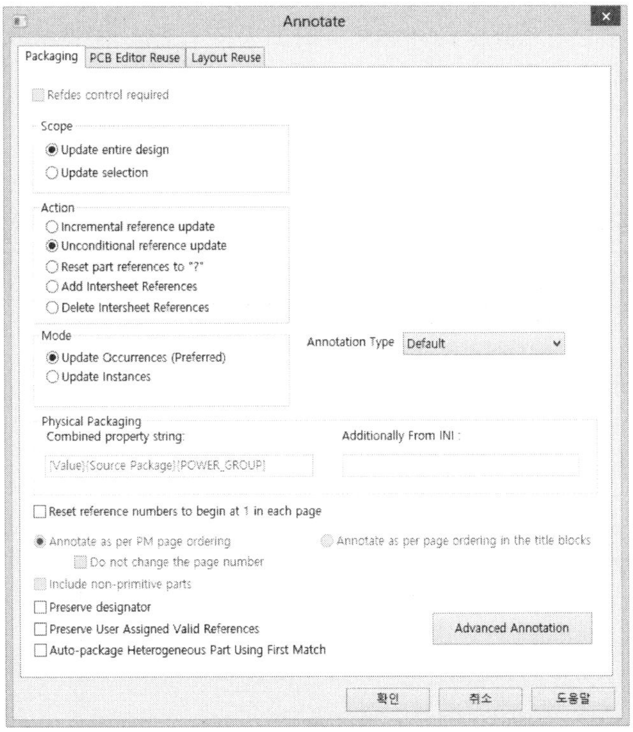
</td><td>Refdes Control required : Schematic 또는 Page별로 Reference를 다시 설정</td></tr>
<tr><td>Scope : Reference를 정리할 영역을 선택</td></tr>
<tr><td>Action : 정리 또는 리셋을 설정
- Incremental reference update : Reference가 R?, U?와 같이 리셋된 Reference만 정리
- Unconditional reference update : 모든 Reference를 강제로 1번부터 정리
- Reset part references to "?" : 모든 Reference를 리셋
- Add Intersheet References : Off-page Connector와 Port가 연결된 위치를 표시
- Delete Intersheet References : Off-page Connector와 Port의 연결 표시를 삭제</td></tr>
<tr><td>Mode : Occurrences 모드와 Instances 모드 중 Annotate 할 모드를 선택</td></tr>
<tr><td>Physical Packaging : 패키지 제품(U1A, U1B)의 Reference를 정리 시 동일한 Reference를 가지는 조건에 대한 설정</td></tr>
<tr><td>Reset References numbers to begin at 1 each page : 각 페이지의 Reference를 1번부터 정리
Annotate as per PM page ordering : 프로젝트 매니저 창에 설정되어 있는 페이지 순서대로 Reference와 페이지 번호를 정리
- Do not change the page number : 설정되어 있는 페이지 번호는 정리하지 않음
Annotate as per ordering in the title blocks: 페이지 번호순으로 Reference를 정리</td></tr>
<tr><td>Include non-primitive parts : non-primitive Part를 포함하여 Reference 정리
Preserve designator / Preserver User Assigned Valid References : 사용자 지정한 Reference는 Annotate 시 해당 Reference는 정리하지 않음
Auto-Package Heterogeneous Part Using First Match : Heterogeneous Part(예. 10106-ECL)의 패키지의 파트번호(~A,~B)를 기준으로 Reference 정리</td></tr>
</table>

◆ 각 페이지마다 Reference 정리

■ Refdes control required

평면도면일 경우에는 각 페이지 별로 Reference를 정리할 수 있으며, 계층구조일 경우에는 Hierarchical Block을 기준으로 Reference를 정리할 수 있다.

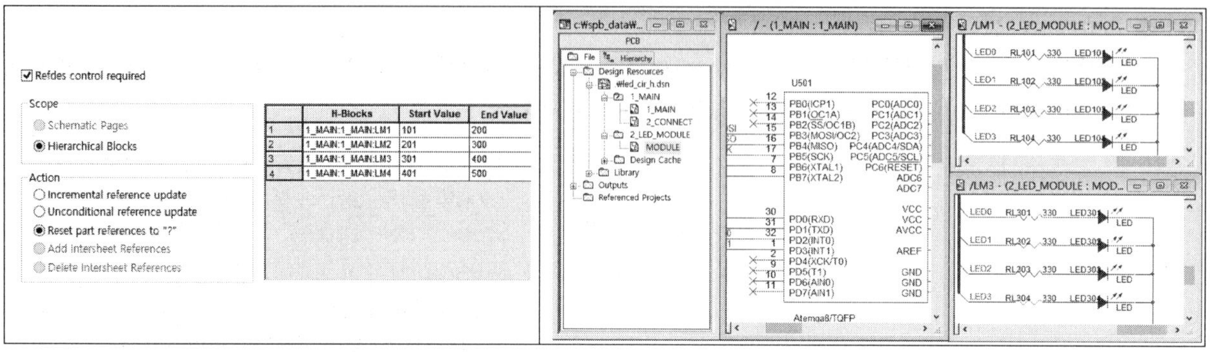

■ Advanced Annotation

Annotate에서 "Advanced Annotation"을 클릭하여 실행하며, 각 페이지별 또는 계층도면별로 Reference를 정리할 수 있으며, 각 Reference의 머리글을 기준으로 Reference 번호의 시작과 끝을 설정할 수 있습니다.

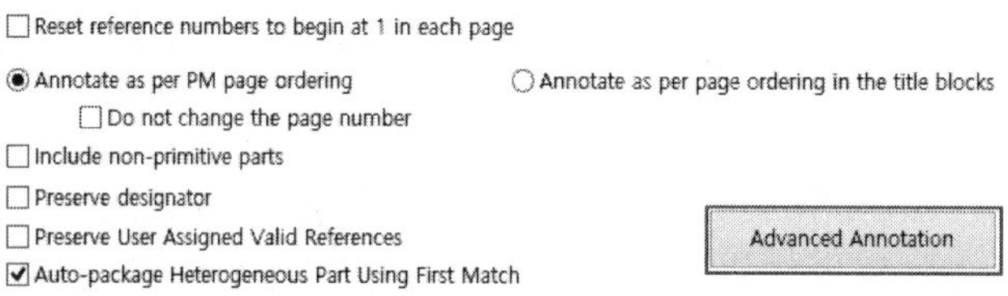

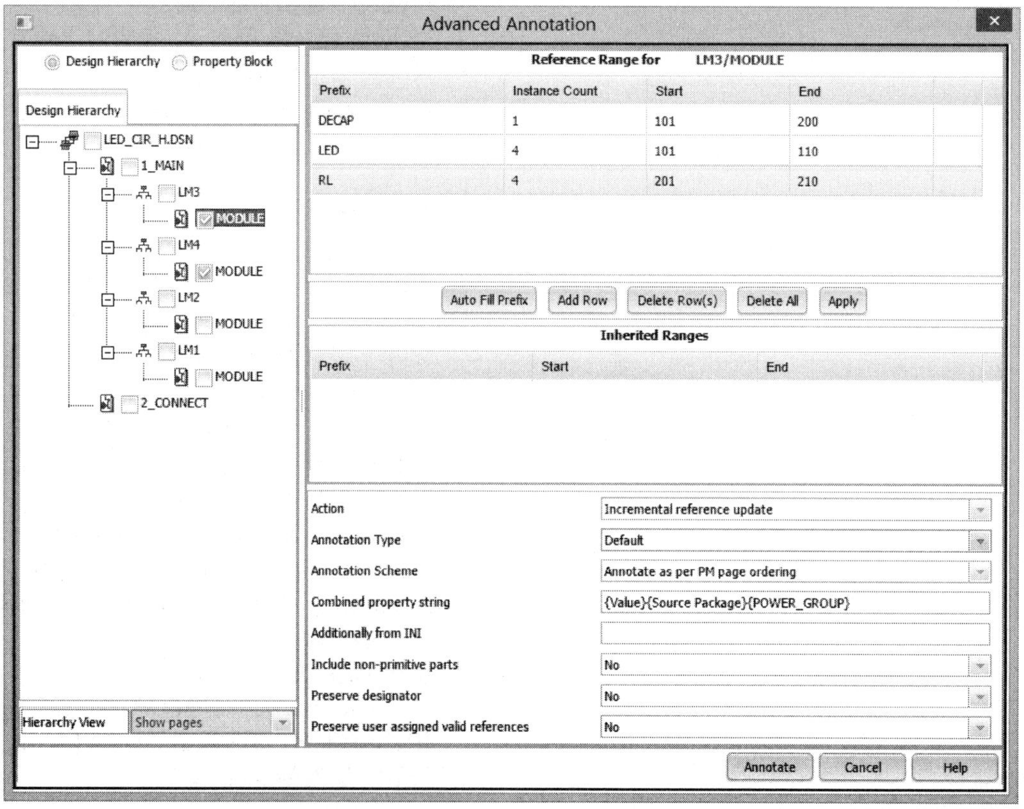

◆ 평면도면과 계층도면의 연결 정보 표시하기

■ InterSheet References

Annotate에서 Add Intersheet References를 체크하고 "확인"을 클릭하거나, 프로젝트 매니저 창에서 InterSheet References를 클릭하여 실행한다.

회로도 상에서 Off-page Connector와 Hierarchical Port가 연결된 다른 페이지의 Off-page Connector와 Hierarchical Port에 Net이 연결된 페이지와 그리드에 대한 정보를 표시한다.

<table>
<tr><td rowspan="5">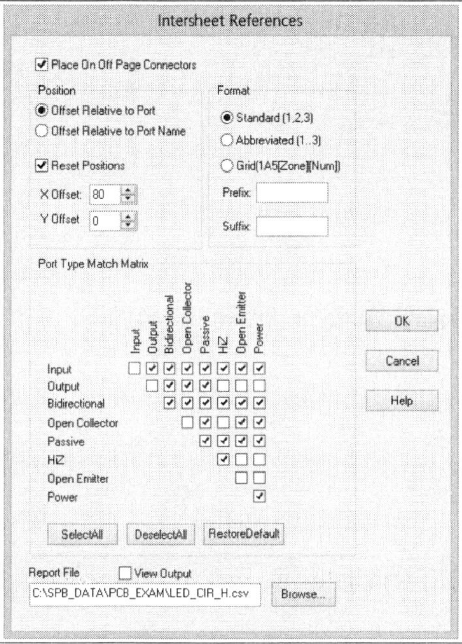
</td><td>Place On Off Page Connectors : Off Page Connector에 연결 정보를 배치</td></tr>
<tr><td>Position : 연결정보 배치 위치를 선정
- Offset Relative to Port : Port Symbol 기준으로 위치 선정
- Offset Relative to Port Name : Port Name 기준으로 위치 선정</td></tr>
<tr><td>Format : 연결정보에 대한 내용을 설정
- Standard : 페이지 정보만 출력
- Abbreviated : 페이지 정보를 요약하여 출력
- Grid : 페이지와 그리드 정보를 같이 출력 (그리드)(페이지)
- Rrefix / Suffix : 머리글과 꼬리글에 대한 정보 출력</td></tr>
<tr><td>Port Type Match Matrix : 연결정보가 표시되는 조건을 설정</td></tr>
</table>

[Lab 5-1] Annotate 설정하기

1. 프로젝트 매니저 창에서 1_Main / 1_Main을 선택 우클릭 - Annotate 클릭

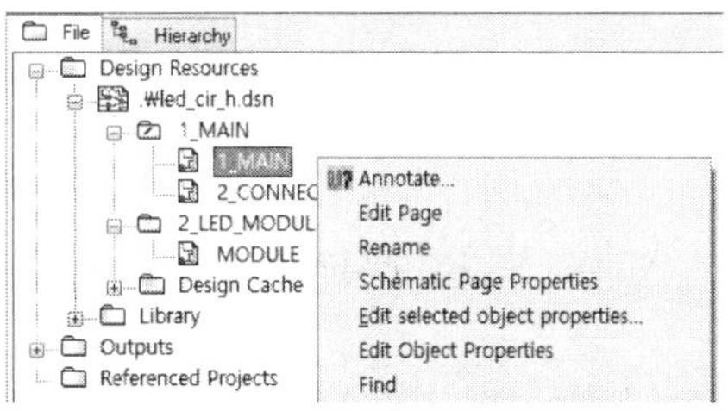

2. Scope의 Update selection 체크와 Action의 Reset part references to "?"를 체크한 다음 "확인 "클릭 후 회로도 확인

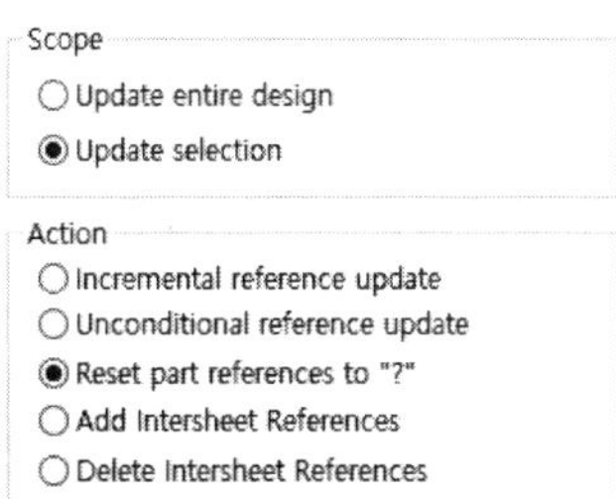

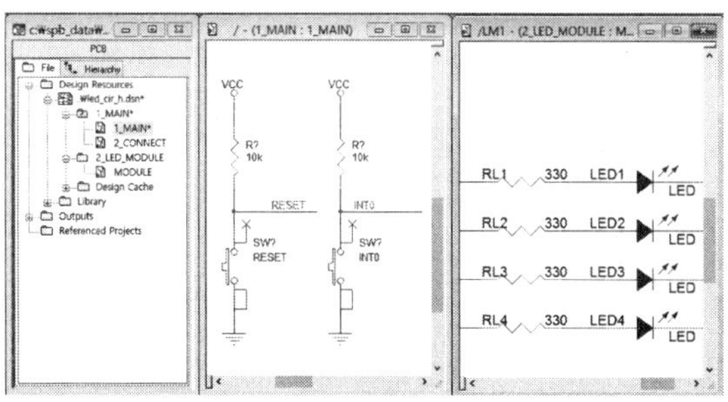

3. Refdes control required 체크
   - 1_MAIN:1_MAIN:LM1의 Start Value : **101**, End Value : **200**
   - 1_MAIN:1_MAIN:LM2의 Start Value : **201**, End Value : **300**
   - 1_MAIN:1_MAIN:LM3의 Start Value : **301**, End Value : **400**
   - 1_MAIN:1_MAIN:LM4의 Start Value : **401**, End Value : **500**
4. Action의 Unconditional reference update를 선택하고 "확인 "클릭 후 회로도 확인

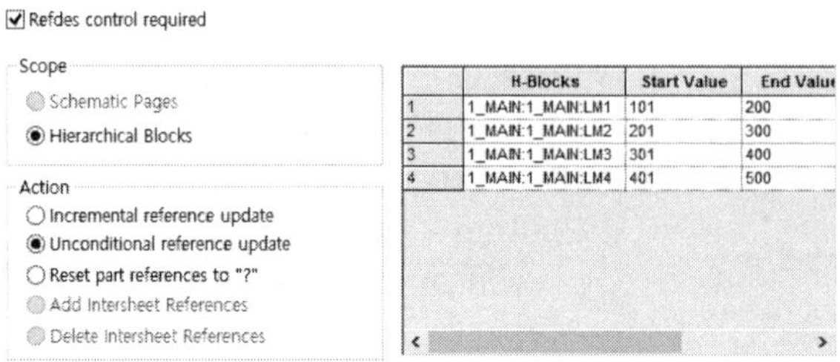

5. Advanced Annotation을 클릭하고 LM1을 선택한 다음 우측창의 "Auto fill Prefix "을 클릭
6. U를 선택하고 "Delete Row(s) "을 클릭
7. 각 Prefix에 따라 start와 end value 설정
   - DECAP의 Start : **101**, End : **110**
   - LED의 Start : **1**, End : **10**
   - RL의 Start : **101**, End : **110**
8. 하단에 Action의 Unconditional reference update를 체크하고 "Annotate "을 클릭 후 회로도 확인

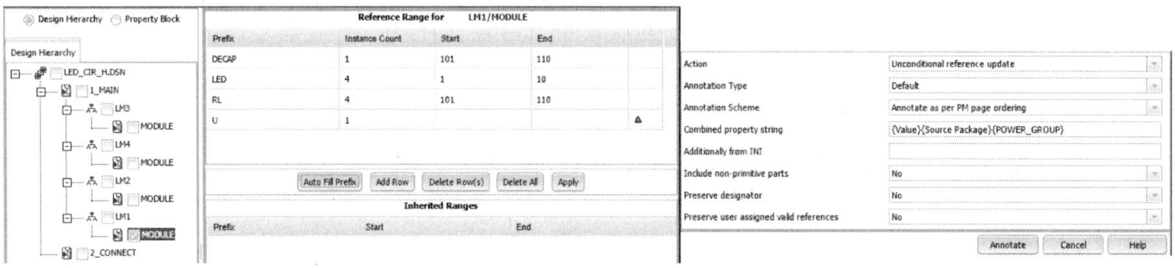

9. Scope의 Update entire design Action 체크와 Action의 Reset part references to "?"를 선택하고 "확인 "클릭 후 회로도 확인
10. Scope의 Update entire design Action 체크와 Action의 Unconditional reference update를 선택하고 "확인 "클릭 후 회로도 확인

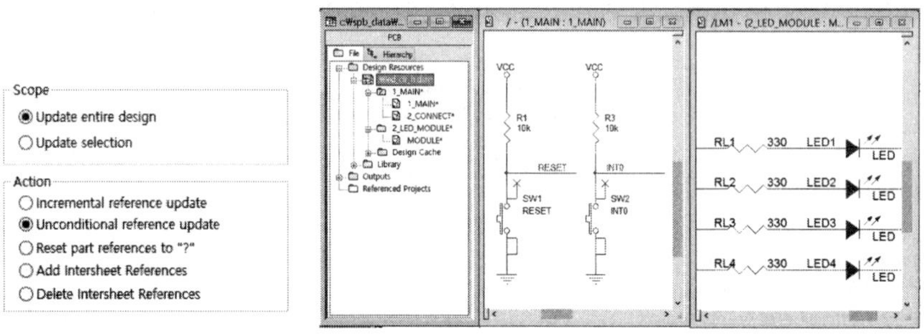

[Lab 5-1] Intersheet 설정하기

1. 프로젝트 매니저 창에서 메뉴 Tools - Annotate를 클릭
2. Action의 Add Intersheet References를 체크한 다음 "확인" 클릭

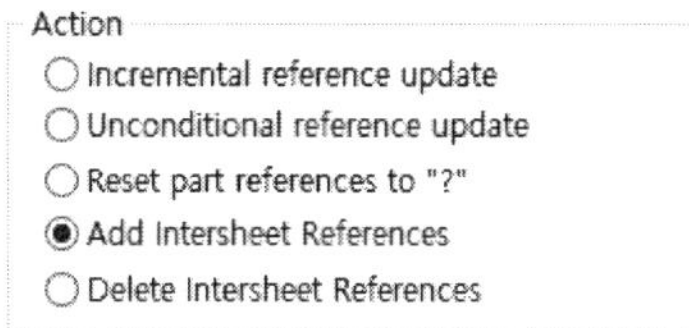

3. Intersheet References창에서 Position을 "Offset Relative to Port Name"을 체크하고 X Offset을 1으로 설정
4. Format의 "Grid"를 선택하고 Prefix는 "PAGE["를 입력, Suffix는 "]"를 입력 후 "OK" 클릭
5. 회로도의 Off-Page Connector와 Hierarchical Port를 확인

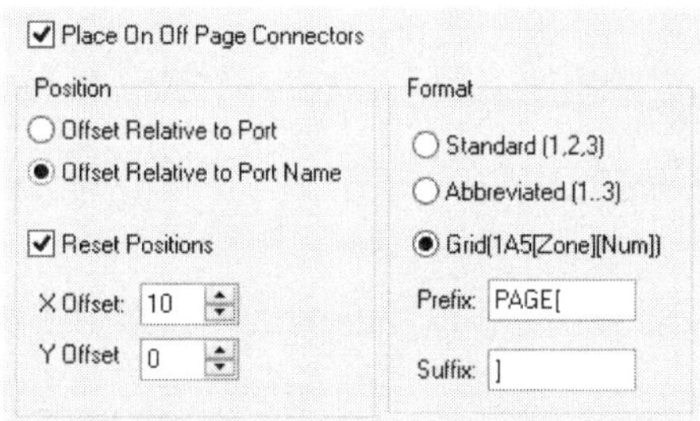

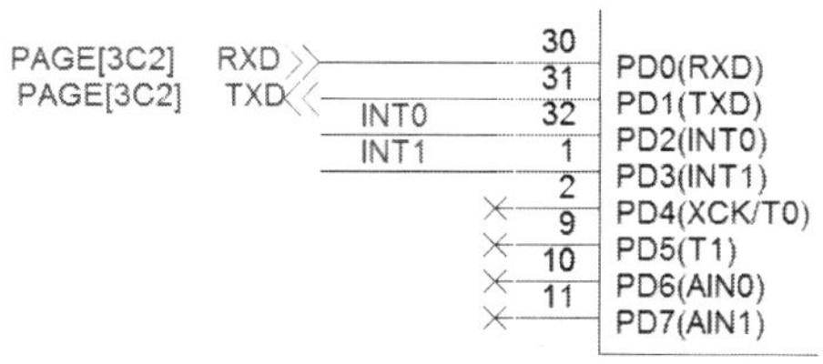

6. 프로젝트 매니저 창에서 메뉴 Tools - Annotate를 클릭
7. Action의 Delete Intersheet References를 체크한 다음 "확인" 클릭
8. 회로도의 Off-Page Connector와 Hierarchical Port를 확인

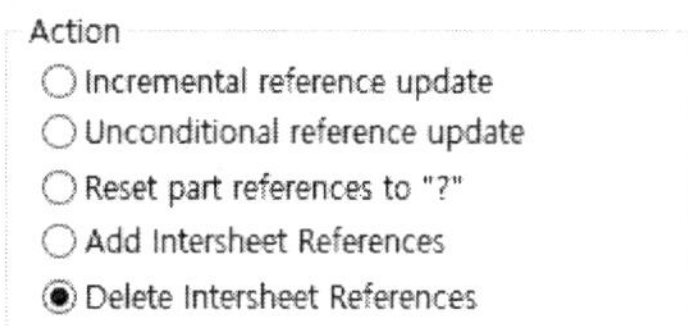

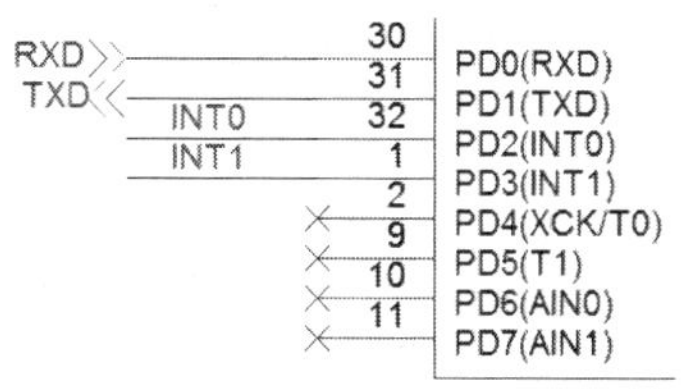

(Note)

5-2 : Cross-reference Part

◆ 부품 상호 참조

프로젝트 매니저 창에서 메뉴 Tools - Cross References를 클릭하여 실행하며, 설계된 회로도의 Part에 대한 정보를 리포트로 출력한다.

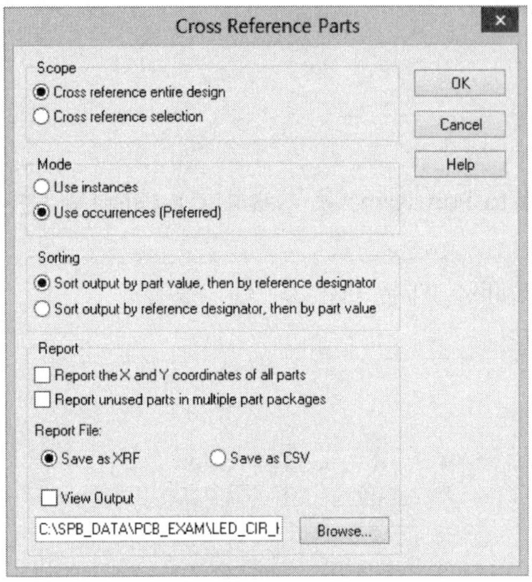

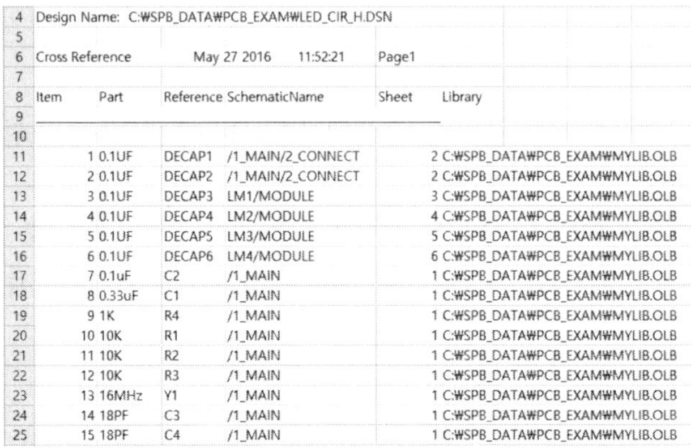

4	Design Name: C:₩SPB_DATA₩PCB_EXAM₩LED_CIR_H.DSN					
5						
6	Cross Reference		May 27 2016	11:52:21	Page1	
7						
8	Item	Part	Reference	SchematicName	Sheet	Library
9						
10						
11	1	0.1UF	DECAP1	/1_MAIN/2_CONNECT	2	C:₩SPB_DATA₩PCB_EXAM₩MYLIB.OLB
12	2	0.1UF	DECAP2	/1_MAIN/2_CONNECT	2	C:₩SPB_DATA₩PCB_EXAM₩MYLIB.OLB
13	3	0.1UF	DECAP3	LM1/MODULE	3	C:₩SPB_DATA₩PCB_EXAM₩MYLIB.OLB
14	4	0.1UF	DECAP4	LM2/MODULE	4	C:₩SPB_DATA₩PCB_EXAM₩MYLIB.OLB
15	5	0.1UF	DECAP5	LM3/MODULE	5	C:₩SPB_DATA₩PCB_EXAM₩MYLIB.OLB
16	6	0.1UF	DECAP6	LM4/MODULE	6	C:₩SPB_DATA₩PCB_EXAM₩MYLIB.OLB
17	7	0.1uF	C2	/1_MAIN	1	C:₩SPB_DATA₩PCB_EXAM₩MYLIB.OLB
18	8	0.33uF	C1	/1_MAIN	1	C:₩SPB_DATA₩PCB_EXAM₩MYLIB.OLB
19	9	1K	R4	/1_MAIN	1	C:₩SPB_DATA₩PCB_EXAM₩MYLIB.OLB
20	10	10K	R1	/1_MAIN	1	C:₩SPB_DATA₩PCB_EXAM₩MYLIB.OLB
21	11	10K	R2	/1_MAIN	1	C:₩SPB_DATA₩PCB_EXAM₩MYLIB.OLB
22	12	10K	R3	/1_MAIN	1	C:₩SPB_DATA₩PCB_EXAM₩MYLIB.OLB
23	13	16MHz	Y1	/1_MAIN	1	C:₩SPB_DATA₩PCB_EXAM₩MYLIB.OLB
24	14	18PF	C3	/1_MAIN	1	C:₩SPB_DATA₩PCB_EXAM₩MYLIB.OLB
25	15	18PF	C4	/1_MAIN	1	C:₩SPB_DATA₩PCB_EXAM₩MYLIB.OLB

Scope : 리포트를 정리할 영역을 선택

Mode : Occurrences 모드와 Instances 모드 중 선택

Sorting : Cross Reference에 대한 리포트 정렬 방법에 대하여 설정
- Sort output by part value, then by reference designator :
  정렬 시 Part Value를 먼저 고려하고, 그 다음으로 Part의 Reference Designator를 적용
- Sort output by reference designator, then by part value :
  정렬 시 Part의 Reference Designator를 먼저 고려하고, 그 다음으로 Part Value를 적용

Report
- Report the X and Y coordinates of all parts : 리포트를 출력 시 해당 부품의 좌표를 출력
- Report unused parts in multiple part packages : 사용하지 않은 Multiple Part을 리포트에 출력

Report File : 리포트 파일을 XRF와 CSV에서 선택

[Lab 5-2] Cross References 리포트 출력하기

1. 프로젝트 매니저 창에서 메뉴 Tools - Cross References 클릭
2. Report의 Report the X and Y coordinates of all parts와 Report File의 Save as CSV를 체크 후 "OK" 클릭
3. 생성된 CSV파일을 확인

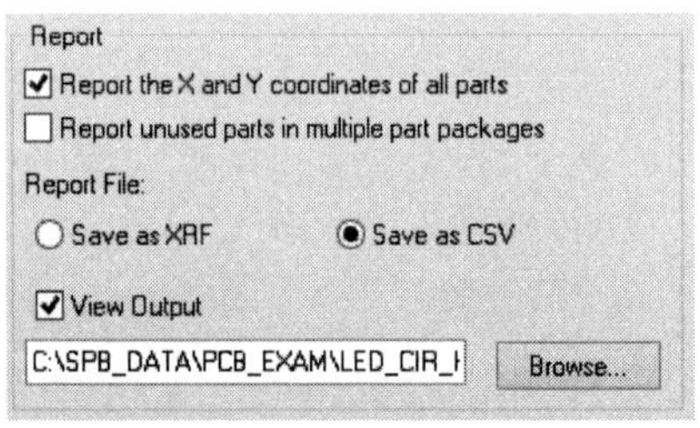

5-3 : BOM (Bill of Materials)

◆ 부품 명세서

프로젝트 매니저 창에서 메뉴 Tools - Bill of Materials를 클릭하여 실행하며, 설계된 회로도의 대한 부품목록을 출력한다.

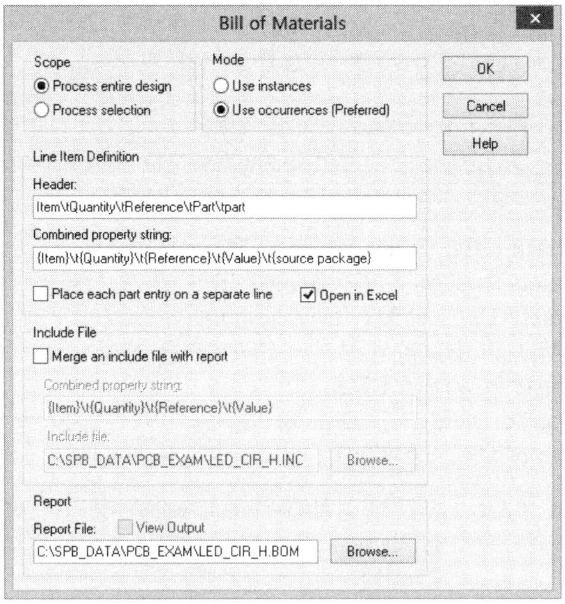

Bill Of Materials		May 27,2016	11:57:11	Page1
Item	Quantity	Reference Part		part
1	1	C1	0.33uF	CAP_POL/SMD
2	1	C2	0.1uF	CAP_POL/SMD
3	2	C3,C4	18pF	CAP_NP/SMD2012
4	6	DECAP1,D	0.1uF	CAP_NP/SMD2012
5	1	HS1	HeatSink	HeatSink
6	1	J1	POWER_J/	POWER_JACK
7	1	J2	CON5	CON_USB
8	1	J3	CON10AP	CON10AP
9	17	PLED1,LEC	LED	LED/SMD
10	16	RL1,RL2,RL	330	R/SMD3216
11	3	R1,R2,R3	10k	R/SMD3216
12	1	R4	1K	R/SMD3216
13	1	SW1	RESET	SW_PUSHBUTTON
14	1	SW2	INT0	SW_PUSHBUTTON
15	1	SW3	INT1	SW_PUSHBUTTON
16	1	U1	Atemga8/	Atemga8/TQFP
17	1	U2	LM7805C/	LM7805C/TO220
18	1	U3	FT232R/SS	FT232R/SSOP
19	4	U4,U5,U6,U	74HC595	CD74HC595/SOIC
20	1	Y1	16MHz	XTAL/SMD

Scope : 리포트를 정리할 영역을 선택

Mode : Occurrences 모드와 Instances 모드 중 선택

Line Item Definition
- Header : BOM 리포트의 머리글
- Combined property string :
  BOM리포트에 출력할 회로도의 부품의 속성을 설정하는 칸으로 중괄호({})로 표현 (₩t는 Tab키)
- Place each part enter on separate line : 동일한 부품을 묶음 또는 개별 출력 여부를 선택

Include File : Merge an include file with report를 체크하여야 사용가능 하며, 출력 리포트에 부품의 참고사항이나 설명 등을 INC 파일을 기준으로 입력.

[Lab 5-3] BOM 리포트 출력하기

1. 프로젝트 매니저 창에서 메뉴 Tools - Bill of Material 클릭
2. Header에 "Item₩tQuantity₩tReference₩tPart₩tpart₩tPCB Footprint" 입력
3. Combined property string에 "{Item}₩t{Quantity}₩t{Reference}₩t{Value}₩t{PCB Footprint}" 입력
4. Open in Excel을 체크하고 "OK " 클릭

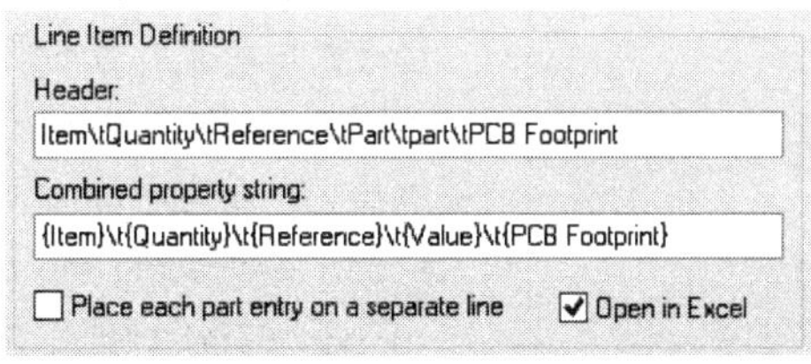

5-4 : DRC

◆ 회로 설계 검사

프로젝트 매니저 창에서 메뉴 Tools - Design Rules Check를 클릭하여 실행하며, 설계된 회로도를 전기적 성질(Electrical Rules), 물리적 성질(Physical Rules)에 대하여 검사를 한다.

■ Design Rules Options

회로 설계 검사 방법에 대하여 설정하며, DRC마크에 대한 설정 및 경고 무시 부분을 설정한다.

<table>
<tr><td rowspan="4">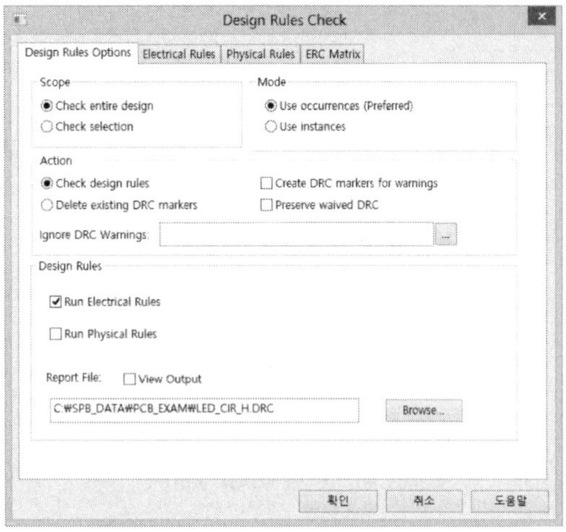
</td><td>Scope : 리포트를 정리할 영역을 선택</td></tr>
<tr><td>Mode : Occurrences 모드와 Instances 모드 중 선택</td></tr>
<tr><td>Action
- Check design rules : 회로 설계 검사를 실시
- Delete existing DRC markers : DRC 마커 삭제
- Create DRC marker for warnings :
회로도의 경고발생 부분에 DRC마커를 생성
- Preserve waived DRC :
waived DRC체크한 DRC 마커는 검사에서 제외시킴
- Ignore DRC Warnings : 검사제외 항목의 문구</td></tr>
<tr><td>Design Rules : 전기적 성질(Electrical Rules), 물리적 성질(Physical Rules)에 대하여 검사 여부를 선택</td></tr>
</table>

■ Electrical Rules

회로의 전기적 성질 부분을 설계 검사한다.

<table>
<tr><td rowspan="2">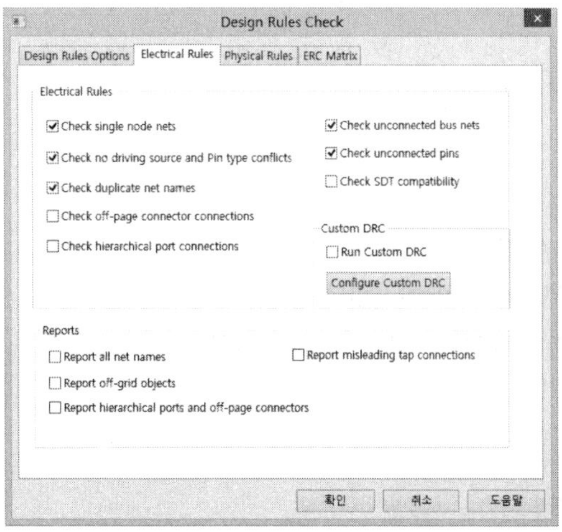
</td><td>Electrical Rules : 전기적인 규칙의 에러검색 항목을 설정
- Check single node nets : 미결선 wire를 검사
- Check no driving source and Pin type conflicts :
ERC Matrix설정에 따라 검사
- Check Duplicate net names : NET 이름의 중복에 대하여 검사
- Check off-page connector connections :
연결 안 된 Off-page connector을 검사
- Check hierarchical port connections : 계층구조 연결 상태 검사
- Check unconnected bus nets : 버스와 네트의 연결 상태 검사
- Check unconnected pins : Wire 연결이 안 된 핀을 검사</td></tr>
<tr><td>Reports
- Report all net names : 모든 NET 이름을 리포트 출력
- Report off-grid objects :
Grid를 무시하고 설계한 요소를 리포트 출력
- Report hierarchical port and off-page connectors :
계층도면 포트와 Off-Page Connector를 리포트 출력
- Report misleading tap connections :
버스에 연결된 네트의 이름과 비교하여 잘못된 네트의
이름을 리포트 출력</td></tr>
</table>

■ **Physical Rules**

회로의 물리적 성질 부분을 설계 검사한다.

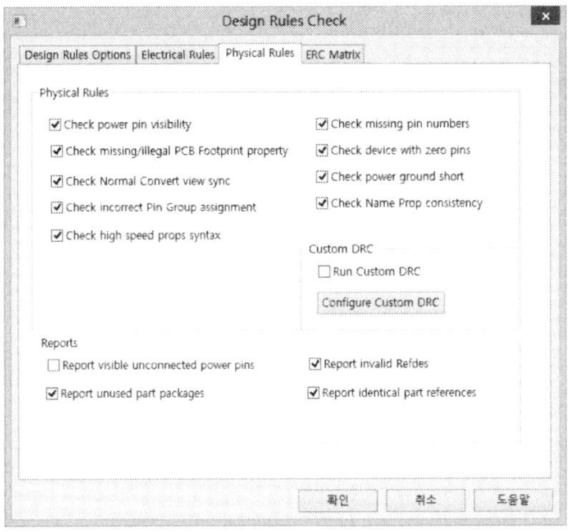

Physical Rules : 물리적인 규칙의 검사에 대하여 설정

- Check power pin visibility : 가시적인 전원 핀을 검사
- Check missing/illegal PCB Footprint property : 일치하지 않거나 누락된 PCB Footprint를 검사
- Check Normal Convert view sync : 일반/변환 Part의 뷰 동기화를 검사
- Check incorrect Pin Group assignment : 잘못된 핀 그룹 할당을 검사
- Check high speed props syntax : 고속 소품 구문을 검사
- Check missing pin numbers : 핀 번호가 잘못된 경우를 검사
- Check device with zero pins : 핀이 없는 Part를 검사
- Check power ground short : 전원 접지의 단락(쇼트)을 검사
- Check Name Prop consistency : 이름 소품의 일관성을 검사

Reports

- Report visible unconnected power pins : 가시적인 미연결 전원 핀의 보고서를 생성
- Report invalid packaging : 실효성이 없는 패키지의 리포트를 생성
- Report unused part packages : 사용하지 않은 부품 패키지의 리포트를 생성
- Report identical part references : 동일한 부품 참조번호의 리포트를 생성

■ **ERC Matrix**

Part와 Wire, Power Symbol 그리고 Port의 연결에 대한 설계 규칙(입, 출력 핀, 계층구조 포트, 전원 등)을 설정하며, W는 경고(Warning), E는 에러(Error)를 표시한다.

ERC Matrix에 의해 발생되는 에러와 경고는 ERROR(ORCAP-1628), WARNING(ORCAP-1829)이다.

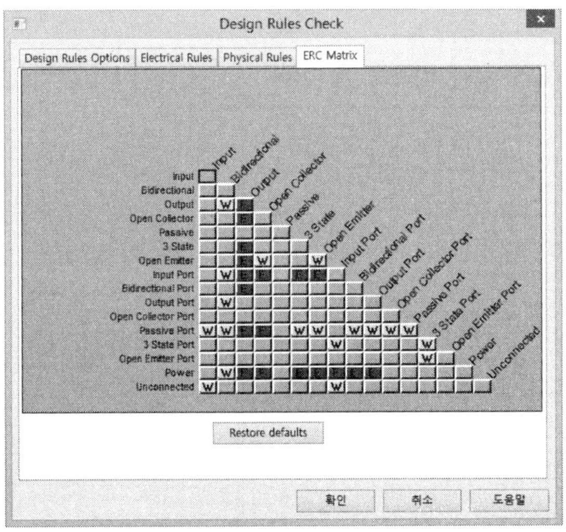

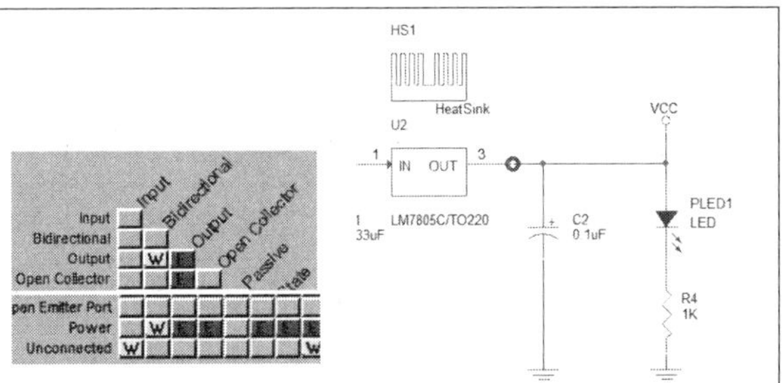

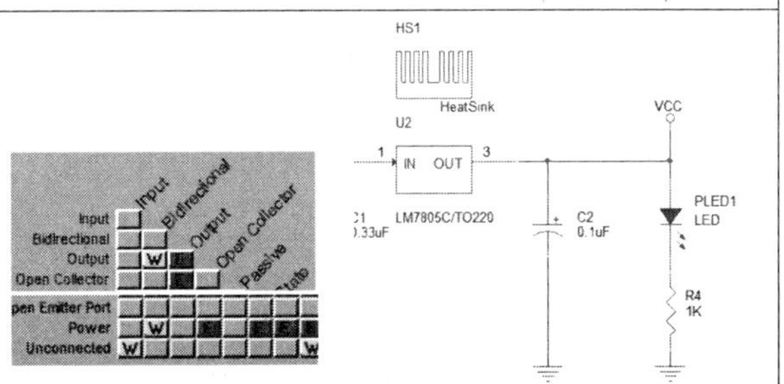

[Lab 5-4] DRC 검사

1. 프로젝트 매니저 창에서 메뉴 Tools - Design Rules Check를 클릭

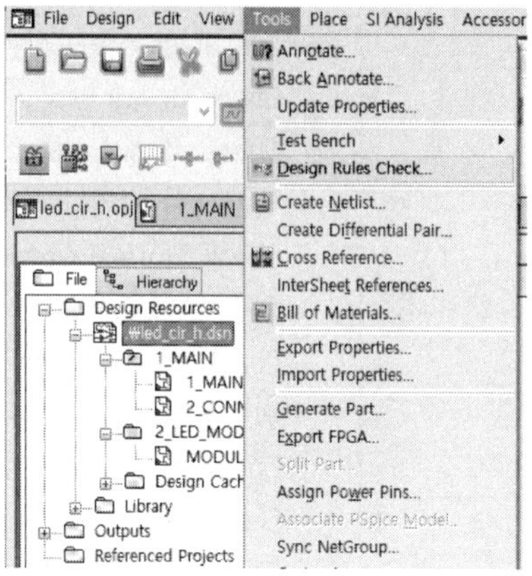

2. Create DRC markers for warnings를 체크
3. View Output을 체크한 뒤 "확인 "을 클릭

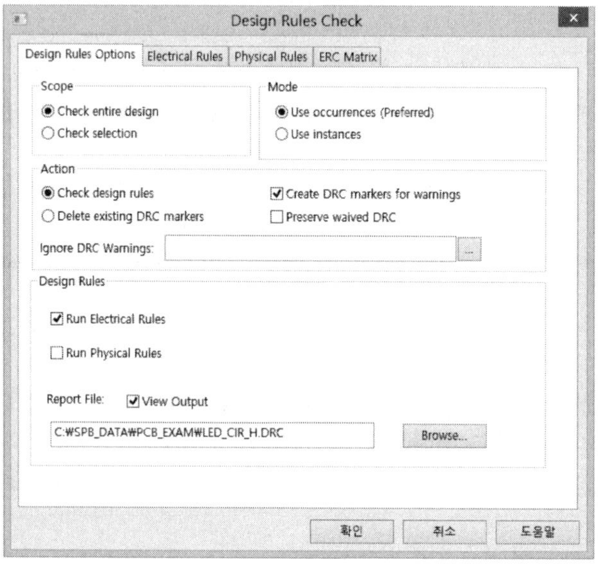

4. 경고(Warning)과 에러(Error)의 원인을 제거하고 아래와 같이 리포트 출력하기

```
Checking Schematic:  1_MAIN
----------------------------------------------------
Checking Electrical Rules
Checking For Single Node Nets
Checking For Unconnected Bus Nets

----------------------------------------------------
Checking Schematic: LM3 2_LED_MODULE
----------------------------------------------------
Checking Electrical Rules
Checking For Single Node Nets
Checking For Unconnected Bus Nets
```

5-5 : Create Netlist

◆ 회로도 데이터를 PCB 데이터로 변환

■ PCB Editor

프로젝트 매니저 창에서 메뉴 Tools - Create Netlist를 클릭하여 실행하며, 설계된 회로도와 PCB Footprint 및 설정된 속성값을 바탕으로 PCB 데이터로 변환한다.

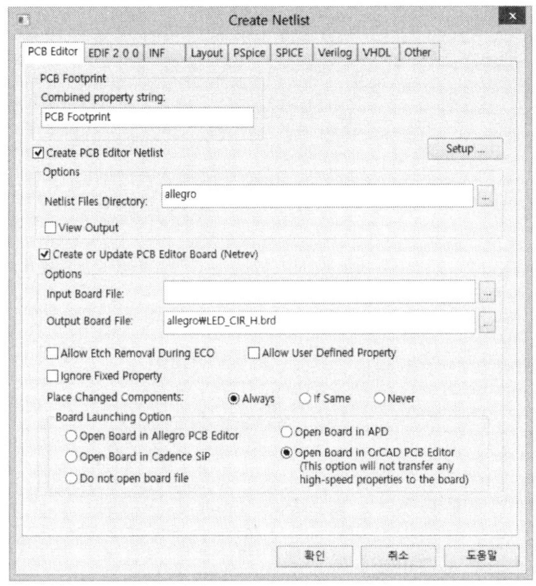

Combined Property string : 회로도 속성 중 PCB Symbol 정보가 설정된 속성 이름 설정
Create PCB Editor Netlist : PCB Netlist 파일 생성
Netlist File Directory : Netlist 파일 및 PCB 작업 경로 설정
Create or Update PCB Editor Board : Netlist 데이터를 이용하여 PCB Editor로 변환
Allow Etch Removal During ECO : ECO 작업 시 Etch레이어를 제거
Allow User Defined Property : Netlist에서 속성 정의 작성을 허용
ignore Fixed Property : 변경 불가 속성을 무시하고 Netlist를 진행

(Tip)

Netlist 에러 시

- Netlisting the Design
  - 에러가 발생할 경우는 회로도에서 이상이 있는 경우
  - 속성창에 PCB Footprint속성이 빈칸일 경우 발생
  - Reference에 문제 발생 (띄움표나 동일한 Reference가 있을 경우)

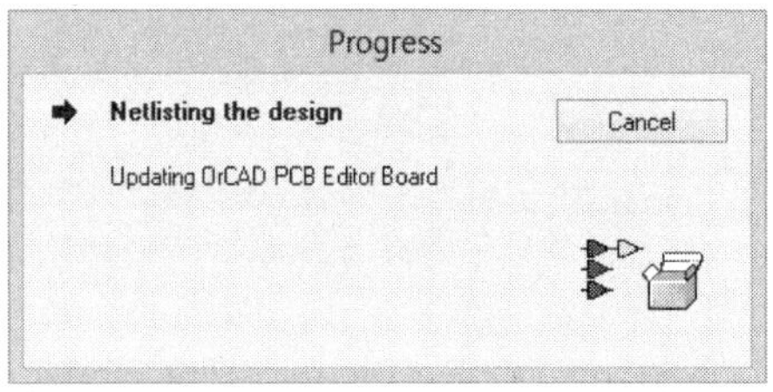

- Updating OrCAD PCB Editor Board
  - Footprint 이름을 잘못기입 하였을 경우
  - OrCAD의 Part의 핀과 Footprint의 핀의 수가 맞지 않을 경우
  - ERROR: File "파일명.brd" is being edited by user "사용자명" on date "시간" on system "컴퓨터이름". Resolve lock file and re-run netrev. 이 나타나면 PCB Editor 창을 닫고 다시 실행

■ Netlist 시 WARNING 및 ERROR

- ERROR(SPMHNI-191) : 잘못된 Footprint를 사용 시 발생하는 에러
- WARNING(SPMHNI-192) : Footprint의 속성이 잘못되어있는 경우
- ERROR(SPMHNI-195) : Part의 핀 수가 Footprint의 핀 수보다 많을 경우
  (Symbol 'Footprint명' for device 'Device명' is missing pin '핀번호')
- ERROR(SPMHNI-196) : Part의 핀 수가 Footprint의 핀 수보다 적을 경우 (해당 Part에 NC 속성 설정)
  (Symbol 'Footprint명' for device 'Device명' is extra pin '핀번호')
- ERROR(ORCAP-36002) : Part의 PCB Footprint 속성이 비어 있을 경우
- ERROR(ORCAP-36040) : 존재하는 핀에 NC 설정을 하였을 경우
- ERROR(ORCAP-36071) : Footprint명에 띄움표 및 특수문자가 있을 경우
- WARNING(ORCAP-36006) : Device 명이 길어서 발생하는 경고 (무시)
- WARNING(ORCAP-36042) : 동일한 핀의 이름을 강제로 변경 (무시)

[Lab 5-5] Create Netlist

1. 프로젝트 매니저 창에서 메뉴 Tools - Create Netlist 클릭
2. Create or Update PCB Editor Board 선택
3. Open Board in Allegro PCB Editor 또는 Open Board in OrCAD PCB Editor를 체크하고 "확인"클릭
4. 프로젝트 매니저 창에서 메뉴 Tools - Create Netlist 클릭

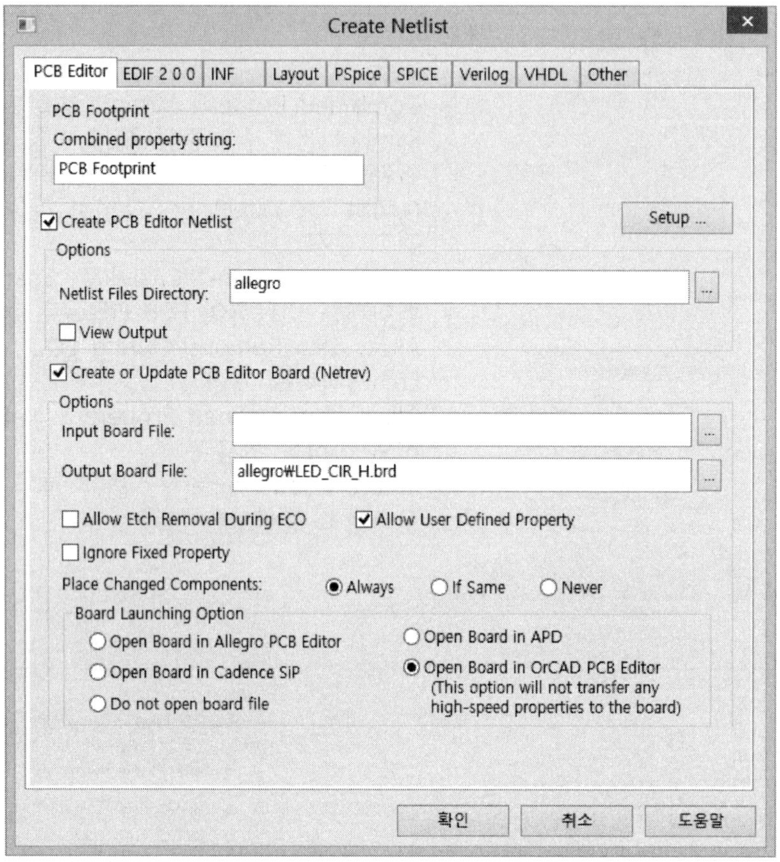

5. Netlist 시 에러가 발생하면 에러의 원인을 해결 후 다시 Netlist를 진행

Chapter 6 기타

6-1 : Design Compare

◆ 두 회로도 파일을 비교

두 회로로 파일을 비교하여 서로 다른 정보를 화면에 표시해주는 기능이다. 프로젝트 매니저 창에서 메뉴 Tools - Compare Designs을 클릭하여 실행할 수 있다.

Design Difference 창에서 Design 1과 Design 2에 각각의 회로도를 설정한 다음 특정페이지만 비교할지와 전체를 비교할지를 Schematic / Page에서 설정한다.

출력 파일은 HTML 파일로 출력되며, "Compare"를 클릭하면 두 회로도를 비교하게 된다.

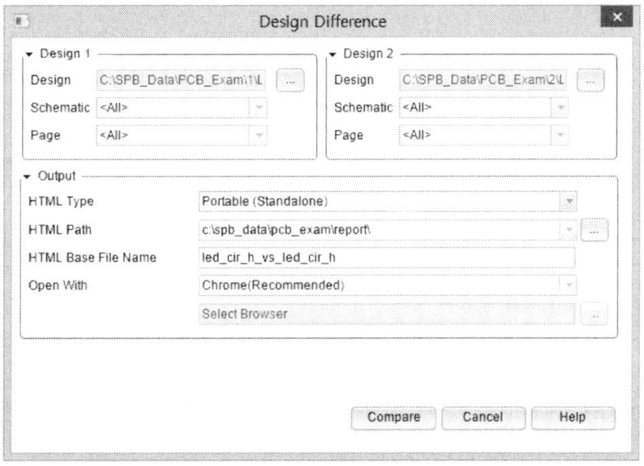

두 도면을 비교하여 리포트를 출력하는데 비교 방법은 Logical Differences (Part와 Wire)만 비교하거나 모든 요소를 비교하는 All Differences가 있으며, "Show Details"를 클릭하여 HTML 형식의 데이터로 하단에 Components Difference로 확인 할 수 있다.

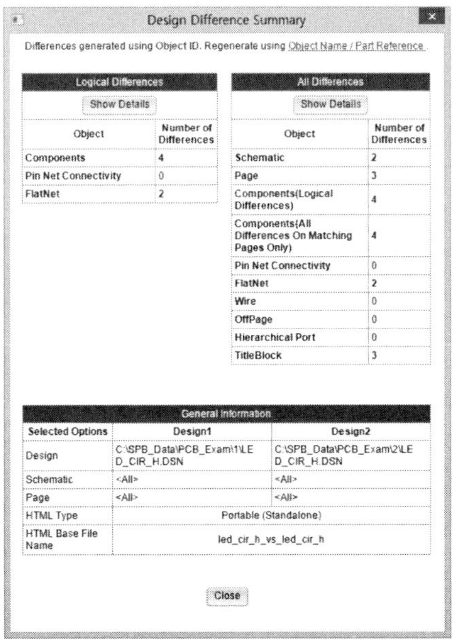

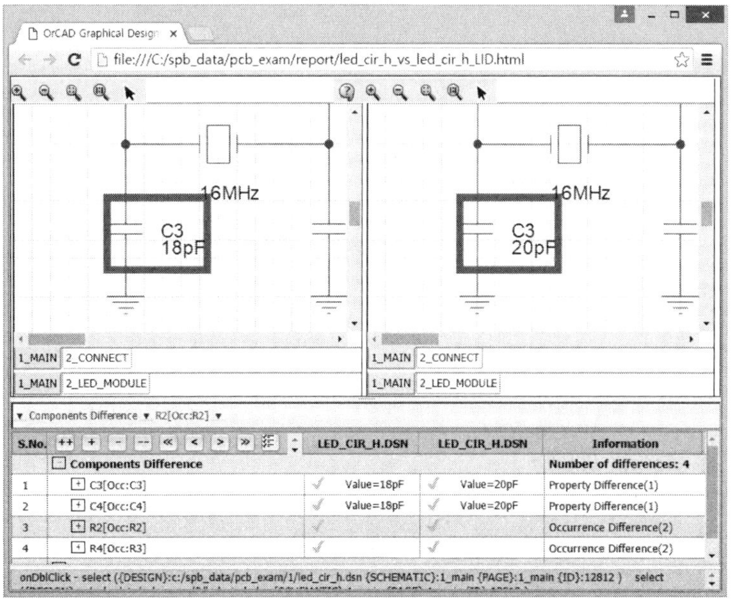

6-2 : Import / Export Selection, Design Import / Export

◆ Export Selection

Capture의 Page에서 작성한 회로 또는 Drawing정보를 라이브러리로 저장하여 사용할 수 있다.

라이브러리로 저장할 회로 또는 Drawing정보를 먼저 선택한 다음 메뉴 File - Export - Export Selection을 클릭하여 Export Selection창에서 라이브러리로 저장할 수 있다. 이 때 Library에는 저장할 라이브러리파일(OLB 파일)을 지정하고 Export Selection Name에는 Selection이름을 설정하여 저장할 수 있다.

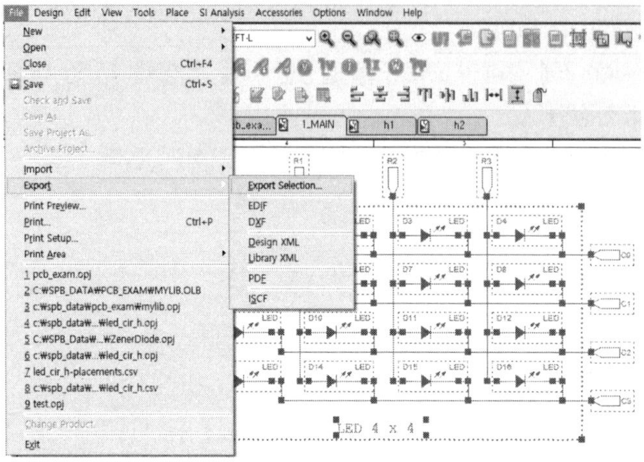

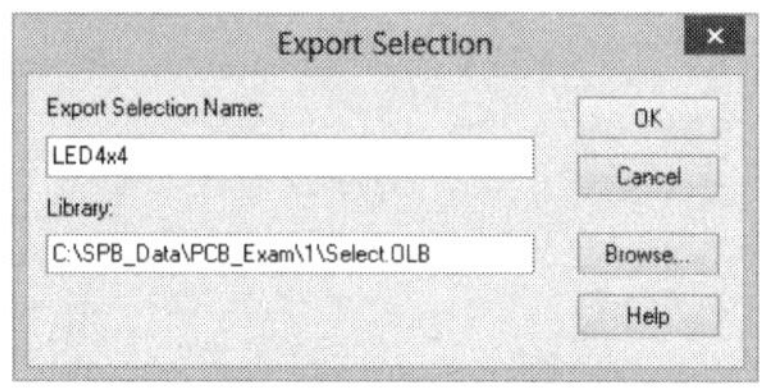

◆ Import Selection

메뉴 File - Import - Import Selection을 클릭하여 저장되어 있는 Selection 라이브러리를 불러와 사용할 수 있다.

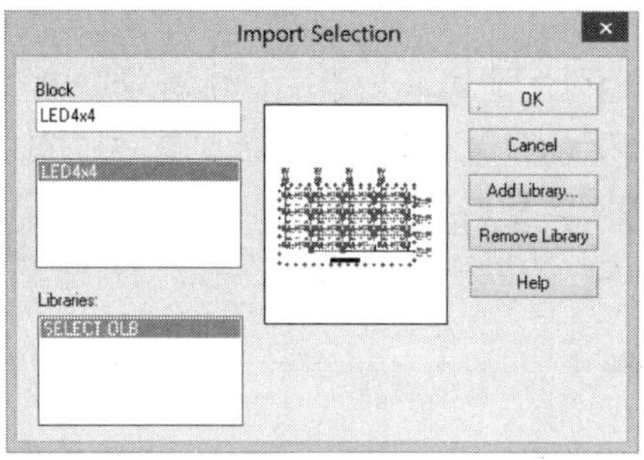

◆ Design Import

메뉴 File - Import를 이용하여 PSpice, EDIF(2.0.0), PDIF, Altium Schematic 파일을 읽어올 수 있으며, XML 파일도 읽어와 사용할 수 있다.

Altium 데이터를 불러오기 위해서는 파일 형식에 "Advanced Schematic ascii(*.SchDoc)"로 저장된 파일이어야 한다.

◆ Design Export

메뉴 File - Export를 이용하여 EDIF(2.0.0), DXF(Page에서 변환가능), ISCF파일로 변환이 가능하면, XML 파일 출력과 PDF 문서 출력이 가능하다.

■ **PDF Export**

PDF로 출력하기 위해서는 Ghostscript(http://ghostscript.com/download/) 또는 Acrobat Distiller가 설치되어 있어야 한다. 그리고 Ghostscript를 이용할 경우에는 환경변수의 Path에 gswin64c.exe 파일이 있는 경로가 지정되어야 한다.

회로도에서 출력할 모드와 출력방향과 용지크기를 선택하고 "OK"를 클릭하면 회로도가 PDF로 출력된다.

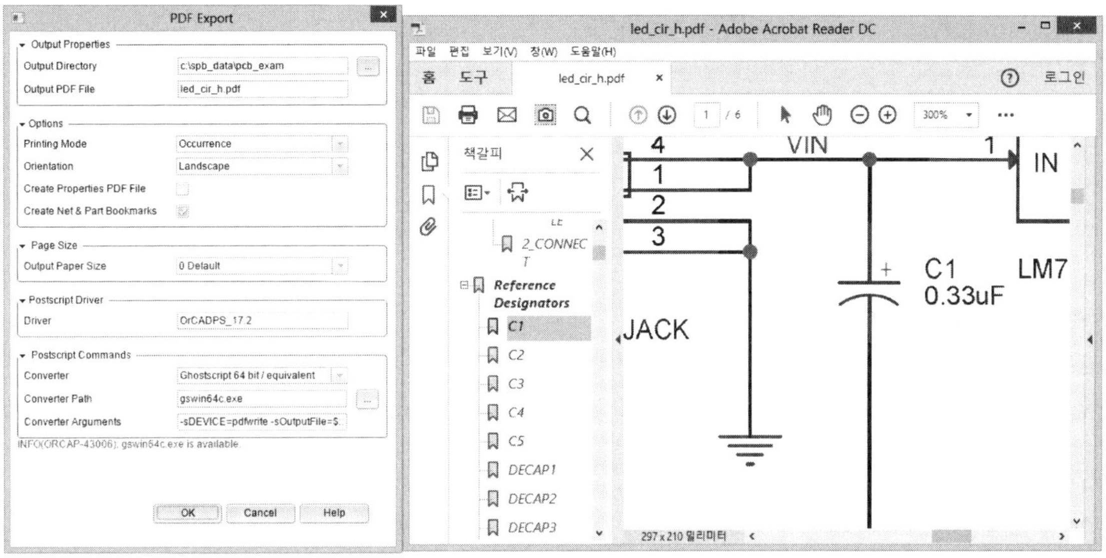

6-3 : Lock

◆ 도면 잠그기

프로젝트 매니저 창에서 (파일명).DSN, Schematic, Page를 선택 후 우클릭 메뉴 중에 Lock을 선택하면 해당 도면은 잠기게 되며, 수정이 불가능해진다. 잠금기능을 풀기 위해서는 우클릭 - Unlock으로 풀 수 있다.

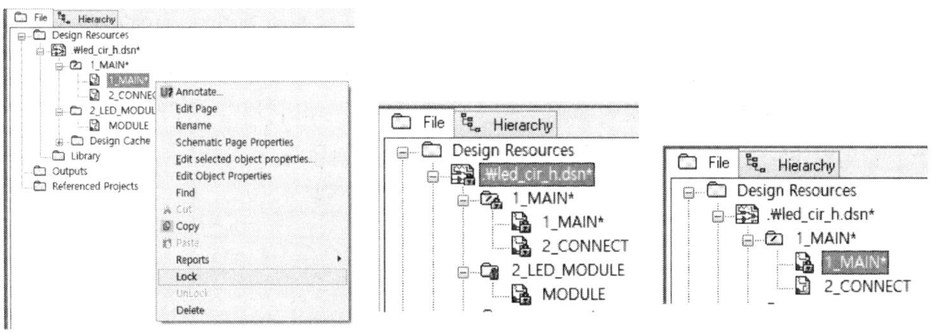

◆ 일부 부품 잠그기

Part를 선택하고 우클릭 - Lock을 하면 해당 Part만 잠금기능을 이용할 수 있다.

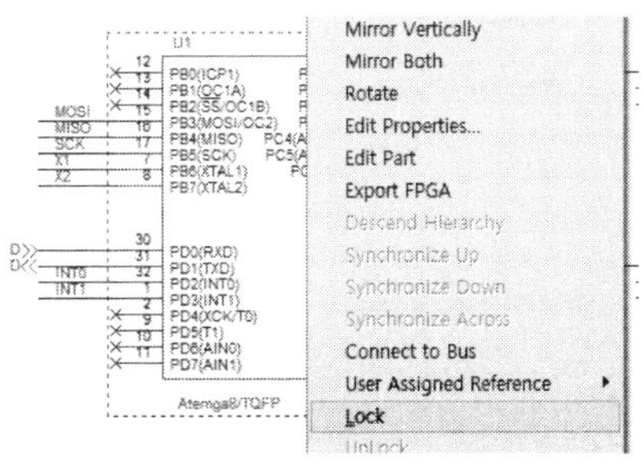

6-4 : Save As

◆ 프로젝트 전체를 다른 곳으로 저장하기

프로젝트 매니저 창에서 Design Resources을 선택 후 우클릭 - Save As를 클릭한 뒤 Save Project AS창에서 회로도 파일(DSN파일) 뿐 아니라 라이브러리와 출력 파일들을 같이 복사할 수 있다.

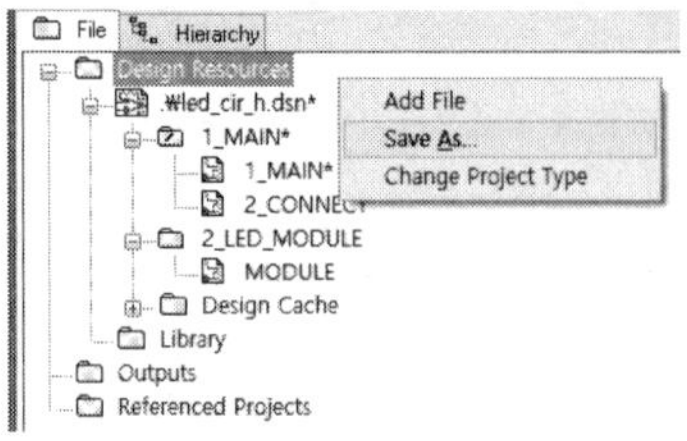

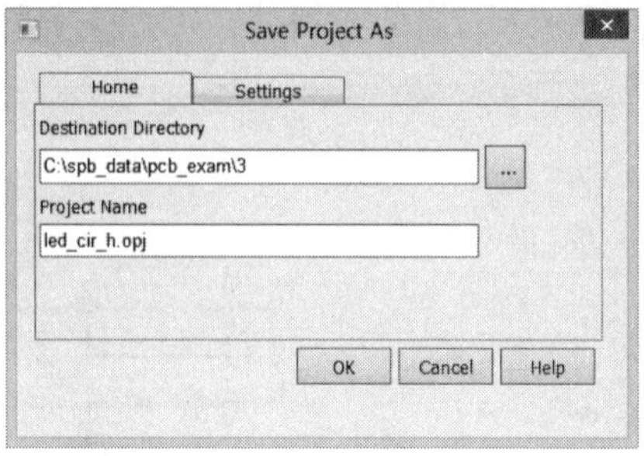

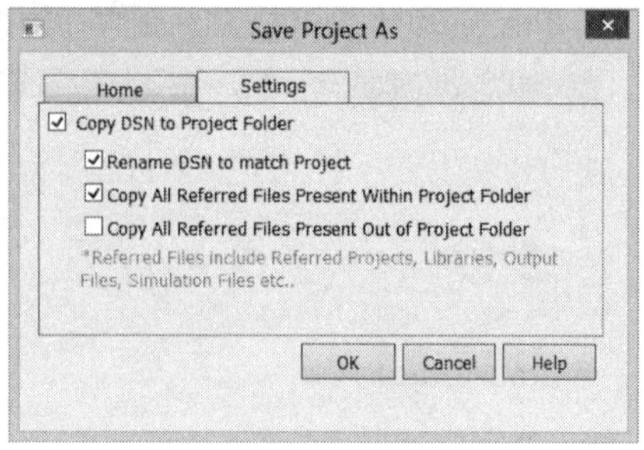

◆ 하위버전으로 저장하기

프로젝트 매니저 창에서 (파일명).DSN파일을 선택 후 우클릭 - Save As클릭한 뒤 Save As창에서 하위버전으로 변경할 수 있다. 파일을 저장할 때 파일 형식을 "Capture 16.2 Design (*.DSN)"을 선택하여 저장할 수 있다.

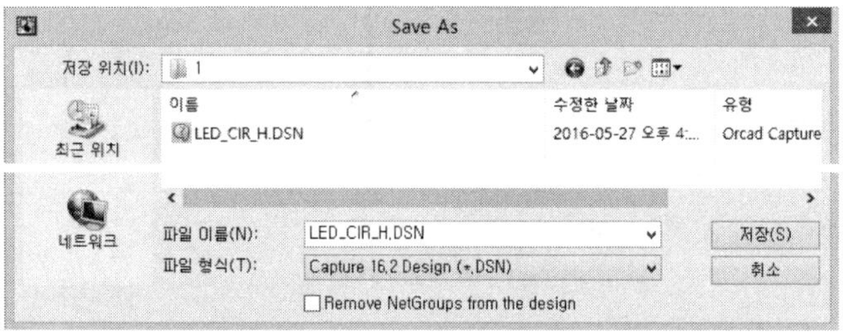

◆ ZIP파일로 압축하기

프로젝트 매니저 창에서 메뉴 File - Archive Project를 클릭한 뒤 Archive Project 창에서 Create single archive file을 클릭하여 Zip파일로 저장할 수 있다. Zip 파일로 내보낼 때 라이브러리와 출력 파일 등을 같이 압축할 수 있으며 "Add more files"을 클릭하여 파일 또는 폴더 전체를 추가할 수 있다.

Zip 파일을 출력할 때 현재 작업 중이 폴더에서는 저장하면 안된다.

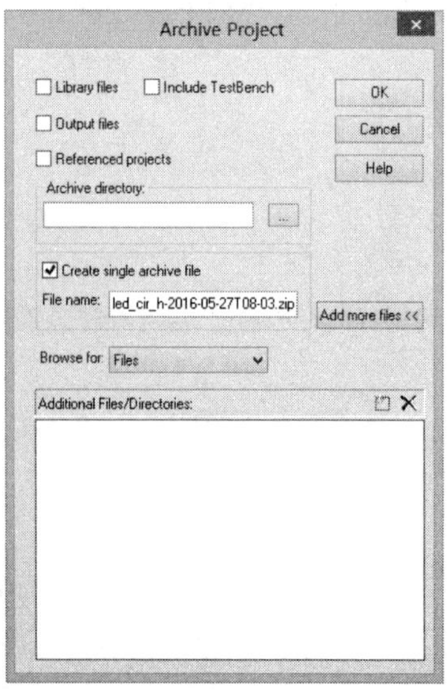

6-5 : Instances / Occurrences

◆ Occurrences 속성을 삭제하기

프로젝트 매니저 창에서 메뉴 Design - Remove Occurrence Properties를 클릭하여 Occurrence 속성을 삭제할 수 있다. 계층 구조일 경우에는 삭제하여선 안된다.

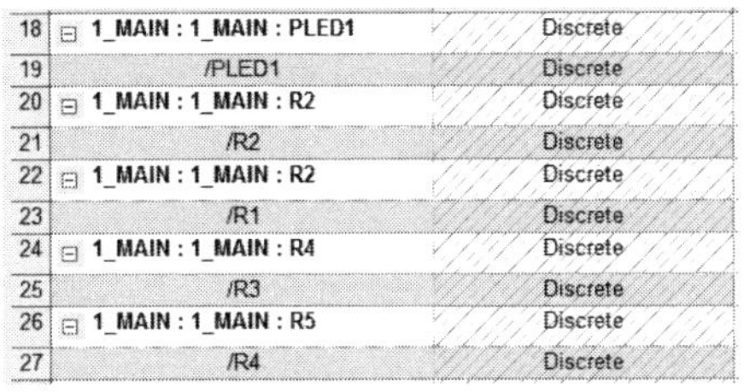

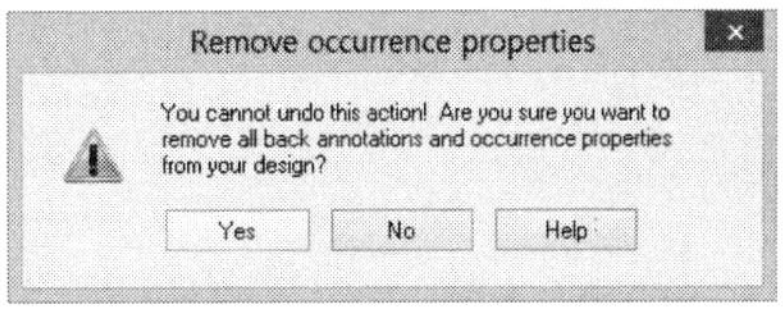

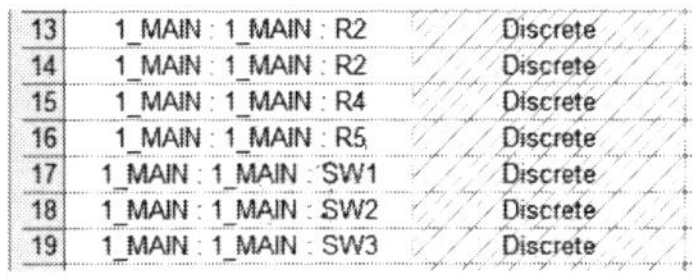

◆ Occurrences 속성을 Instances 속성으로 이동하기

프로젝트 매니저 창에서 메뉴 Accessories - Transfer Occ. Prop. to Instance - Push Occ. Prop into Instance를 클릭 후 Push Occ. Properties to Instance 창에서 속성을 이동시킬 수 있다.

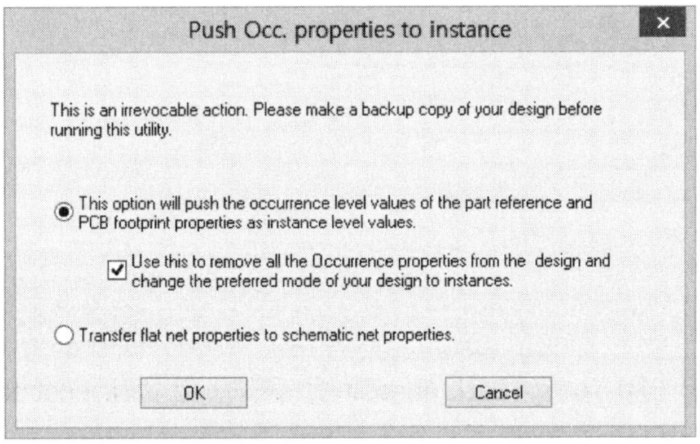

6-6 : Selection Filter / signal

◆ Selection Filter

회로도에서 우클릭 - Selection Filter를 클릭한 뒤 마우스로 클릭할 수 있는 요소를 Selection Filter 창에서 선택할 수 있다.

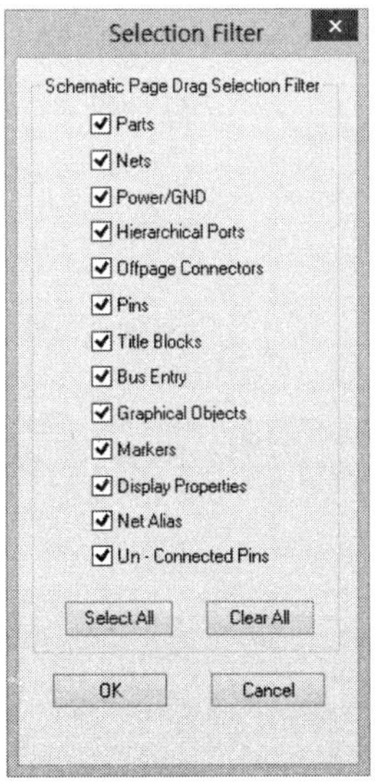

◆ Signals

회로도에서 Wire나 Port, 또는 Off-page Connector를 선택 후 우클릭 - Signals을 클릭하여 다른 페이지 또는 다른 Schematic에 있는 같은 이름의 Net을 확인 및 이동할 수 있다.

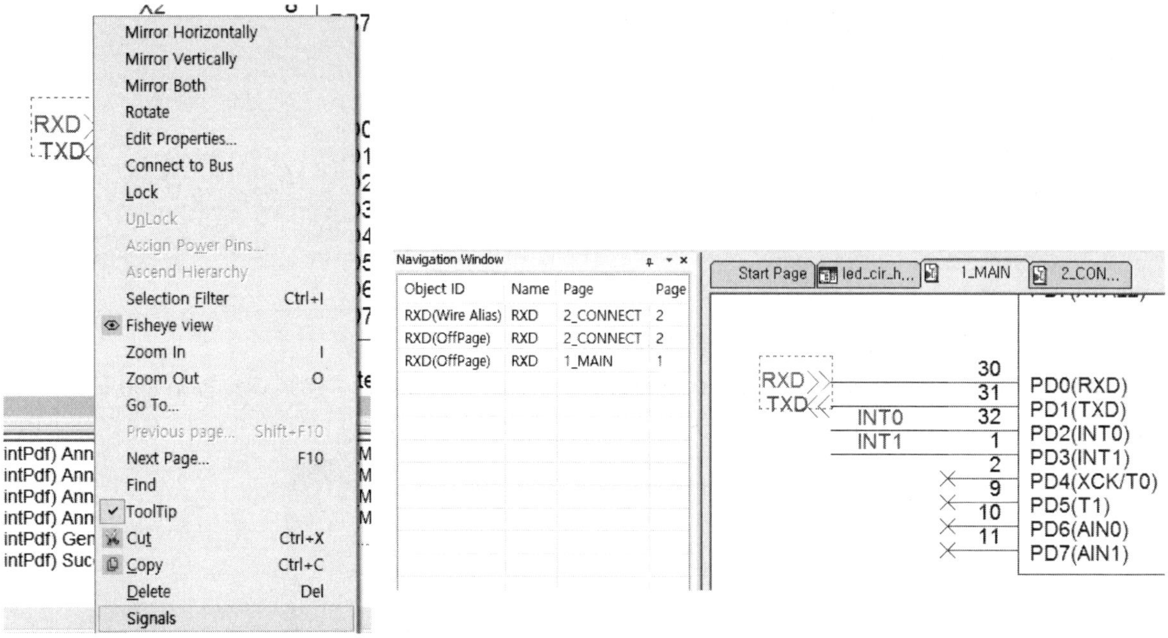

6-7 : Back Annotate

◆ Back Annotate

프로젝트 매니저 창에서 메뉴 Tools - Back Annotate을 클릭한 뒤 Backannotate창에서 PCB Editor Board File에 BRD파일을 선택한 다음 "확인"을 클릭하여 PCB의 정보를 Capture로 가져올 수 있다.

Backannotate가 가능한 정보는 Pin Swap, Function Swap, Part Swap과 변경된 Reference 이다.

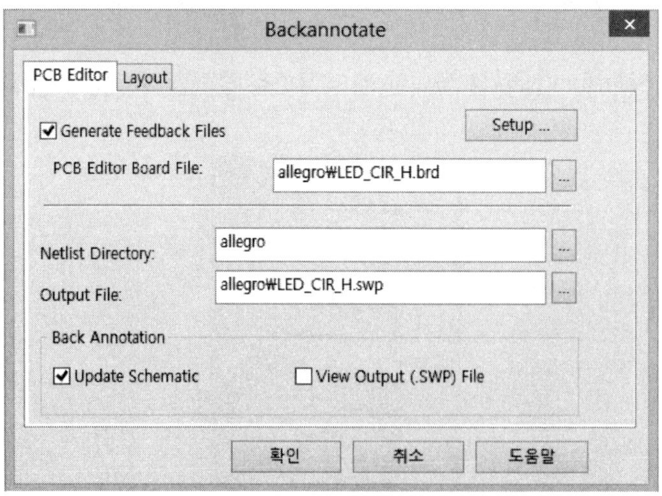

6-8 : OrCAD Apps

◆ OrCAD Apps

Start Page에서 OrCAD Apps를 클릭하면 OrCAD Market Place 홈페이지로 연결된다.

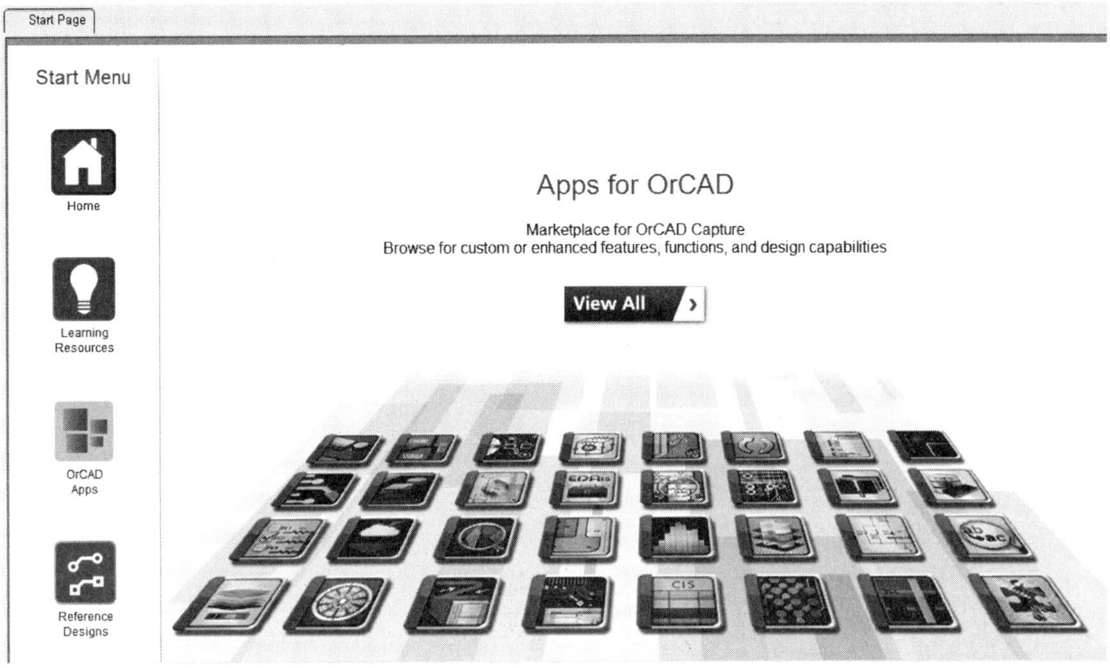

OrCAD Market Place는 라이브러리 모델(Capture, PCB, PSpice 라이브러리 등)를 추가 라이브러리를 다운받을 수 있으며, OrCAD APP에서는 유용한 Application을 다운받아 사용가능합니다.

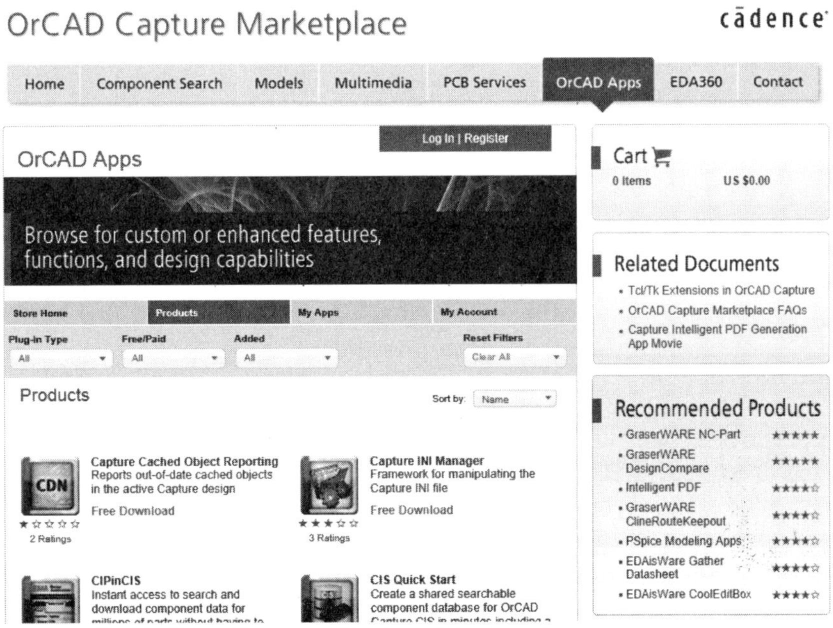

02 PART

OrCAD PCB Techniques

Chapter 7 OrCAD PCB Editor의 시작

OrCAD PCB Editor의 Flow

PCB Editor 프로그램은 "시작 - 모든 프로그램 - Cadence Release 17.2-2016 - OrCAD Products - PCB Editor (윈도우키 + R -> allegro 실행)"로 실행하며, PCB 설계 작업 순서는 아래와 같이 진행된다.

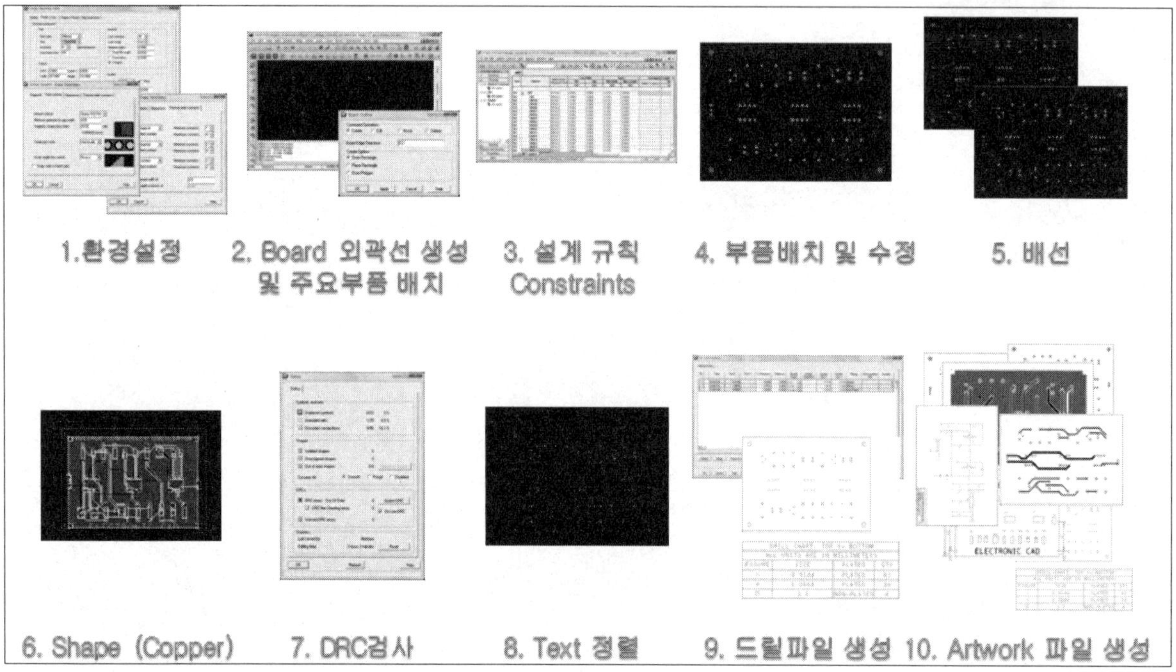

또한 Padstack 생성 -> Symbol 생성 -> Board 생성 -> Manufacturing data 생성 순으로 진행된다.

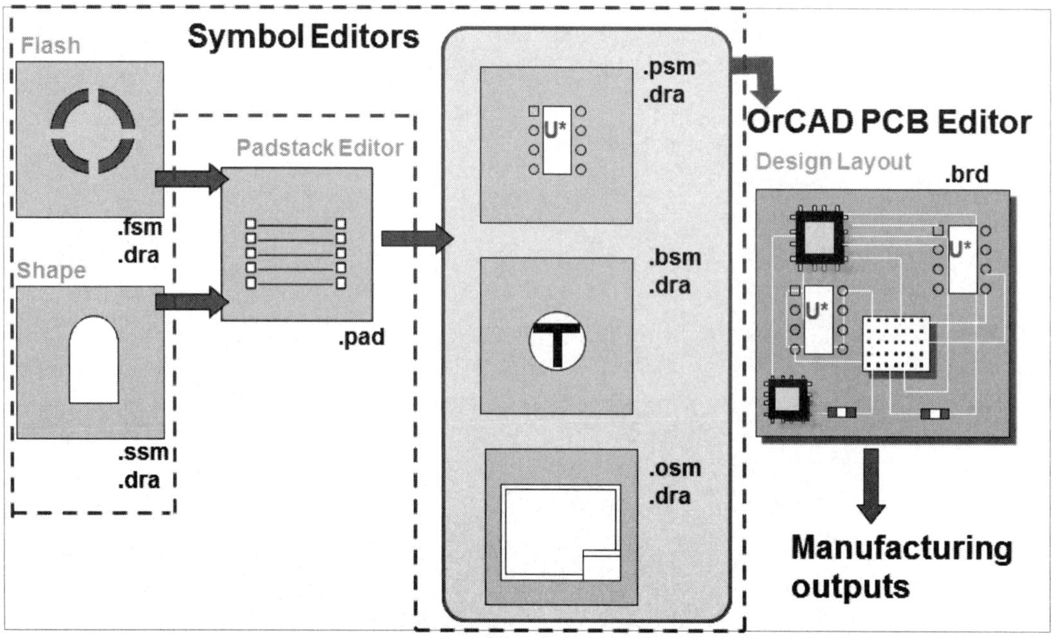

7-1 : OrCAD PCB Editor의 환경 설정

OrCAD PCB Editor를 이용하여 PCB 작업을 하기 위한 환경 설정을 한다. 환경 설정에는 크게 Windows OS 내의 환경 설정과 PCB Editor 상에서의 환경 설정으로 나뉜다. Windows OS의 환경 설정에서는 작업 환경 파일들의 경로 지정을 하게 된다. 또한 PCB Editor 상에서의 환경 설정은 설계 단위, 단축키, Stroke 등의 설정이 포함된다.

◆ Windows OS 환경 설정

■ Home

설계자 개인의 환경 설정 저장 경로이다. Home 경로는 OrCAD PCB Editor를 설치할 시에 기입을 하거나, Windows OS의 환경 변수에서 지정이 가능하다. (기본적으로 C:₩SPB_Data로 설정되어 있다.)

Home경로의 하위 경로인 ₩pcbenv에 OrCAD PCB Editor 관련 파일들이 포함된다. env 파일은 OrCAD PCB Editor의 기본 환경 설정 파일로써, Padstack 및 Package symbol의 저장 경로, 단축키 등에 대한 정보가 저장된다. allegro.strokes 파일은 OrCAD PCB Editor에서 사용되는 Stroke 설정에 대한 정보를 저장한다. allegro.ilinit 파일은 OrCAD PCB Editor가 실행 될 때 각종 파일을 Load하는 용도로 쓰일 수 있다.

■ CDS_Site

팀 단위로 작업할 경우 그룹 환경 저장 경로이다. Windows OS의 환경변수에서 지정이 가능하다.
CDS_Site에서는 CDS_SITE₩pcb에 PCB 관련 환경 파일들이 저장된다.

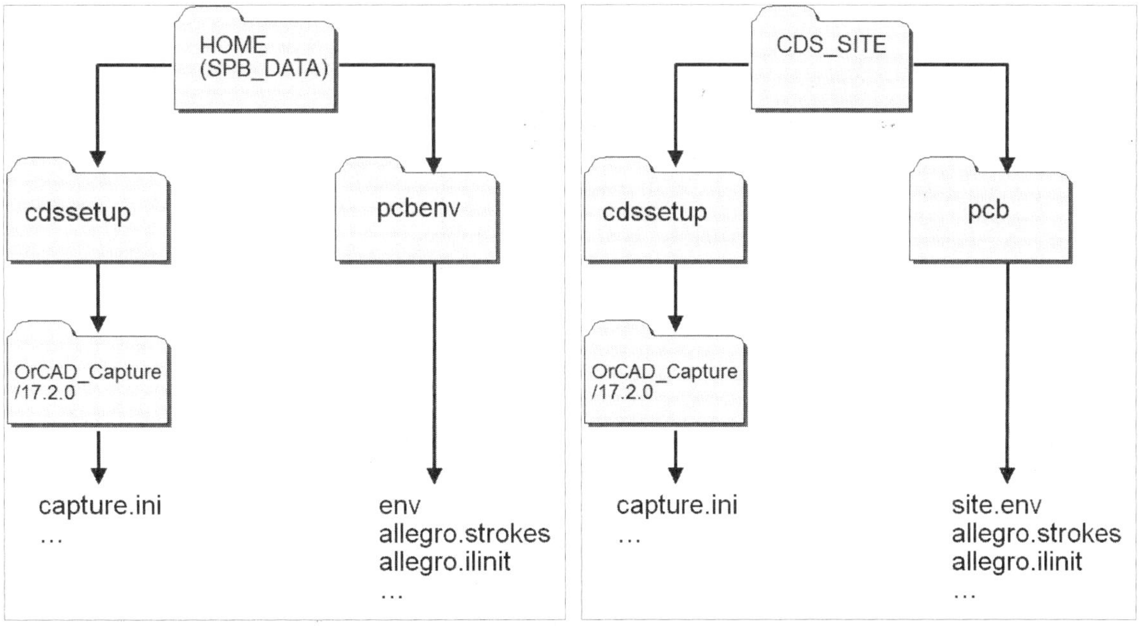

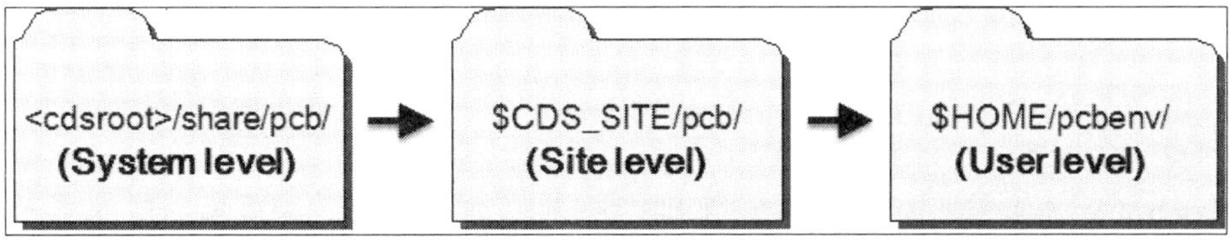

만약 Home에서 지정된 변수와 CDS_Site에 지정된 변수가 겹치는 경우 Home의 우선순위가 더 높다.

◆ OrCAD PCB Editor의 환경 설정

■ User Preferences

User preferences 에서는 Pad symbol의 저장 경로(padpath), Package symbol의 저장 경로(psmpath)를 포함한 Tool에 대한 환경에 대한 설정을 한다. 또한 설정 저장 정보는 개인 User의 경우 Home₩pcbenv₩env 파일에 저장된다.

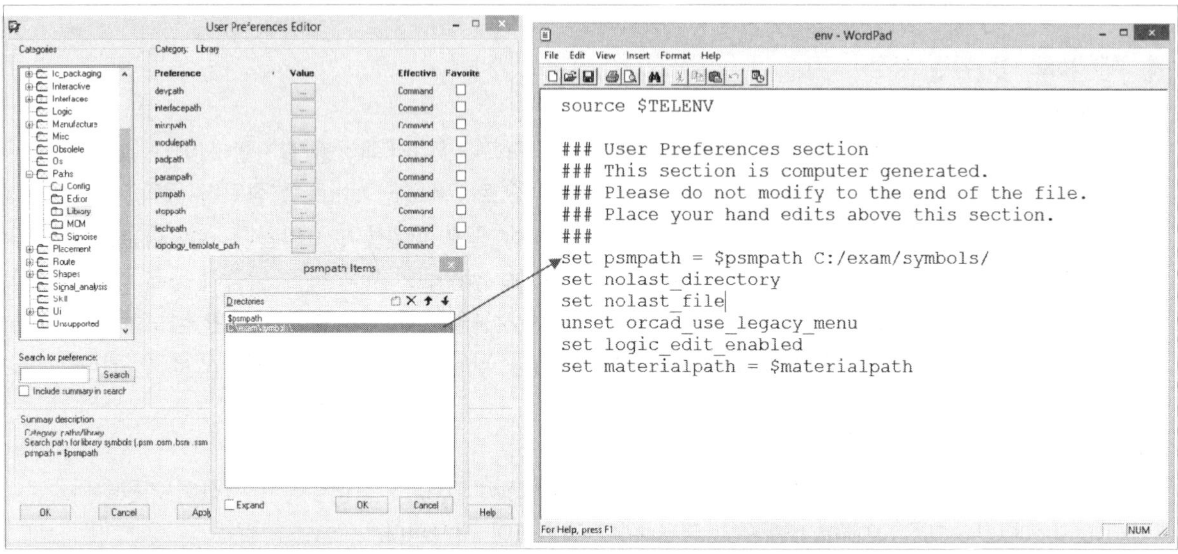

아래는 User Preference의 내용 중 유용한 설정들이다.

Display - Cursor

- infinite_cursor_bug_nt : windows7의 Aero theme 사용 시 문제 해결
- pcb cursor : 커서의 모양을 결정 (cross, infinite)
- pcb cursor angle : infinite(무한대)시 각도를 설정 (0~90)

Display - Shape_fill - no_shape_fill

- Shape의 면을 채우지 않음

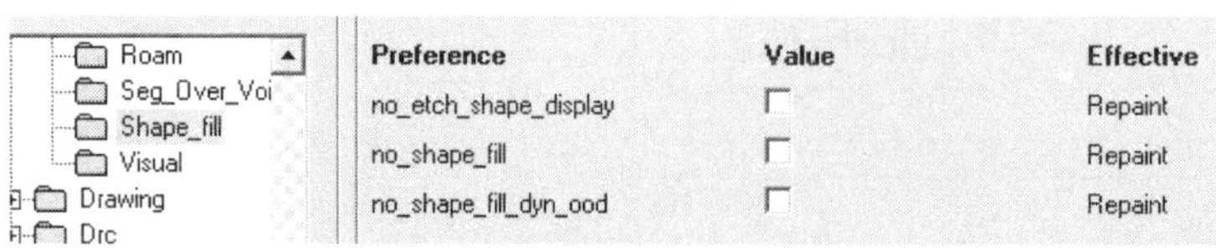

Display - Opengl - disable_opengl

- OpenGL을 지원하지 않는 하드웨어에서는 disable시켜 속도가 느려지는 것을 방지 할 수 있다.

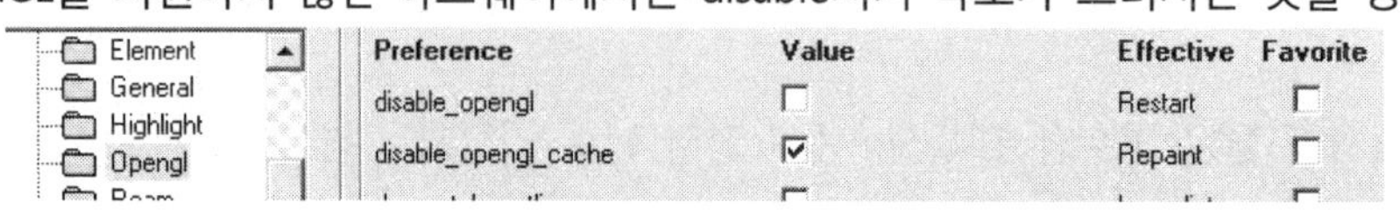

Display - Opengl - draw_etch_outline

- Etch의 Outline 선을 표시

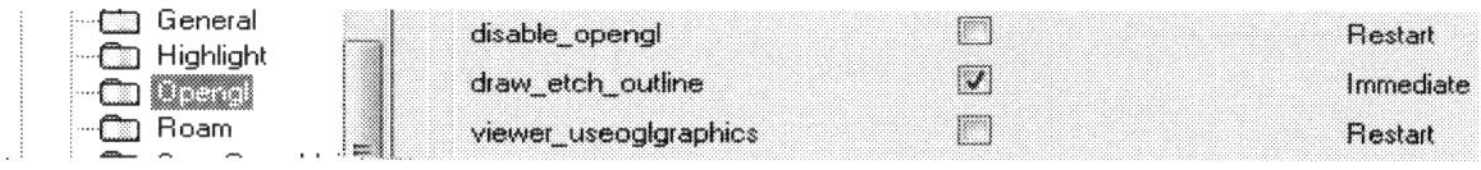

Display - Opengl - static_shapes_fill_solid

- shape(copper)의 면을 점이 아닌 Dynamic shape(solid)로 채움

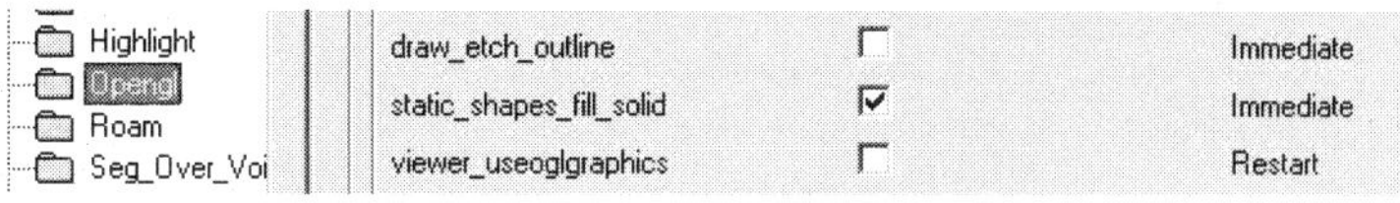

Display - Visual >display_drcfill

- DRC Marker의 내부를 채워서 표시

Drawing - db_tier_nomsg

- DB Warning 메시지 경고창이 나타나지 않도록 설정

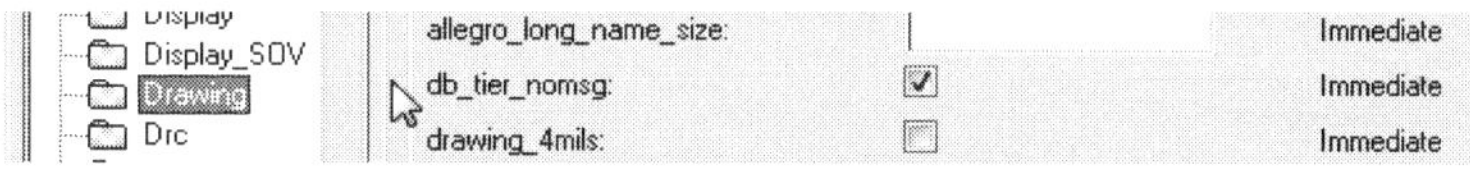

Drawing - allegro_long_name_size

- 부품, net, padstack, function pin 이름의 길이 제한 설정(32~255)

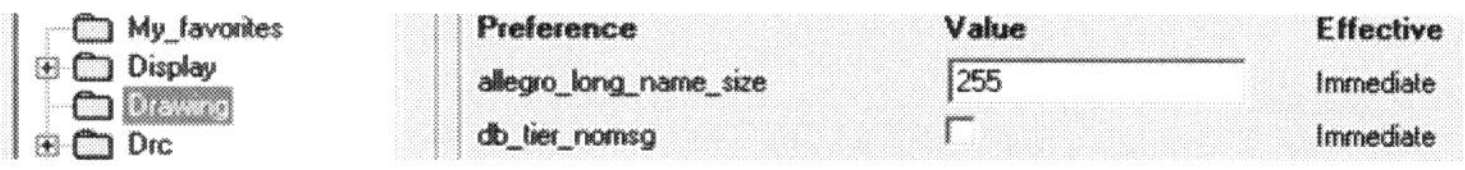

File_management - Autosave > 전체

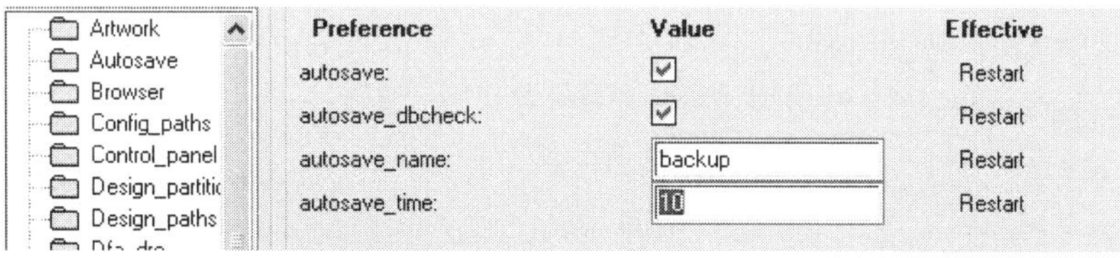

- autosave : autosave 사용 여부
- autosave_dbcheck : 자동 저장 시 database에 error 확인
- autosave_name : 자동 저장될 때 파일이름
- autosave_time : 반복으로 자동 저장할 시간설정

File_management - Output_dir - ads_sdart

- artwork 파일(거버파일)생성 시 저장 경로를 생성하며, 경로에 파일이 생성

Paths - Library - padpath, psmpath

- Pad(*.pad)와 Package Symbol(*.psm, *.fsm, *.ssm, *.osm, *.bsm)의 경로 추가

Route - Connect - acon_disable_nullnet_route

- 배선 시 빈 화면에서 net없이 배선이 되지 않도록 설정

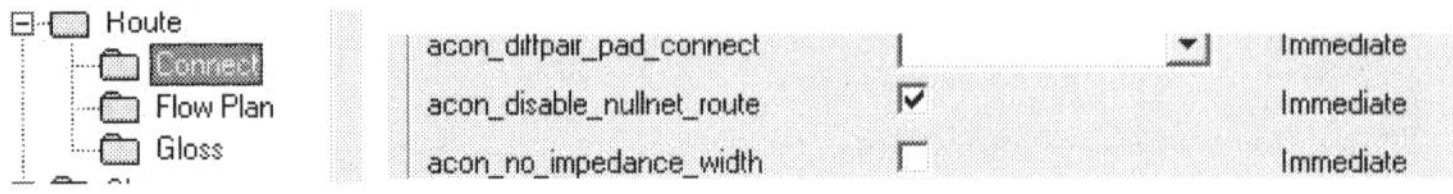

Route - Connect - allegro_etch_length_on

- 배선 시 배선 길이를 출력 - Total Length / Differential Pair시

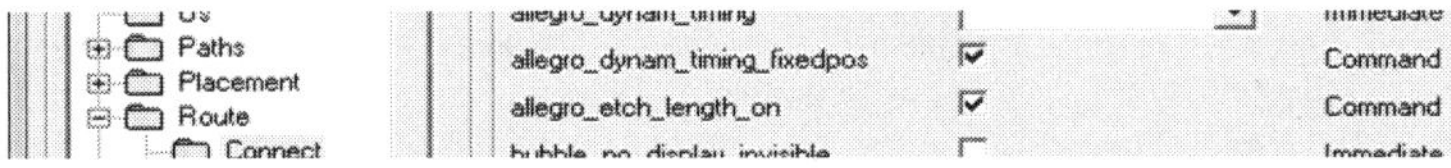

※ OrCAD SI 또는 Allegro 라이선스 필요

UI - Browse - nolast_directory / nolast_file

- PCB Editor 실행시 마지막 작업한 경로 및 파일이 열리지 않음. (빈 화면 시작)

Ui - Input - no_dragpopup

- Ctrl 키를 누르지 않고 마우스 오른쪽 버튼으로 Stroke를 그릴 수 있음

Drawing - New_Design

- allegro_new_accuracy : 새로운 PCB 작업시 사용 할 소수점 자릿수 설정
- allegro_new_units: 새로운 PCB 작업시 사용할 단위 설정

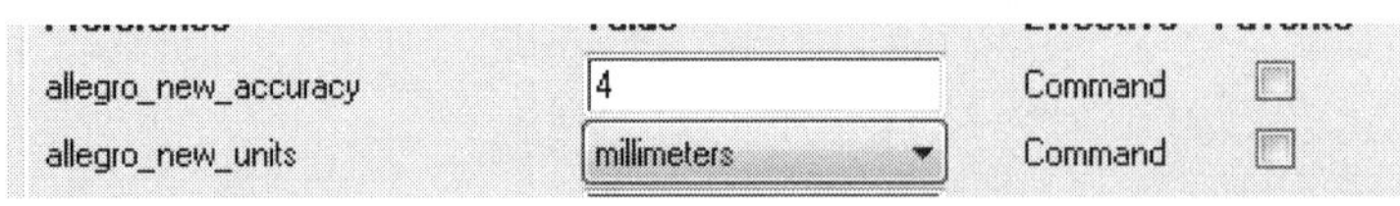

- new_accuracy: 새로운 작업 및 Padstack Designer 작업 시 사용 할 소수점 자릿수 설정
- new_units: 새로운 PCB 작업 및 Padstack Designer 작업 시 사용할 단위

※ 범용 설정이며, allegro_new_accuracy와 units설정이 있을 경우 우선 적용됨.

- new_template_with_last_design: 새 도면을 이전 작업 데이터의 설정 값으로 적용함.

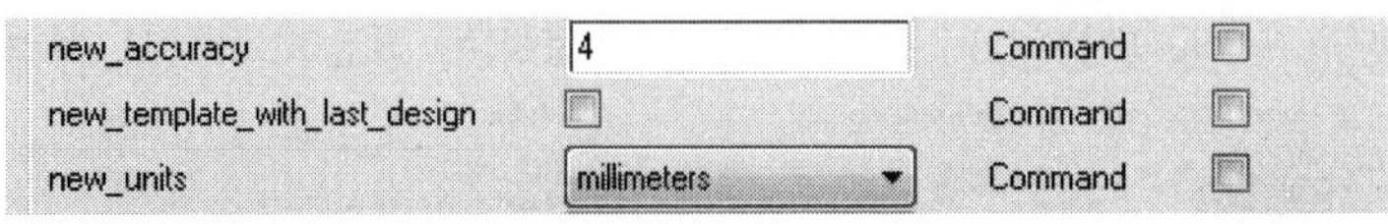

- padstack_editor_new_accuracy: Padstack Editor에 사용할 소수점 자릿수 설정
- padstack_editor_new_units: Padstack Editor에 사용할 단위 설정

File_management - Output_dir - dump_library_directory

- 작업된 PCB에서 라이브러리 추출 시 저장되는 경로지정

Manufacture - Artwork - artwork_undef_line_width

- Artwork 파일 생성 시 굵기가 지정되지 않은 Reference나 라인의 굵기를 지정

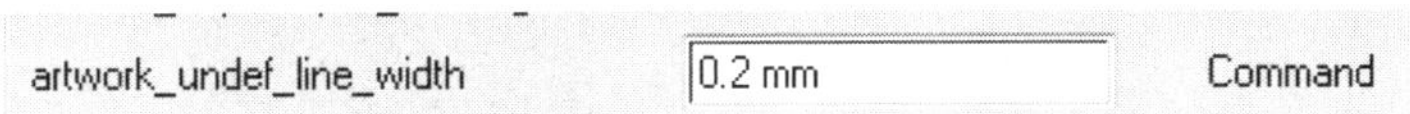

Display - Element -showmeasure_altunits

- 길이 측정 시 기본설정 단위와 함께 설정한 단위의 값도 나타남.

■ **Mode**

OrCAD PCB Editor는 General Edit Mode, Placement Edit Mode, Etch Edit Mode, Signal Integrity Mode, Shape Edit Mode로 구성된 5가지의 Mode를 지원한다. 일반적인 Mode는 General Edit Mode 이며 설계 중 작업 중인 항목에 따라 선택하여 빠른 작업을 할 수 있도록 한다. 예를 들어 배선을 하는 경우에 Etch Edit Mode로 선택하면 배선에 필요한 명령들을 기본적으로 적용하여 Pin, Rat등을 클릭하여 배선할 수 있다.

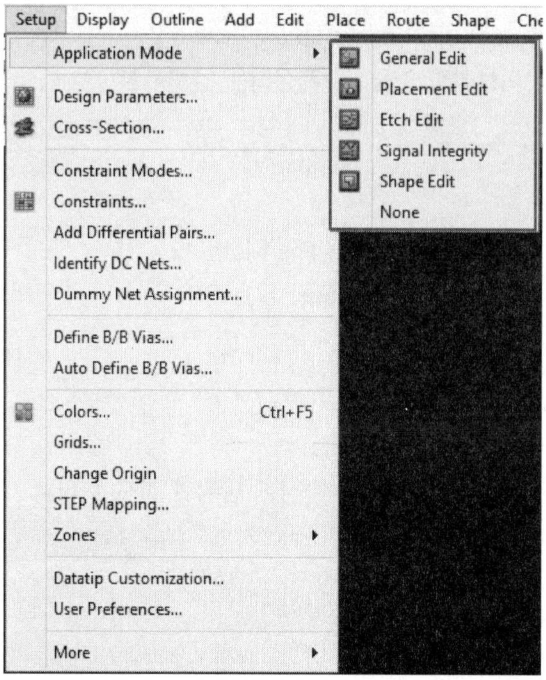

아래는 각 Mode별 명령 실행 방식이다.

Element Type	Drag	Shift Drag	Ctrl Drag
Symbol	Move	Spin	Copy
Via	Slide	Move	Copy
Cline	Move	Move	Copy
Line	Move	Move	Copy
Shape	Move	Move	Copy
Cline Segment	Slide		
Figure	Move	Move	Copy
Text	Move	Move	Copy
Rat Tee	Slide	Move	

[General Edit Mode 의 명령 입력 방식]

Element Type	Drag	Shift Drag	Ctrl Drag	Double Click
Group	Move	Spin	Copy	Move
Symbol	Move	Spin	Copy	Move
Text	Move	Spin	Copy	Move
Rat Tee	Move			Move

[Placement Edit Mode 의 명령 입력 방식]

Element Type	Drag	Shift Drag	Ctrl Drag	Double Click
Symbol	Move	Spin	Copy	Move
Pin				Add connect
Via	Slide	Slide	Copy	Add connect
Cline	Move	Move	Copy	
Shape	Move	Move	Copy	
Cline Seg	Slide		Delay tune	Slide
Rat				Add connect
Rat Tee	Slide	Move		

[Etch Edit Mode 의 명령 입력 방식]

또한 Shape Edit Mode에서는 각 명령 입력 방식을 Control panel의 Options에서 지정할 수 있다.

<table>
<tr><td rowspan="3">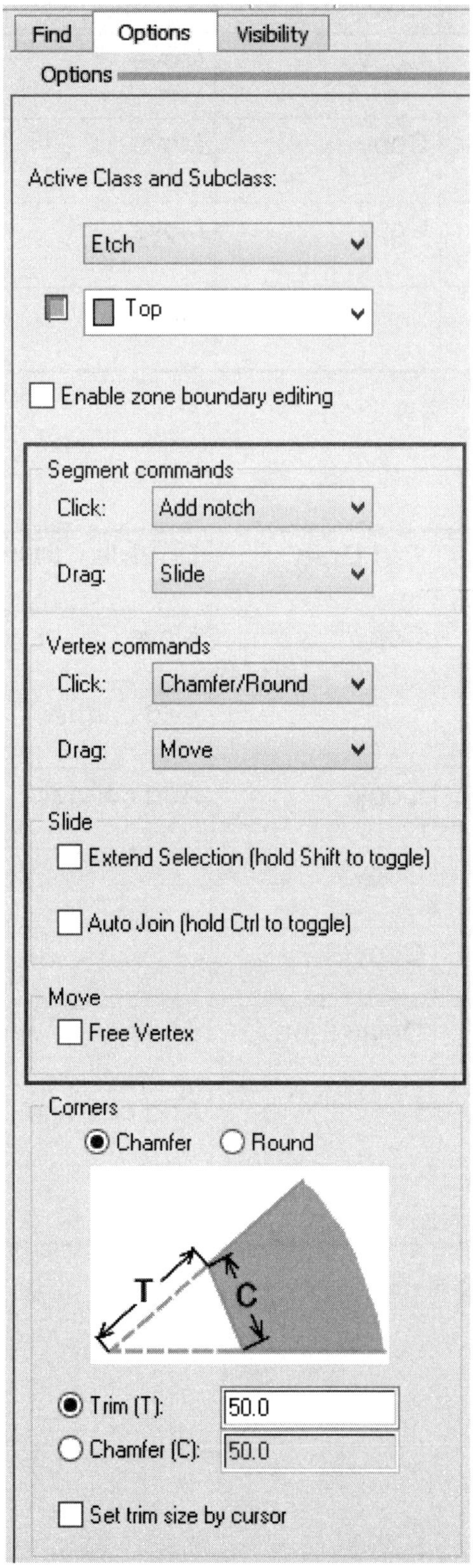
</td>
<td>Segment commands (Element의 면)

Click : Add notch / Move / Slide / Remove/Extend / None
Drag : Move / Slide / None</td></tr>
<tr><td>Vertex commands (Element의 모서리)

Click : Move / Chamfer/Round / Delete / None
Drag : Move / None</td></tr>
<tr><td>Corners

Chamfer나 Round 작업을 할 때의 Trim/Chamfer 또는 Radius를 설정</td></tr>
</table>

7-2 : 단축키/Stroke 설정

OrCAD PCB Editor에서 명령 입력 방식에는 메뉴나 아이콘을 클릭하는 방법 외에 단축키 또는 Stroke를 설정하여 실행하는 방법이 있다.

◆ 단축키 설정

■ **Funckey**

Funckey는 지정된 단축키를 입력 시에 바로 실행되는 방식이다.
Funckey의 입력 방식은 command 창에서 "funckey" "단축키" "명령" 형식으로 지정 가능하다.
예) zoom in 명령을 단축키 i로 지정하는 경우 : funckey i zoom in

기본 단축키 확인은 메뉴 Tools – More – Aliases/Function Key에서 확인 가능하다.

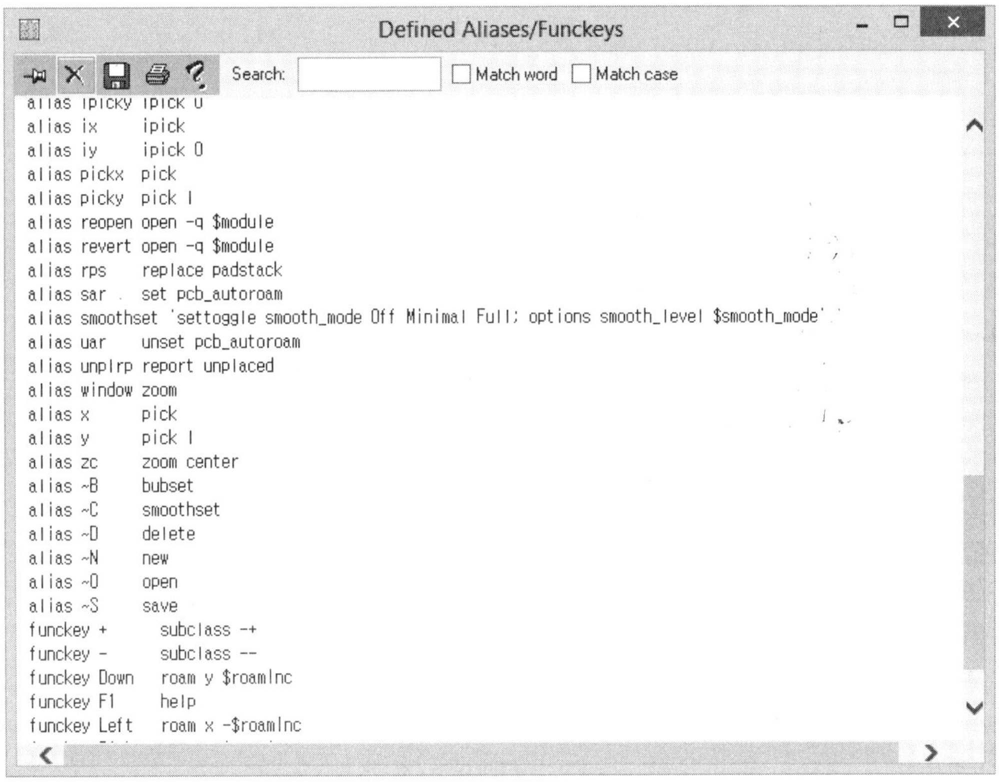

command 창에 입력하는 단축키는 현재의 작업 환경에서만 유효하며, OrCAD PCB Editor를 종료했다가 재실행 하는 경우 재지정 해주어야 한다. 따라서 지속적으로 적용되는 단축키 설정을 위해서는 Home₩pcbenv₩env 에 등록이 필요하다. env 파일은 직접 텍스트 편집기를 이용하여 편집도 가능하며, OrCAD PCB Editor의 command 창에 아래와 같이 기입하여 편집 또한 가능하다.

- vi $localenv/env [Enter↵]

편집이 끝났다면 아래 명령을 이용하여 적용한다.

- source $localenv/env [Enter↵]

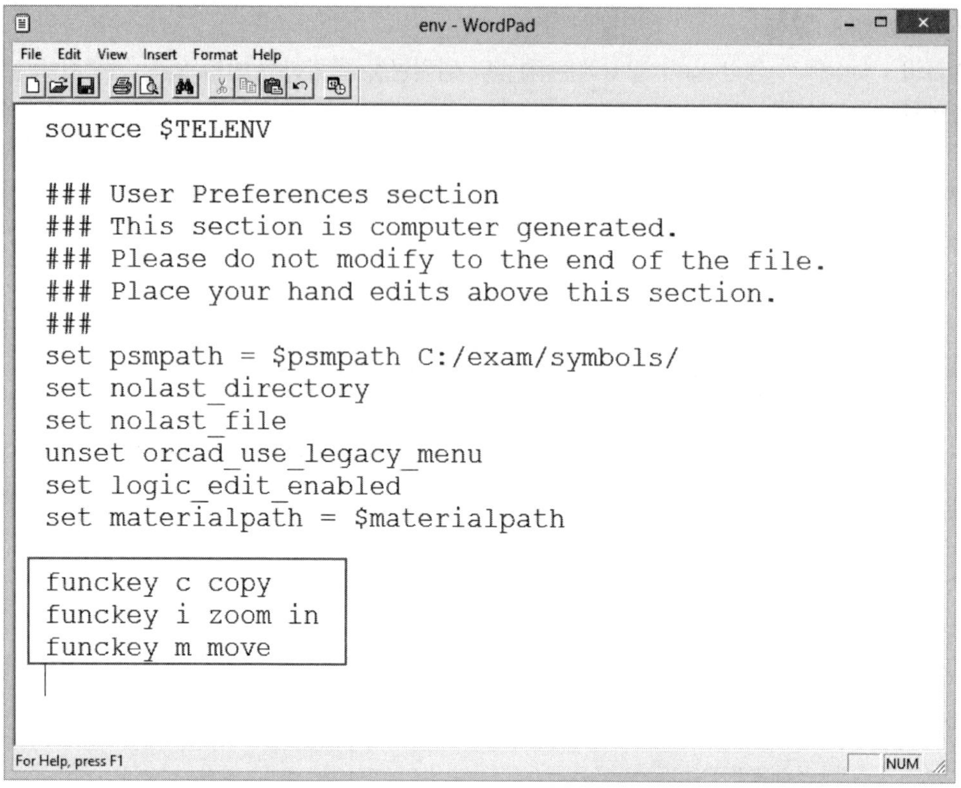
env - WordPad

File Edit View Insert Format Help

```
source $TELENV

### User Preferences section
### This section is computer generated.
### Please do not modify to the end of the file.
### Place your hand edits above this section.
###
set psmpath = $psmpath C:/exam/symbols/
set nolast_directory
set nolast_file
unset orcad_use_legacy_menu
set logic_edit_enabled
set materialpath = $materialpath

funckey c copy
funckey i zoom in
funckey m move
```

For Help, press F1

NUM

[funckey 예]

funckey r iangle -90 # -90도 방향으로 회전
funckey s pop swap # Add Connect 시 Act / Alt 레이어를 변경
funckey Esc cancel

■ **Alias**

Alias는 지정된 단축키를 command 창에 입력하여 실행되는 방식이다.
Alias의 입력 방식은 command 창에서 "funckey" "단축키" "명령" 형식으로 지정 가능하다.
예) zoom out 명령을 단축키 o로 지정하는 경우 : alias o zoom out

■ **명령의 조합**

1개의 단축키(funckey 또는 alias)를 실행하여 2개 이상의 명령이 실행되기를 원한다면 세미콜론(;)을 이용한다.

예) funckey 1 "subclass 1;subclass Top" # Subclass를 Top으로 변경
funckey 2 "subclass 2;subclass In_1"
funckey 3 "subclass 3;subclass In_2"
funckey 4 "subclass 4;subclass Bottom"

alias ~W 'settoggle CMD 1 2 3 4;$CMD' # 커맨드 1, 2, 3, 4를 번갈아가며 실행
alias v "prepopup;pop dyn_option_select 'Snap pick to@:@Via'" # Via를 마우스로 클릭

◆ Stroke 설정

Stroke는 마우스로 그리는 제스쳐를 이용하여 명령을 실행하는 방식이다.

기본 등록되어 있는 Stroke 확인 및 수정(추가)을 하기 위해서는 메뉴 Tools – More – Stroke Editor를 클릭한다. Stroke Editor 창에서 원하는 Stroke를 그린 후 하단의 Command에서 원하는 Command를 입력하여 "Add"를 클릭한다. 또한 하나의 명령에 여러 형태의 Stroke를 설정 가능하다.

Stroke 정보가 저장되는 파일은 allegro.strokes 이다.

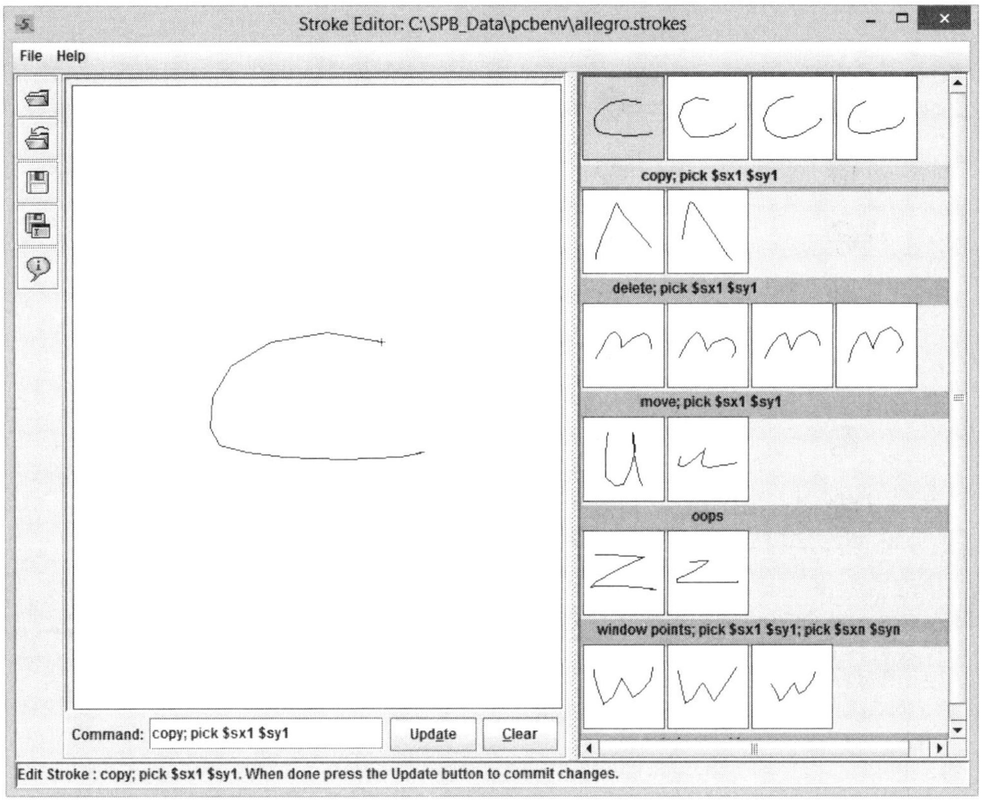

아래는 추천 Stroke이다.

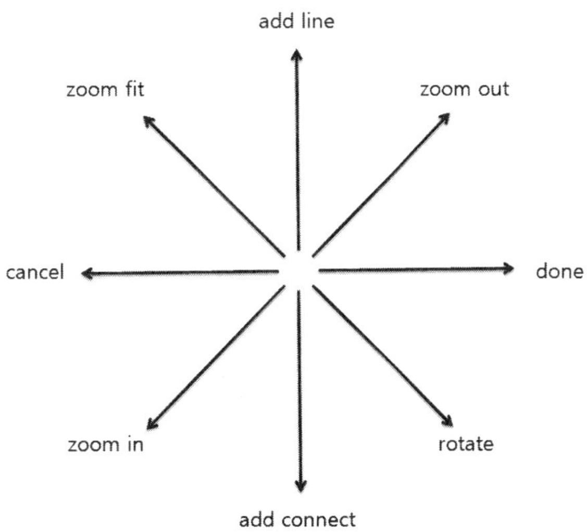

7-3 : Color/Visibility

OrCAD PCB Editor에서 형성되는 모든 항목들은 Element라고 부르며, Elements는 여러 Subclass로 구성된다. 또한 수많은 Subclass 중에 비슷하게 사용되는 요소들을 묶어 Class로써 구성한다.

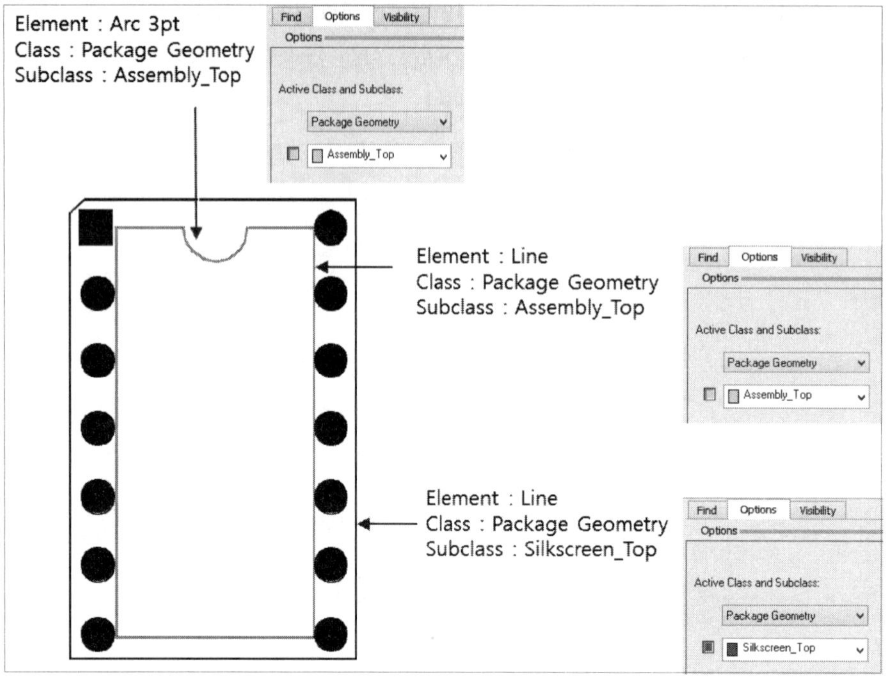

또한 각 Subclass는 Colors (메뉴 Setup – Colors)에서 Color 및 Visibility 설정이 가능하다.

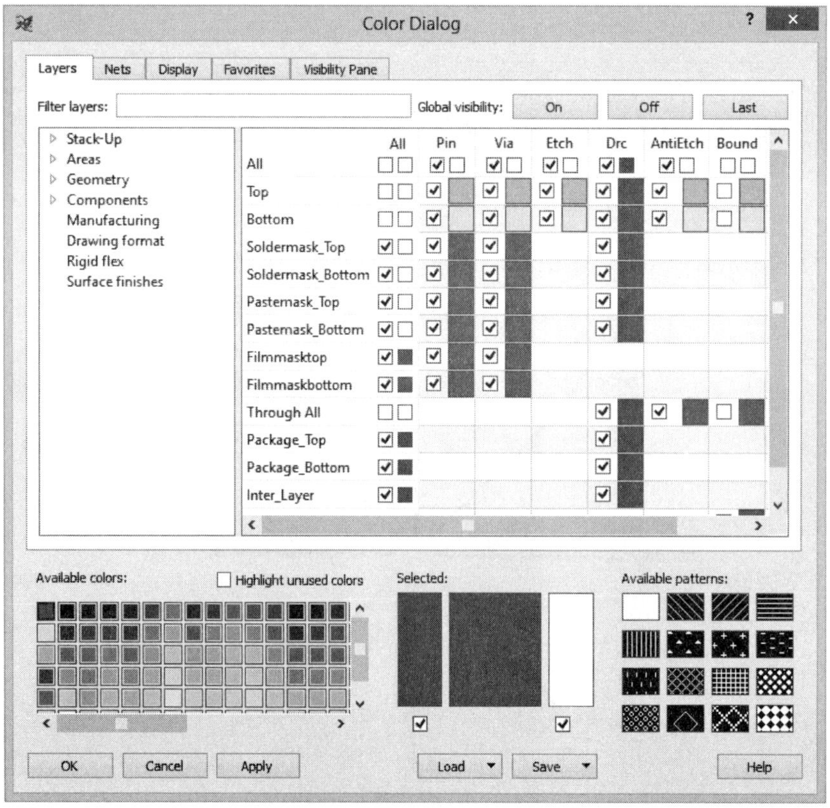

■ **Layers**

Subclass에 원하는 Color/Pattern을 지정하거나 Visibility를 On/Off 할 수 있다.

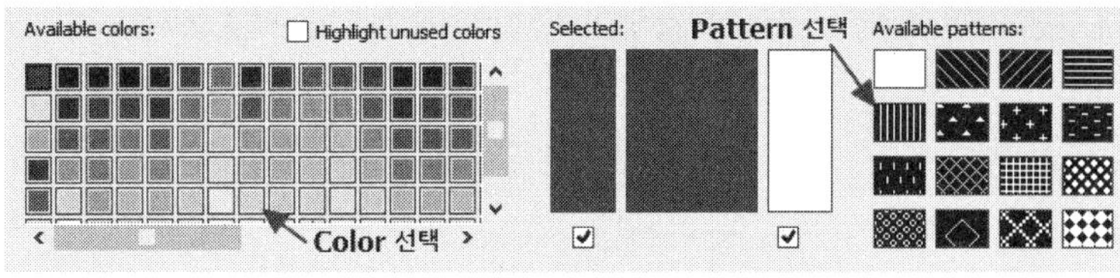

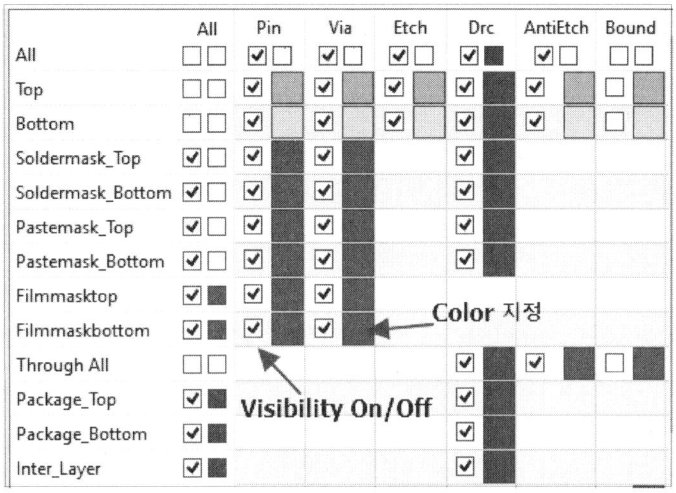

■ **Nets**

각 Net을 포함 Net group, Bus, Diff pair, XNet에 원하는 Color를 지정할 수 있다. 또한 Layers에서 Subclass에 지정된 색상은 무시된다.

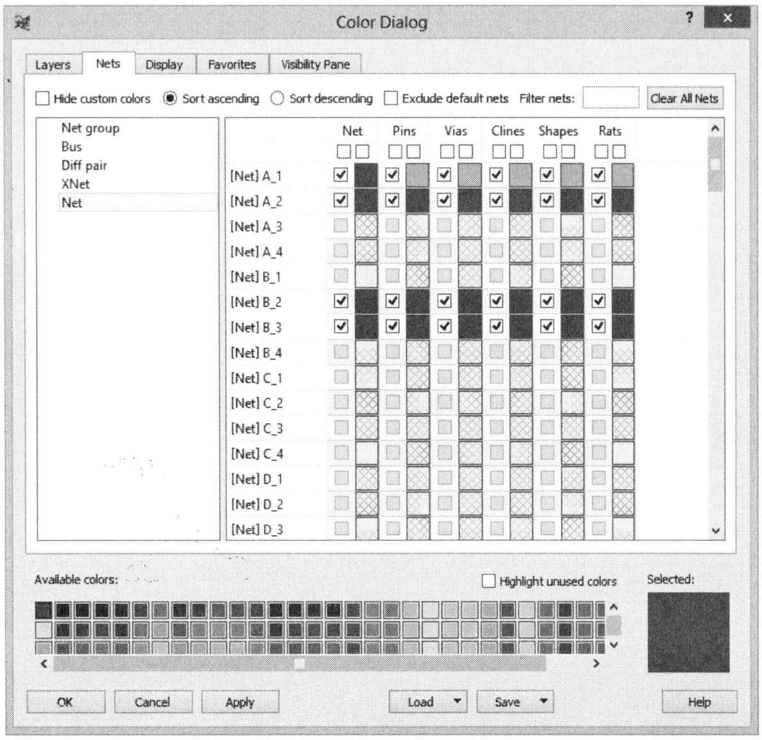

■ **Display**

Grid, Rats, Drill holes, Backdrill holes, Drill labels, Stacked drill labels, Background(배경 화면)에 대한 Color 지정을 할 수 있다. 또한 Shadow mode인 경우의 밝기 설정과 OpenGL에서의 Global, Shapes의 투명도 설정을 할 수 있다.

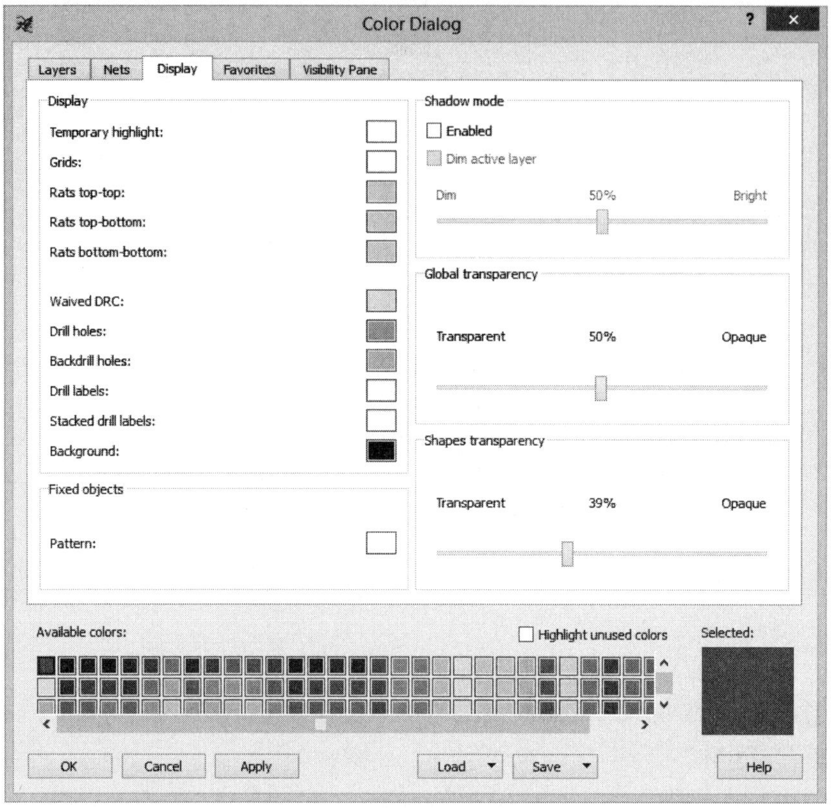

Shadow mode에서는 Net에 Color가 Assign되어 있는 항목을 제외한 Subclass들의 밝기가 흐려진다.

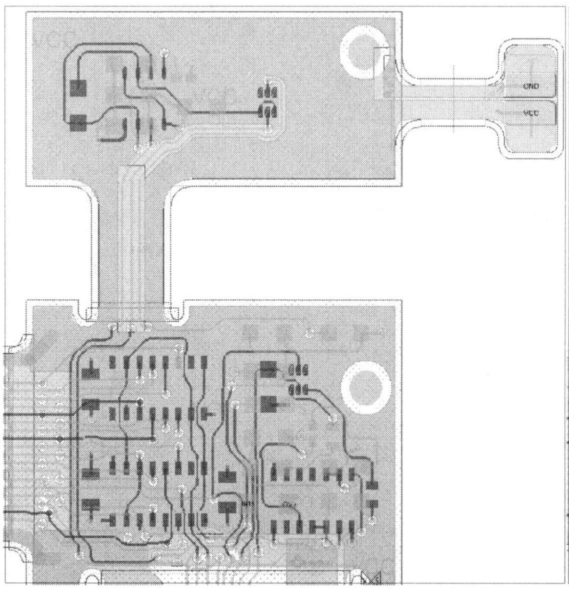

Shadow mode : Disabled

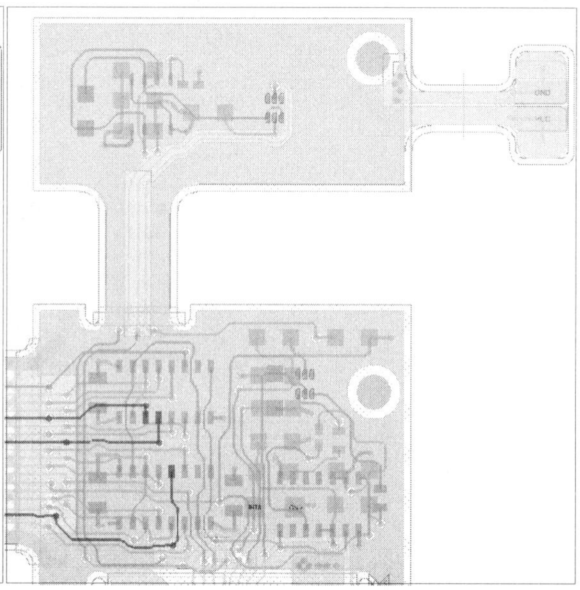

Shadow mode : Enabled

■ Favorites

자주 수정하는 Subclass가 있다면 Favorites에 등록하여 빠르게 설정이 가능하다.

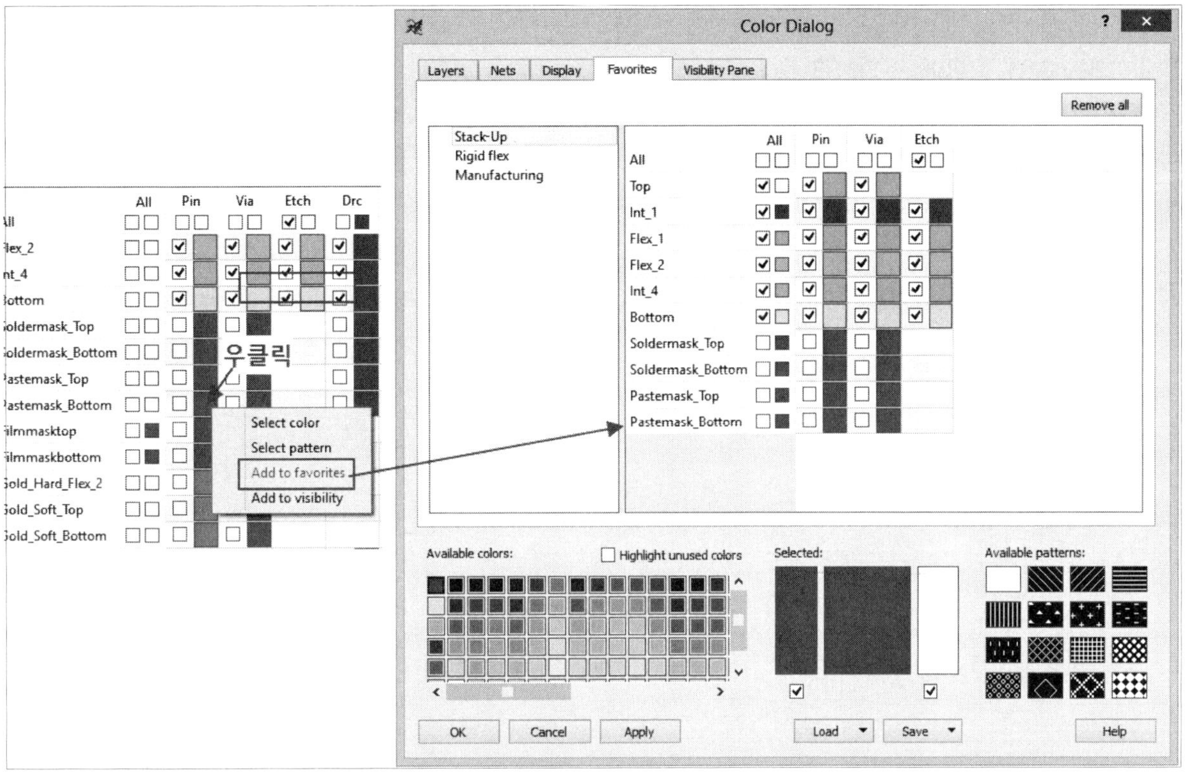

■ Visibility Pane

Control panel의 Visibility에 표현되는 항목을 관리 할 수 있다.

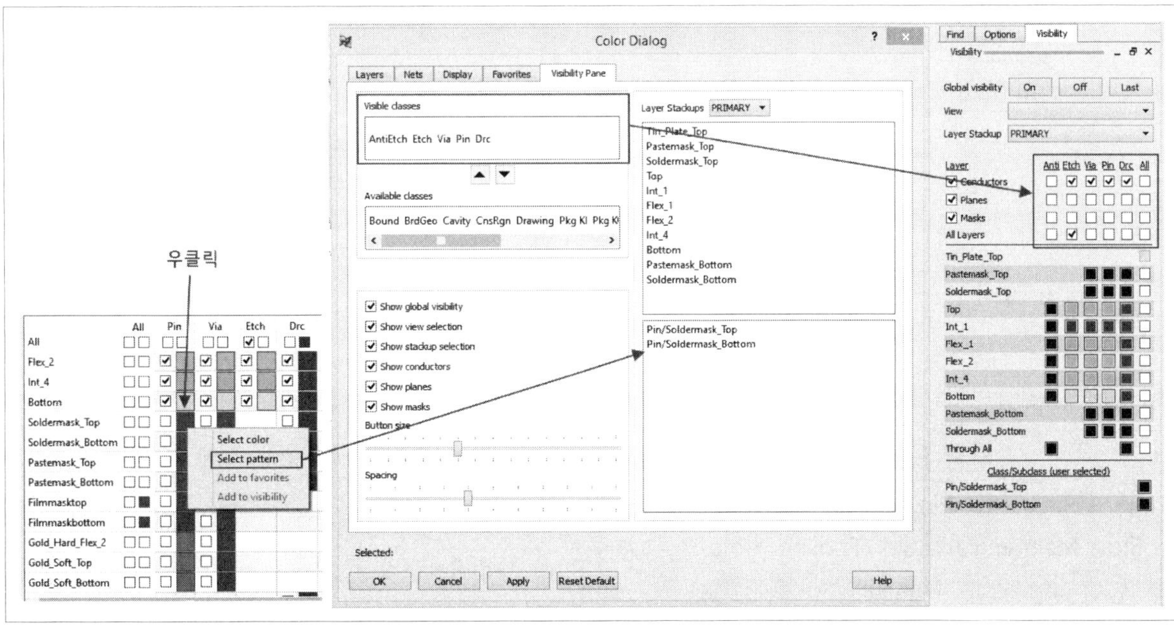

Chapter 8 Symbol 생성

8-1 : Padstack Editor – Via & Pin

Start, Drill, Secondary Drill, Drill Symbol, Drill Offset, Design Layers, Options, Summary의 탭으로 구성되며 좌측부터 순차적으로 설정하여 Via 또는 Pin을 생성할 수 있다. 그리고 Padstack Editor의 하단에는 Unit(설계 단위)와 Decimal place(소수점 자릿수)를 설정한다.

Padstack의 레이어 구성은 아래와 같다.

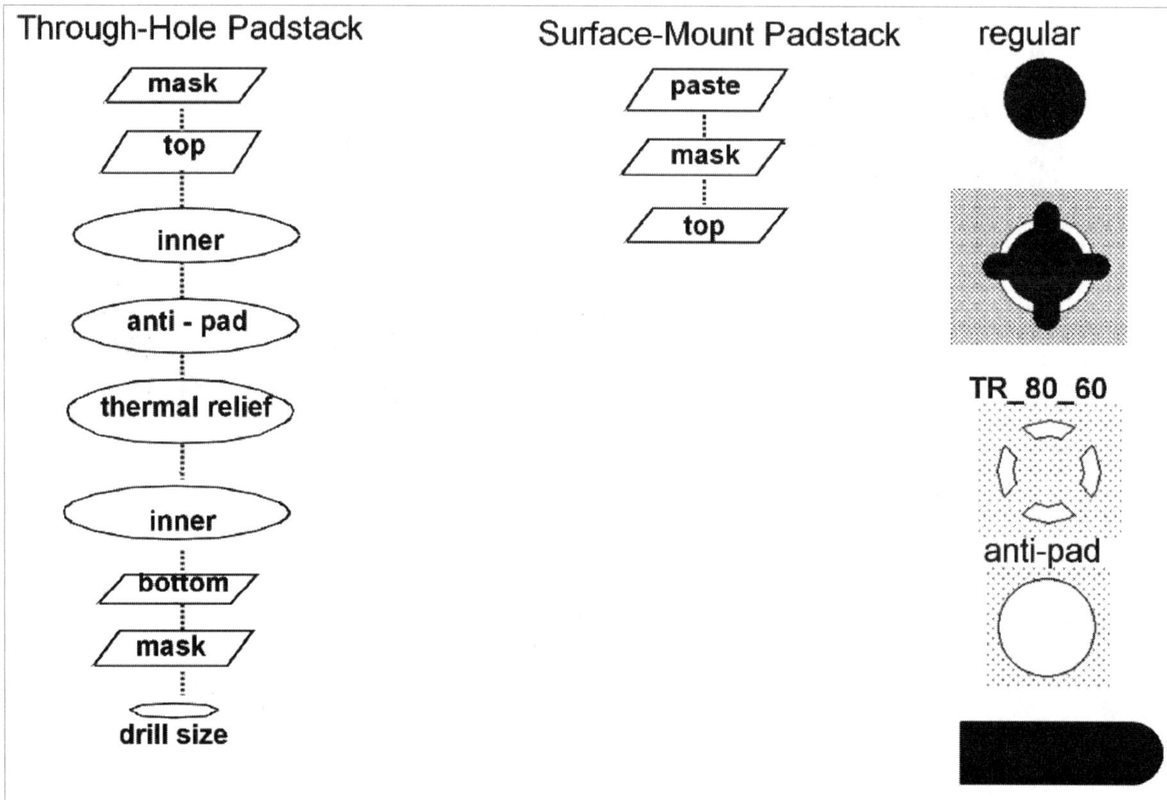

(Tip)

Padstack Editor에서 지원 되는 Padstack Type과 Pad Geometry목록

지원 Padstack Type	지원 Pad Geometry
Thru Pin, SMD Pin, Via, BBVia, Microvia, Slot, Mechanical Hole, Tooling Hole, Mounting Hole, Fiducial, Bond Finger, Die Pad	Circle, Square, Oblong, Rectangle, Rounded Rectangle, Octagon, Donut, n-Sided Polygon

◆ Start

Start 탭에서는 Padstack Type과 geometry에 대한 설정을 한다. 생성하고자 하는 항목을 선택 할 수 있으며, 선택한 항목에 따라 다른 설정 탭이 활성화 또는 비활성화 된다. 만약 생성하고자 하는 Geometry가 목록에 없는 경우, OrCAD PCB Editor 상에서 Geometry에 해당하는 Shape을 생성하여 Design Layers 탭에서 별도로 지정 가능하다.

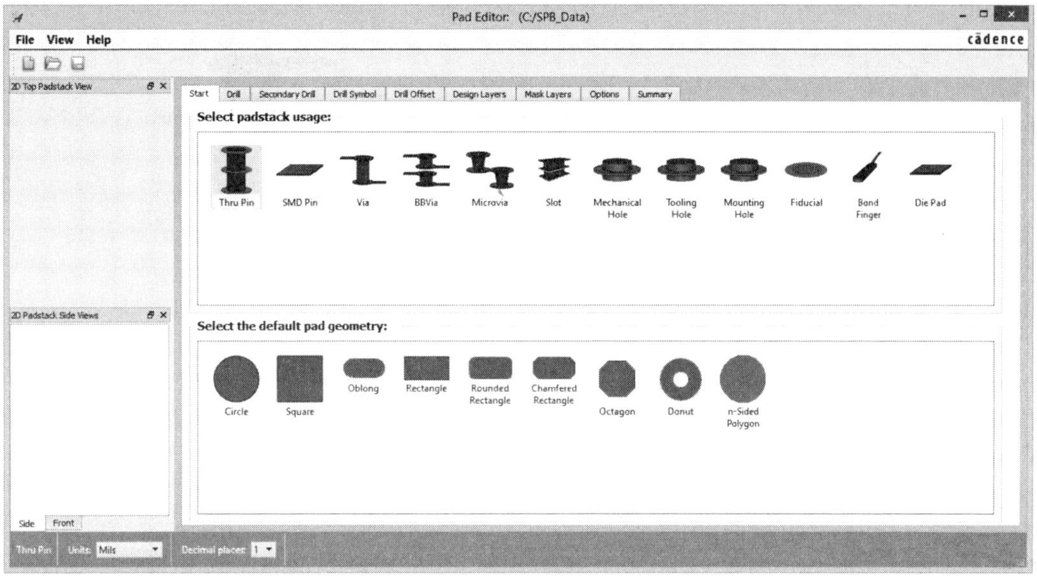

◆ Drill

Drill 탭에서는 Hole의 Type과 Diameter(직경) 등을 설정한다. 만약 Standard drill이 아닌 경우, Non-standard drill에서 Laser, Plasma, Punch 등의 설정이 가능하며, 이후 NC Drill data를 생성 시에 각 공정의 Data를 분리하여 추출이 가능하다. Define the drill rows and columns 항목에서는 2개 이상의 Drill을 설정 할 수 있다.

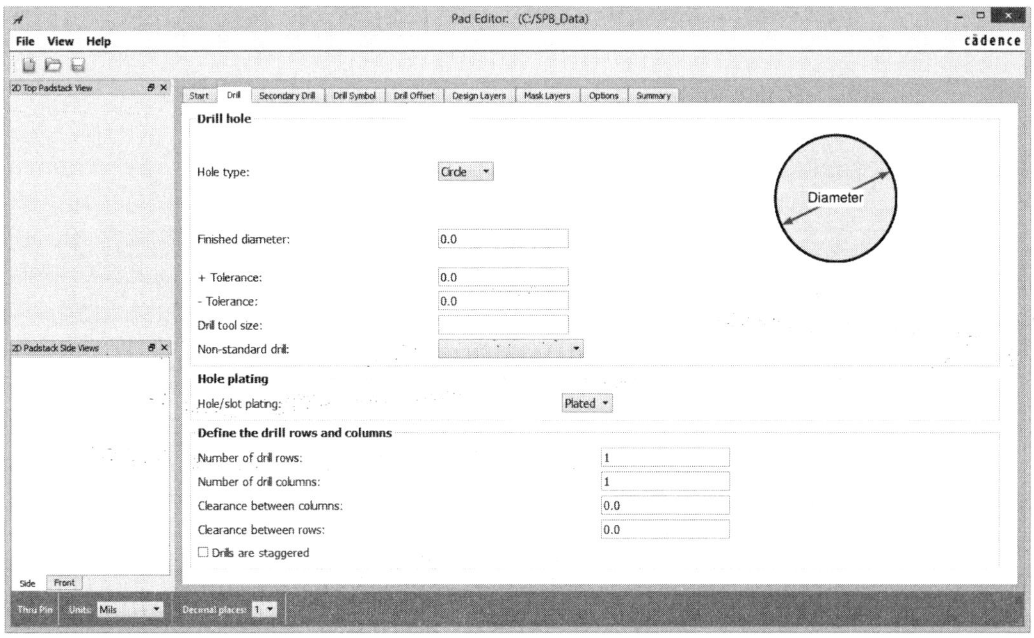

◆ Secondary Drill

Secondary drill 탭에서는 Backdrill 및 Counter bore/sink 설정을 한다.(Backdrill은 Allegro PCB Designer license가 요구됨.) Counter bore의 경우에는 Diameter(직경), ±Tolerance, Depth(깊이)를 설정하고, Counter sink의 경우에는 Diameter(직경), ±Tolerance, Angle을 설정한다.

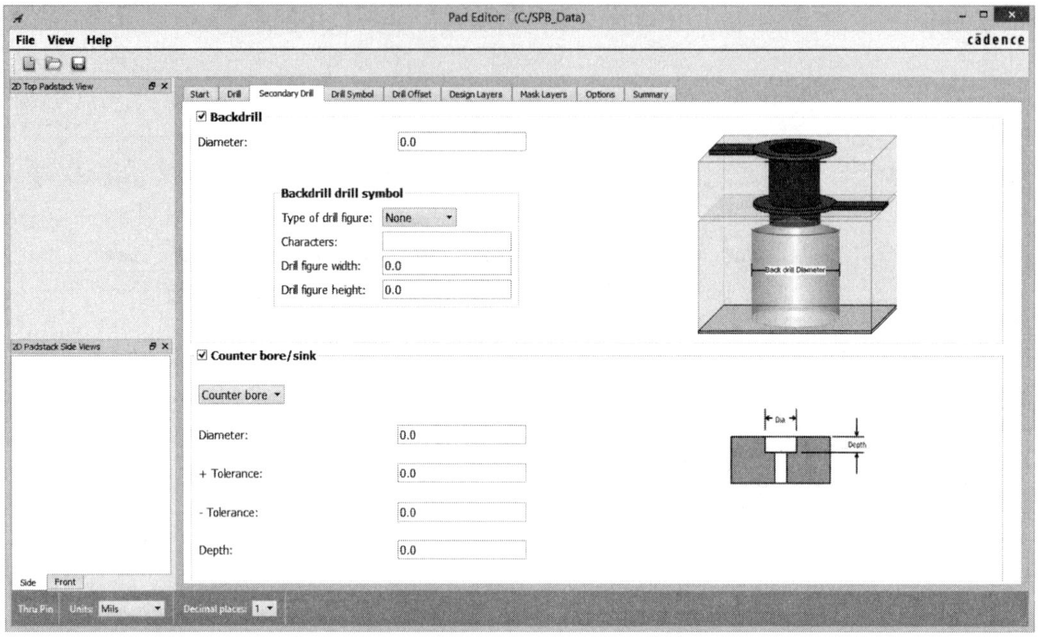

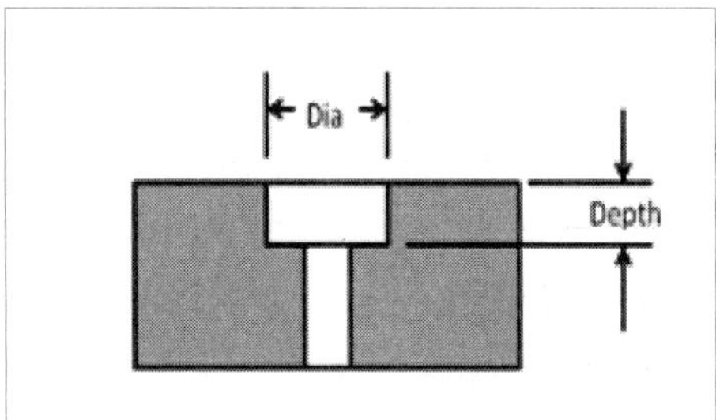

[Counter bore]

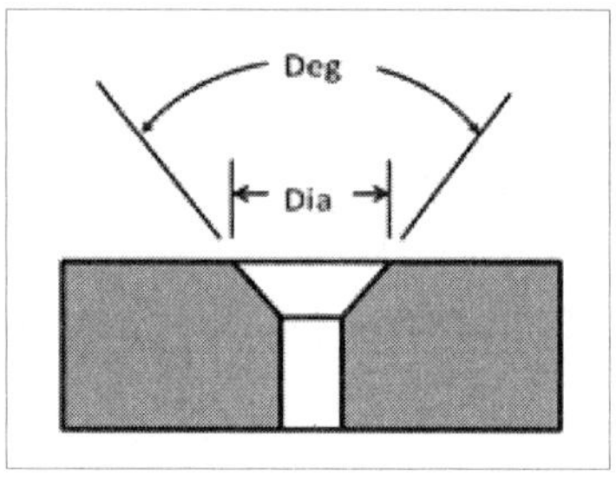

[Counter sink]

Secondary drill이 적용된 경우, 아래와 같이 별도의 NC Legend 출력이 가능하다.

COUNTERBORE/COUNTERSINK: TOP					
ALL UNITS ARE IN MILS					
FIGURE	DIAMETER	TOLERANCE	ANGLE	DEPTH	QTY
◑	130 0	+3 0/-2.0	0 000	40.0	4

DRILL CHART: TOP to BOTTOM						
ALL UNITS ARE IN MILS						
FIGURE	FINISHED_SIZE	ROTATION	TOLERANCE_DRILL	PLATED	NONSTANDARD	QTY
•	10 0	-	+0 0/-0.0	PLATED	-	26
▫	30.0	-	+0.0/-0.0	PLATED	-	18
○	55.0	-	+0.0/-0.0	PLATED	-	16
	60 0	0 000	+0 0/-0.0	PLATED	SQ-	16
◑	118.0	-	+0.0/-0.0	PLATED	-	4
◘	40.0	-	+0.0/-0.0	NON-PLATED	-	4
I	125.0	-	+0 0/-0.0	NON-PLATED	-	2
	250.0	-	+0.0/-0.0	NON-PLATED	-	2
⊖	109.0x50 0	0 000	+2 0/-2.0	NON-PLATED	-	2
0	109.0x50 0	90 000	+2 0/-2.0	NON-PLATED	-	2

◆ Drill Symbol

Drill symbol 탭에서는 NC Legend에 적용할 Drill symbol에 대한 설정을 한다. Type of drill figure, Characters, Drill figure width/height를 설정한다.

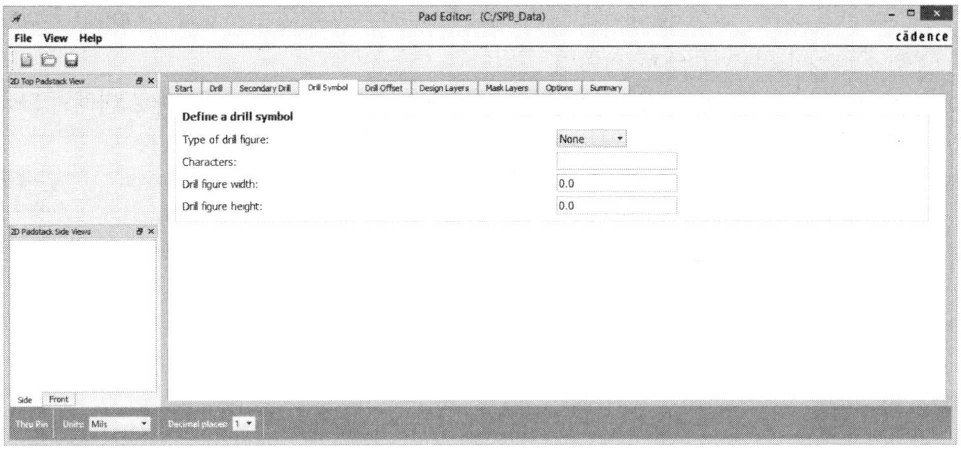

◆ Drill Offset

Drill offset 탭에서는 Padstack의 Origin(원점)을 기준으로의 Drill Offset을 설정 할 수 있다. X 방향 또는 Y 방향을 설정한다.

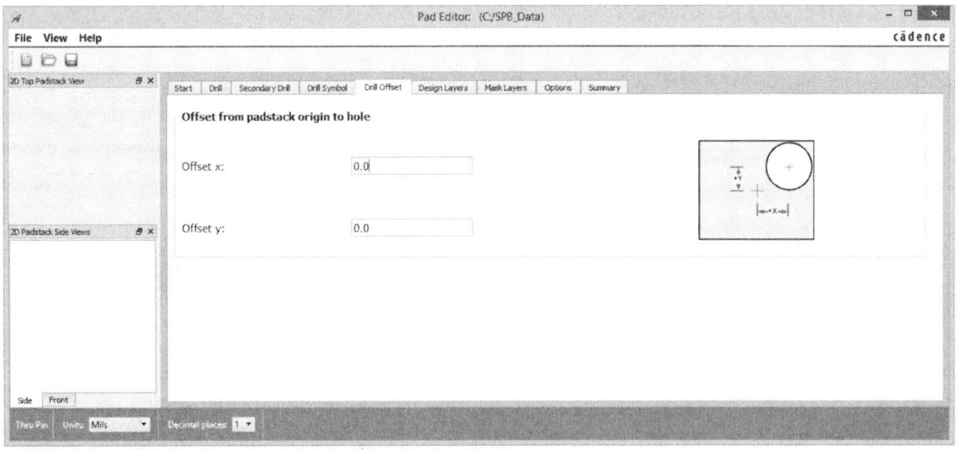

(Tip)

Through-hole Type (스루홀 타입) 부품의 Padstacks 설정방법

- Drill Hole의 직경(FHS) = Pin size + .3 mm (.012")
- PAD Size - 아래와 같이 설정

FHS	PAD Size
FHS ≦ 1.016 mm (0.040")	FHS + 0.508 mm (0.020")
1.016 mm (0.040") < FHS ≦ 1.905 mm (0.075")	FHS + 0.762 mm (0.030")
1.905 mm (0.075") < FHS	FHS + 1.27 mm (0.050"

- Antipad size = Pad size + 0.381 mm (0.15")
- Thermal reliefs size는 Antipad size와 동일하게 구성

Surface Mount Type (표면 실장 형) 부품의 Padstacks 설정방법

- Soldermask와 Pastemask는 일반적으로 동일한 PAD Size로 생성

◆ Design Layers

Design Layers 탭에서는 Regular Pad, Thermal Pad, Anti Pad, Keep Out 설정을 할 수 있으며, 각 Layer별 설정이 가능하다. ADJACENT LAYER의 Keep Out을 설정하는 경우 Pad가 배치된 영역의 인접 Layer에 Keep Out이 적용된다. PCB 설계 과정 중, Pin에 대한 Edit Property 명령(메뉴 – Edit - Object Properties)에서 Adjacent_Layer_Keepout_Above/Below 속성에 기입하여 적용한다.

(예 : Top면에 배치된 Pad에 Adjacent_Layer_Keepout_Below = 1을 기입한 경우, 바로 아래의 Layer에 Keep Out이 적용된다.)

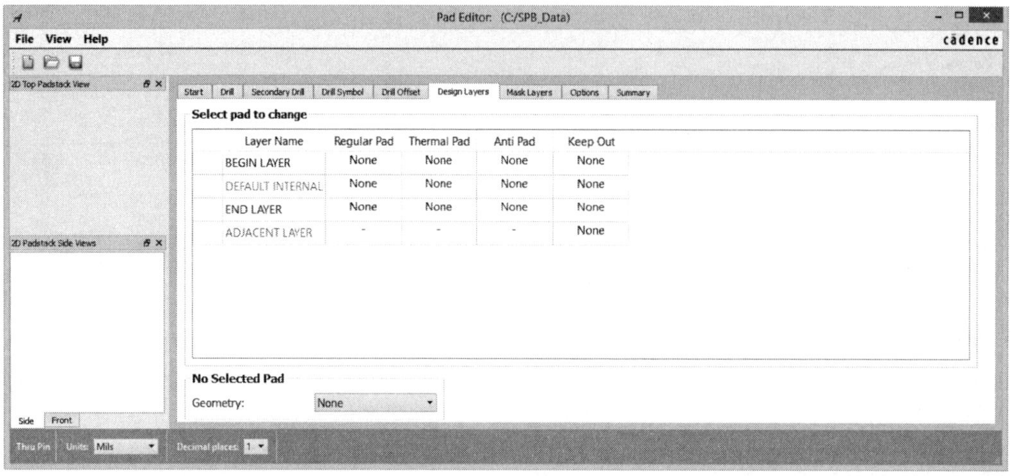

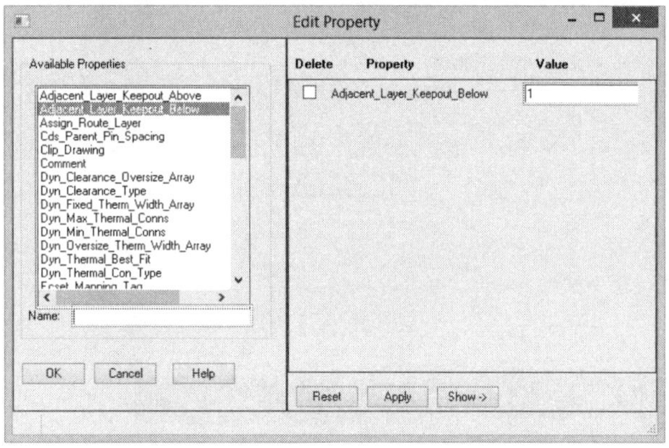

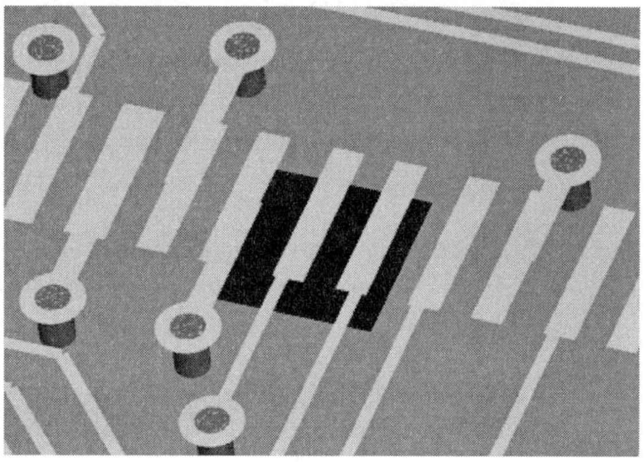

(Tip)

Pad Stack Type 따른 Layer 구성

Pad stack type	Begin Layer			Default Internal Layer			End Layer			Solder Mask		Paste Mask		Film Mask	
	Regular	Thermal	Anti	Regular	Thermal	Anti	Regular	Thermal	Anti	Top	Bottom	Top	Bottom	Top	Bottom
Through Hole	x	x	x	x	x	X	x	x	x	x	x				
Through Via	x	x	x	x	x	X	x	x	x					x	
SMT Top	x									x		x			
SMT Bottom							x				x		x		

◆ Mask Layers

Mask Layers 탭에서는 Soldermask, Pastemask, Filmmask 등의 Mask Layers를 설정한다. Pad on layer 항목에서 Geometry, Diameter 등의 설정을 한다.

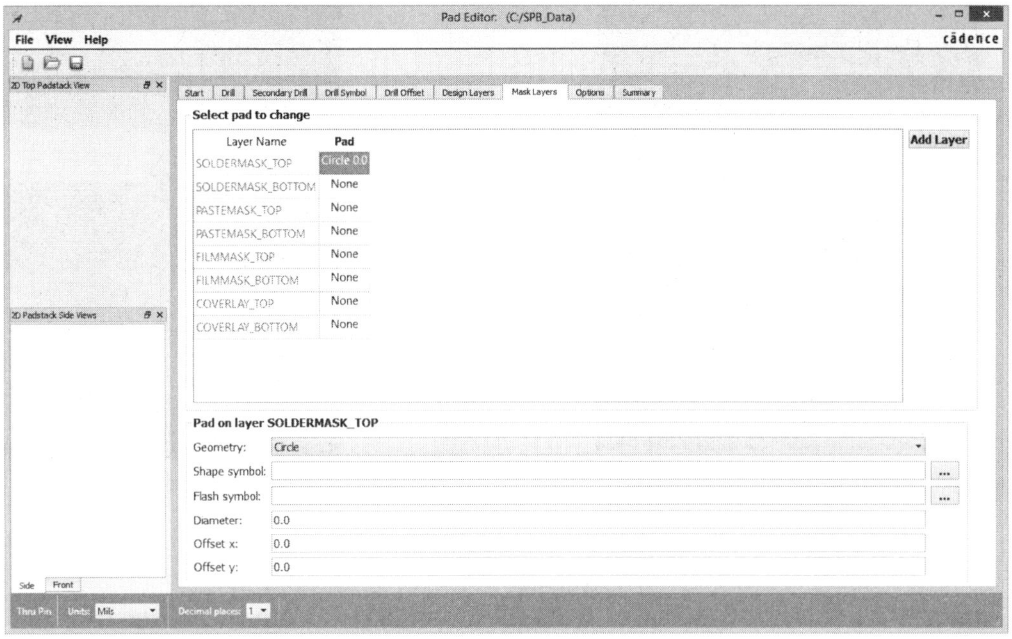

만약 추가 Mask Layer가 필요한 경우, Add Layer를 선택하여 추가한다.

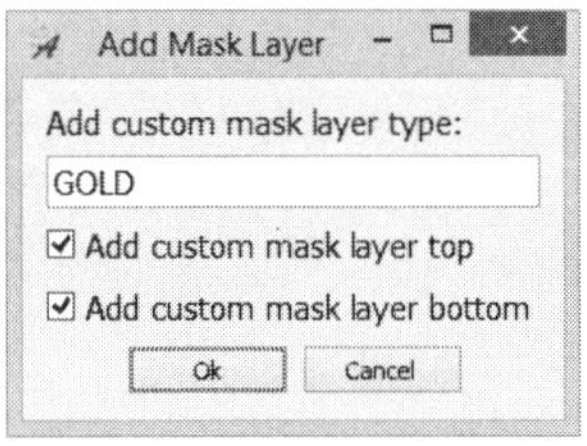

◆ Options

Options 탭에서는 Suppress unconnected internal pad 설정 및 Lock layer span 설정을 한다.

- Suppress unconnected internal : Connection이 이루어지지 않는 Regular pad 부분을 제거
- Lock Layer Span : BBvia 및 uVia 배치 후, Layer가 추가되었을 때 형성되는 Layer를 유지/확장

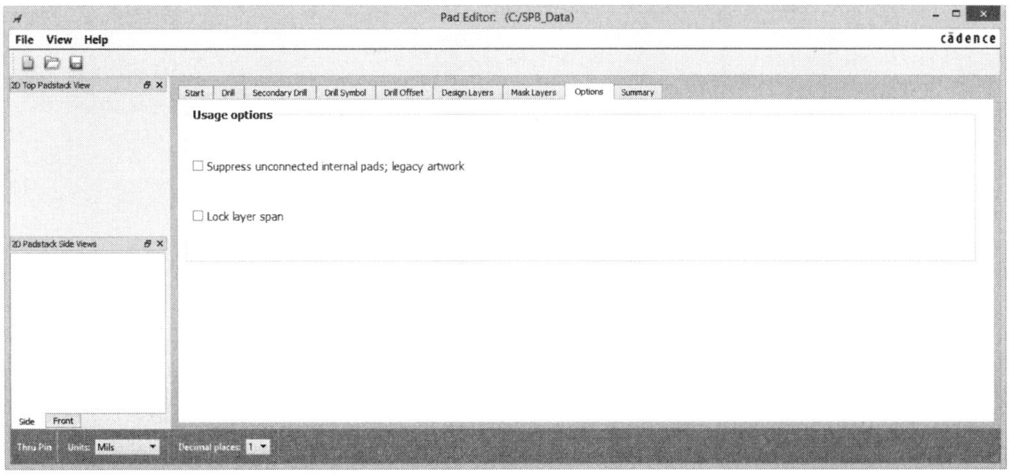

Suppress unconnected internal pad : 설정

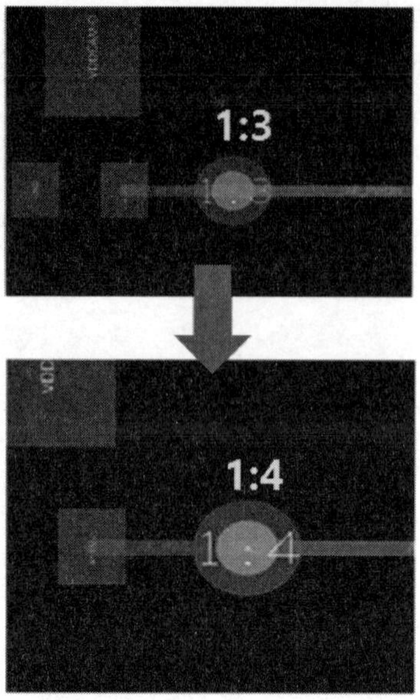

Lock Layer Span : 해제

◆ **Summary**

Summary 탭에서는 생성한 Pad의 Summary(종합 정보)를 확인 할 수 있으며, *.html 형식으로 저장 및 Print 출력이 가능하다.

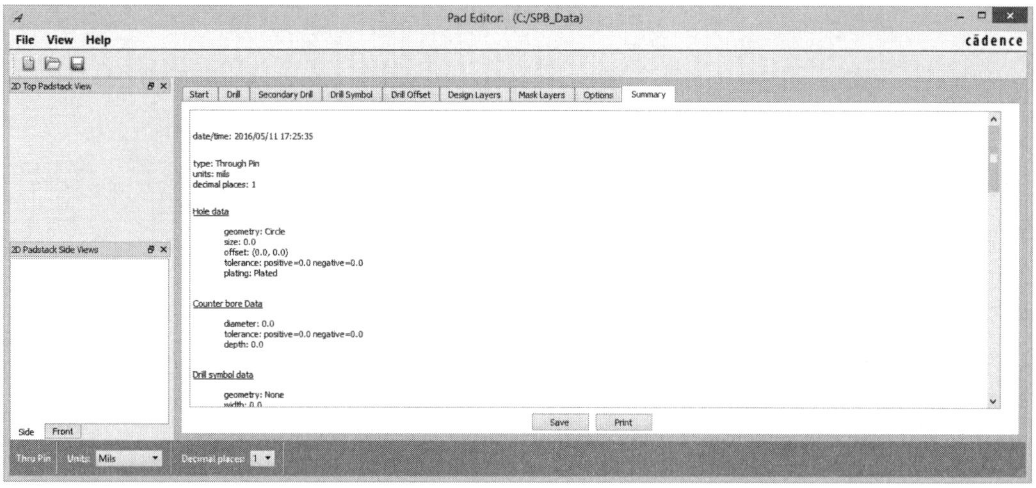

[Lab 8-1] Padstack designer – Via & Pin

1. 시작 - 모든 프로그램 – Cadence Release 17.2-2016 – Product Utilities – PCB Editor Utilities - Padstack Editor 실행 (윈도우키 + R – Padstack_editor 실행)
2. 메뉴 File – New 클릭

◆ Via 생성

1. Directory, Padstack name, Padstack usage를 아래와 같이 설정 후 OK 클릭

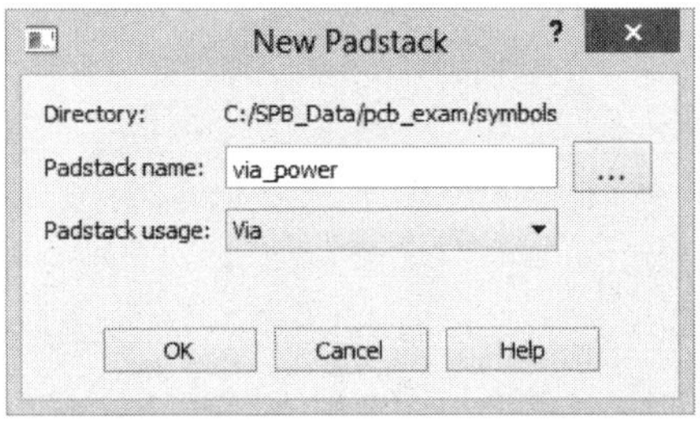

※ Directory 및 padstack name에 영문, 숫자, 언더바('_')만을 이용한다.

2. Units : Millimeter, Decimal place : 2으로 설정

3. Start 탭 - Select the default pad geometry에서 Circle 클릭

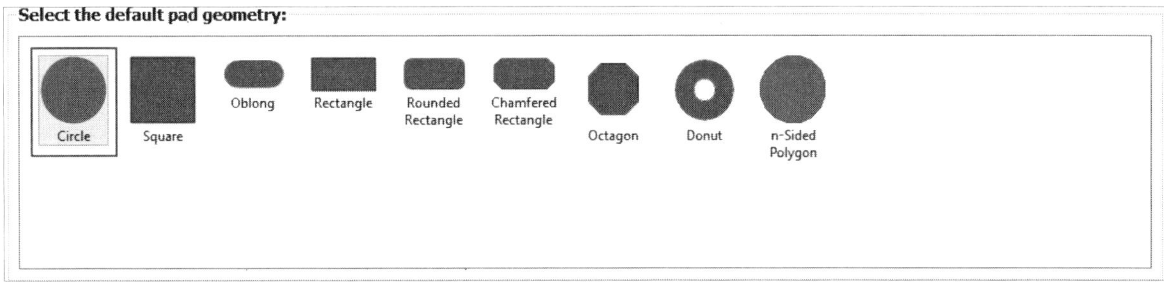

4. Drill 탭 – Drill hole 및 Hole plating에서 아래와 같이 설정

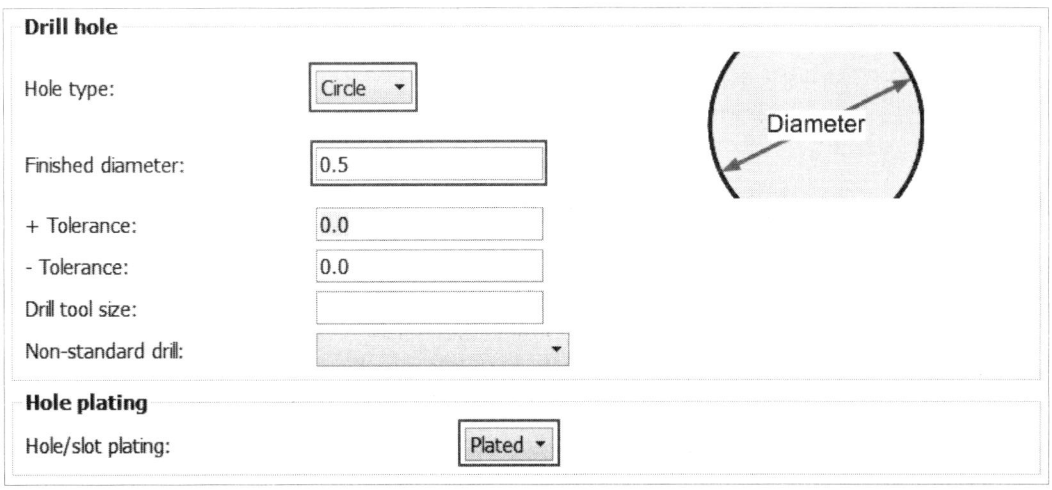

5. Drill Symbol 탭 – Define a drill symbol에서 아래와 같이 설정

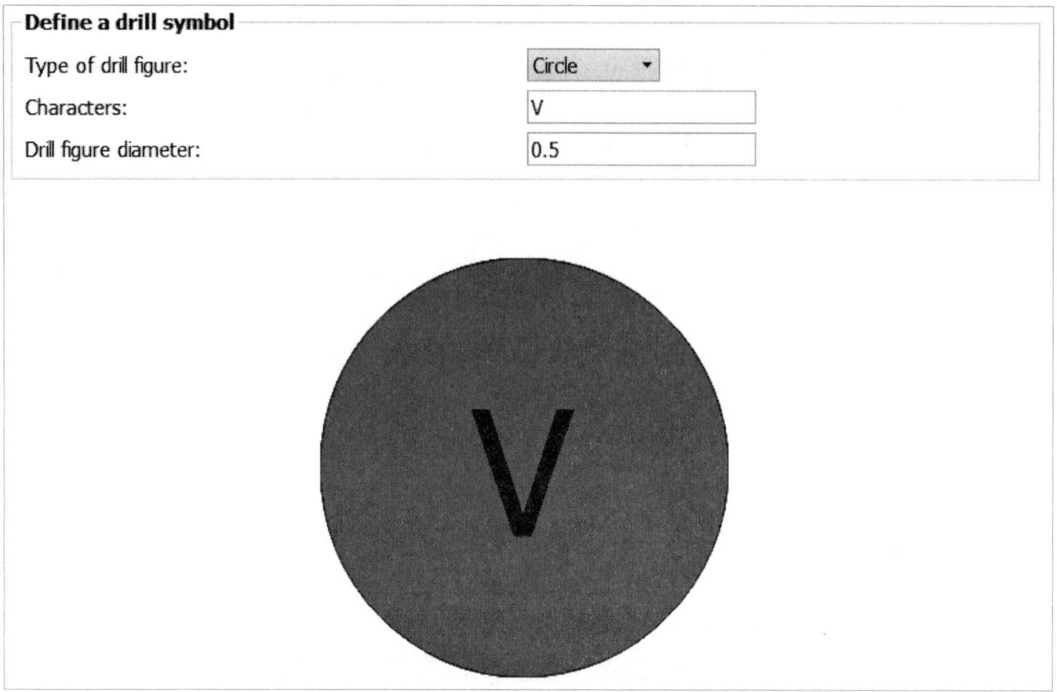

6. Design Layers 탭 – Select pad to change에서 아래와 같이 설정

Select pad to change

Layer Name	Regular Pad	Thermal Pad	Anti Pad	Keep Out
BEGIN LAYER	Circle 0.70	Circle 0.80	Circle 0.80	None
DEFAULT INTERNAL	Circle 0.70	Circle 0.80	Circle 0.80	None
END LAYER	Circle 0.70	Circle 0.80	Circle 0.80	None
ADJACENT LAYER	-	-	-	None

(Tip)

Copy 및 Paste 기능을 이용하면 빠르게 설정 가능하다.
해당 항목 우클릭 – Copy 또는 Paste

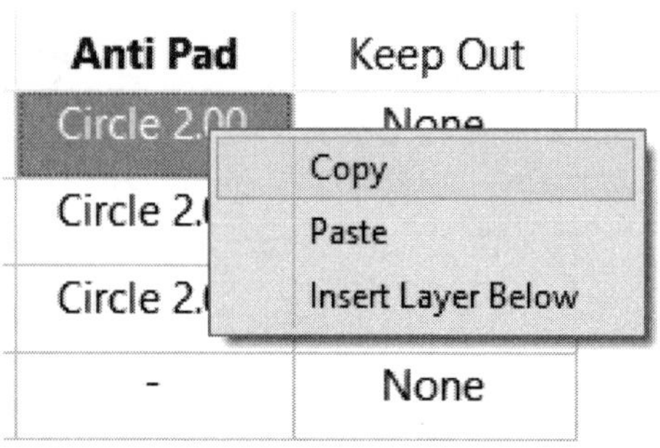

7. Mask Layers 탭 – Select pad to change에서 아래와 같이 설정

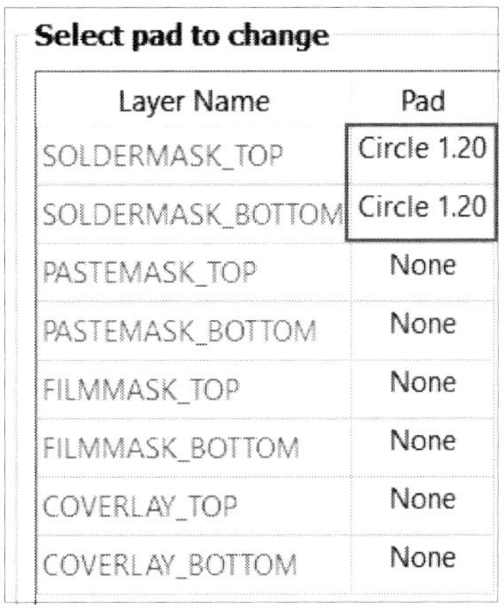

Select pad to change

Layer Name	Pad
SOLDERMASK_TOP	Circle 1.20
SOLDERMASK_BOTTOM	Circle 1.20
PASTEMASK_TOP	None
PASTEMASK_BOTTOM	None
FILMMASK_TOP	None
FILMMASK_BOTTOM	None
COVERLAY_TOP	None
COVERLAY_BOTTOM	None

8. Options 탭 – Suppress unconnected internal pads; legacy artwork 클릭

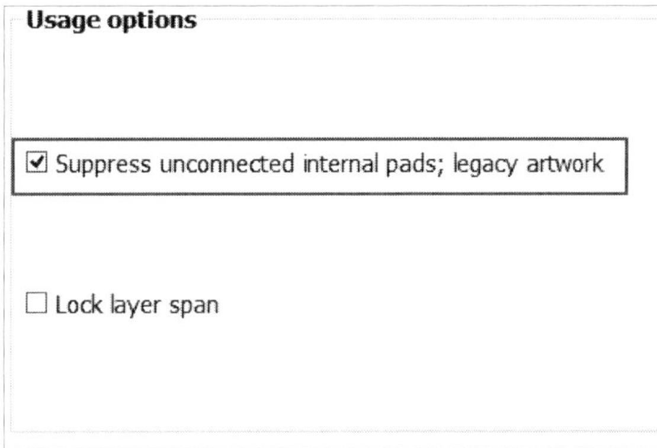

7. Summary 탭 – 설정된 Pad의 정보 확인
8. 메뉴 File – Save 클릭

◆ Thru-pin 생성

1. Directory, Padstack name, Padstack usage를 아래와 같이 설정 후 OK 클릭

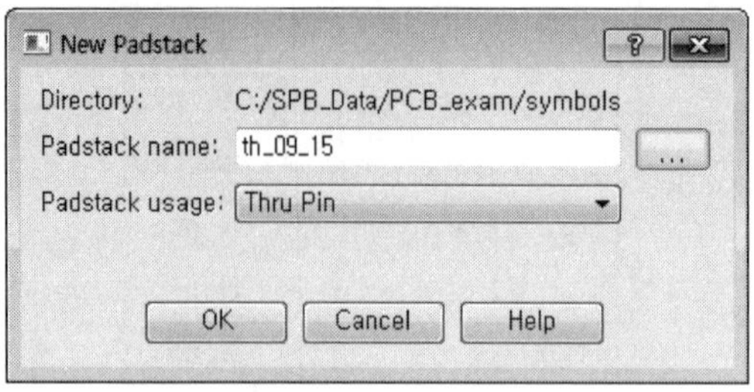

※ Directory 및 padstack name에 영문, 숫자, 언더바('_')만을 이용한다.

2. Units : Millimeter, Decimal places : 2으로 설정

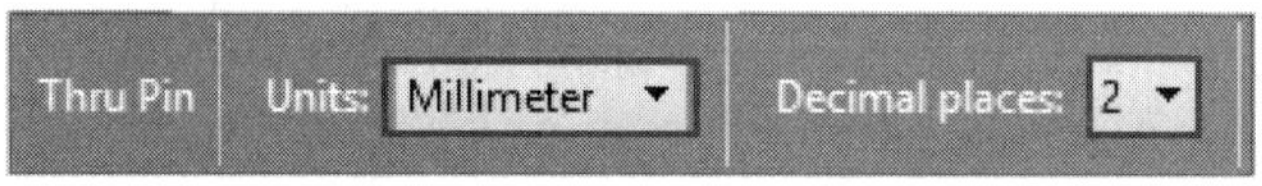

3. Start 탭 - Select the default pad geometry에서 Circle 클릭

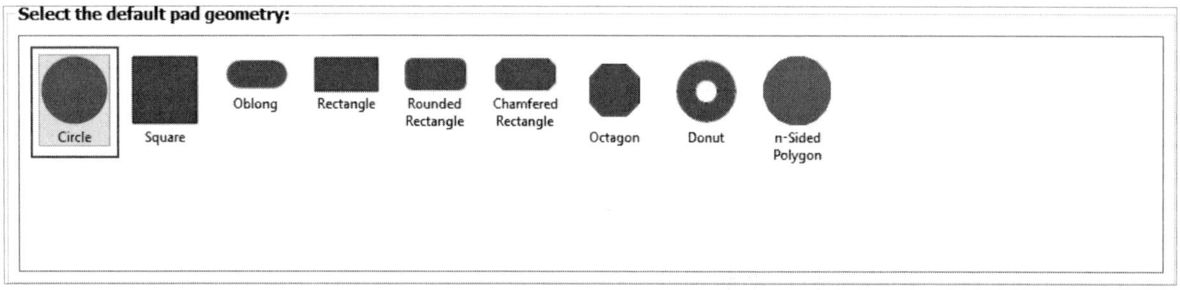

4. Drill 탭 – Drill hole 및 Hole plating에서 아래와 같이 설정

5. Drill Symbol 탭 – Define a drill symbol에서 아래와 같이 설정

Define a drill symbol

Type of drill figure:	Circle
Characters:	A
Drill figure diameter:	0.90

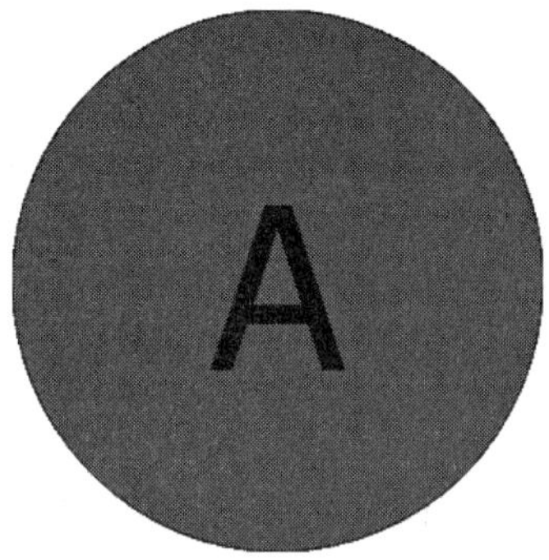

6. Design Layers 탭 – Select pad to change에서 아래와 같이 설정

Select pad to change

Layer Name	Regular Pad	Thermal Pad	Anti Pad	Keep Out
BEGIN LAYER	Circle 1.50	Circle 2.00	Circle 2.00	None
DEFAULT INTERNAL	Circle 1.50	Circle 2.00	Circle 2.00	None
END LAYER	Circle 1.50	Circle 2.00	Circle 2.00	None
ADJACENT LAYER	-	-	-	None

7. Mask Layers 탭 – Select pad to change에서 아래와 같이 설정

Select pad to change

Layer Name	Pad
SOLDERMASK_TOP	Circle 1.50
SOLDERMASK_BOTTOM	Circle 1.50
PASTEMASK_TOP	None
PASTEMASK_BOTTOM	None
FILMMASK_TOP	None
FILMMASK_BOTTOM	None
COVERLAY_TOP	None
COVERLAY_BOTTOM	None

8. Options 탭 – Suppress unconnected internal pads; legacy artwork 클릭

Usage options

☑ Suppress unconnected internal pads; legacy artwork

☐ Lock layer span

9. Summary 탭 – 설정된 Pad의 정보 확인 후 메뉴 File – Save 클릭

◆ SMD-pin 생성

1. Directory, Padstack name, Padstack usage를 아래와 같이 설정 후 OK 클릭

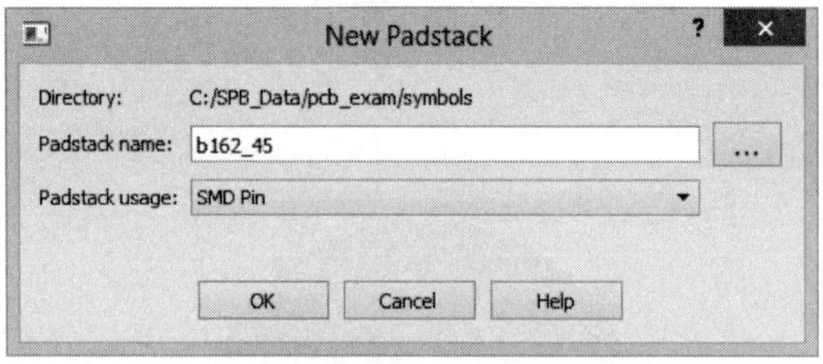

2. Units : Millimeter, Decimal places : 3으로 설정

3. Start 탭 - Select the default pad geometry에서 Oblong 클릭

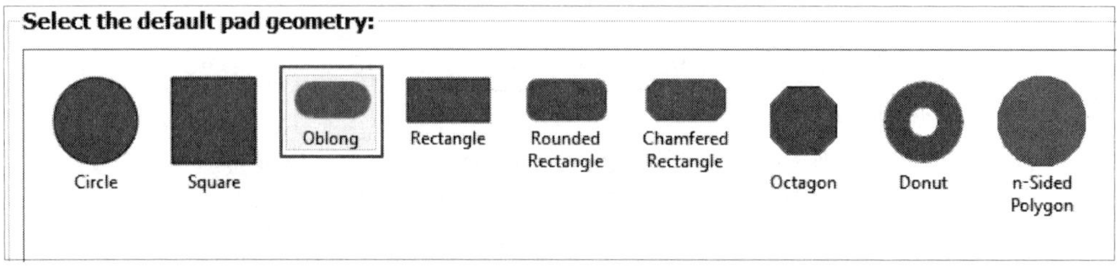

4. Design Layers 탭 – Select pad to change에서 아래와 같이 설정

Select pad to change

Layer Name	Regular Pad	Thermal Pad	Anti Pad	Keep Out
BEGIN LAYER	Oblong 1.625x0.450	None	None	None
ADJACENT LAYER	-	-	-	None

5. Mask Layers 탭 – Select pad to change에서 아래와 같이 설정

Select pad to change

Layer Name	Pad
SOLDERMASK_TOP	Oblong 1.625x0.450
SOLDERMASK_BOTTOM	None
PASTEMASK_TOP	Oblong 1.625x0.450
PASTEMASK_BOTTOM	None
FILMMASK_TOP	None
FILMMASK_BOTTOM	None
COVERLAY_TOP	None
COVERLAY_BOTTOM	None

6. Summary 탭 – 설정된 Pad의 정보 확인
7. 메뉴 File – Save 클릭

◆ (Optional) SMD(Donut)-pin 생성

1. Directory, Padstack name, Padstack usage를 아래와 같이 설정 후 OK 클릭

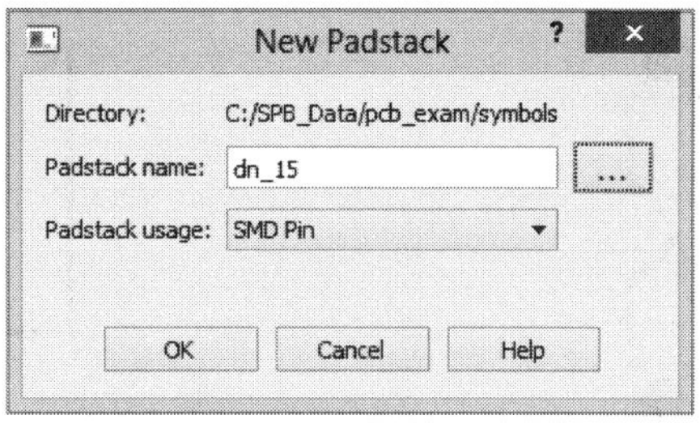

2. Units : Millimeter, Decimal places : 3으로 설정

3. Start 탭 - Select the default pad geometry에서 Donut 클릭

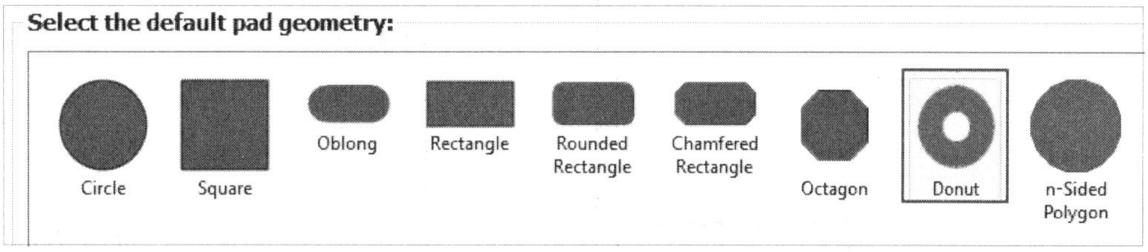

4. Design Layers 탭 – Select pad to change에서 아래와 같이 설정

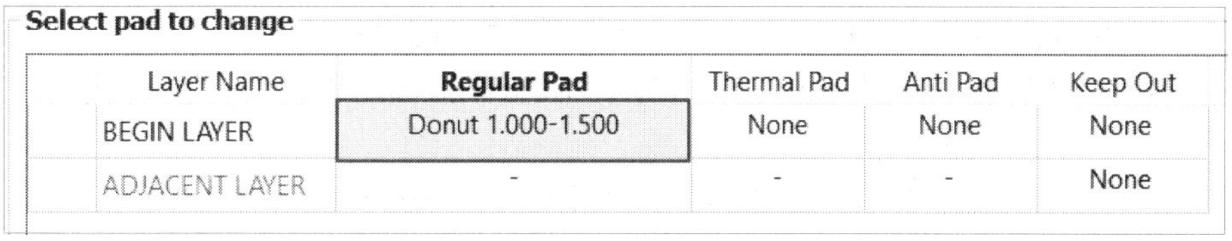

5. Mask Layers 탭 – Select pad to change에서 아래와 같이 설정

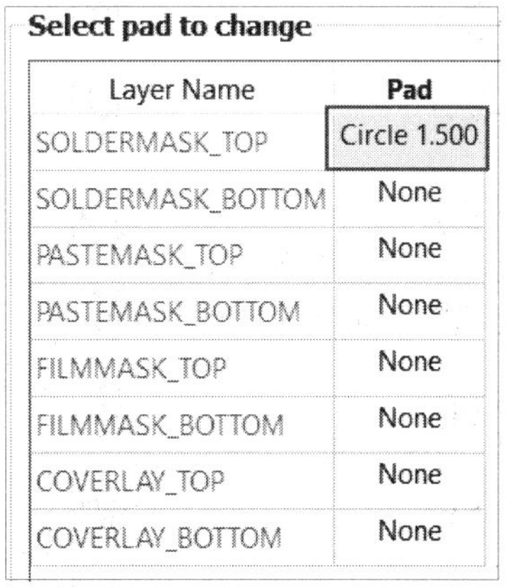

6. Summary 탭 – 설정된 Pad의 정보 확인
7. 메뉴 File – Save 클릭

8-2 : Package symbol

OrCAD PCB Editor에서 사용되는 Symbol의 Type은 크게 아래와 같이 구분된다.

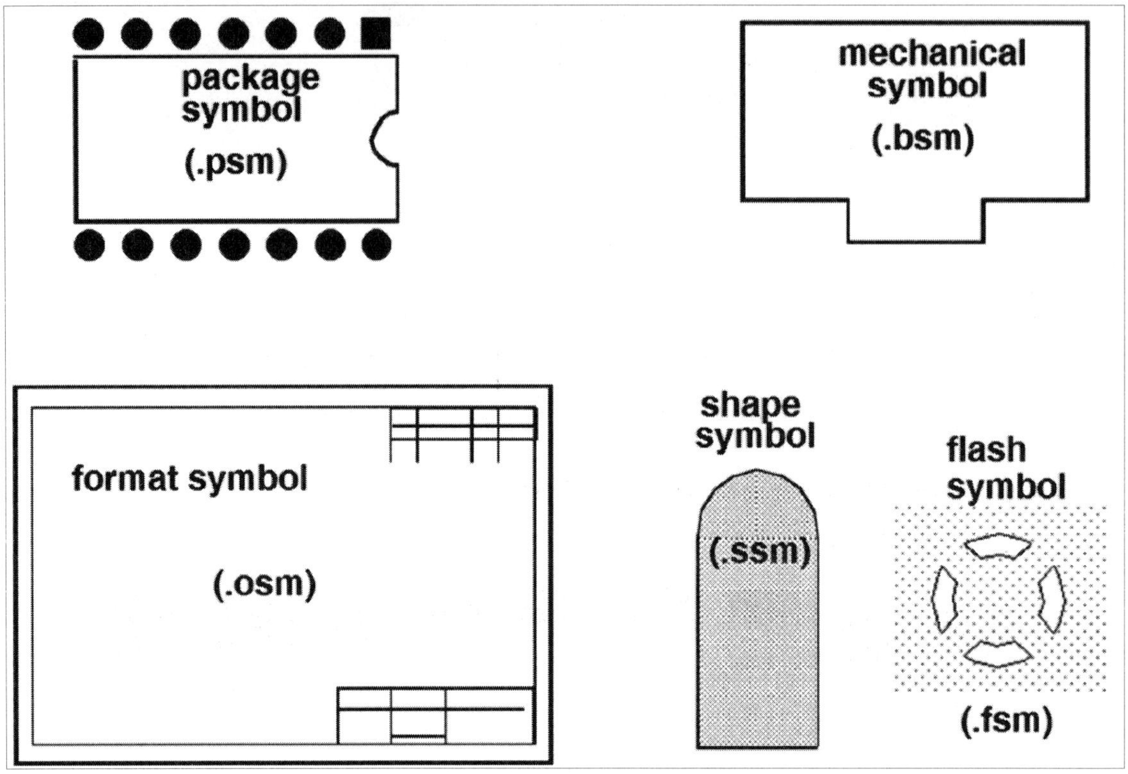

Package symbol(PCB Footprint, Physical symbol)을 생성하는 방법은 메뉴얼로 생성하는 방식과 제공받는 Template(8가지 Template)을 이용한 자동 생성 방식이 있다. (또는 OrCAD Library Builder가 있는 경우 100여 가지 이상의 Template을 제공한다.)

Package symbol은 아래와 같이 구성되며, 이 중, Padstacks과 Ref는 필수 항목이다.

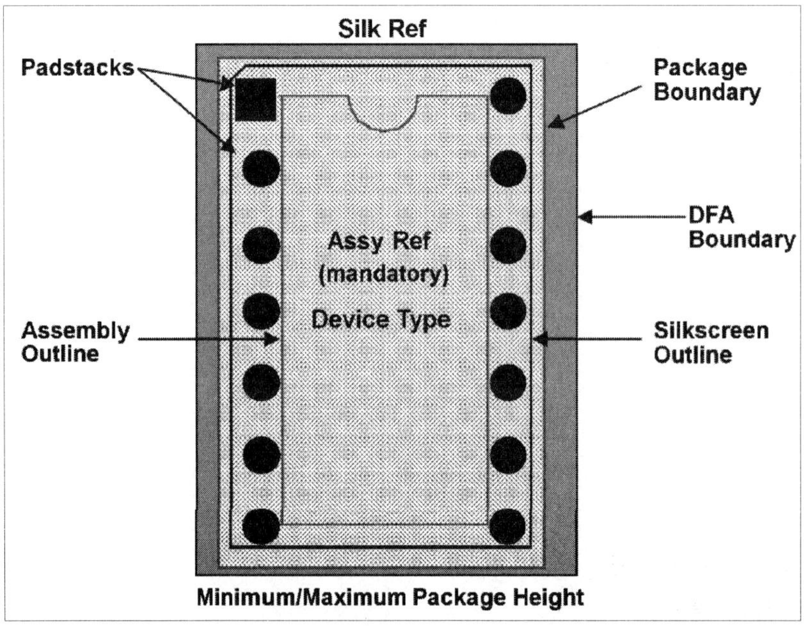

◆ Package Symbol (Manually)

(Unit, Size, Grid 등의 사전 설정이 필요)

- **Add pins**(메뉴 Layout – Pins)

Padstack과 배치할 Pin 개수, Pin 번호 등을 설정하여 Pin을 생성한다.

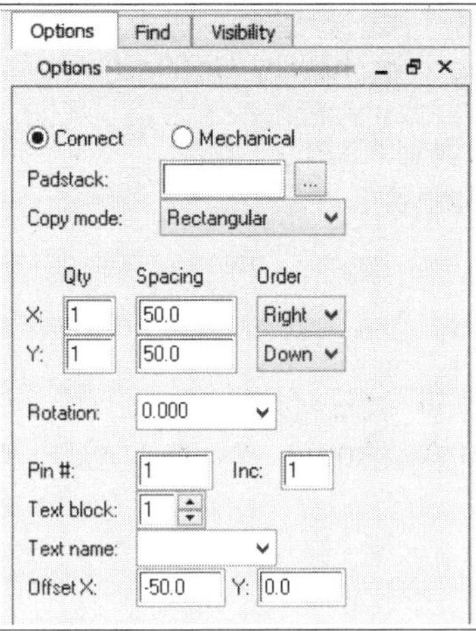

Connect : Pin의 번호가 있는 Padstack을 배치 Mechanical : Pin의 번호가 없는 Padstack을 배치
Padstack : 배치할 Padstack 선택
Copy mode : 바둑판 형식으로 배치할지 원형형태로 배치할지를 선택
Qty, Spacing, Order : X/Y 방향으로 배치할 Pin의 개수, 간격 설정, 배치 방향 선택
Rotation : Pin을 회전하여 배치
Pin # : Pin 번호 지정 Inc : Pin을 생성할 때마다 증가되는 Pin 번호 (예 : Inc = 1, 1->2->3->4 ...)

- **Add Line** (메뉴 Add - Line)

Assembly, Silkscreen 등의 Subclass를 생성한다.

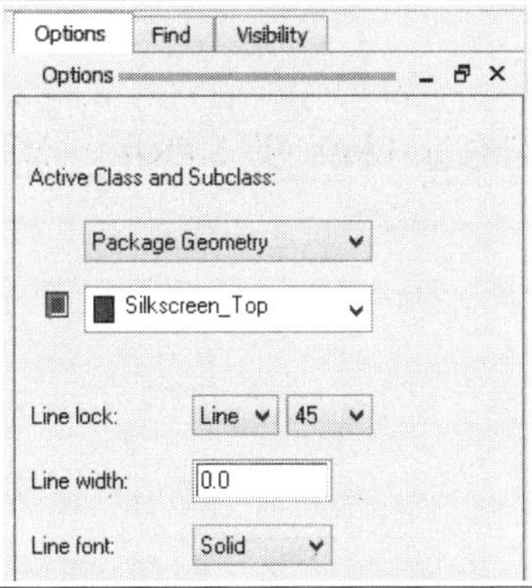

Active Class and Subclass : 생성할 Class 및 Subclass 설정
Line lock : Line/Arc 설정과 각도 (Off/45/90) 설정
Line width : Line의 두께 설정
Line font : Line의 Font 설정 (Solid, Hidden, Phantom, Dotted, Center)

- **Add Label** (메뉴 Layout – Labels - Refdes)

Reference 위치를 생성한다.

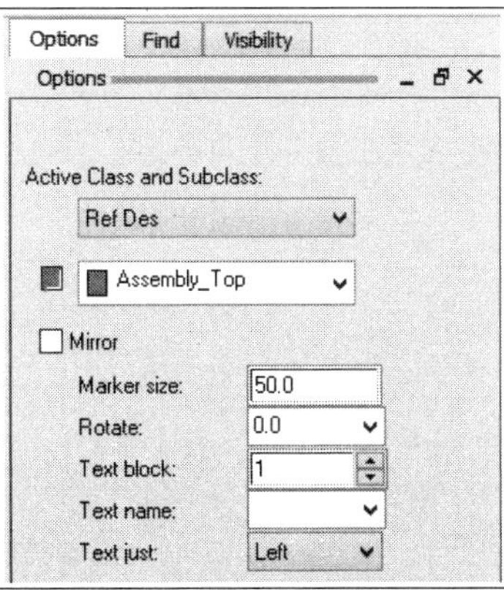

Active Class and Subclass : 생성할 Class 및 Subclass 설정 (Reference의 경우 RefDes / Silkscreen_Top에 작성)
Mirror : 글자 방향을 뒤집어 배치
Rotate : 회전 설정 Text block : Text 크기 설정 Text just : Text 정렬 설정 (Left/Right/Center)

■ **Package boundary** (메뉴 Setup – Area – Package Boundary)
Package Symbol의 Boundary를 설정한다.

<table>
<tr><td rowspan="4">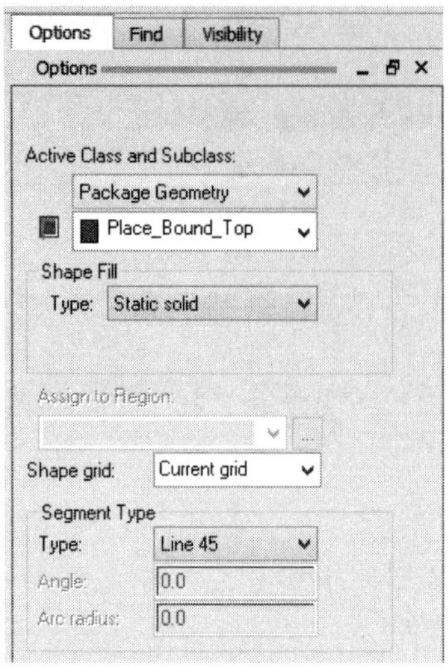
</td><td>Active Class and Subclass : 생성할 Class 및 Subclass 설정</td></tr>
<tr><td>Shape Fill : Shape이 채워지는 Type을 설정
(Static solid, Static crosshatch, Unfilled)</td></tr>
<tr><td>Shape grid : 영역 작성 시 사용할 그리드 설정
(Current grid, None)</td></tr>
<tr><td>Segment Type : Line/Arc 설정과 각도 설정
(Line/Line 45/Line Orthogonal/Arc(Angle, Arc radius)</td></tr>
</table>

■ **Package Height** (메뉴 Setup – Area – Package Height)
Package Symbol의 boundary Height를 설정한다.

<table>
<tr><td rowspan="3">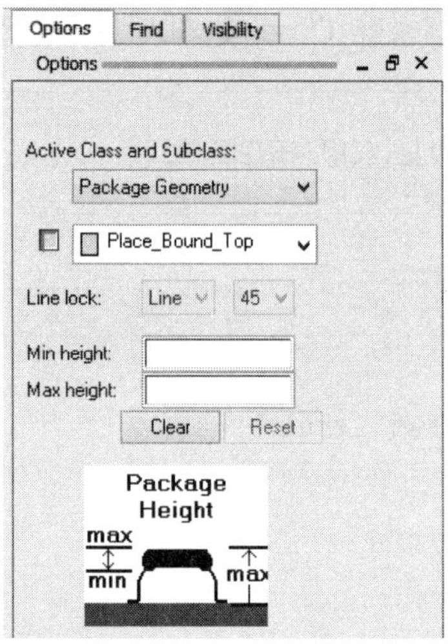
</td><td>Active Class and Subclass : 생성할 Class 및 Subclass 설정</td></tr>
<tr><td>Min Height : 최소 Height 설정</td></tr>
<tr><td>Max height : 최대 Height 설정</td></tr>
</table>

(Tip)

Step Model이 적용되지 않은 Package Symbol은 3D Viewer에서 Package Height에 설정된 높이가 나타난다.

■ **(Optional) Step Package Mapping** (메뉴 – Setup – Step Package Mapping)

부품에 Step file과 Mapping을 설정한다. Available STEP Models에서 유효한 Step 파일을 선택 후, Map Step Model에서 Rotation, Offset을 설정하여 적용한다. 만약 Package Symbol에서 Step Package Mapping 설정을 하지 않았다면, Board에 배치 후에도 설정이 가능하다.

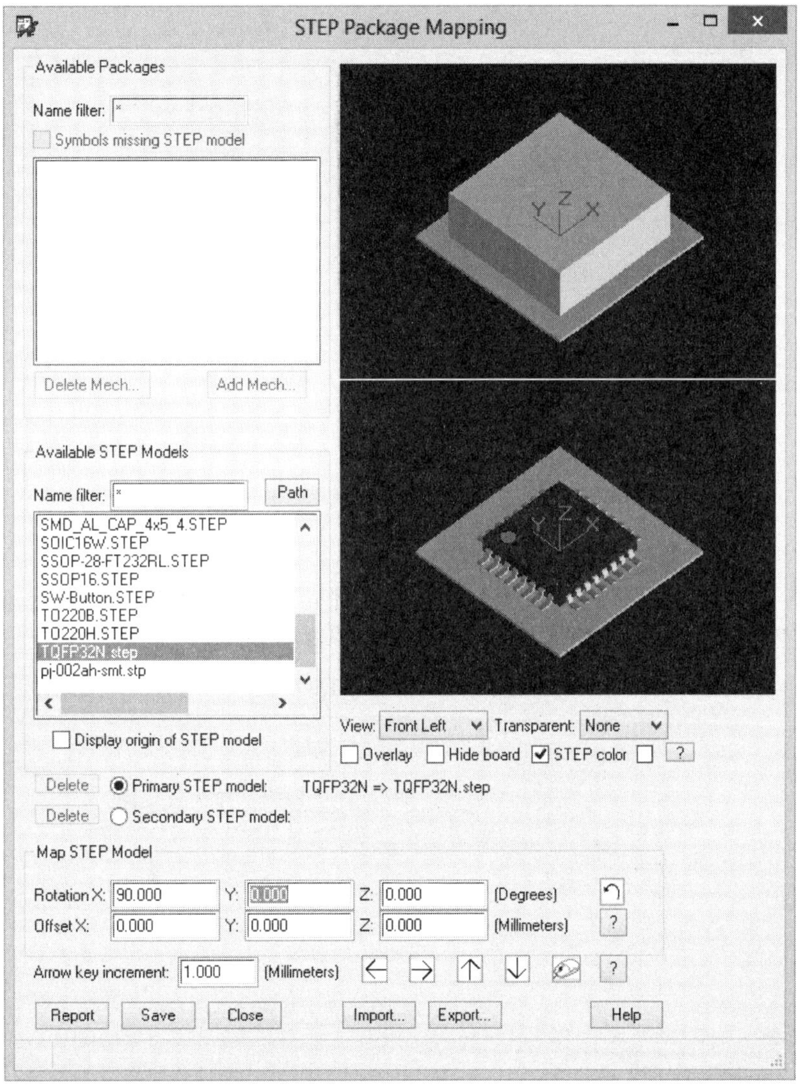

(Tip)

3D Step 모델을 아래 링크에서 구할 수 있다.

http://www.traceparts.com
http://www.pcb-3d.com
http://www.digikey.com/en/resources/3d-models
http://www.grabcad.com
http://www.3dcontentcentral.com/

◆ Package Symbol Wizard

■ Package Symbol Wizard – Package Type

제공하는 8가지의 Package Type 중 하나를 선택한다.

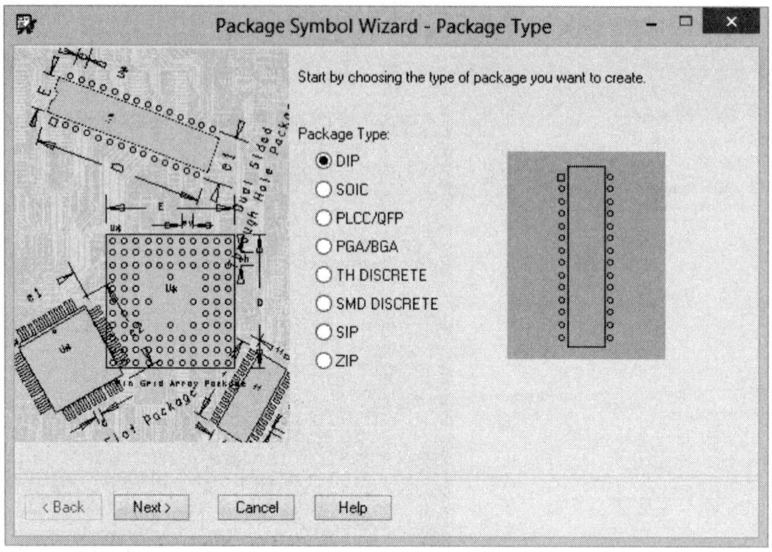

◆ Package Symbol Wizard - Template

Package에 대한 Template을 불러온다. Custom template에서 기존에 작성한 Package를 불러오거나 하단의 Load Template를 클릭한다. (Load Template 선택 시 작업 환경은 Mils로 설정되어 있다.)

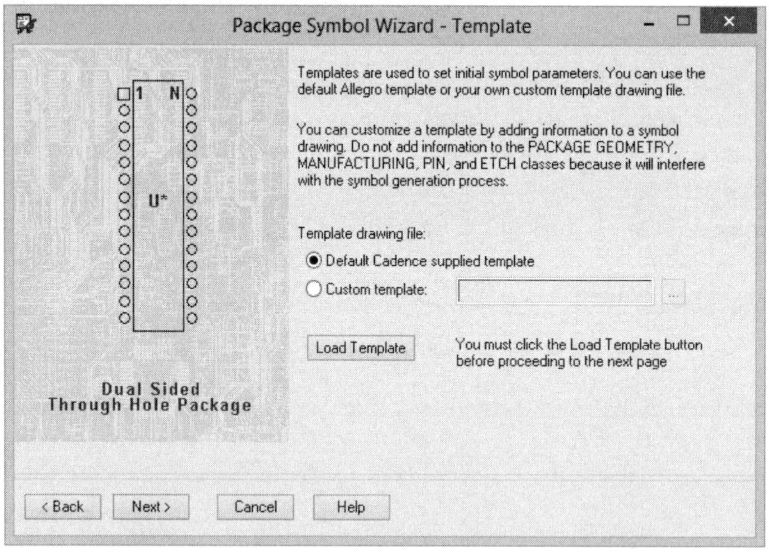

(Tip)

Package Symbol Wizard의 8가지 타입

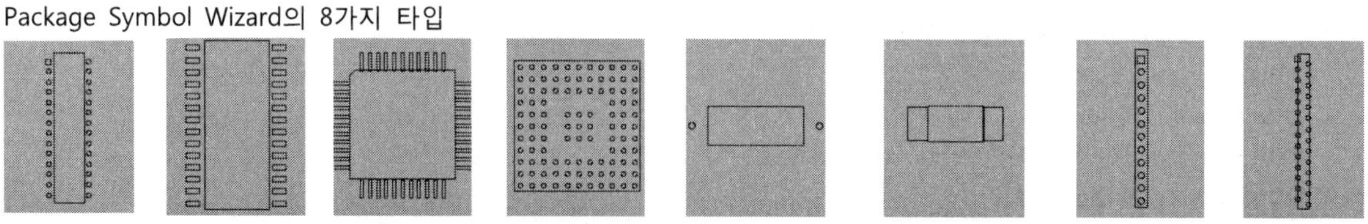

DIP　SOIC　PLCC/QFP　PGA/BGA　TH DISCRETE　SMD DISCRETE　SIP　ZIP

◆ **Package Symbol Wizard – General Parameters**

설계 단위 및 적용할 소수점 자릿수, 기본 Reference의 prefix를 설정한다.

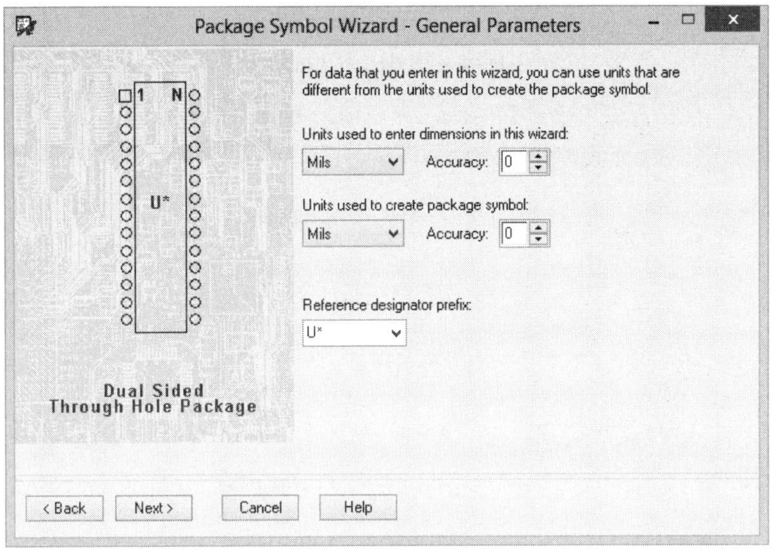

◆ **Package Symbol Wizard – Parameters**

Pin의 개수, 핀 간격, 핀의 열과 열 사이 간격, Package body의 크기를 설정한다.

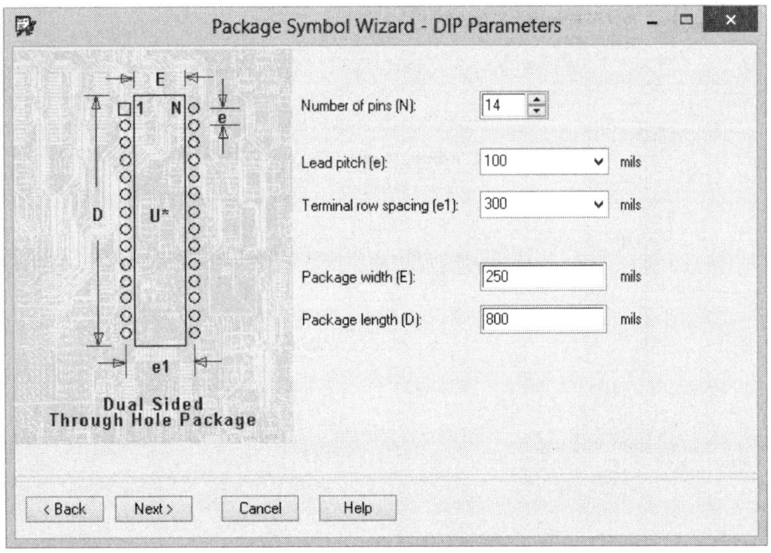

(Tip)

Reference Designator Prefix에서 없는 머리글을 직접 입력 가능

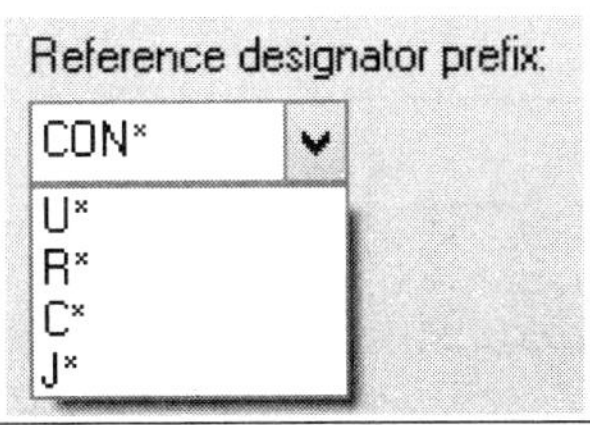

◆ Package Symbol Wizard – Padstacks

모든 Pin에 설정 할 Padstack을 지정한다. 또한 Padstack to use for pin 1을 이용하여 1번 Pin에 대한 Padstack은 별도로 지정 가능하다.

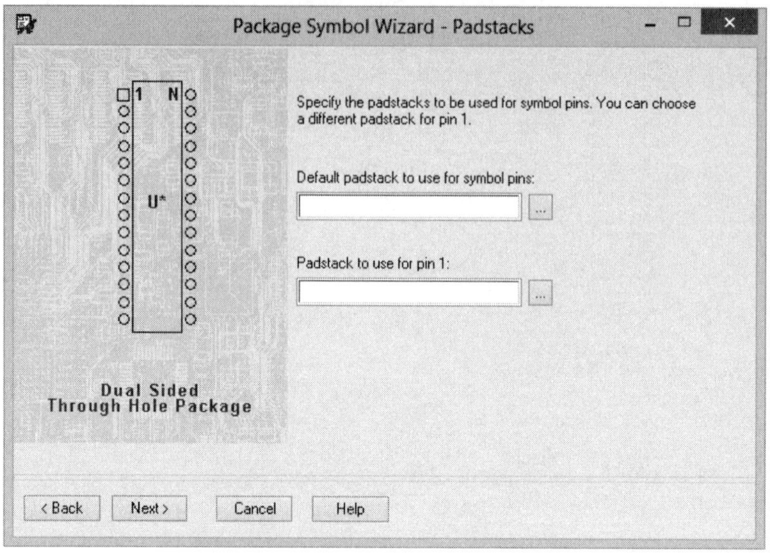

◆ Package Symbol Wizard – Symbol Compilation

Symbol의 Origin 선택하고 Symbol file을 생성한다.

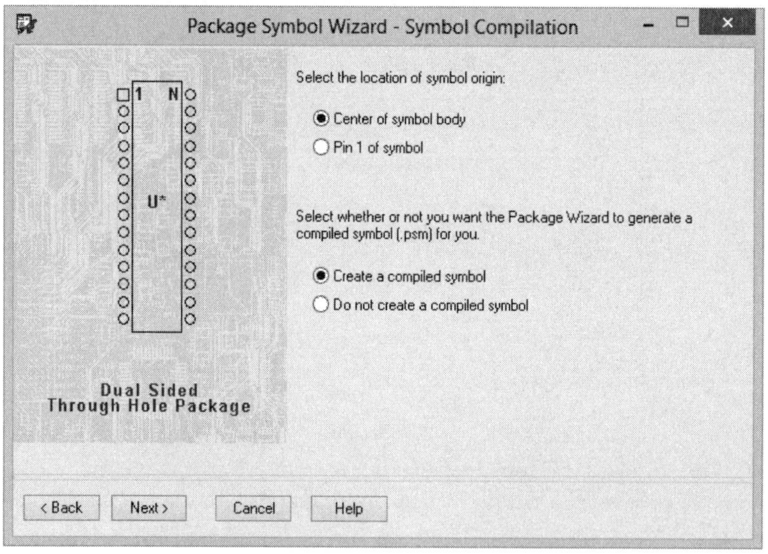

(Tip)

기본적으로 제공하는 Through hole Type의 PAD는 아래와 같이 구성되어 있다.
PAD(패드의 직경)(패드의 형태)(드릴 사이즈)로 구성되어 있고 MIL 단위로 구성되어 있다.

예) PAD60CIR36D :

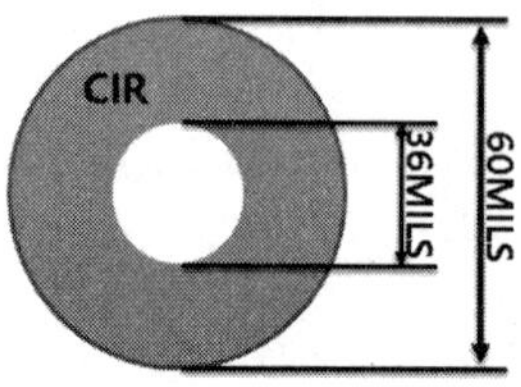

PAD60SQ36D :

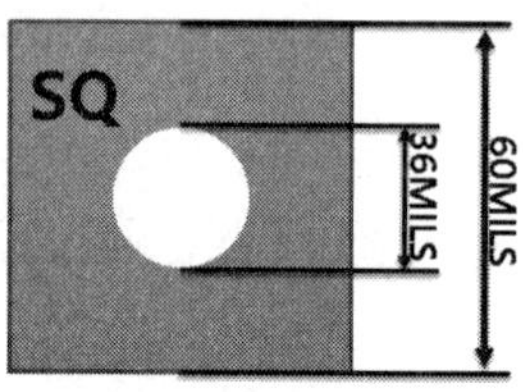

◆ Package Symbol Wizard – Summary

Package symbol의 최종 결과물 확인과 작업 완료를 한다.

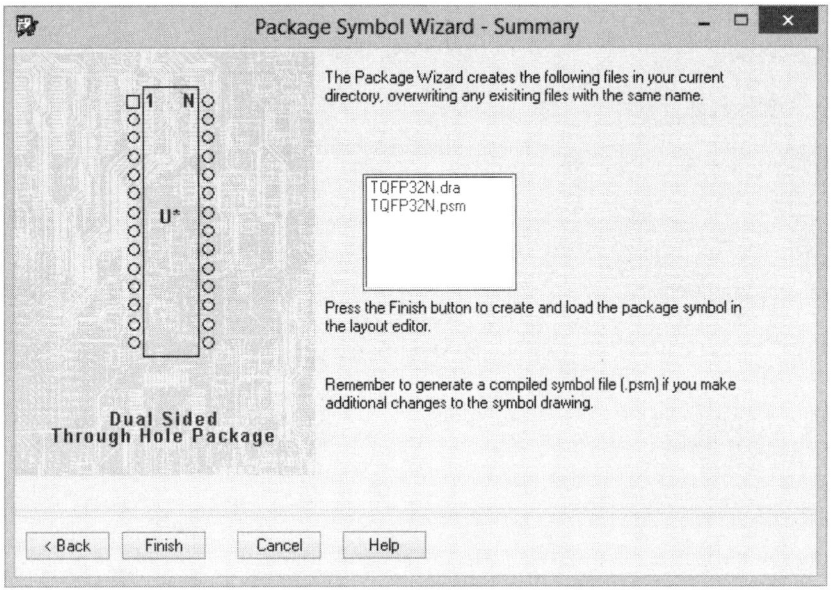

[Lab 8-2] Package Symbol Wizard

1. 시작 - 모든 프로그램 – Cadence Release 17.2-2016 – OrCAD Products – PCB Editor 실행 (윈도우키 + R – allegro 실행)
2. 메뉴 File – New 클릭
3. Project Directory, Drawing Name, Drawing Type을 아래와 같이 설정 후 "OK" 클릭

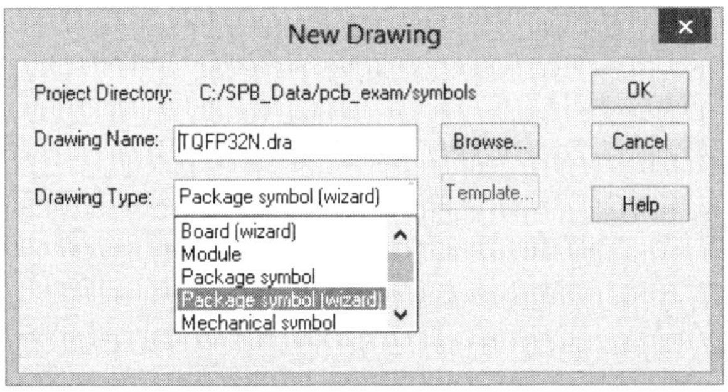

- Drawing Name: **TQFP32N**
- Drawing Type: **Package symbol(widzard)**

4. Package Type : PLCC/QFP로 선택 후 "Next" 클릭
5. Template : "Load Template" 클릭 후 "Next" 클릭
6. General Parameters : 아래와 같이 설정 후 "Next" 클릭
   - Unit used to enter dimension in this wizard : **Millimeter**, Accuracy : **3**
   - Unit used to create package symbol : **Millimeter**, Accuracy : **3**
   - Reference designator prefix : **U***

7. PLCC/QFP Pin Layout에서 아래와 같이 설정 후 : "Next" 클릭

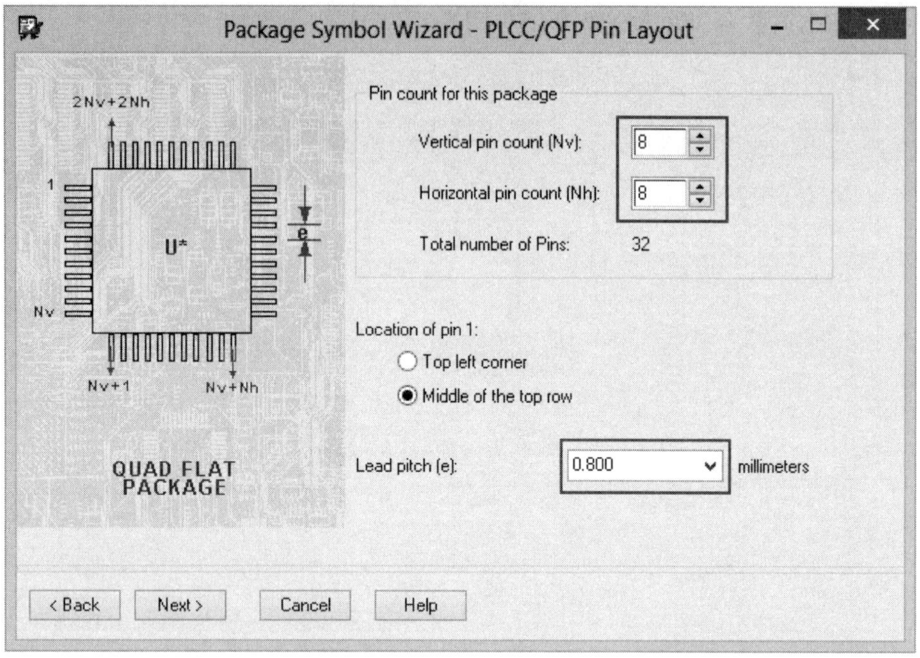

8. PLCC/QFP Parameters에서 아래와 같이 설정 후 : "Next" 클릭

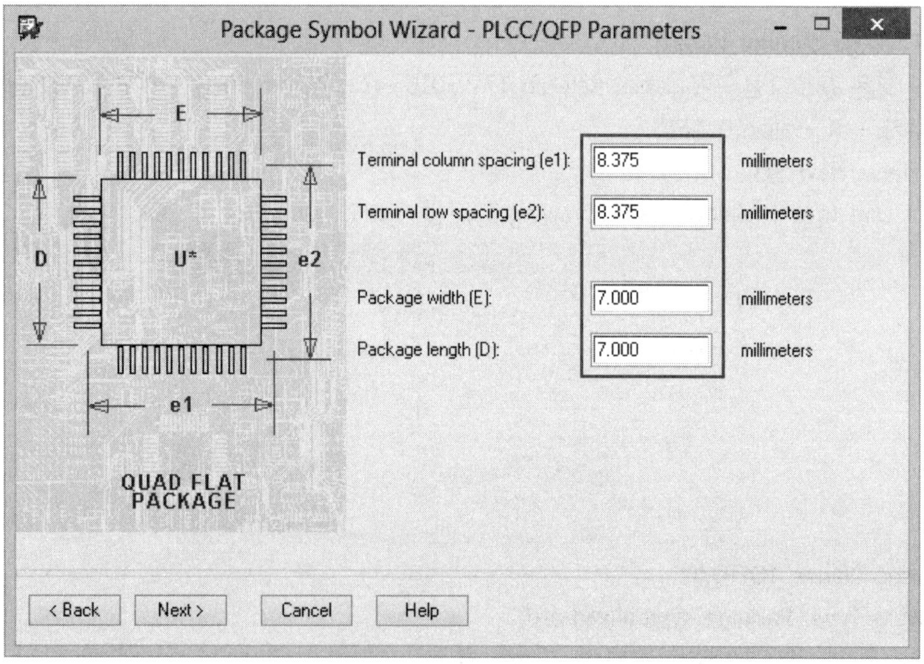

9. Padstacks에서 **b162_45**로 설정(1번 Pin도 동일하게 설정) 후 "Next" 클릭
10. Symbol Compilation에서 **Center of symbol body, Create a compiled symbol**을 클릭 후 "Next" 클릭
11. Summary에서 "Finish" 클릭

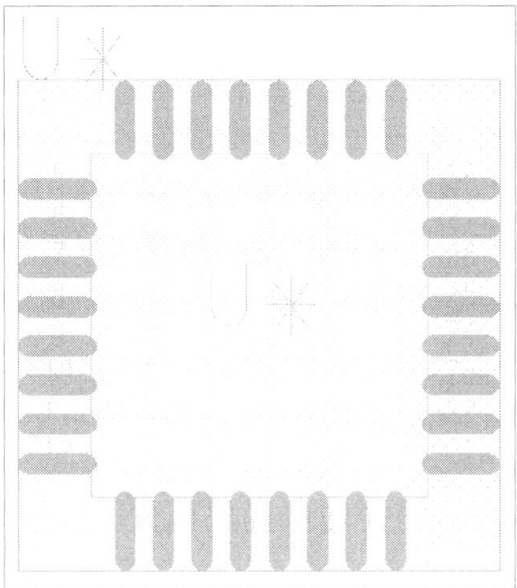

(Optional)

12. 메뉴 – Setup – Step Package Mapping 클릭
13. Available STEP Models에서 **TQFP32N.step**을 클릭

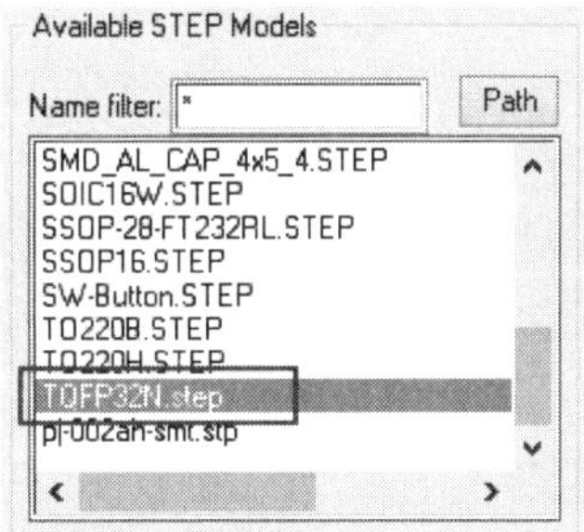

14. Map SEP Model의 Rotation X : **90** 으로 설정

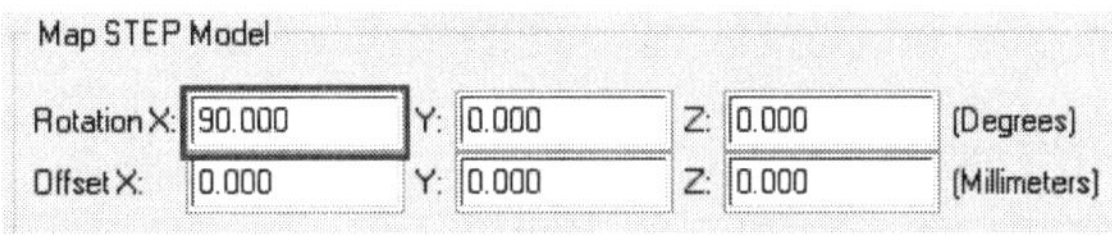

15. "Save" 클릭 후 "Close" 클릭
16. 메뉴 View – 3D View를 클릭하여 Package symbol에 적용된 Step 이미지를 확인

8-3 : Mechanical symbol

◆ Mechanical symbol

Mechanical symbol을 생성한다. Mechanical symbol에는 Outline, Mount Hole 등이 포함된다. 생성 도구는 8-2절에서 사용되었던 Add pins, Add Line 등의 명령을 이용할 수 있으며 또는 DXF 등의 Data를 Import할 수 있다.

◆ Import DXF

Import하고자 하는 DXF 파일, DXF Unit, Layer Mapping(Edit/View layers) 등을 설정하여 Import 한다.

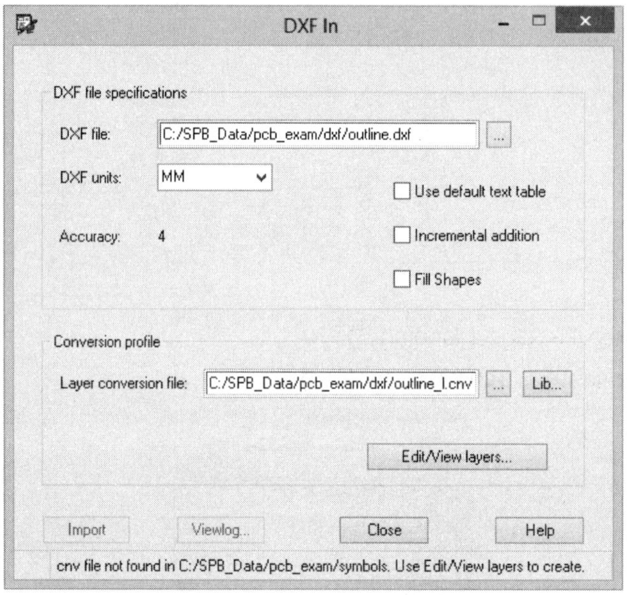

※ DXF파일을 Import 시 기존의 작업한 내용이 없어지기 때문에 빈 화면에서 작업을 한다.
Edit/View layers를 클릭하여 DXF에서 작업된 레이어와 PCB Editor 레이어와 매칭을 시켜준다.

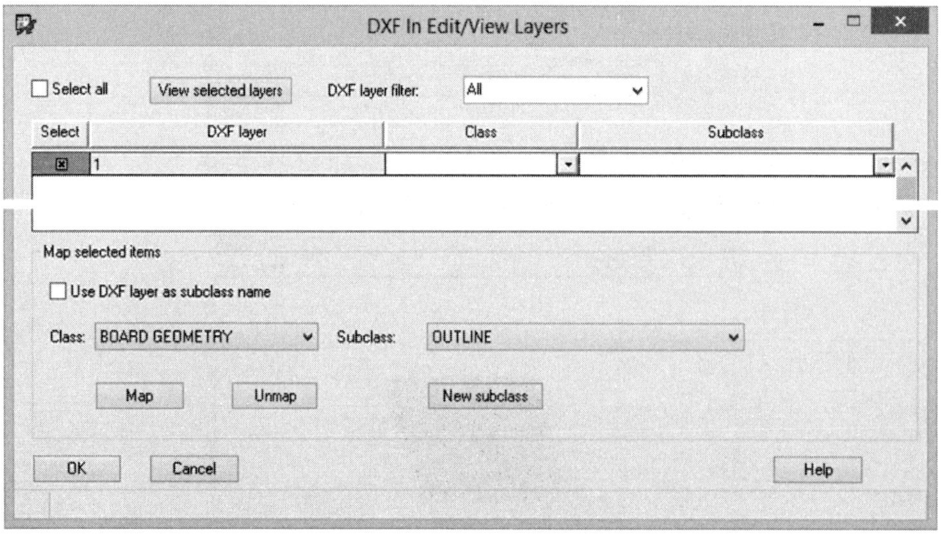

※ DXF파일로 Outline 제작 시 Layer 이름과 도면의 0, 0 좌표에서 작업을 한다.

[Lab 8-3] Mechanical symbol

◆ **Outline**

1. 시작 - 모든 프로그램 – Cadence Release 17.2-2016 – OrCAD Products – PCB Editor 실행
   (윈도우키 + R – allegro 실행)
2. 메뉴 File – New 클릭
3. Project Directory, Drawing Name, Drawing Type을 아래와 같이 설정 후 "OK" 클릭

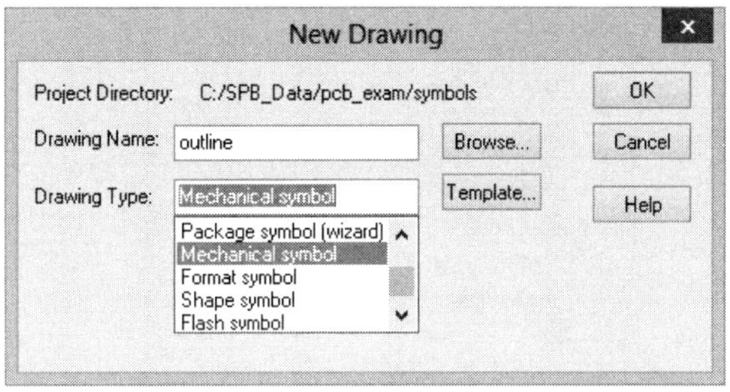

[Drawing Name: outline　　　　　Drawing Type: Mechanical symbol]

4. 메뉴 Setup – Design Parameter 클릭
5. Design 탭에서 아래와 같이 설정 후 "OK" 클릭

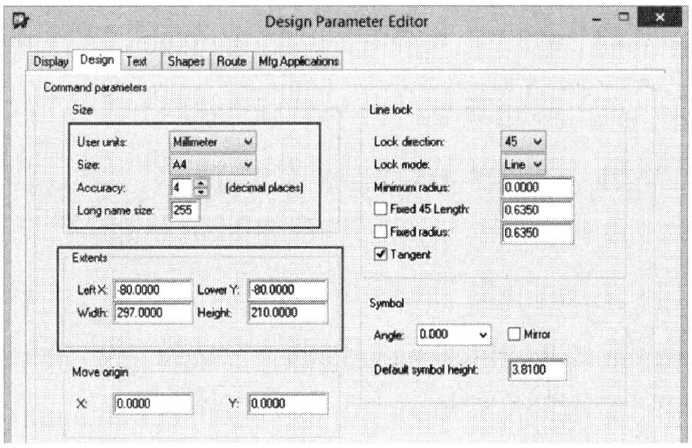

6. 메뉴 Setup – Grids 클릭
7. Non-Etch Spacing X, Y에 1.0000을 기입 후 "OK" 클릭

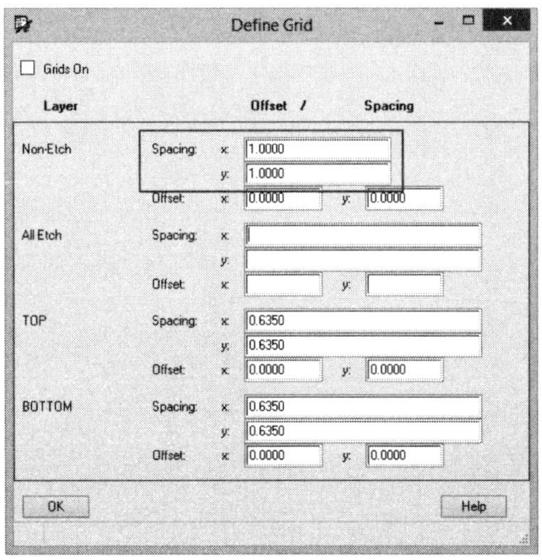

8. 메뉴 Shape – Polygon 클릭
9. Options에서 Active Class : Board Geometry, Subclass : Design_Outline으로 설정

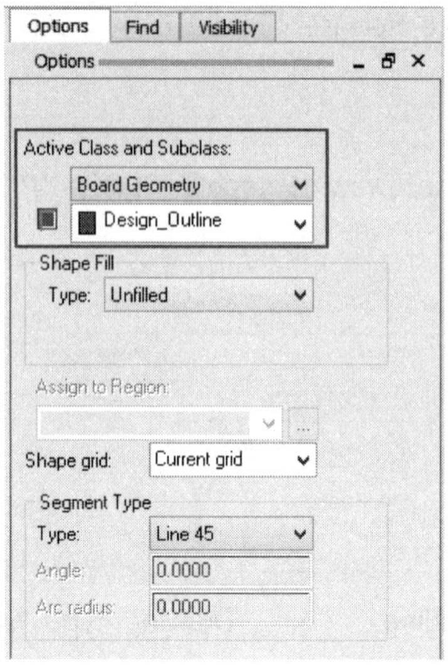

10. Command에서 아래와 같이 입력
    x 0 0 Enter↵ -> **ix 83** Enter↵ -> **iy 45** Enter↵ -> **ix -6** Enter↵ -> **iy 35** Enter↵ -> **ix -71** Enter↵ -> **iy -35** Enter↵ -> **ix -6** Enter↵ -> **iy -45** Enter↵

※ x, ix, iy는 반드시 소문자로 기입, 문자와 숫자는 한 칸을 띄움.

11. 우클릭 – Done 클릭
12. 메뉴 Shape – Circular 클릭
13. Options에서 Active Class : **Board Geometry**, Subclass : **Cutout** 으로 설정
    Circular Shape Creation : **Place Circle**, Radius : **1.5** 로 설정
14. Command에서 아래와 같이 입력
    x 9 77 Enter↵ -> **x 74 77** Enter↵

15. 우클릭 Done 클릭
16. 메뉴 File – Save 클릭

8-4 : Master board

◆ Cross-section

Cross-Section Editor에서는 Layer의 관리(추가, 제거, Material 설정 등), Unused Pads Suppression 등을 설정하고, Impedance의 계산을 할 수 있다. 또한 Rigid-Flex 설계를 위한 Multi stack-up을 지원하며, 이에 대한 내용은 부록 A. Rigid-Flex에서 다루도록 한다.

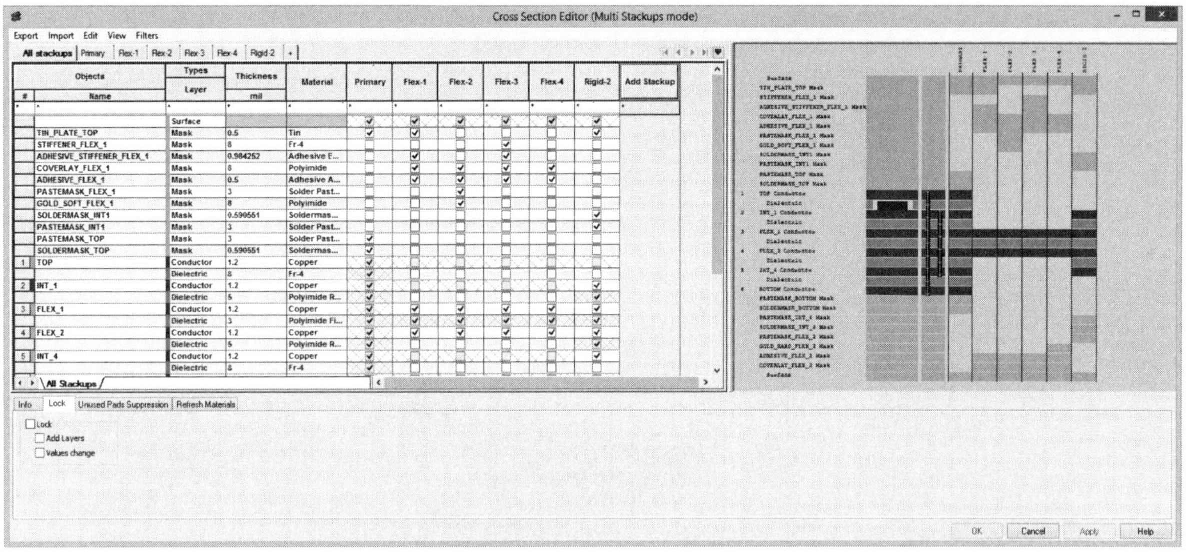

■ Layer 추가

Cross-Section Editor의 명령 중 Layer를 추가하기 위해서는 Add Layer, Add Layer Pair Above/Below, Add Layer Above/Below 명령들을 이용할 수 있다. 생성된 Layer를 마우스 우클릭하여 선택한다.

※ Multi-Stackup 설정 등의 Cross-Section Editor 설정에 대한 상세한 설명은 부록 A. Rigid-Flex Design을 참조한다.

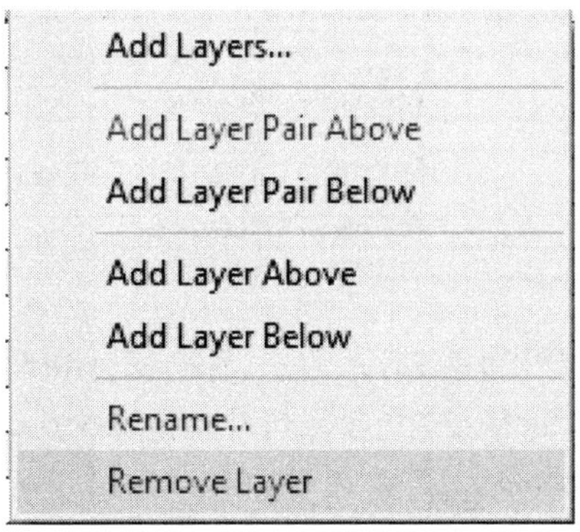

- Add Layer : Add Layers Editor를 통하여 여러 층의 Layer를 한 번에 추가 할 수 있으며, (20층 Layers까지 가능), 생성 시에 Layer의 Type 및 Function 뿐 아니라 Layer의 Material을 함께 설정할 수 있다. 기본 제공하지 않는 Material을 사용할 경우 사전에 Material path에 경로가 지정되어 있어야 한다.

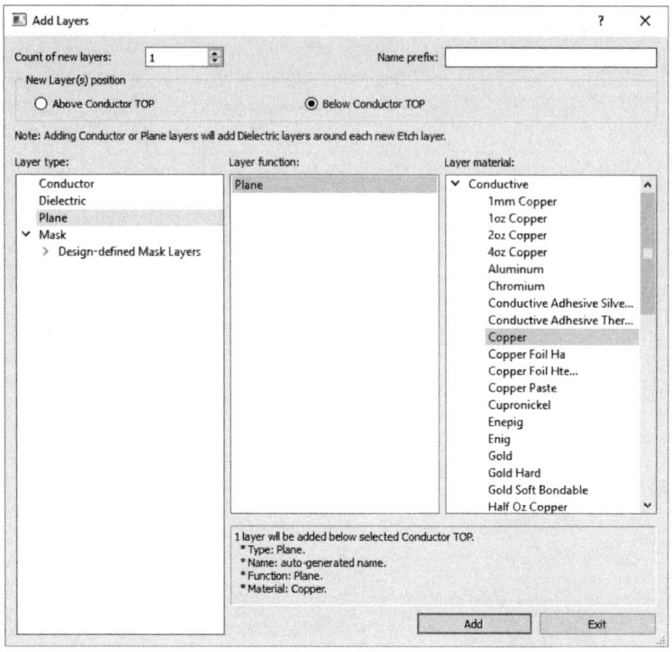

- Add Layer Pair Above/Below : 우클릭하는 Layer 기준, 위쪽 또는 아래쪽에 Layer Pair를 생성한다. Layer Pair에는 Dielectric layer 1층과 Conductor layer 1층이 포함된다. 추가된 Conductor/Plane에 이름을 기입한다.

Objects		Types >>		Thickness >>
				Value
#	Name	Layer	Layer Function	mil
*	*	*	*	*
		Surface		
1	TOP	Conductor	Conductor	1.2
		Dielectric	Dielectric	8
2	LAYER_1	Conductor	Conductor	1.2
		Dielectric	Dielectric	8
3	BOTTOM	Conductor	Conductor	1.2
		Surface		

- Add Layer Above/Below : 우클릭하는 Layer 기준, 위쪽 또는 아래쪽에 Layer 를 생성한다. Conductor 또는 Plane을 추가하는 경우 Dielectric을 포함하여야 하기 때문에 Add Layer Above/Below 명령을 2회 실행하여야 한다. 추가된 Conductor/Plane에 이름을 기입한다.

Objects		Types >>	
#	Name	Layer	Layer Function
*	*	*	*
		Surface	
1	TOP	Conductor	Conductor
		Dielectric	Dielectric
2	LAYER_1	Conductor	Conductor
		Dielectric	Dielectric
		Dielectric	Dielectric
3	BOTTOM	Conductor	Conductor
		Surface	

Objects		Types >>	
#	Name	Layer	Layer Function
*	*	*	*
		Surface	
1	TOP	Conductor	Conductor
		Dielectric	Dielectric
2	LAYER_1	Conductor	Conductor
		Dielectric	Dielectric
3	LAYER_2	Dielectric	Dielectric
		Dielectric	Dielectric
4	BOTTOM	Conductor	Conductor
		Surface	

◆ PKG (Package) / RTE (Route) Keep In

Cross-Section Editor에서는 Layer의 관리(추가, 제거, Material 설정 등), Unused Pads Suppression 등을 설정하고, Impedance의 계산을 할 수 있다. 또한 Rigid-Flex 설계를 위한 Multi stack-up을 지원하며, 이에 대한 내용은 부록 A. Rigid-Flex에서 다루도록 한다.

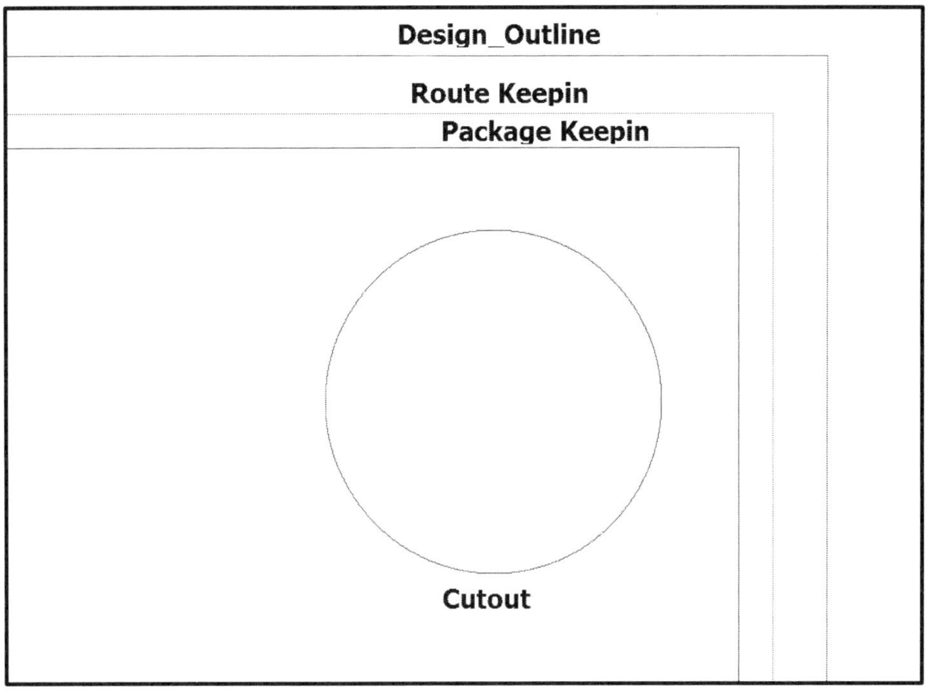

◆ Z-Copy

Z-Copy는 기준 되는 Subclass를 이용하여 Contract(안 쪽) / Expand(바깥 쪽)에 또 다른 Subclass를 빠르게 생성 가능하다. Outline 생성 후, PKG/RTE Keep In을 생성하는 경우에 유용하게 쓰일 수 있다.

<table>
<tr><td rowspan="3">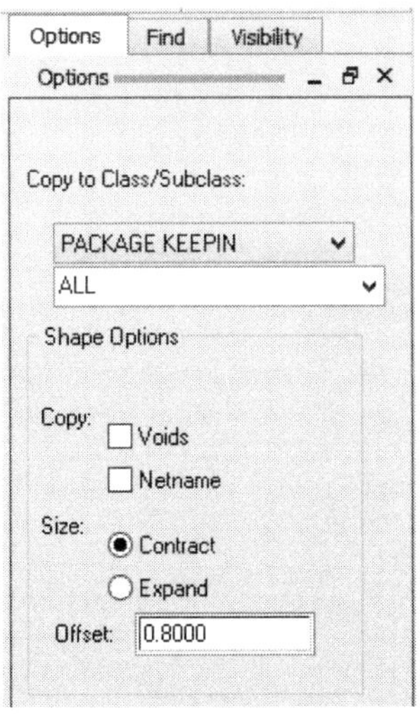
</td><td>Active Class and Subclass : 생성할 Class 및 Subclass 설정</td></tr>
<tr><td>Copy :
- Voids : Shape의 내부가 비어진 형태로 복사
- Netname : Net의 이름도 같이 복사</td></tr>
<tr><td>Size :
- Contract(안 쪽) : Offset 만큼 안쪽으로 복사
- Expand (바깥 쪽) : Offset 만큼 바깥쪽으로 복사
Offset : 기준 Subclass로부터 형성 거리를 설정</td></tr>
</table>

[Lab 8-4] Master board

1. 시작 - 모든 프로그램 – Cadence Release 17.2-2016 – OrCAD Products – PCB Editor 실행 (윈도우키 + R – allegro)
2. 메뉴 **Setup – Design Parameters** 클릭
3. Design 탭에서 아래와 같이 설정 후 "**OK**" 클릭

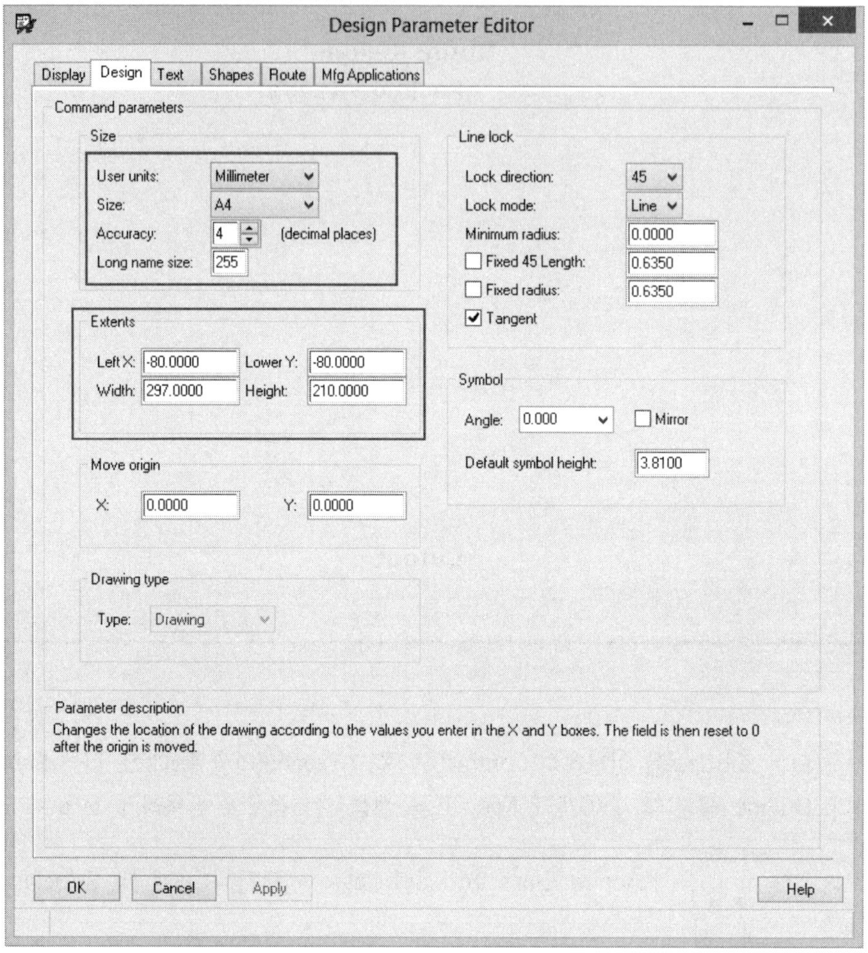

4. 메뉴 **Setup – Grids** 클릭
5. **Non-Etch Spacing X, Y**에 **1.0000**을 기입 후 "**OK**" 클릭

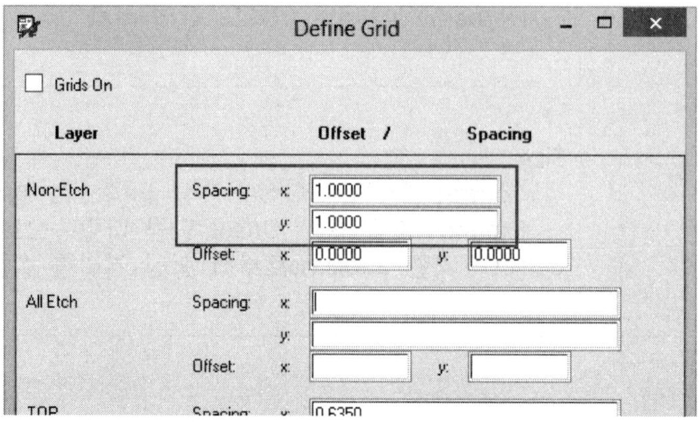

6. 메뉴 **Setup – Cross-Section** 클릭
7. Objects의 **Top**을 우클릭 – **Add Layers** 클릭
8. 아래와 같이 설정 후 "**Add**" 클릭

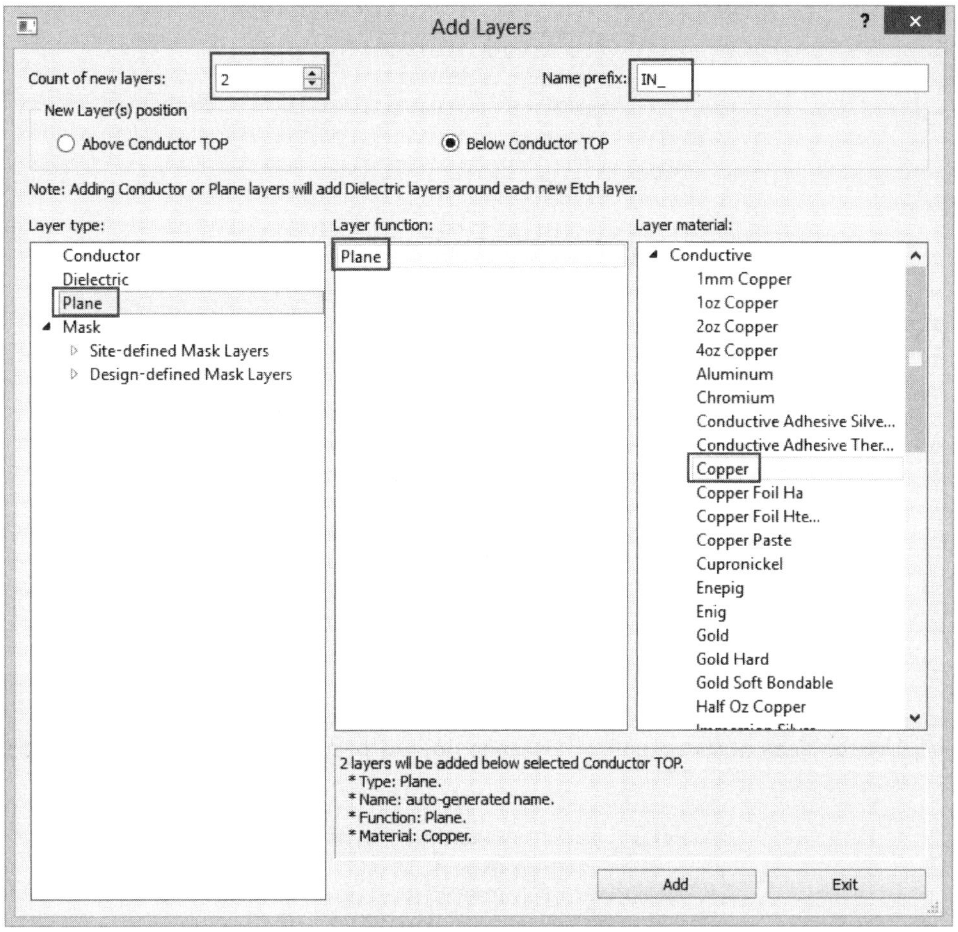

9. "**Signal Integrity>>**" 를 더블 클릭

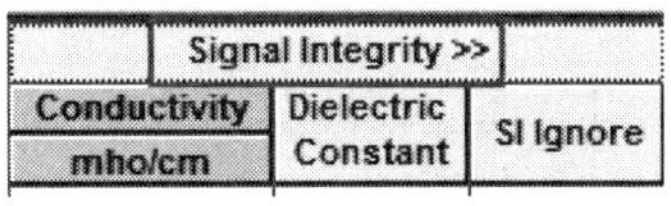

10. Signal Integrity의 **Width**를 **0.4**로 설정 후 계산되는 Impedance 값을 확인

Signal Integrity <<								
Conductivity mho/cm	Dielectric Constant	Width mm	Impedanc Ohm	Loss Tangent	Shield	Freq. Dep. File	Etch Factor	Diff Coupling Type
*	*	*	*	*	*	*	*	*
	1			0				
595900	4.5	0.4000	45.376000	0			90	None
0	4.5			0.035				
595900	4.5			0	✓		90	
0	4.5			0.035				
595900	4.5			0	✓		90	
0	4.5			0.035				
595900	4.5	0.4000	45.376000	0			90	None
	1			0				

11. "**Physical>>**"를 더블 클릭

Physical >>	
Layer ID	Material
*	*
1	Copper
	Fr-4
2	Copper
	Fr-4
3	Copper
	Fr-4
4	Copper

12. **IN_1**과 **IN_2**의 **Unused Pin/Via Suppression**에 체크

Physical <<					
Layer ID	Material	Negative Artwork	No Fillet	Unused Pin Suppression	Unused Via Suppression
*	*	*	*	*	*
1	Copper	☐			
	Fr-4				
2	Copper	☐		☑	☑
	Fr-4				
3	Copper	☐		☑	☑
	Fr-4				
4	Copper	☐			

13. 하단의 Unused Pads Suppression에서 **Dynamic unused pads suppression** 와 **Display padless holes** 에 체크

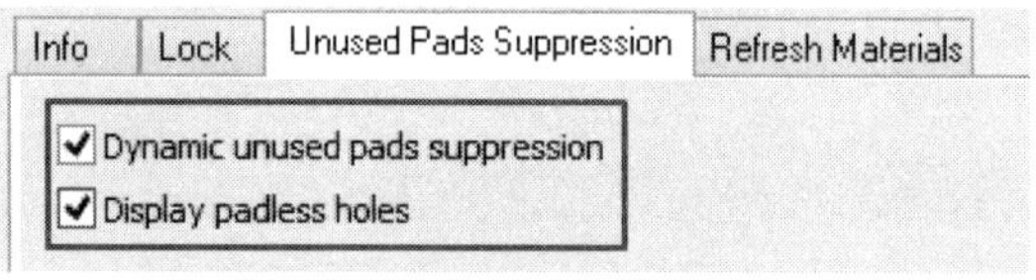

14. "**Types>>**" 더블 클릭

Types >>	
Layer	Layer Function
*	*
Surface	
Conductor	Conductor
Dielectric	Dielectric
Plane	Plane
Dielectric	Dielectric
Plane	Plane
Dielectric	Dielectric
Conductor	Conductor
Surface	

15. Constraint 항목에서 **TOP, BOTTOM : EXTERNAL / IN_1, IN_2 : Power**로 설정

Types <<			
Layer	Layer Function	Manufacture	Constraint
*	*	*	*
Surface			
Conductor	Conductor		EXTERNAL
Dielectric	Dielectric		
Plane	Plane		Power
Dielectric	Dielectric		
Plane	Plane		Power
Dielectric	Dielectric		
Conductor	Conductor		EXTERNAL
Surface			

16. **"OK"** 클릭
17. 메뉴 **File – Save** 클릭
18. 메뉴 **Place – Components Manually** 클릭
19. **Advanced Settings** 탭에서 **Library** 클릭

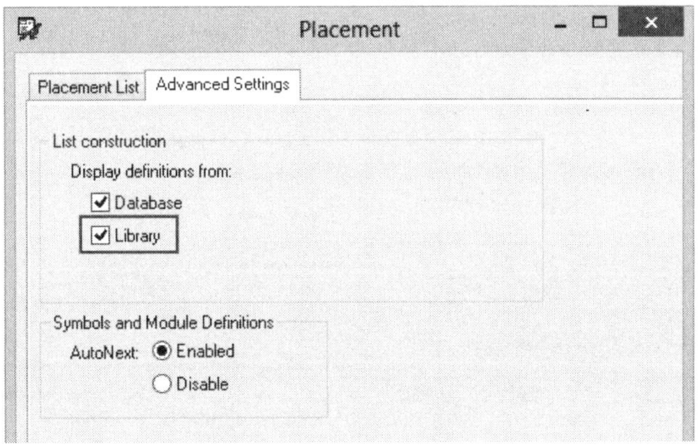

20. Placement List에서 **Mechanical symbols – Outline**에 체크

21. Command line에 아래와 같이 입력하여 배치

x 0 0 Enter

[Lab 8-5] Dimension

1. 메뉴 **Manufacture – Dimension Environment** 클릭
2. 마우스 **우클릭** – **Parameters** 클릭
3. Text 탭에서 아래와 같이 설정
   - Text block : **6**
   - Align Text with dimension line : **체크**
   ※ 글자의 방향을 화살표와 같은 방향으로 배치
   - Primary dimensions Units : **Millimeters,** Decimal places : **3**

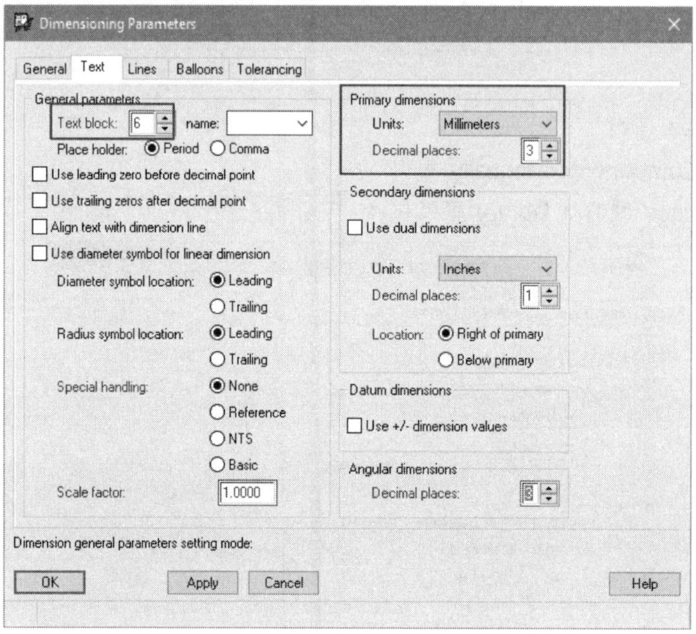

25. "**OK**"클릭
26. 마우스 우클릭 – **Linear dimension** 클릭
27. 다음과 같은 순서로 선택

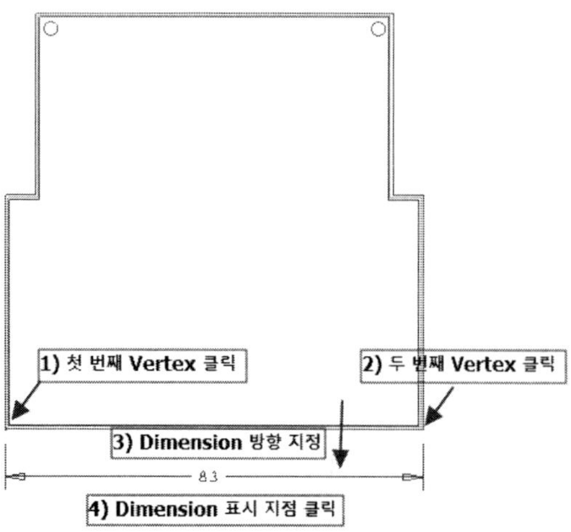

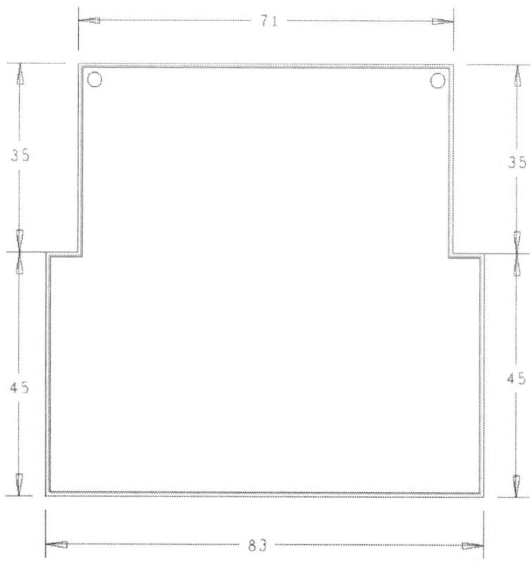

28. 시작 - 모든 프로그램 – Cadence Release 17.2-2016 – OrCAD Products – Capture 실행 (윈도우키 + R – capture 실행)
29. 메뉴 File – Open – Project 클릭
30. [Chapter 6. 후처리]에서 저장된 led_cir_h.opj를 Open
31. Project manager에서 .₩led_cir_h.dsn을 클릭
32. 메뉴 Tools – Create Netlist 클릭
33. **Create or Update PCB Editor Board (Netrev)** 체크
34. Input Board에 **master.brd** 입력 후 **OK** 클릭

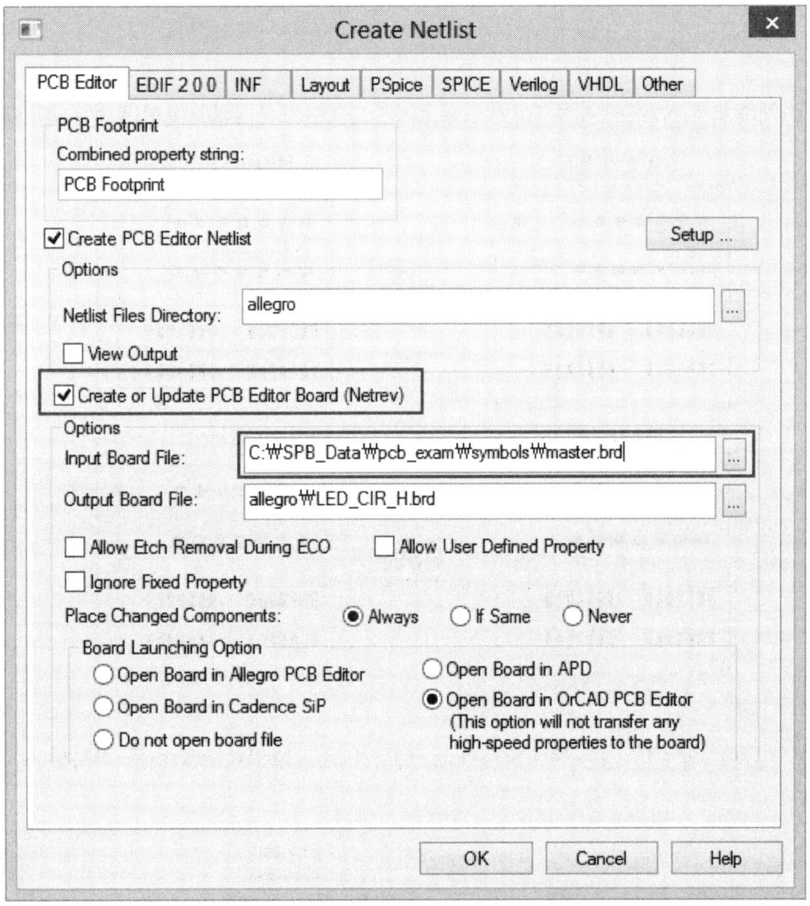

Chapter 9 Constraint Manager

9-1 : Electrical Rules

OrCAD PCB Editor Professional의 Electrical Rules에는 Wiring, Impedance, Min/Max Propagation Delays, Total Etch Length, Differential Pair, Relative Propagation Delay를 지원한다. (단, Relative Propagation Delay는 CSet 설정은 제외됨)

◆ Wiring

■ **Schedule**

High speed 설계에서 Signal의 연결 Topology 설정이 신호의 신뢰성 향상에 중요한 요인으로 작용한다.

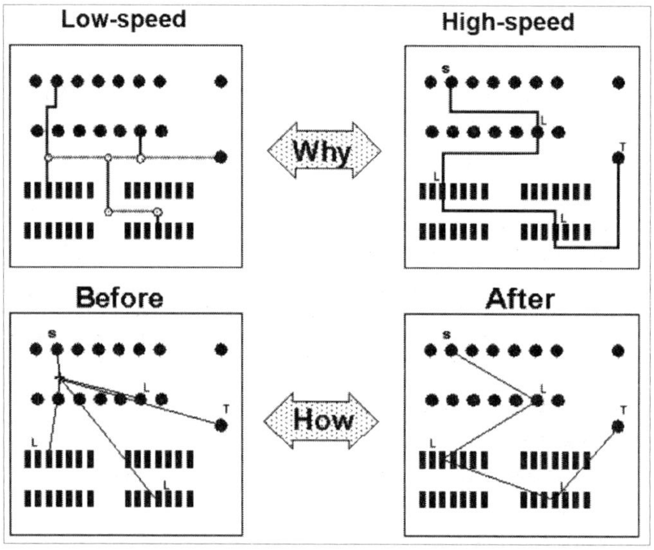

직접 Topology 설정을 할 경우에는 Net Schedule (메뉴 Edit – Net schedule)을 이용하여 직접 Net의 구성을 설정할 수 있다.

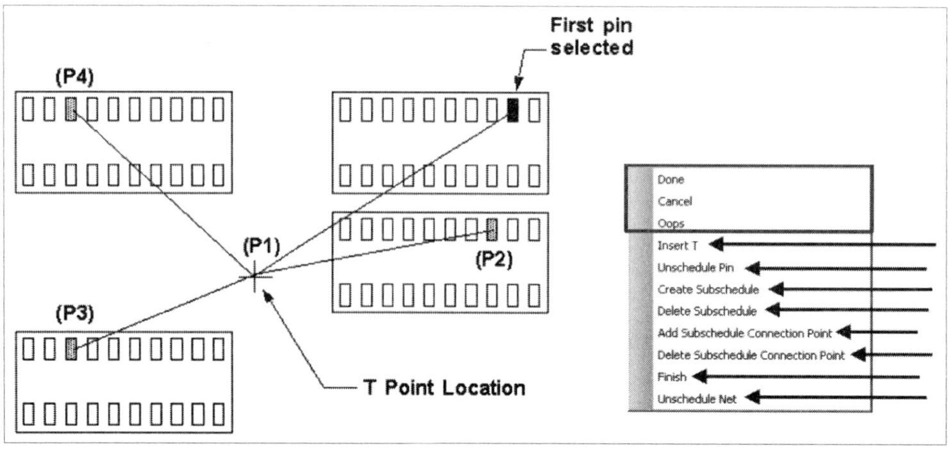

[Net Schedule을 이용하는 경우]

(만약 분기 설정이 필요하다면 Net schedule 설정 중, 우클릭 – Insert T)

Constraint Manager의 Electrical – Wiring(Schedule)에서 기본 제공하는 형태를 이용할 수 있다.

- MIN_TREE
- MIN_DAISY_CHAIN
- SOURCE_LOAD_DAISY_CHAIN
- STAR
- FAR_END_CLUSTER

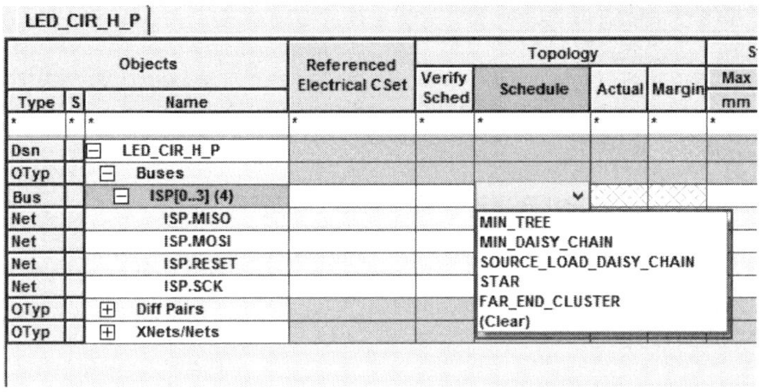

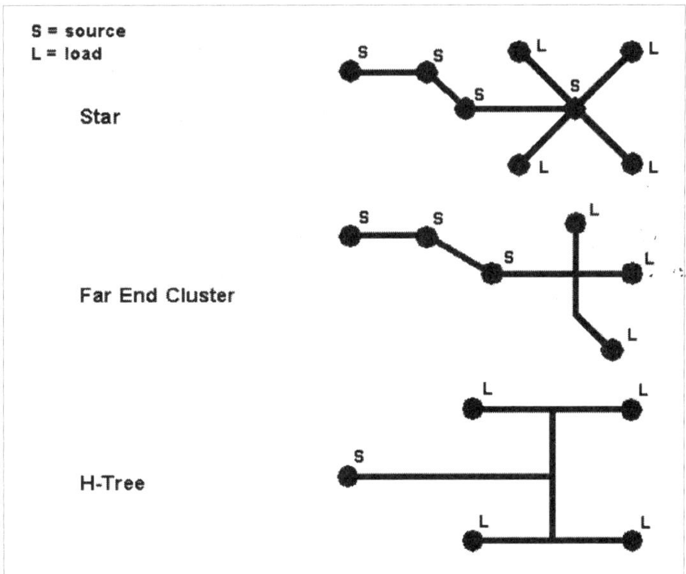

[Constraint Manager – Wiring(Schedule)을 이용하는 경우]

■ Stub Length

Stub Length에 대한 최대 허용 길이를 제한할 수 있다.

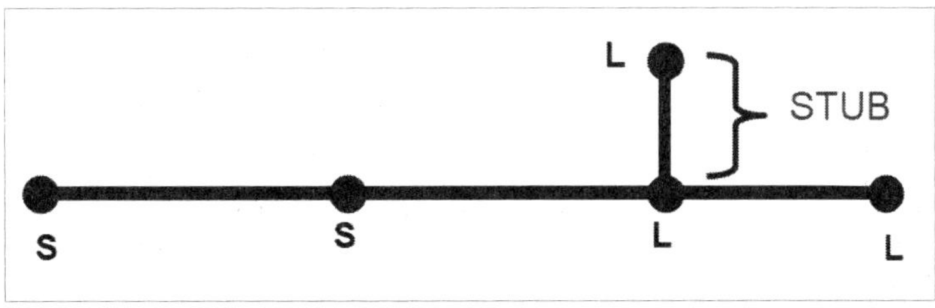

◆ Impedance

Target impedance 값과 Tolerance를 설정하면, 설정되어 있는 Stack-up을 고려한 Impedance가 계산되며, 배선 시에 Line width가 자동으로 계산되어 지정된다. (Physical – Line width 설정 값은 무시된다.)

LED_CIR_H_P

Objects			Referenced Electrical CSet	Single-line Impedance			
Type	S	Name		Target Ohm	Toleranc Ohm	Actual Ohm	Margin Ohm
*	*	*	*	*	*	*	*
Net		N05023_LM3					
Net		N05023_LM4					
Net		N05047_LM1					
Net		N05047_LM2					
Net		⊟ N05047_LM3		45	2 %		29.615
Rslt		All Clines		45	2 %	75.515	29.615
Net		⊟ N05047_LM4		45	2 %		29.615
Rslt		All Clines		45	2 %	75.515	29.615
Net		⊟ N05119_LM1		45	2 %		29.615
Rslt		All Clines		45	2 %	75.515	29.615
Net		⊟ N05119_LM2		45	2 %		29.615
Rslt		All Clines		45	2 %	75.515	29.615
Net		N05119_LM3					
Net		⊟ N05119_LM4		45	10 %		4.124
Rslt		All Clines		45	10 %	45.376	4.124
Net		N12227					
Net		N12485					

◆ Min/Max Propagation Delays

Min/Max Propagation Delays는 Pin pair <-> Pin pair, Pin Pair <-> T Point, T Point <-> T Point 간의 Delay에 대한 설정을 할 수 있다. Pin pair란 연결되는 Pin의 연결 관계를 의미한다. 아래 이미지를 예를 들면, Driver 단에서 Resistor, Resistor에서 T-Point, T-point에서 각 Receiver까지의 각 Delay를 설정한다.

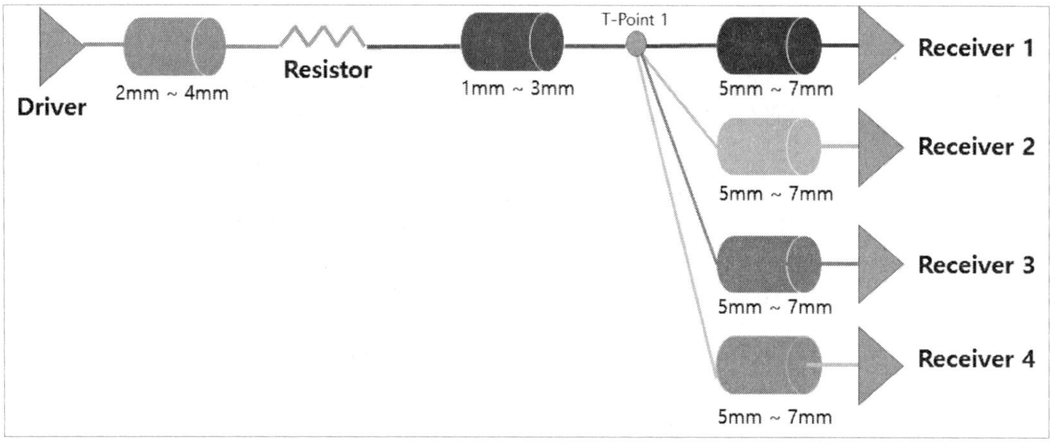

LED_CIR_H_P

Objects			Referenced Electrical CSet	Pin Pairs	Prop Delay			Prop Delay		
Type	S	Name			Min mm	Actual	Margin	Max mm	Actual	Margin
*	*	*	*	*	*	*	*	*	*	*
Net		LED3_LM4								
Net		N04983_LM1								
Net		N04983_LM2								
Net		⊟ N04983_LM3		All Drivers/All Receiver	5 mm		0.02 mm	6 mm		0.98 mm
PPr		RL9.2:LED9.1			5 mm	5.02 mm	0.02 mm	6 mm	5.02 mm	0.98 mm
Net		⊟ N04983_LM4		All Drivers/All Receiver	6 mm		-0.98 m	7 mm		1.98 mm
PPr		RL13.2:LED13.1			6 mm	5.02 mm	-0.98 m	7 mm	5.02 mm	1.98 mm
Net		⊟ N05023_LM1		All Drivers/All Receiver	5 mm		0.02 mm			
PPr		LED2.1:RL2.2			5 mm	5.02 mm	0.02 mm			
Net		⊟ N05023_LM2		All Drivers/All Receiver	4 mm		1.02 mm	8 mm		2.98 mm
PPr		LED6.1:RL6.2			4 mm	5.02 mm	1.02 mm	8 mm	5.02 mm	2.98 mm
Net		⊟ N05023_LM3		All Drivers/All Receiver	7 mm		-1.98 m			
PPr		RL10.2:LED10.1			7 mm	5.02 mm	-1.98 m			
Net		N05023_LM4								

◆ Relative Propagation Delays

Relative Propagation Delays는 Matched group 내에서의 Pin pair <-> Pin pair, Pin Pair <-> T Point, T Point <-> T Point 간의 상대적인 Delay에 대한 설정을 할 수 있다. 이를 위해서 Matched group 설정, Target, Tolerance에 대한 설정이 필요하다.

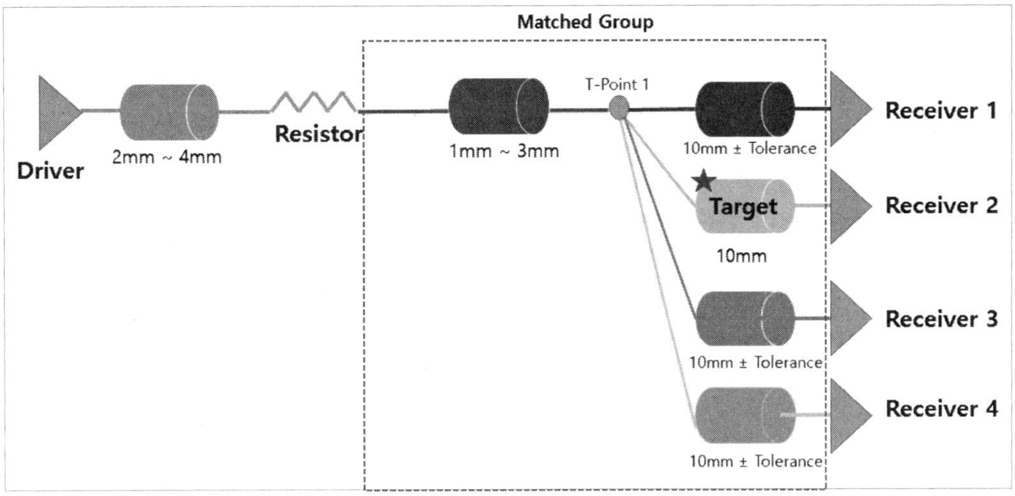

LED_CIR_H_P

Objects			Referenced Electrical CSet	Pin Pairs	Scope	Relative Delay		
Type	S	Name				Delta:Tolerance (mm)	Actual	Margin
*	*	*	*	*	*	*	*	*
Net		⊟ LED2_LM2		All Drivers/All Receivers	Global	0 ns:5 %		30.1549 %
RePP		U5.5:RL7.1			Global	0 ns:5 %	35.1549 %	30.1549 %
Net		⊟ LED2_LM3		All Drivers/All Receivers	Global	0 ns:5 %		6.9501 %
RePP		U6.5:RL11.1			Global	0 ns:5 %	11.9501 %	6.9501 %
Net		⊟ LED2_LM4		All Drivers/All Receivers	Global	0 ns:5 %		2.71385 %
RePP		U7.5:RL15.1			Global	0 ns:5 %	7.71385 %	2.71385 %
Net		⊟ LED3_LM1		All Drivers/All Receivers	Global	0 ns:5 %		26.2799 %
RePP		U4.7:RL4.1			Global	0 ns:5 %	31.2799 %	26.2799 %
Net		⊟ LED3_LM2		All Drivers/All Receivers	Global	0 ns:5 %		22.4049 %
RePP		U5.7:RL8.1			Global	0 ns:5 %	27.4049 %	22.4049 %
Net		⊟ LED3_LM3		All Drivers/All Receivers	Global	0 ns:5 %		1.12501 %
RePP		U6.7:RL12.1			Global	0 ns:5 %	3.87499 %	1.12501 %
Net		⊟ LED3_LM4		All Drivers/All Receivers	Global	0 ns:5 %		
RePP		U7.7:RL16.1			Global	0 ns:5 %	TARGET	

(Tip)

Capture에서 Relative Propagation delay를 설정할 경우 해당 Net을 선택 후 우클릭 - Edit Properties를 클릭한다. 그리고 속성편집기의 Flat Net탭에서 Relative Propagation delay를 설정할 Net을 우클릭 - Invoke UI를 클릭하여 설정을 할 수 있다.

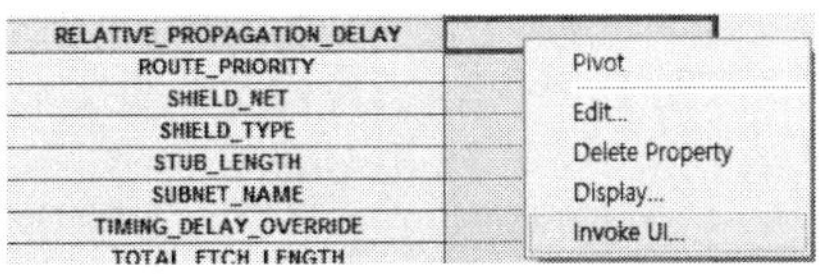

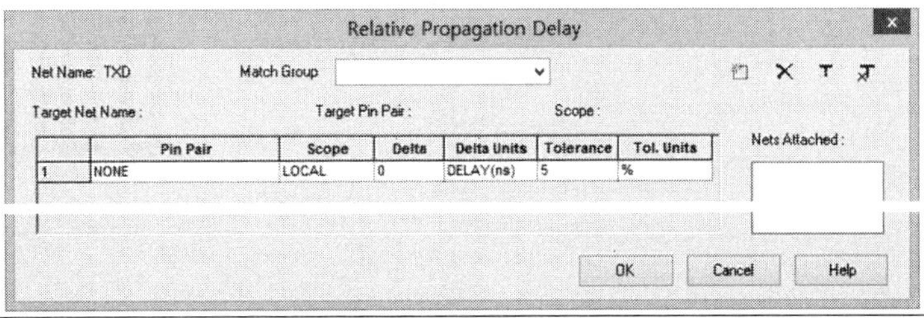

◆ Total Etch Length

Total Etch Length는 해당 Net의 전체 Length에 대한 설정을 할 수 있다.

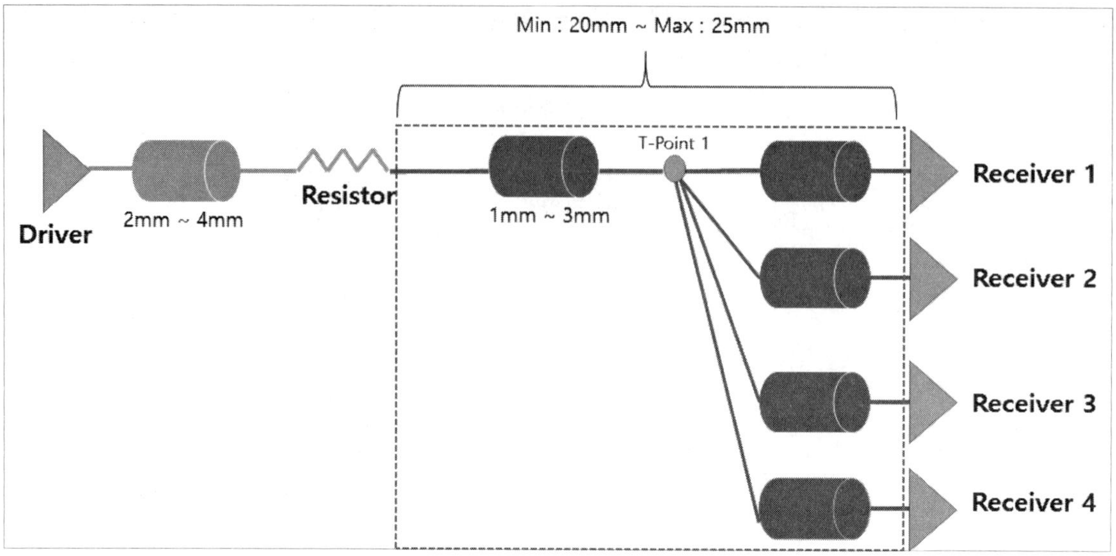

LED_CIR_H_P

Objects			Referenced Electrical CSet	Total Etch Length			Total Etch Length		
Type	S	Name		Min	Actual	Margin	Max	Actual	Margin
				mm	mm	mm	mm	mm	mm
*	*	*	*	*	*	*	*	*	*
Net		N04983_LM2							
Net		N04983_LM3		5.0000	5.0200	0.0200	7.0000	5.0200	1.9800
Net		N04983_LM4		4.0000	5.0200	1.0200	5.0000	5.0200	-0.0200
Net		N05023_LM1		3.0000	5.0200	2.0200	5.0000	5.0200	-0.0200
Net		N05023_LM2		7.0000	5.0200	-1.9800	8.0000	5.0200	2.9800
Net		N05023_LM3		8.0000	5.0200	-2.9800	9.0000	5.0200	3.9800
Net		N05023_LM4							
Net		N05047_LM1							

(Tip)

Analysis Modes 창에서 Total etch Length를 DRC Mode를 On으로 설정하였을 경우 PCB Editor창의 우측 하단에 상태바 창이 나타나며, 조건에 만족하면 초록색, 만족하지 않았을 경우는 빨간색으로 표시해준다.

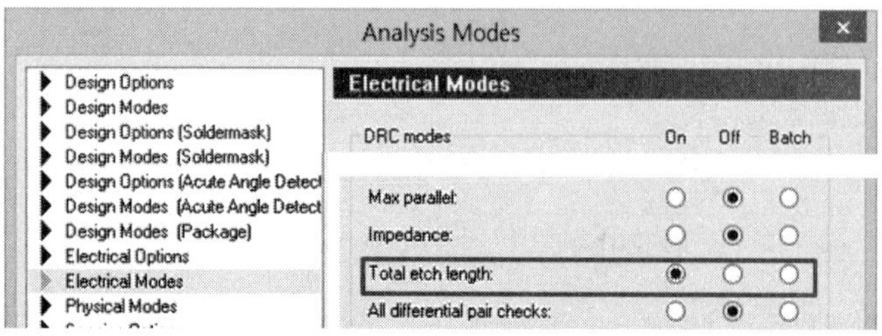

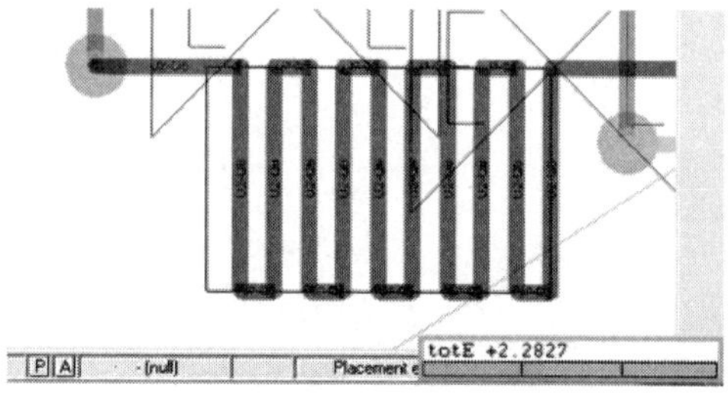

◆ Differential Pair

Differential pair는 차동증폭을 이용한 신호의 외란을 줄이기 위한 방법으로 한쌍의 신호로 전달되는 방식이며, Phase, Un-coupled length, Tolerance, Gap 등에 대한 설정을 한다.

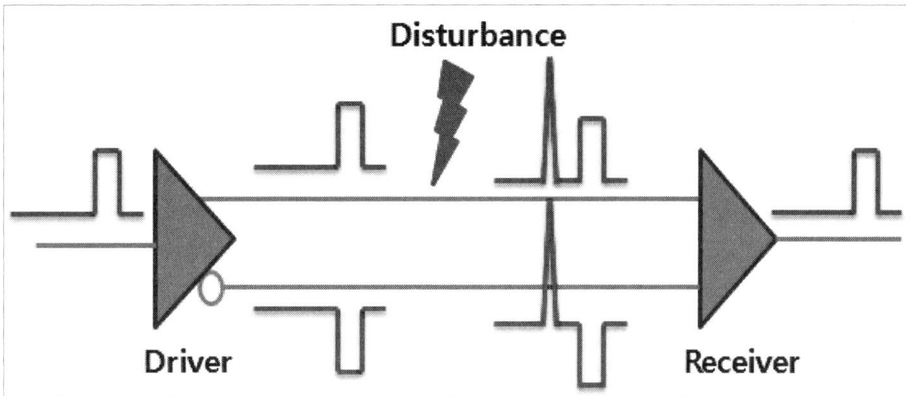

■ Minimum Line Spacing, Primary Gap

Differential pair은 한쌍으로 배선되기 때문에 두 Trace에 대한 이격거리에 대한 설정이며, Minimum Line Spacing은 두 배선의 최소 이격거리를 의미하고, Primary Gap은 한쌍의 Trace에 대한 기본 이격거리를 의미한다.

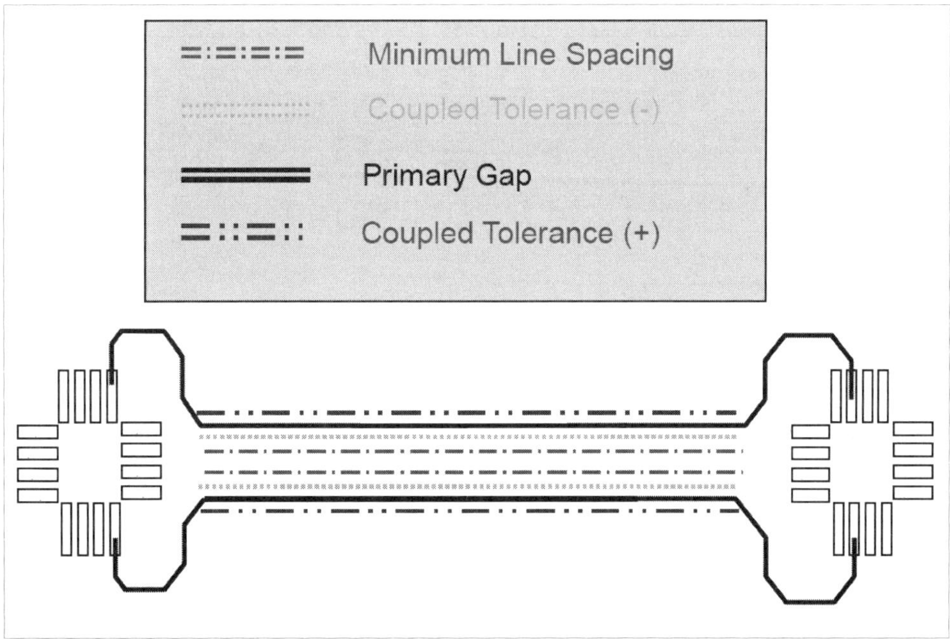

LED_CIR_H_P

Objects			Coupling Parameters					
			Prim. Gap	Prim. Width	Neck Gap	Neck Width	(+)Tol.	(-)Tol.
Type	S	Name	mm	mm	mm	mm	mm	mm
*	*	*	*	*	*	*	*	*
DPr		⊟ DP1	0.0000	0.1270	0.0000	0.1270	0.0000	0.0000
Net		D_N	0.0000	0.1270	0.0000	0.1270	0.0000	0.0000
Net		D_P	0.0000	0.1270	0.0000	0.1270	0.0000	0.0000
DPr		⊟ DP2	0.3000	0.1270	0.0000	0.1270	0.1000	0.0000
Net		⊟ INT0	0.3000	0.1270	0.0000	0.1270	0.1000	0.0000
RePP		U1.32:SW2.3						
Net		⊟ INT1	0.3000	0.1270	0.0000	0.1270	0.1000	0.0000

■ **Uncoupled Length**

아래 이미지는 Uncoupled Length를 의미하며, Primary Gap과 일치하지 않는 구간의 길이를 의미한다. 또한 Coupled Tolerance 설정 값에 따라 Uncoupled Length의 Error를 피할 수 있다.

■ **Gather Control**

아래 이미지에 표시된 부분이 Gather point이다. 저 구간을 Uncoupled Length에 포함(Include) 또는 미포함(Ignore) 설정할 수 있다.

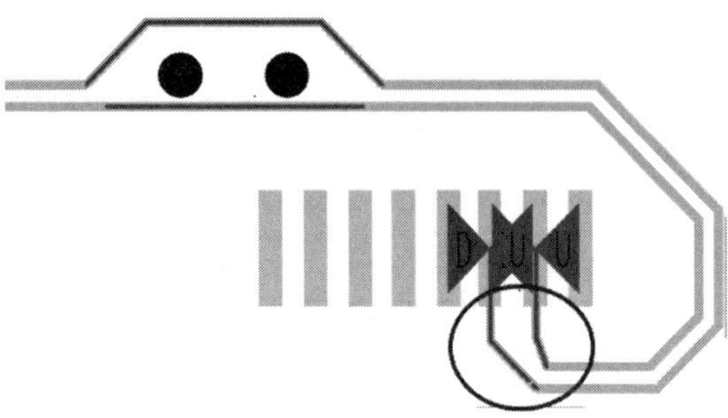

Uncoupled Length

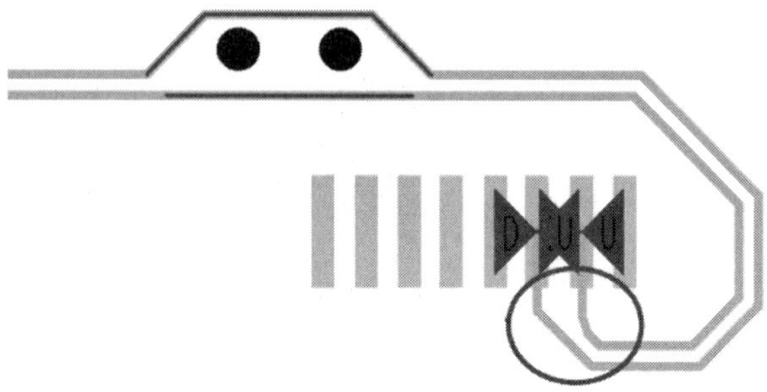

Gather Control

LED_CIR_H_P

Objects			Referenced Electrical CSet	Uncoupled Length				
				Gather Control	Length Ignore	Max	Actual	Margin
Type	S	Name			mm	mm	mm	mm
*	*	*	*	*	*	*	*	*
DPr		⊟ DP2		Include		5.0000		-25.2737
Net		⊟ INT0	45OHM	Include		5.0000		-20.1725
RePP		U1.32:SW2.3		Include	0.0000	5.0000	25.1725	-20.1725
Net		⊟ INT1		Include		5.0000		-25.2737
RePP		U1.1:SW3.3		Include	0.0000	5.0000	30.2737	-25.2737

■ **Static Phase Tolerance**

아래 이미지에 표시된 부분이 Gather point이다. 저 구간을 Uncoupled Length에 포함(Include) 또는 미포함(Ignore) 설정 할 수 있다.

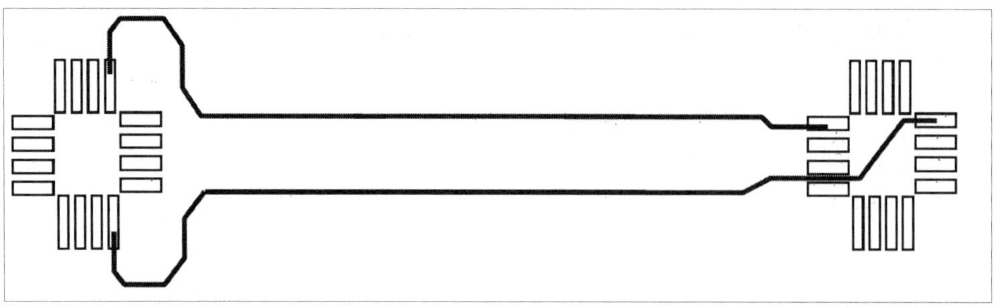

LED_CIR_H_P

Objects			Static Phase		
			Tolerance	Actual	Margin
Type	S	Name	mm		
*	*	*	*	*	*
DPr		⊟ DP2	3 mm		-2.1012 m
Net		⊟ INT0	3 mm		-2.1012 m
RePP		U1.32:SW2.3	3 mm	5.1012 m	-2.1012 m
Net		⊟ INT1	3 mm		-2.1012 m
RePP		U1.1:SW3.3	3 mm	5.1012 m	-2.1012 m

[Lab 9-1] Electrical Rules

- **Wiring**

1. 메뉴 Setup – Constraints 클릭
2. Worksheet Selector의 Electrical – Electrical Constraint Set – Routing – Wiring 클릭
3. Dsn을 우클릭 – Create – Electrical CSet 클릭
4. Far_end_cluster 입력 후 OK 클릭

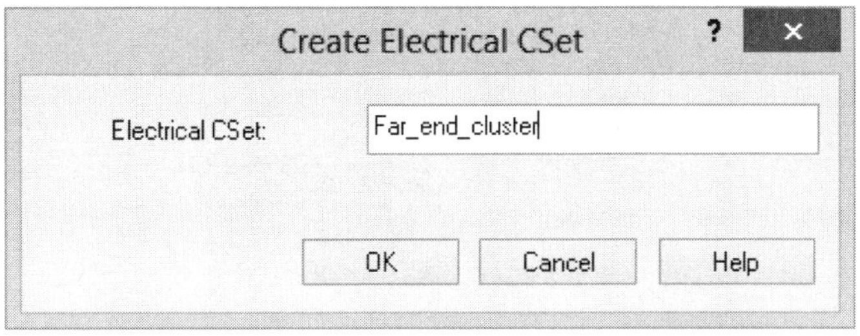

5. 생성된 ECS에서 Verify Schedule : **Yes**, Schedule : **FAR_END_CLUSTER**로 설정

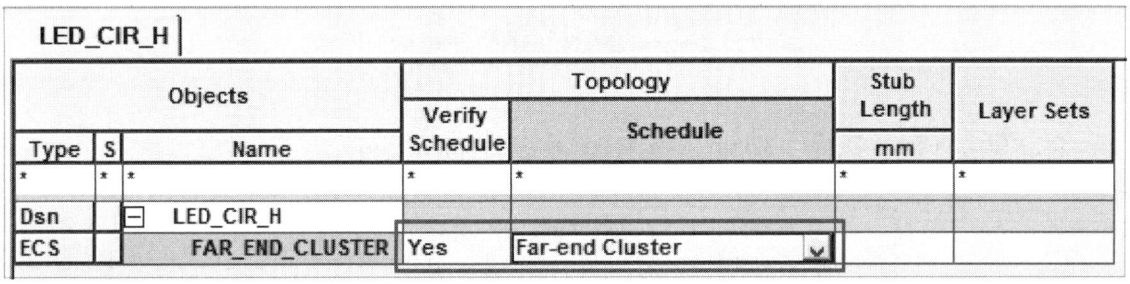

6. Worksheet Selector의 Electrical – Electrical Constraint Set – Net – Routing - Wiring 클릭
7. CRCLK Net의 Referenced Electrical CSet 항목에서 **FAR_END_CLUSTER** 선택

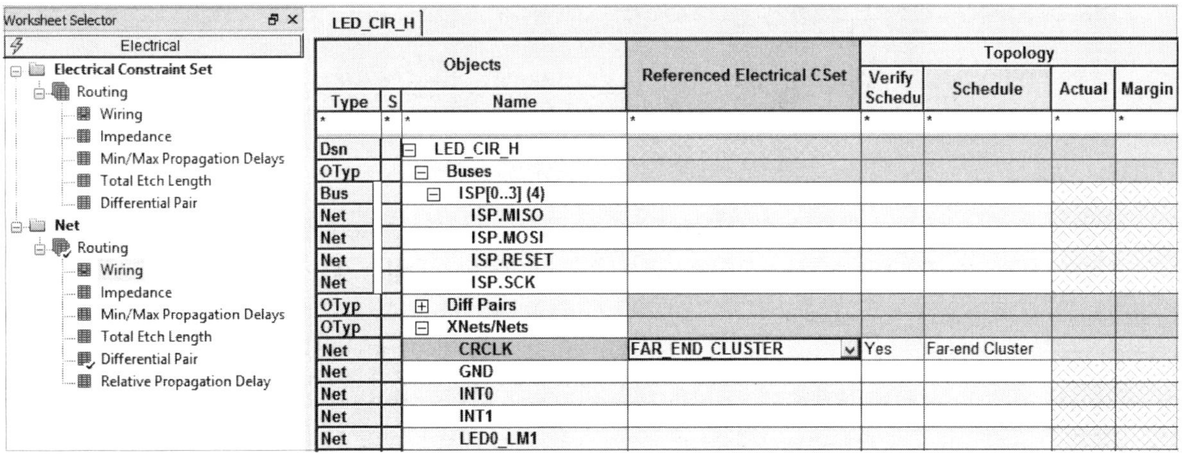

■ **Min/Max Propagation Delays**

1. Worksheet Selector에서 Electrical – Electrical Constraint Set – Net – Routing – Min/Max Propagation Delays 클릭
2. CRCLK Net을 우클릭 – Create – Pin Pair 클릭
3. First Pins : **U1.27** 클릭
4. Second Pins : **U4.11, U5.11, U6.11, U7.11** 클릭 후 OK 클릭

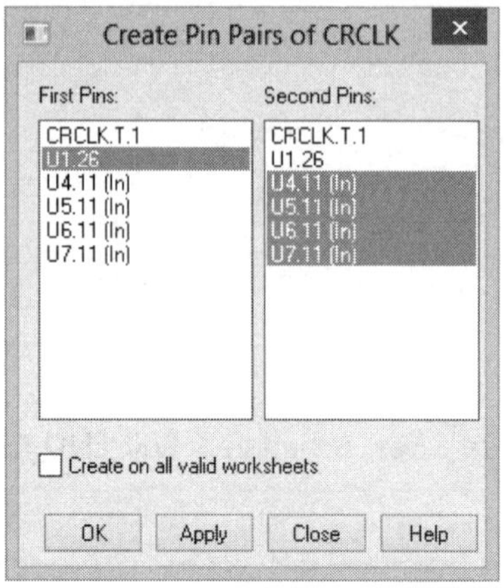

5. CRCLK의 Min Prop Delay : **32mm**, Max Prop Delay : **40mm** 입력

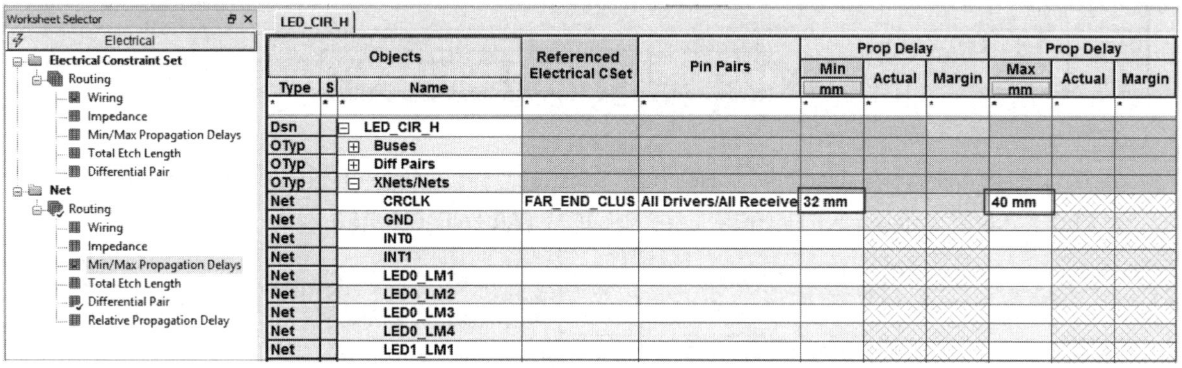

■ **Total Etch Length**

1. Worksheet Selector의 Electrical - Electrical Constraint Set - Net - Routing - Total Etch Length 클릭
2. CRCLK의 Min Total Etch Length : **80mm**, Max Total Etch Length : **90mm** 입력

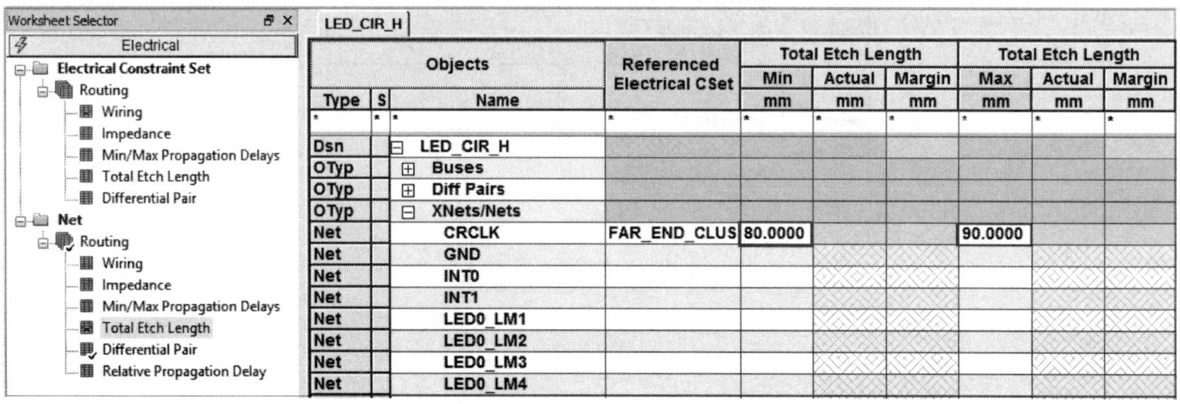

■ **Differential Pair**

1. Worksheet Selector의 Electrical – Electrical Constraint Set – Routing - Differential Pair 클릭
2. Dsn 우클릭 – Create – Electrical Cset 클릭
3. Diff 입력 후 OK 클릭

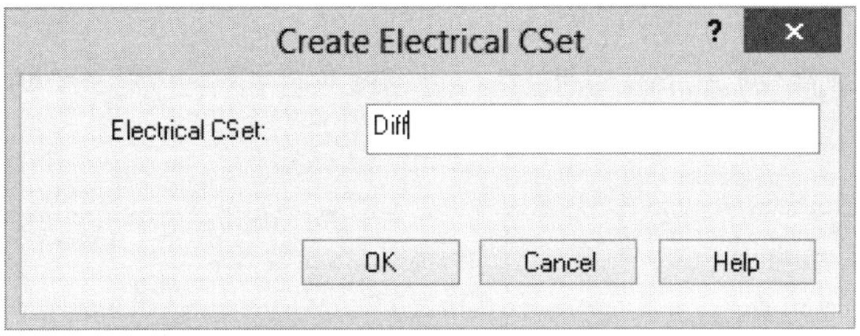

4. 생성된 ECS에서 아래와 같이 입력
 - Uncoupled Length : **Ignore**
 - Max Uncoupled Length : **5 mm**
 - Static Phase Tolerance : **3 mm**
 - Min Line Spacing : **0.2 mm**
 - Primary Gap : **2 mm**
 - Primary Width : **0.35 mm**
 - (+) Tolerance : **0.1 mm**
 - (-) Tolerance : **0.1 mm**

LED_CIR_H

Objects			Uncoupled Length		Static Phase Tolerance	Min Line Spacing	Coupling Parameters					
			Gather Control	Max			Primary Gap	Primary Width	Neck Gap	Neck Widt	(+)Tolerance	(-)Tolerance
Type	S	Name		mm	mm	mm	mm	mm	mm	mm	mm	mm
*	*	*	*	*	*	*	*	*	*	*	*	*
Dsn		⊟ LED_CIR_H				0.0000	0.0000	0.3000	0.0000	0.1270	0.0000	0.0000
ECS		DIFF	Ignore	5.0000	3 mm	0.2000	0.2000	0.3500			0.1000	0.1000
ECS		FAR_END_CLUSTER										

5. Worksheet Selector의 Electrical – Electrical Constraint Set – Net – Routing – Differential Pair 클릭
6. DP1의 Referenced Electrical CSet 항목에서 DIFF 선택

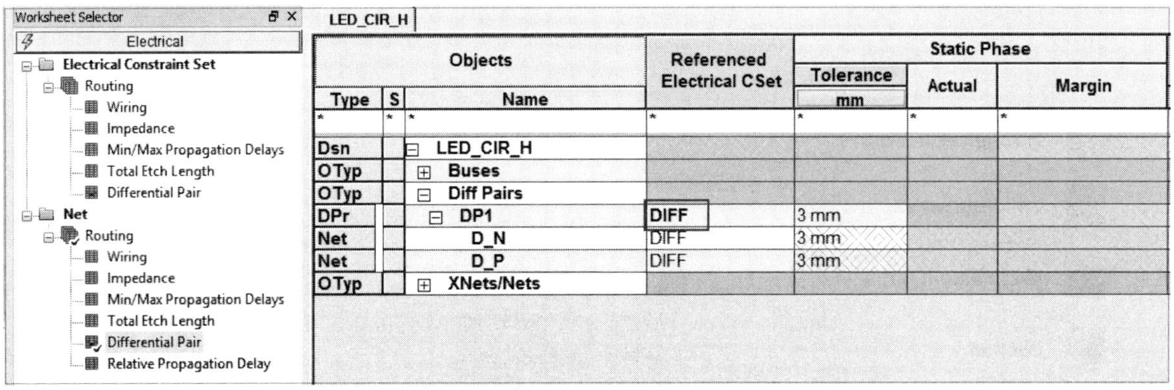

9-2 : Physical Rules

Physical Rules에는 Line width와 사용 Via 목록 설정 등을 할 수 있다. 또한 Region rule이 포함되어 지정한 영역 기준으로 Rule을 우선 적용받도록 설정이 가능하다.

◆ Line Width

Line의 최소(Min), 최대(Max) Width를 설정한다. 또한 실제 배선 시에는 자동으로 Min Line Width로 선폭이 적용된다.

LED_CIR_H_P

Objects			Referenced Physical CSet	Line Width	
				Min	Max
Type	S	Name		mm	mm
*	*	*	*	*	*
Dsn		⊟ LED_CIR_H_P	DEFAULT	0.1270	0.0000
PCS		⊟ DEFAULT		0.1270	0.0000
LTyp		⊟ Conductor		0.1270	0.0000
Lyr	1	TOP		0.1270	0.0000
Lyr	4	BOTTOM		0.1270	0.0000
LTyp		⊟ Plane		0.1270	0.0000
Lyr	2	LAYER_1		0.1270	0.0000
Lyr	3	LAYER_2		0.1270	0.0000

◆ Vias

사용할 Via의 목록을 지정한다.
(새로운 Via를 생성하기 위해서는 Chapter 8.1 Padstack Designer – Pin & Via를 참조한다.)

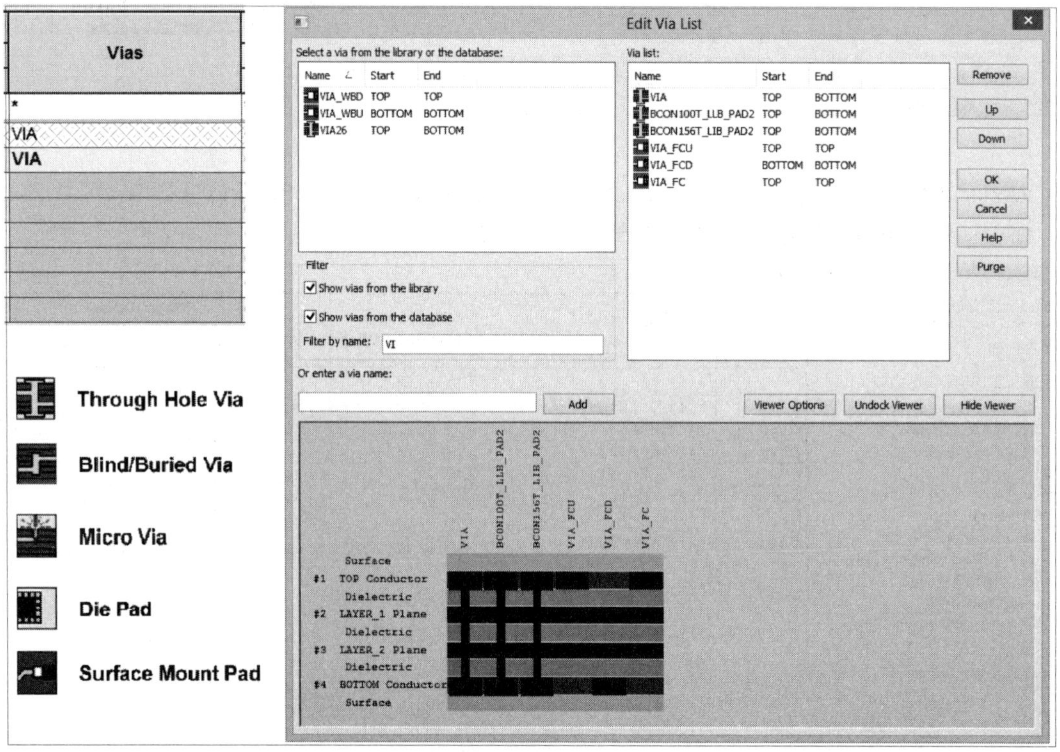

◆ **Region**

Region Rule이 적용되어있다면 해당 Region 영역에 진입하는 Line(Trace)들은 별도의 Rules을 적용 받는다.

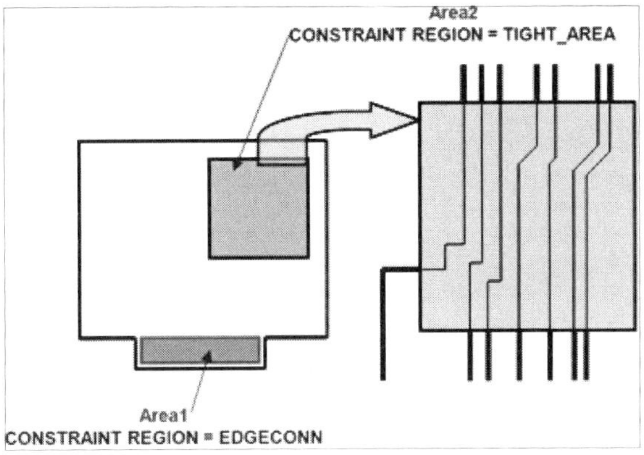

[Lab 9-2] Physical Rules

1. Worksheet Selector의 Physical – Physical Constraint Set 클릭
2. Default PCS의 Min Line Width를 0.3 으로 설정
3. Dsn을 우클릭 – Create – Physical CSet 클릭
4. Power 입력 후 OK 클릭
5. 생성된 PCS의 Min Line Width를 0.4 로 설정

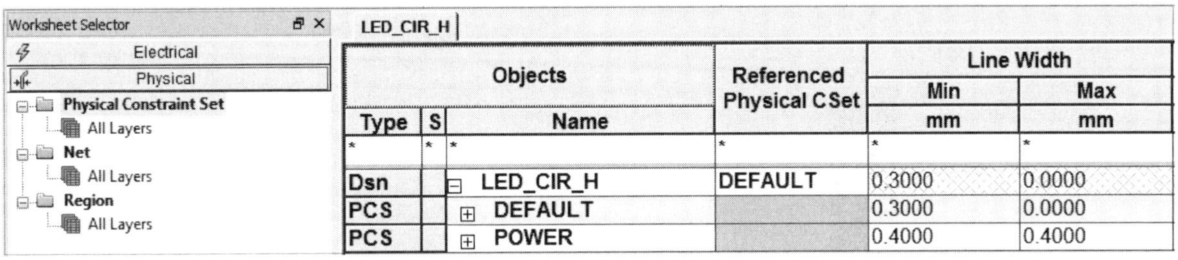

Objects		Referenced Physical CSet	Line Width	
Type	S Name		Min (mm)	Max (mm)
*	* *	*	*	*
Dsn	⊟ LED_CIR_H	DEFAULT	0.3000	0.0000
PCS	⊞ DEFAULT		0.3000	0.0000
PCS	⊞ POWER		0.4000	0.4000

6. 생성된 PCS의 Vias 항목을 클릭

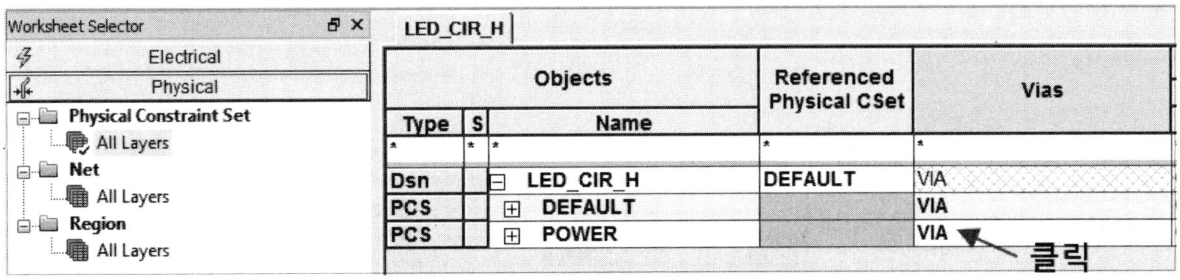

Objects		Referenced Physical CSet	Vias
Type	S Name		
*	* *	*	*
Dsn	⊟ LED_CIR_H	DEFAULT	VIA
PCS	⊞ DEFAULT		VIA
PCS	⊞ POWER		VIA

7. Filter by name에 VIA를 기입
8. 좌측의 Via 목록 중에 VIA_POWER를 더블클릭
9. 우측의 Via 목록 중에 VIA를 더블클릭 후 OK 클릭

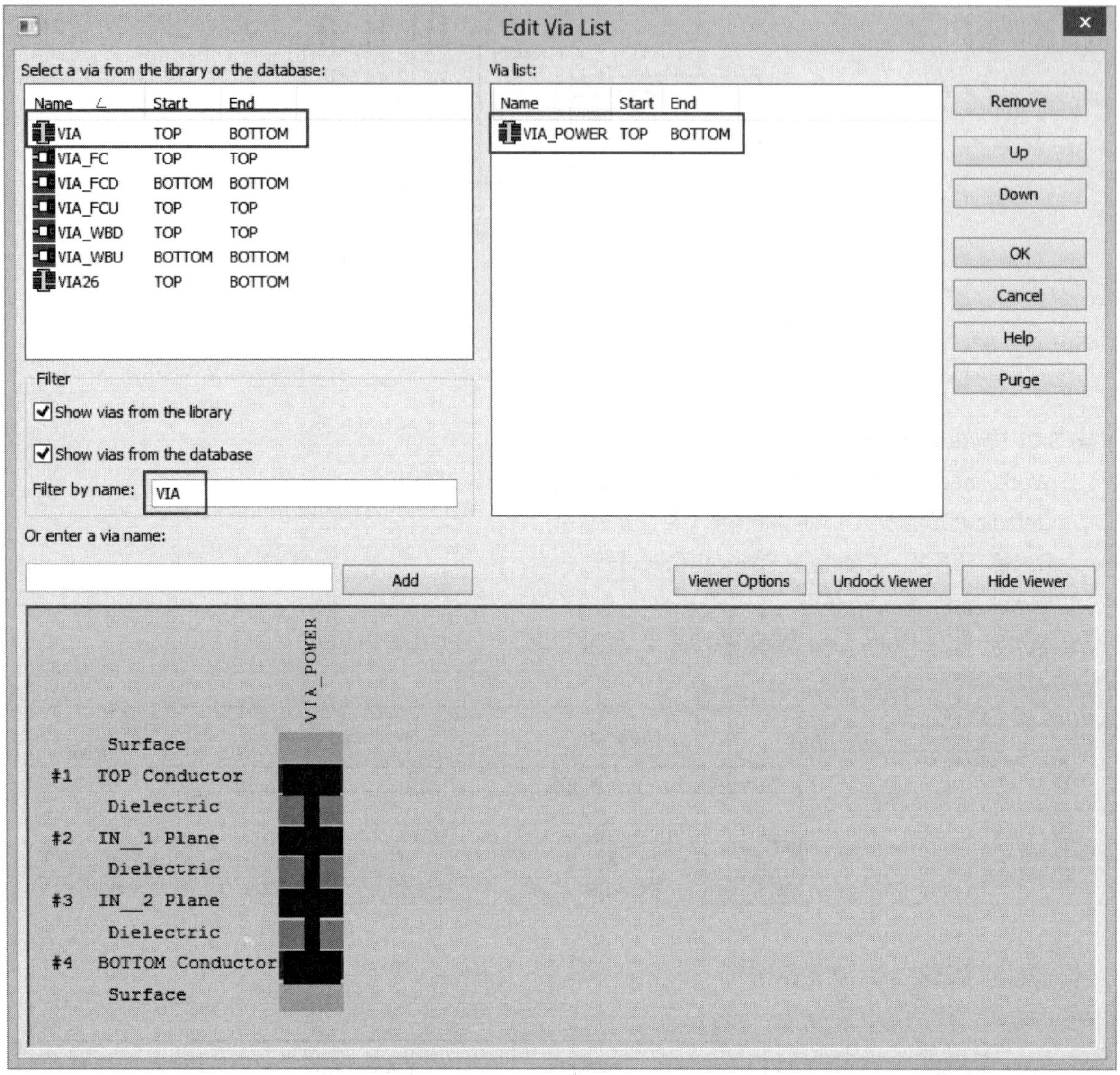

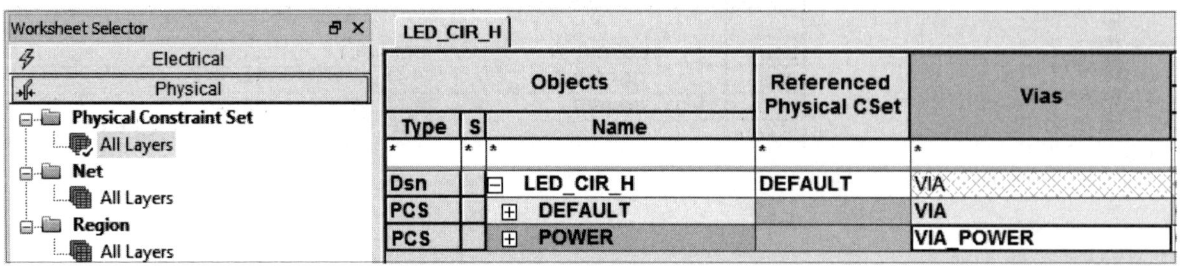

10. Worksheet Selector의 Physical – Net 클릭
11. Power_PH NCls의 Referenced Physical CSet 항목에서 Power 선택

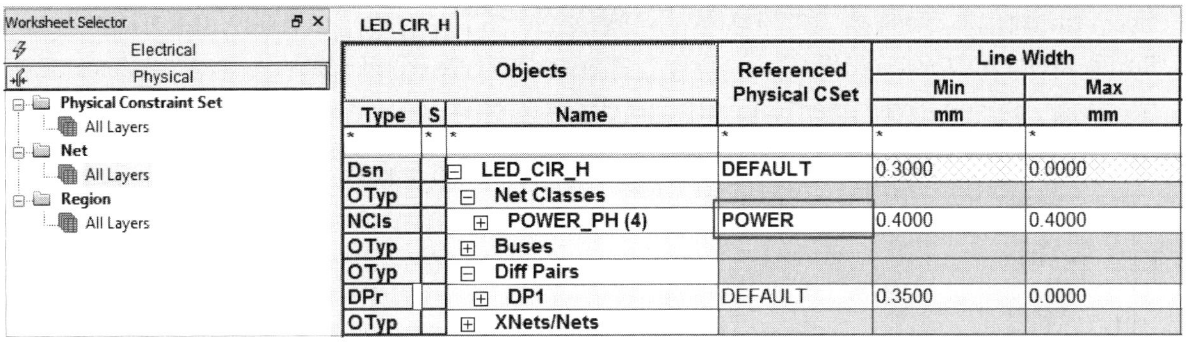

12. Worksheet Selector의 Physical – Region 클릭
13. Dsn 우클릭 – Create – Region 클릭
14. SMD 입력 후 OK 클릭

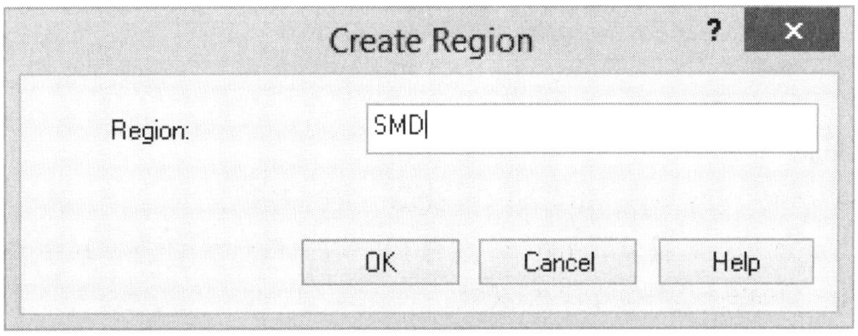

15. 생성된 Rgn의 Min Line Width를 0.2 mm로 설정

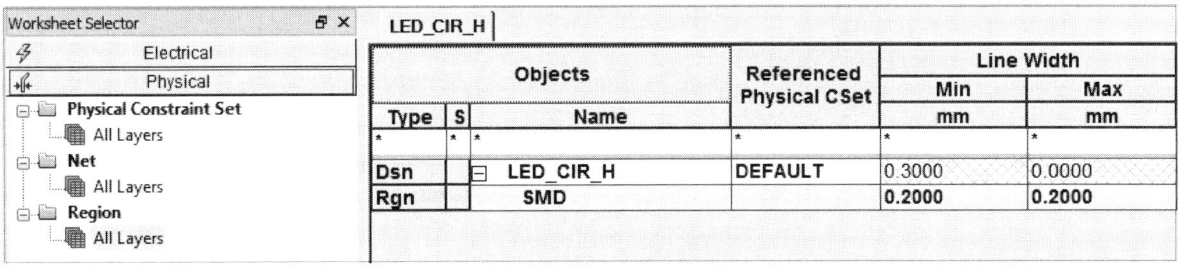

9-3 : Spacing Rules

Spacing Rules에서는 PCB Editor의 각 Element간의 Spacing Rule을 설정한다. 만약 Line To 항목 아래의 Line은 Line(배선)과 Line(배선) 사이 간격(Line to Line)을 의미한다. 또한 Physical Rules와 마찬가지로 Region Rule을 지원하며, Class로 설정된 Class Group 간의 Spacing, 각 Layer간의 Spacing을 검증하는 Inter Layer Spacing을 지원한다. (Inter Layer Spacing에 대해서는 부록 A. Rigid-Flex Design에서 다루도록 한다.)

LED_CIR_H_P

Objects			Referenced Spacing CSet	Line To <<										
				All	Line	Thru Pin	SMD Pin	Test Pin	Thru Via	BB Via	Test Via	Shape	Bond Finger	Hole
Type	S	Name		mm	mm	mm	mm	mm	mm	mm	mm	mm	mm	mm
*	*	*	*	*	*	*	*	*	*	*	*	*	*	*
Dsn		⊟ LED_CIR_H_P	DEFAULT	***	0.1270	0.1270	0.1270	0.1270	0.1270	0.1270	0.1270	0.1270	0.1270	0.2032
OTyp		⊞ Net Classes												
OTyp		⊟ Buses												
Bus		⊟ ISP[0..3] (4)	DEFAULT	***	0.1270	0.1270	0.1270	0.1270	0.1270	0.1270	0.1270	0.1270	0.1270	0.2032
Net		ISP.MISO	DEFAULT	***	0.1270	0.1270	0.1270	0.1270	0.1270	0.1270	0.1270	0.1270	0.1270	0.2032
Net		ISP.MOSI	DEFAULT	***	0.1270	0.1270	0.1270	0.1270	0.1270	0.1270	0.1270	0.1270	0.1270	0.2032
Net		ISP.RESET	DEFAULT	***	0.1270	0.1270	0.1270	0.1270	0.1270	0.1270	0.1270	0.1270	0.1270	0.2032
Net		ISP.SCK	DEFAULT	***	0.1270	0.1270	0.1270	0.1270	0.1270	0.1270	0.1270	0.1270	0.1270	0.2032
OTyp		⊟ Diff Pairs												
DPr		⊟ DP1	DEFAULT	***	0.1270	0.1270	0.1270	0.1270	0.1270	0.1270	0.1270	0.1270	0.1270	0.2032
Net		D_N	DEFAULT	***	0.1270	0.1270	0.1270	0.1270	0.1270	0.1270	0.1270	0.1270	0.1270	0.2032
Net		D_P	DEFAULT	***	0.1270	0.1270	0.1270	0.1270	0.1270	0.1270	0.1270	0.1270	0.1270	0.2032
DPr		⊟ DP2	DEFAULT	***	0.1270	0.1270	0.1270	0.1270	0.1270	0.1270	0.1270	0.1270	0.1270	0.2032
Net		INT0	DEFAULT	***	0.1270	0.1270	0.1270	0.1270	0.1270	0.1270	0.1270	0.1270	0.1270	0.2032
Net		INT1	DEFAULT	***	0.1270	0.1270	0.1270	0.1270	0.1270	0.1270	0.1270	0.1270	0.1270	0.2032
OTyp		⊟ XNets/Nets												
Net		GND	DEFAULT	***	0.1270	0.1270	0.1270	0.1270	0.1270	0.1270	0.1270	0.1270	0.1270	0.2032
Net		LED0_LM1	DEFAULT	***	0.1270	0.1270	0.1270	0.1270	0.1270	0.1270	0.1270	0.1270	0.1270	0.2032

[Lab 9-3] Spacing Rules

1. Worksheet Selector의 Spacing – Spacing Constraint Set 클릭
2. Default SCS의 Line to >> 를 0.35 mm 로 설정 (단, SMD PIN to >>는 0.14로 설정)
3. Dsn을 우클릭 – Create – Spacing CSet 클릭
4. Power 입력 후 OK 클릭

5. 생성된 SCS의 Line to All를 0.4 mm로 설정

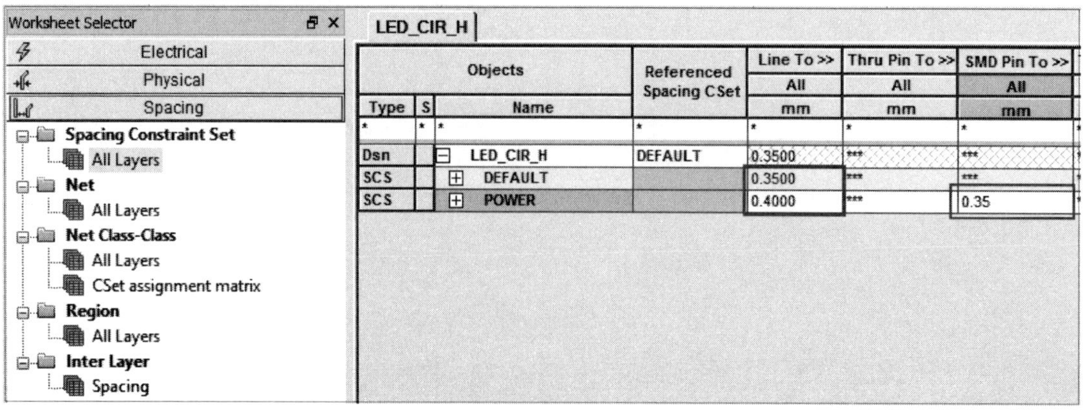

6. Worksheet Selector의 Physical – Net 클릭
7. GND , VCC net의 Referenced Spacing CSet에서 Power 선택

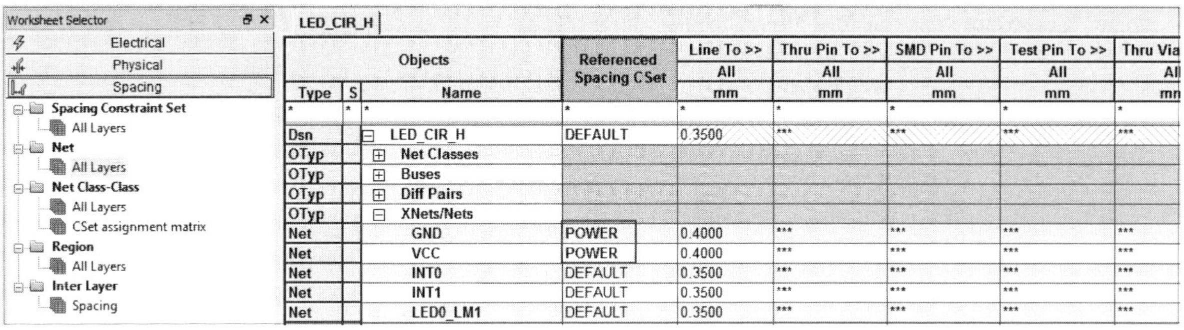

8. Worksheet Selector의 Spacing – Region 클릭
9. SMD SCS의 Line to >> 를 0.2 mm로 설정

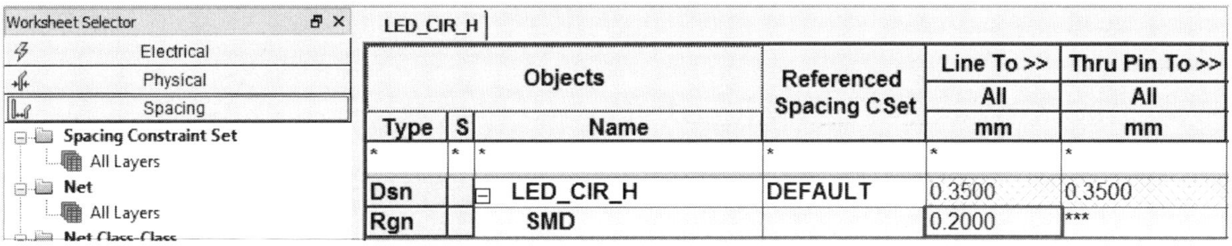

9-4 : Same Net Spacing Rules

Same Net Spacing Rules에서는 동일 Net 간의 Spacing Rule을 설정한다. 설정 방법은 9-3의 Spacing Rules와 동일하다.

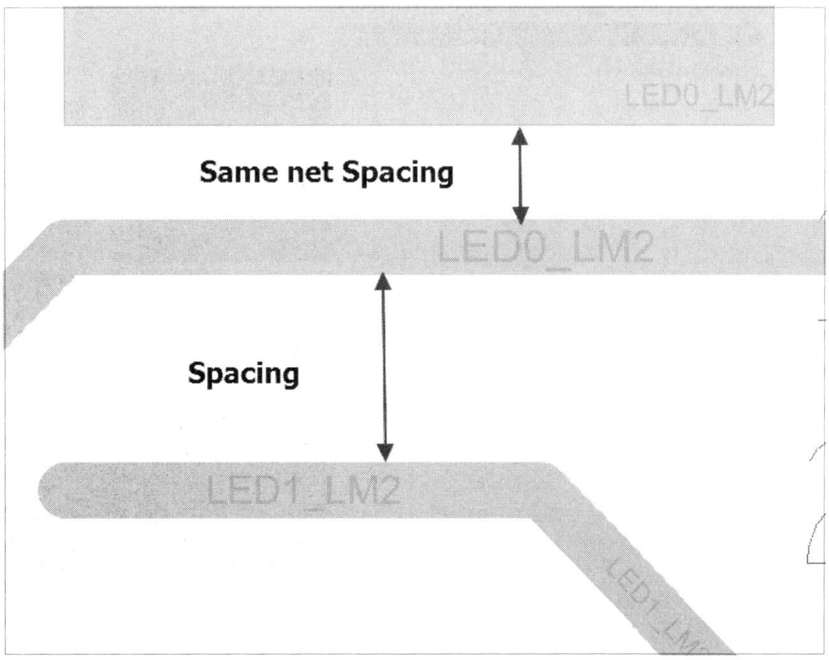

9-5 : Constraint(Analysis) Modes

Constraint(Analysis) Modes에서는 Constraint Manager의 항목에 대한 검증 유무를 On/Off 설정 할 수 있다. 따라서 Constraint Manager에서 Rules 기입을 한 후 해당하는 Modes를 On해야 DRC 검증에 적용된다.

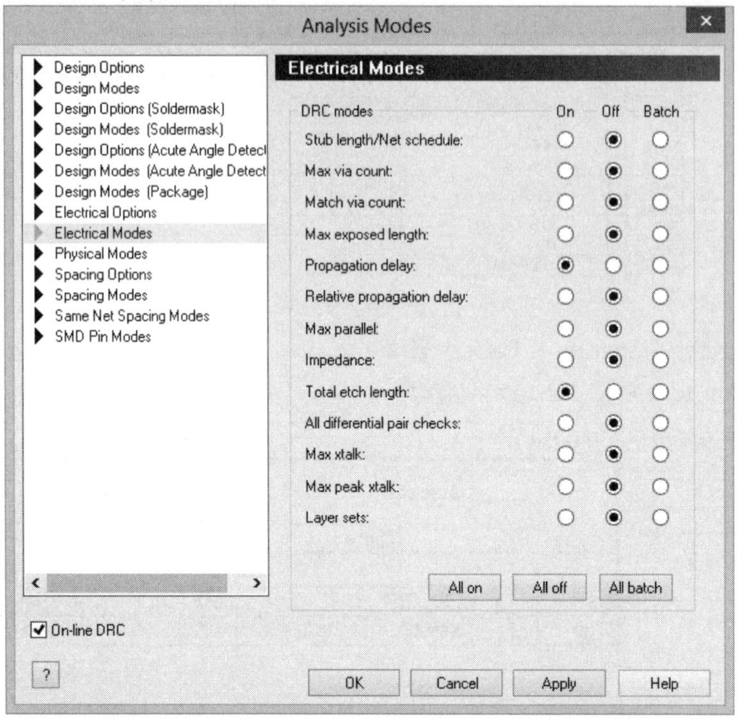

또한 Acid trap 등을 고려한 Acute Angle Detection 설정이 가능하다.

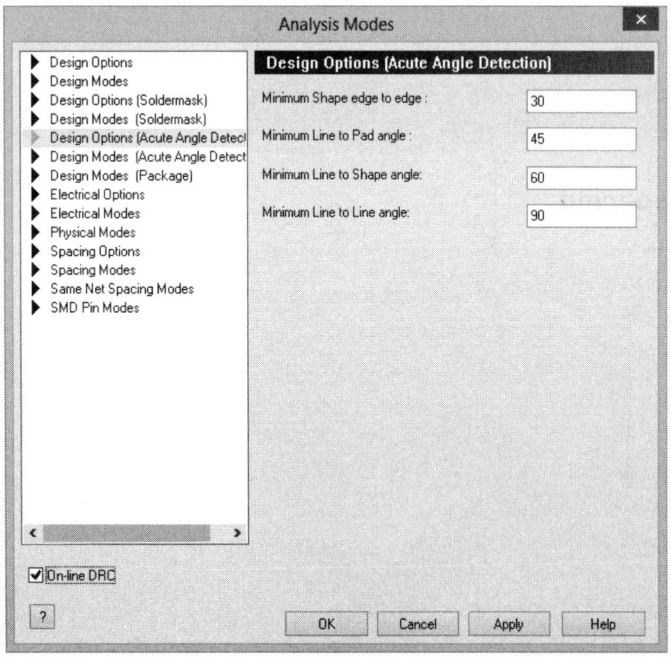

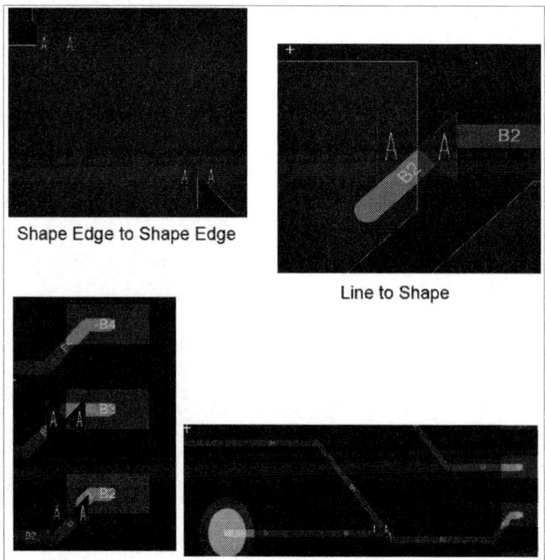

Shape Edge to Shape Edge

Line to Shape

Line to Pad

Line to Line

[Lab 9-5] Constraint (Analysis) Modes

1. 메뉴 Setup – Constraint Modes 클릭
   (또는 Constraint Manager의 메뉴 Analyze – Analysis Mode 클릭)
2. 좌측의 Electrical Modes 클릭
3. Propagation delay, Total etch length, All differential pair checks 항목에 On 선택

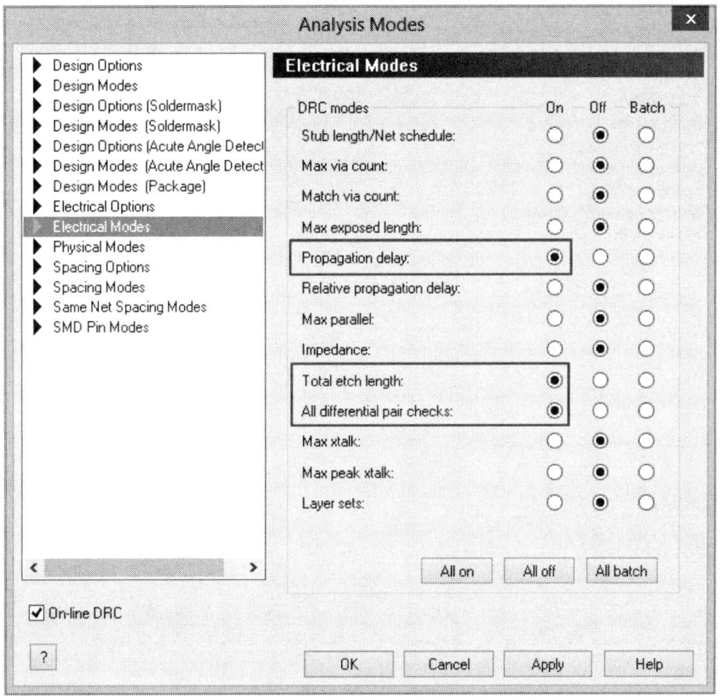

4. 좌측의 Design Options (Acute Angle Detection) 클릭
5. 아래와 같이 입력

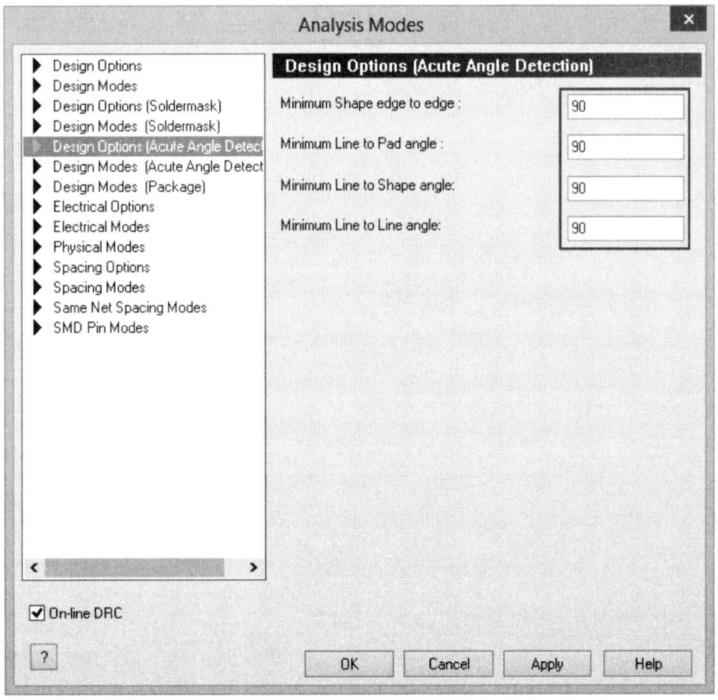

5. 좌측의 Design Modes (Acute Angle Detection) 클릭
6. 모든 항목에 On 선택 후 OK 클릭

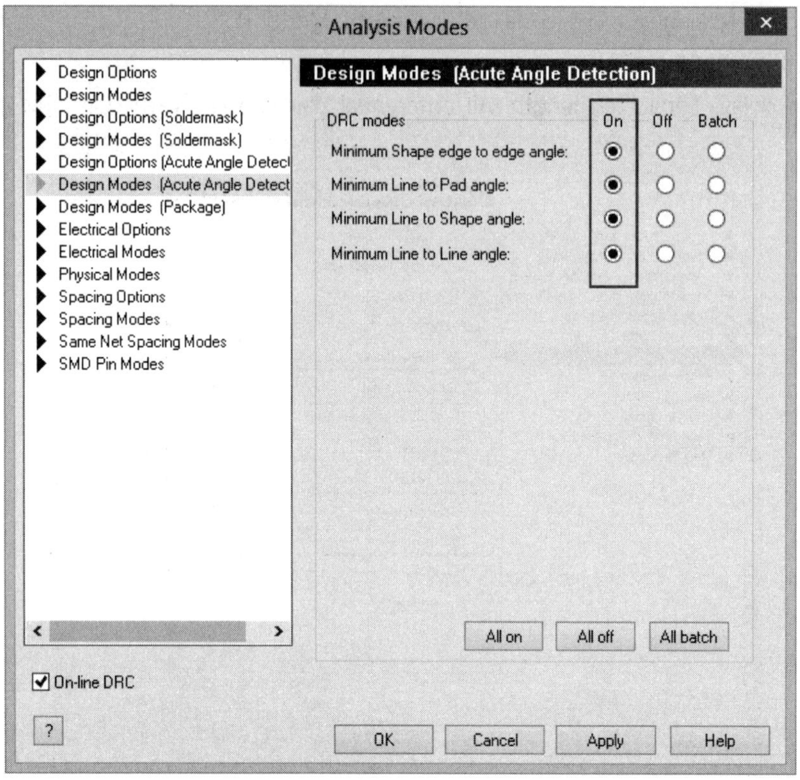

Chapter 10 부품 배치

10-1 : Manually place

부품들을 Manually(수동) 배치하는 기능이다. 사용할 부품들의 저장경로가 반드시 padpath/psmpath에 설정되어 있어야 한다. (Chapter 7-1. OrCAD PCB Editor의 환경 설정 참조) 또한 모든 부품들은 Package Keep In 영역 안에 배치되어야 하며, 배치 중에 Rotate (회전), Mirror (배치면 전환) 등의 작업을 할 수 있다.

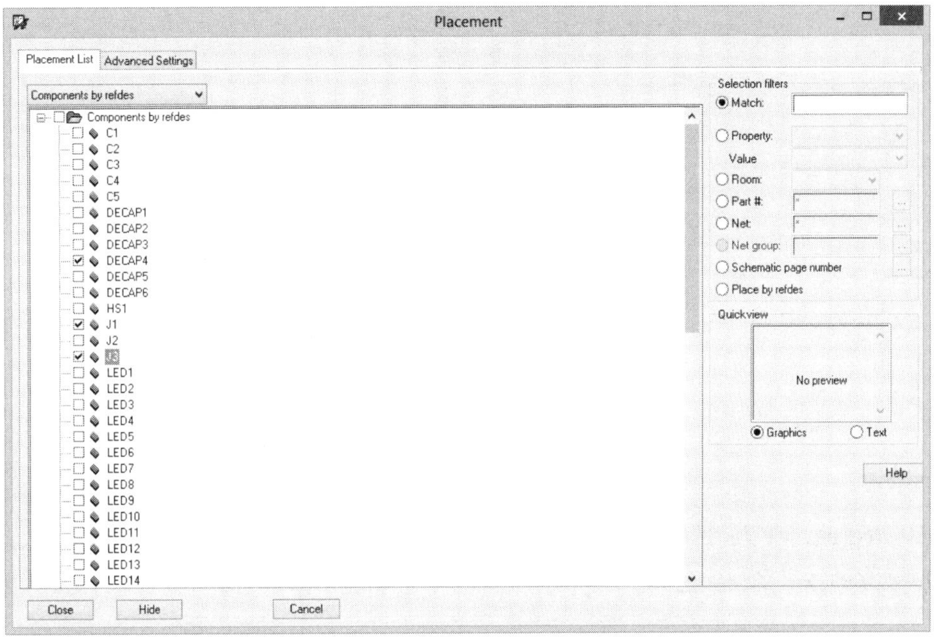

[Lab 10-1] Manually place

1. 메뉴 Place – Components Manually 클릭
2. Placement List 탭에서 Components by refdes – J3 에 체크

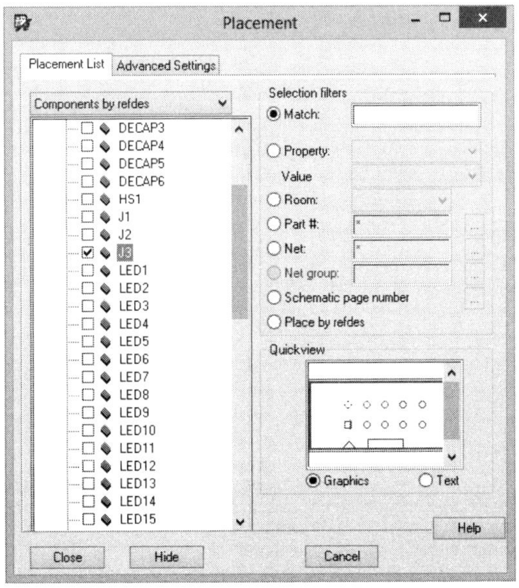

3. 마우스 우클릭 – Rotate 클릭
4. 270 ° 회전
5. Command window에 아래와 같이 입력하여 배치
   x 8 20 Enter↵

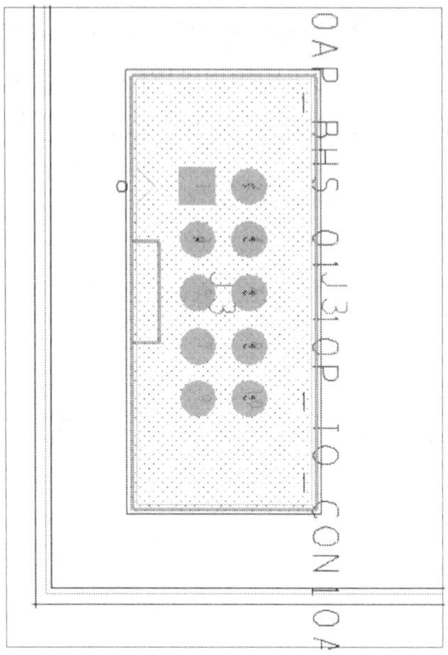

6. 2~5 과정을 이용하여 아래와 같이 배치

J1 : 180 degrees, x 75 10 Enter↵
J2 : 0 degrees, x 7 35 Enter↵

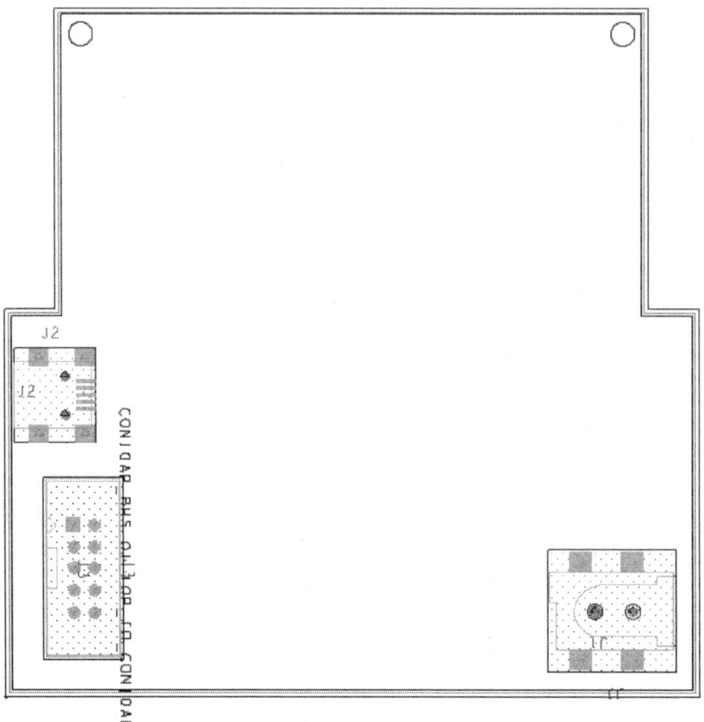

10-2 : Room outline

Room 속성이 기입된 부품들을 원하는 영역에 배치하고자 할 때, Room outline을 생성한다.

[Lab 10-2] Room outline

1. 메뉴 Outline – Room 클릭
2. Room Name의 Name : POWER 선택
3. ROOM_TYPE Properties의 Room : Soft로 선택

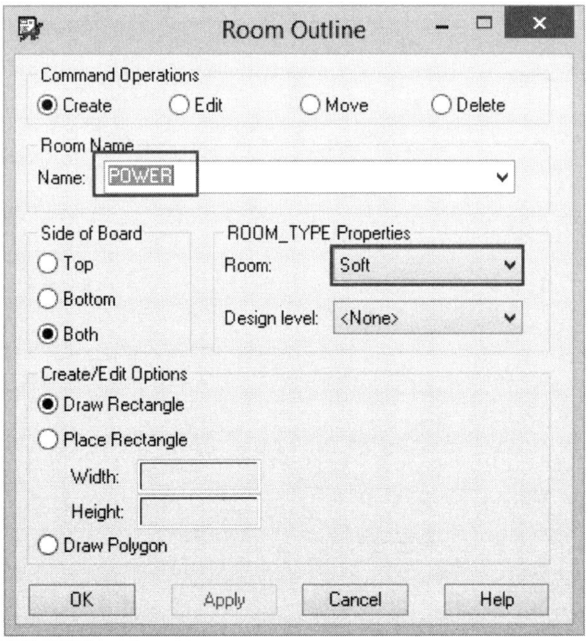

4. Command window에 아래와 같이 기입
   x 58 42 Enter↵
   x 82 1 Enter↵

5. Room Name의 Name : SWITCH 선택
6. Command window에 아래와 같이 기입 후 OK 클릭
   x 22 18 Enter↵
   x 50 1 Enter↵

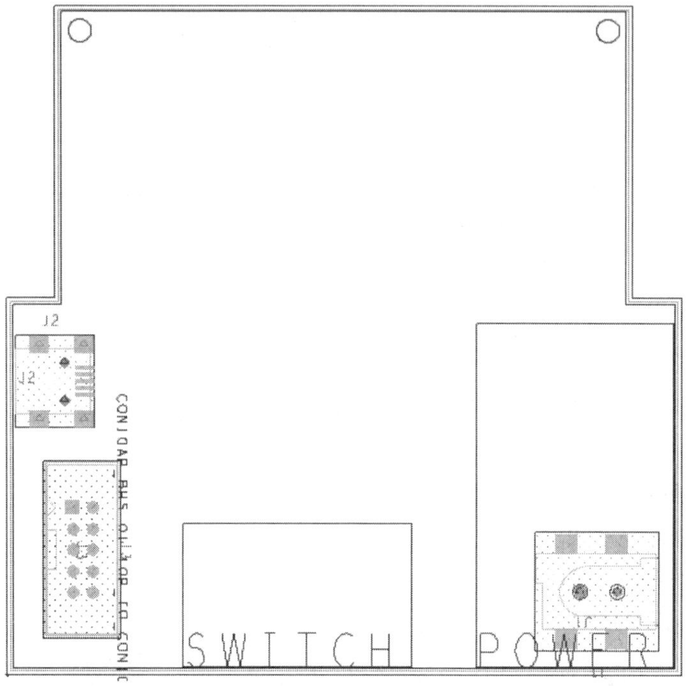

10-3 : Quick place

지정한 조건에 해당하는 부품들을 일괄적으로 배치한다. 지정 가능한 조건에는 각 Property/value, Room, Part number, Net name, Group name, Schematic Phase number, All components, Reference이다. Room을 적용하기 위해서는 회로도 작업에서 해당하는 Symbol에 Room 속성이 지정되어 있어야 한다.

또한 Outline의 Edge 기준으로 Top/Bottom/Left/Right 에 배치 영역을 지정할 수 있고, 배치 면(Top/Bottom)을 설정 할 수 있다.

※ 라이브러리 (padpath/psmpath)가 지정되지 않았거나, OrCAD Capture에서의 Pin number와 Package Symbol의 Pin number가 Matching 되지 않는다면 배치가 정상적으로 되지 않는 원인이 된다.

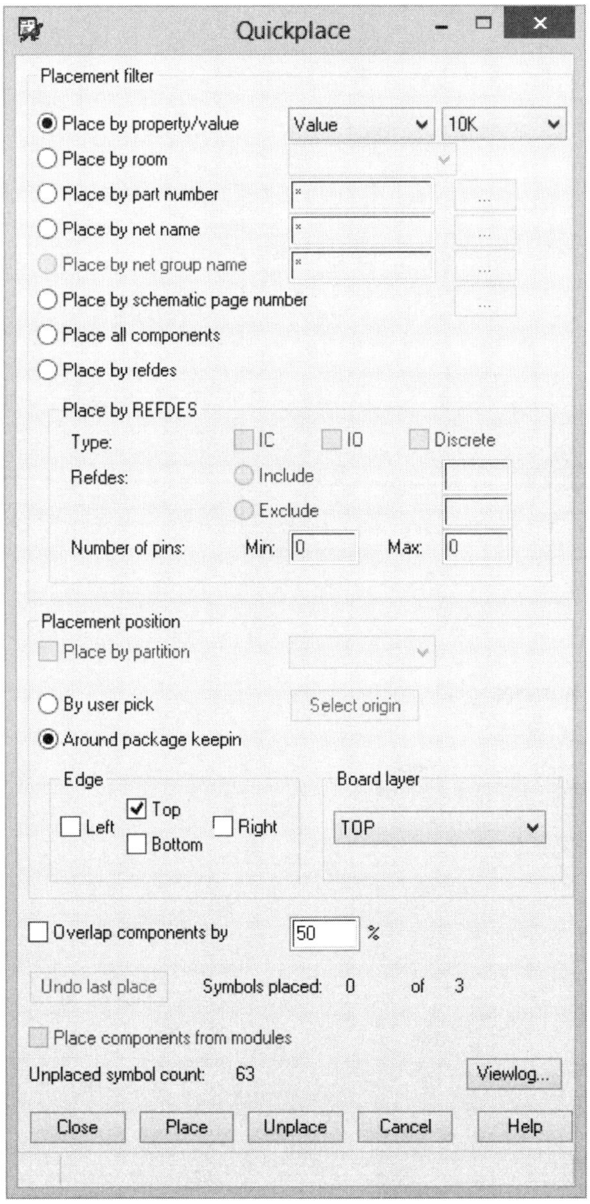

Place by property/value :
　　Symbol의 Property 및 Value 별로 배치
Place by room :
　　Room 별로 배치
Place by part number ;
　　Part number 별로 배치
Place by net name :
　　연결된 Net 별로 배치
Place by net group name :
　　연결된 Net group 별로 배치
Place by schematic page number :
　　Schematic의 Page 별로 배치
Place all components :
　　모든 부품을 배치
Place by refdes :
　　Reference 별로 배치

Place by REFDES : Place by refdes 체크 시 활성화
- Type :
　　Class 설정에 따라 부품을 선택하여 배치
- Refdes :
　　빈칸에 입력한 Reference를 배치에 포함여부 (Include / Exclude)를 선택
※ 빈칸은 "C*", "R*"와 같이 와일드 문자 이용
- Number of Pins :
　　설정한 범위의 Reference를 배치여부를 설정

Placement Position :
- By user pick : 화면에 클릭한 위치에 배치
- Around package keepin :
　　Package keepin영역의 Edge(위, 아래, 왼쪽, 오른쪽)에 배치

Edge / Board layer : 부품을 배치 위치를 결정

Overlap component by : **50%**
　　Room 영역에 부품을 **50%**씩 겹쳐서 배치

[Lab 10-3] Quick place

◆ **Quick place by room**

1. 메뉴 Place – Quickplace 클릭
2. Placement filter에서 Place by room 선택
3. Room의 목록 중 Power 선택 후 Place 클릭
4. Room의 목록 중 Switch 선택 후 Place 클릭

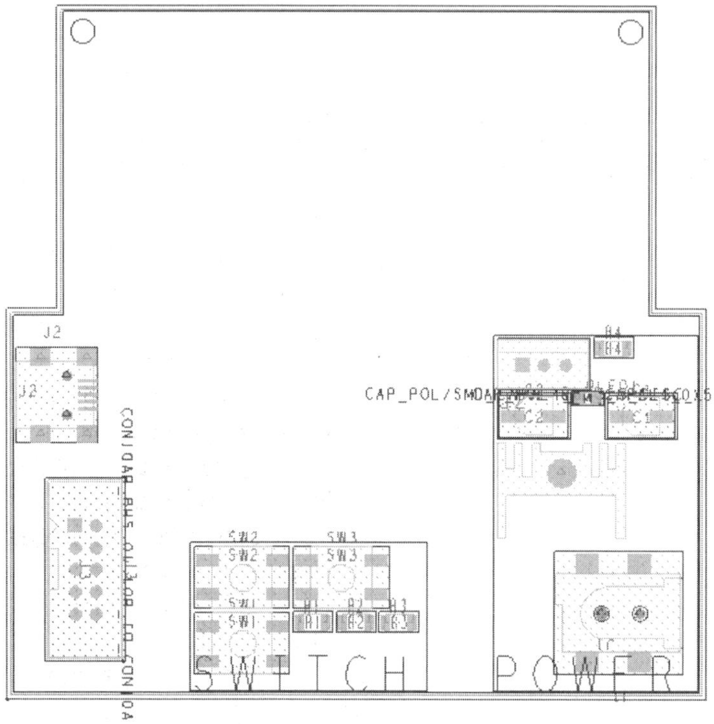

◆ **Quick place by schematic page number**

1. Placement filter에서 **Place by schematic page number** 선택
2. Browse 버튼을 이용하여 1번 페이지 선택 후 OK 클릭

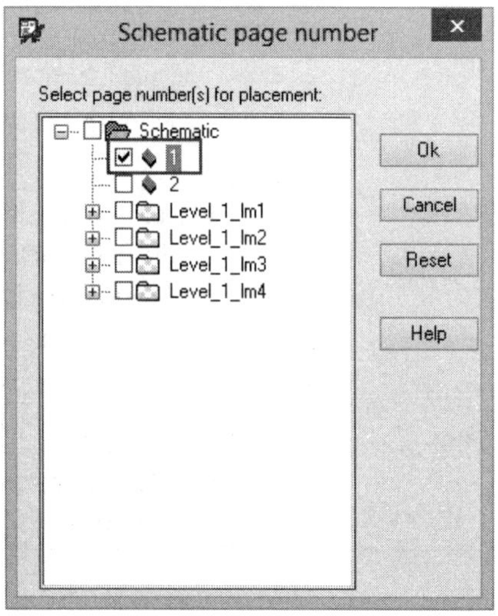

3. Placement position – Edge에서 Top을 해제 후 **Left** 선택
4. Place 클릭

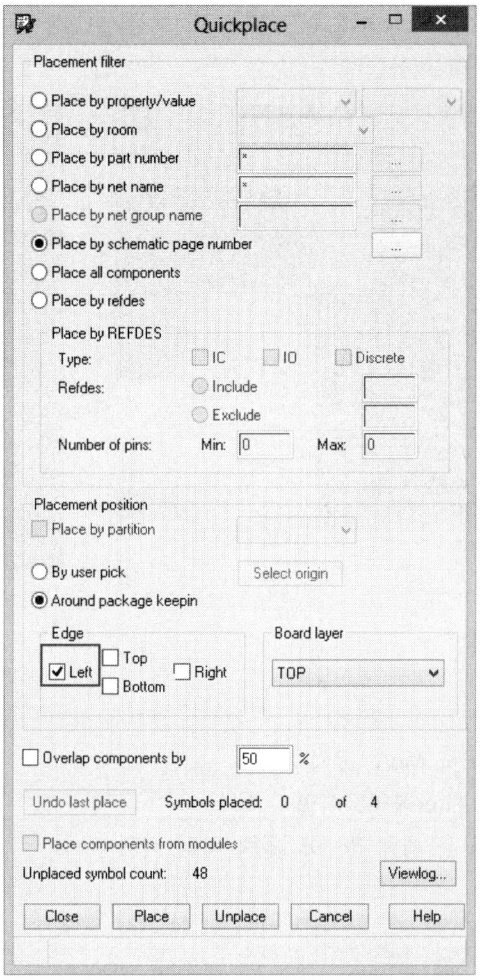

5. 2~4 과정을 이용하여 아래와 같이 배치
   - **2번 페이지** – Edge : **Right**
   - **Level_1_lm1~4** - Edge : **Top**

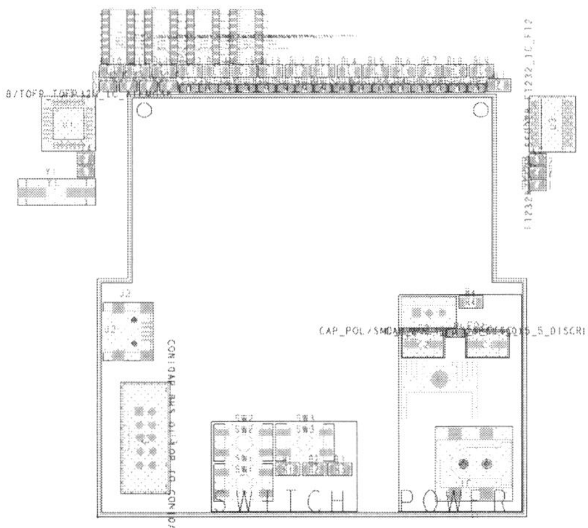

10-4 : Place replicate

보드 내에 동일한 배치 및 배선 작업을 할 경우에 설정한다. Placementedit mode에서 해당 영역을 선택하여 우클릭 – Place replicate create를 클릭하여 저장한다. 그 후 동일하게 적용할 요소들을 선택 후 우클릭 – Place replicate apply를 클릭하여 적용한다.

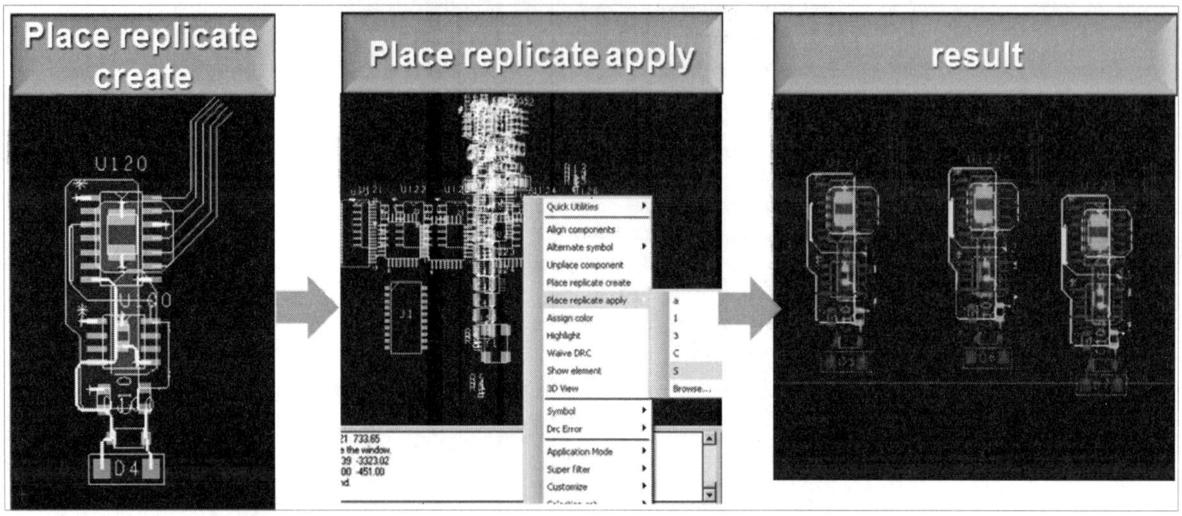

[Lab 10-4] Place replicate

1. 메뉴 Edit – Move 클릭
2. Find 탭의 Find By Name에서 **More** 클릭
3. Available objects의 Name filter에 **RL** 기입
4. Available objects의 **R9~16** 을 클릭 후 OK 클릭 하여 배치

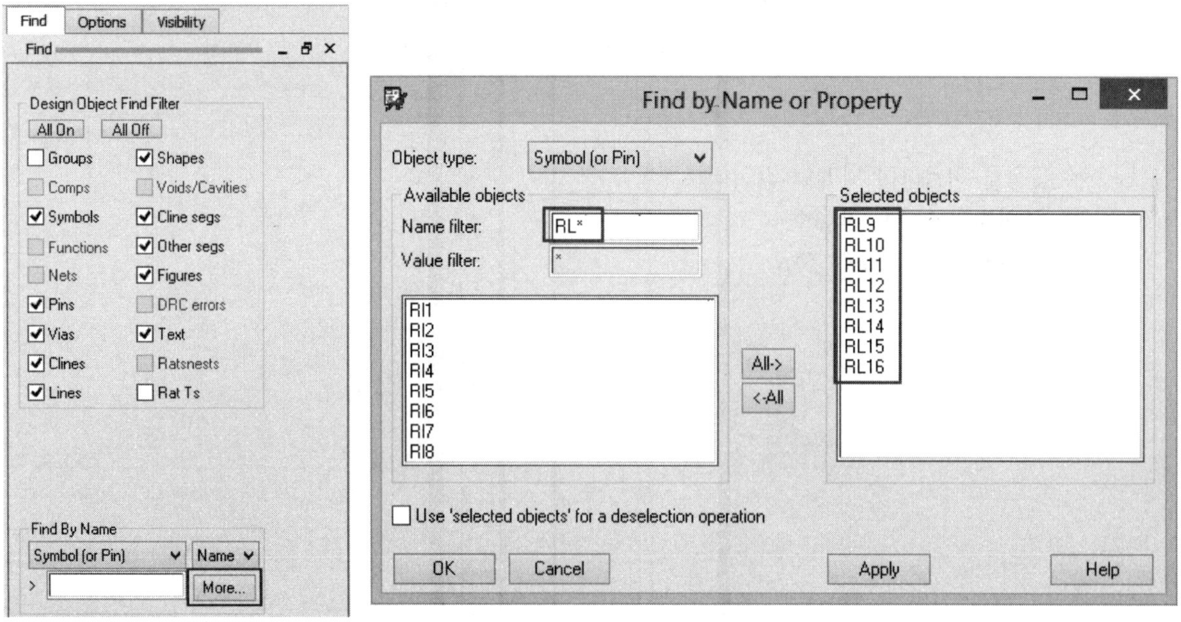

6. 2~4 과정을 이용하여 **LED 9~16**까지 아래의 이미지를 참조하여 배치

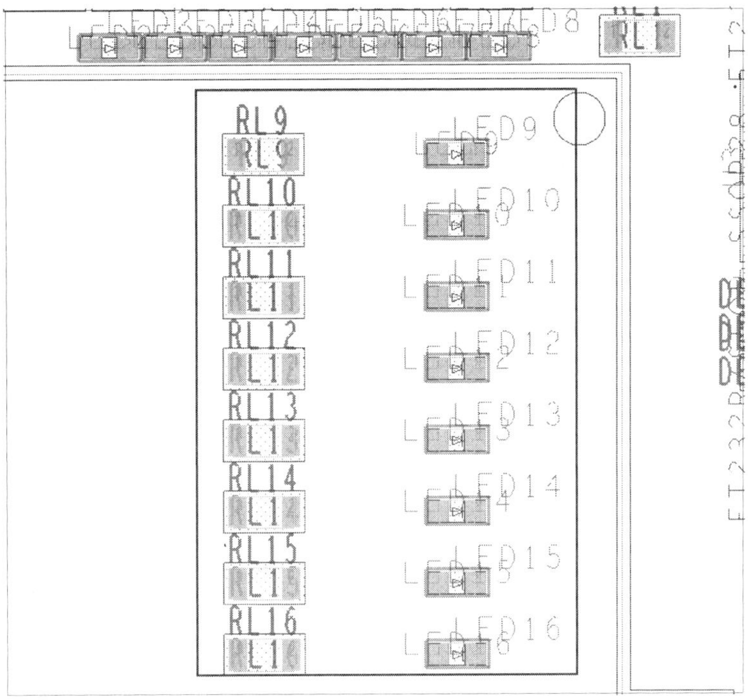

(Tip)

Placement Edit Mode에서 Align Components를 이용하면 부품들을 쉽게 정렬할 수 있다.
Placement Edit Mode 전환 후 해당 부품들 우클릭 – Align Components

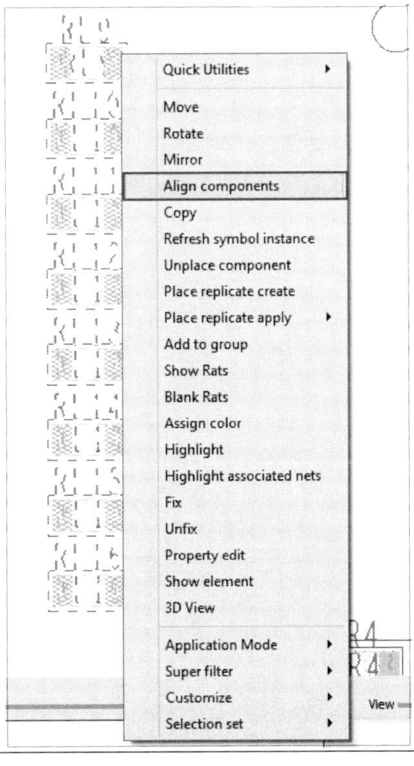

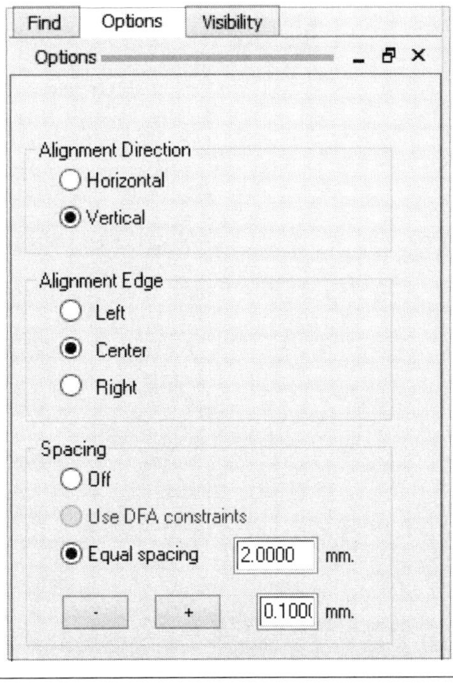

7. 메뉴 Setup – Application Mode – Placement Edit 클릭
8. RL9~RL16, LED9~16을 선택 후 우클릭 – Place replicate create 클릭
9. 우클릭 – Done 클릭
10. RL9 의 1번 Pin 선택
11. File 이름을 module1 으로 기입 후 저장

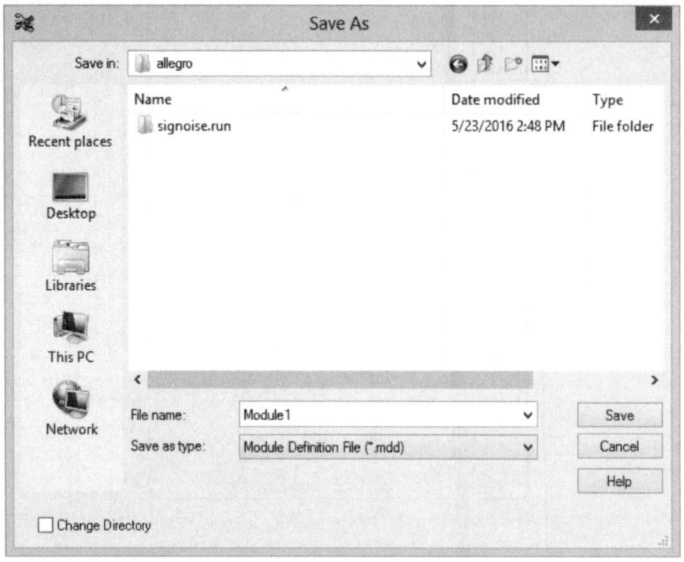

10. Find 탭의 Find By Name에서 More 클릭
11. RL 1~8, LED 1~8 선택 후 OK
12. RL 1의 1번 Pin을 우클릭 – Place replicate apply – MODULE1 클릭
13. 아래와 같이 배치

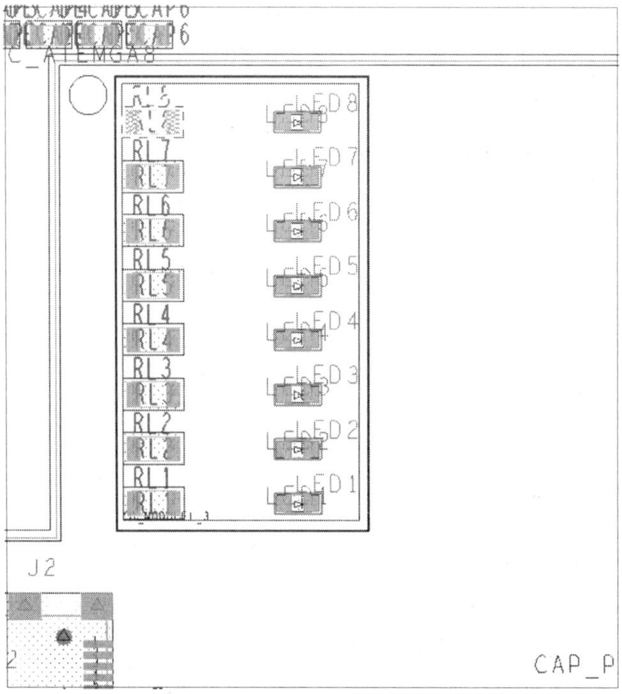

14. 나머지 부품들은 아래를 참조하여 배치한다. (메뉴 Edit – Move 이용)

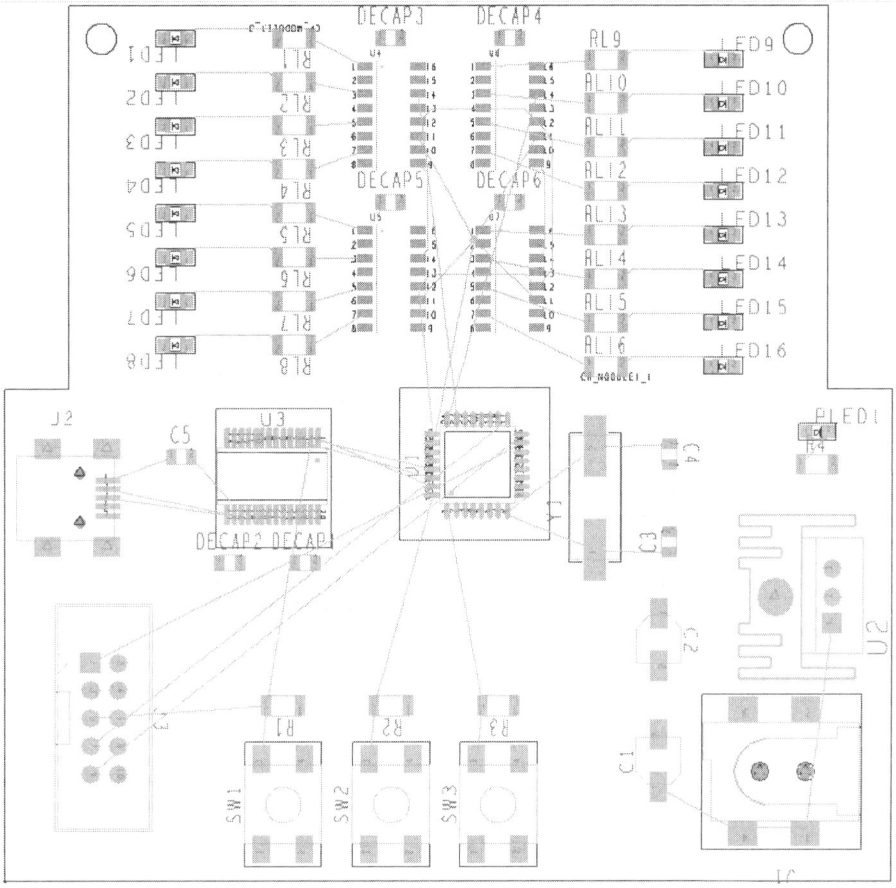

(Tip)

Module은 Edit 명령 시에 Groups으로 적용된다. (Move, Rotate, Copy 등)

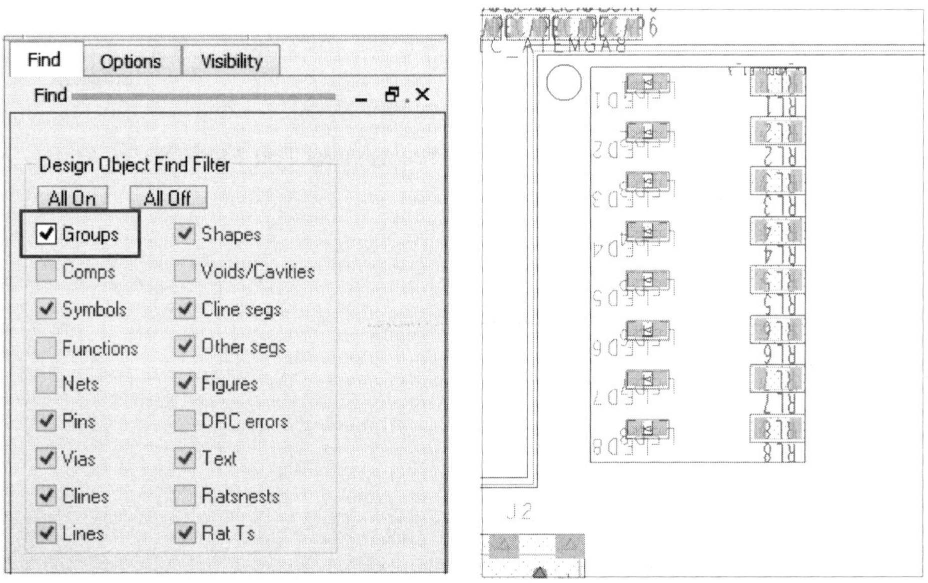

10-5 : Edit Padstack

작업 중인 PCB에서 핀의 크기 등의 속성을 변경하는 기능이다.

[Lab 10-5] Edit Padstack

1. 수정을 요하는 핀을 선택하고 우클릭 - Modify Design padstack - Single Instance (선택 핀만 수정) 또는 All Instance(동일 핀 모두 수정)를 선택

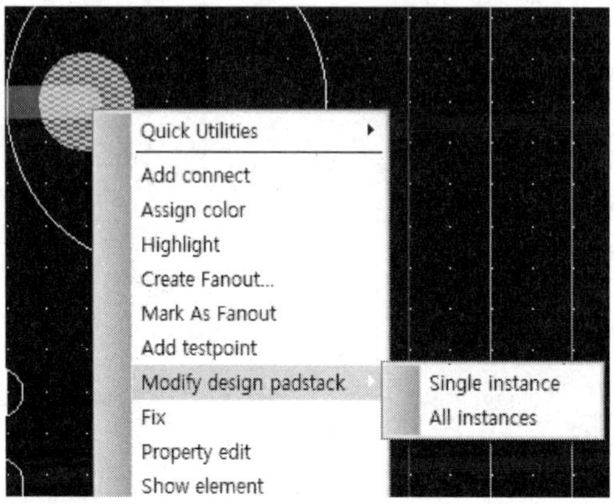

2. Padstack Designer에서 수정 후 메뉴 file - Update to Design (and exit)을 선택하면 업데이트가 됨

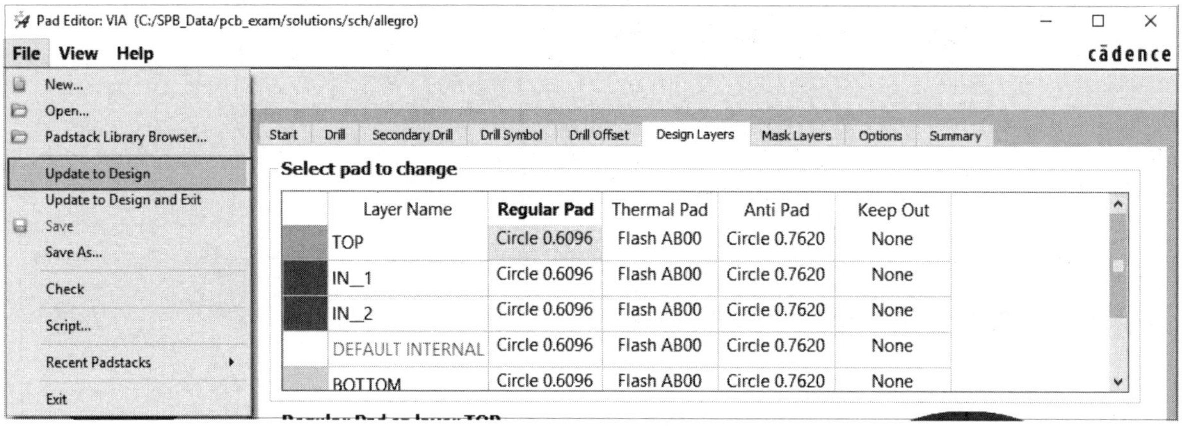

※ Etch Edit Mode에서는 Modify Padstack 만 지원되나, General Edit Mode에서는 Modify Padstack 과 Replace Padstack을 지원한다.

Chapter 11 배선

11-1 : Fanout

Fanout은 SMD 부품의 Pin에 Via를 사전에 생성하는 기능이다. 생성할 Via 또는 Via Structure 와 생성 방향, Pin과 Via의 거리 등을 설정 후 생성한다.

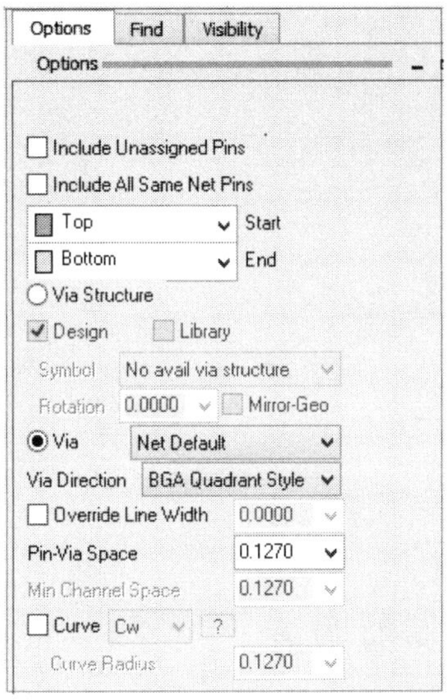

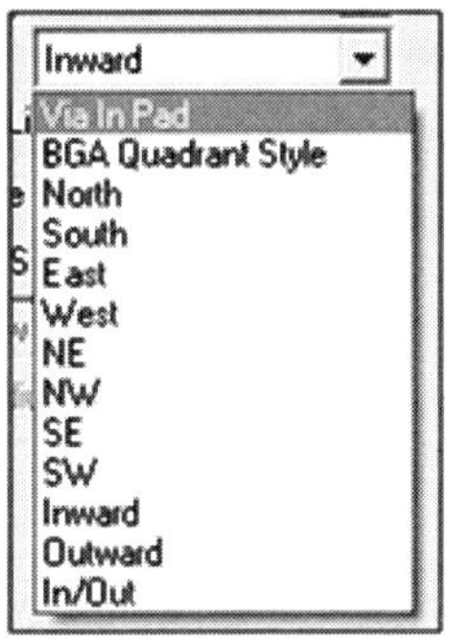

(Tip)

Copy Fanout 기능을 사용하면, 동일 부품에 동일한 Fanout을 적용할 수 있다.
메뉴 Route – Copy Fanout

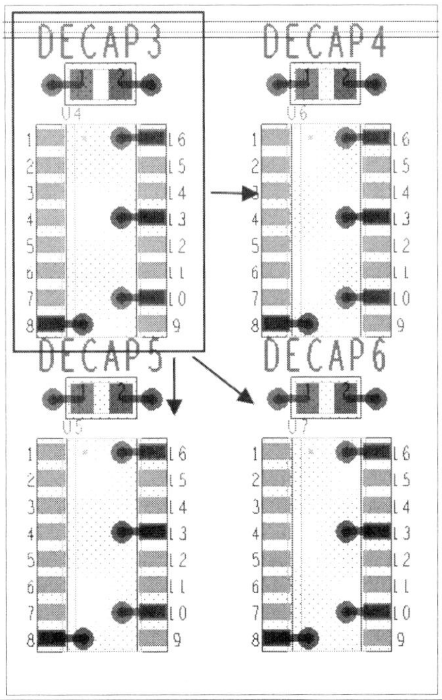

[Lab 11-1] Fanout

1. 메뉴 Shape - Rectangular 클릭
2. Active Class and Subclass : Constraint Region, Top 선택
3. Assign to Region : **Smd** 선택
4. U1과 U3 영역에 **Region** 형성

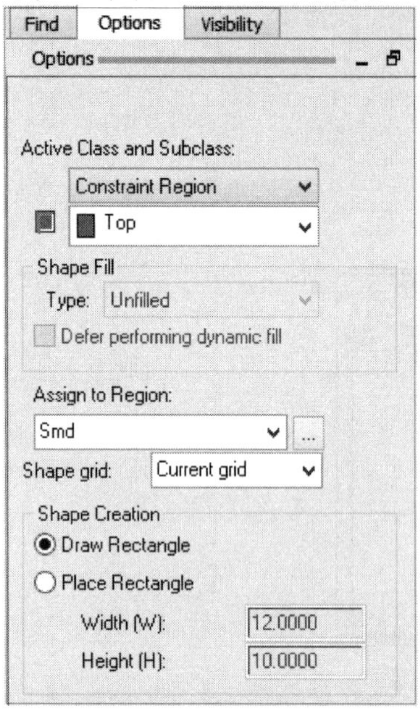

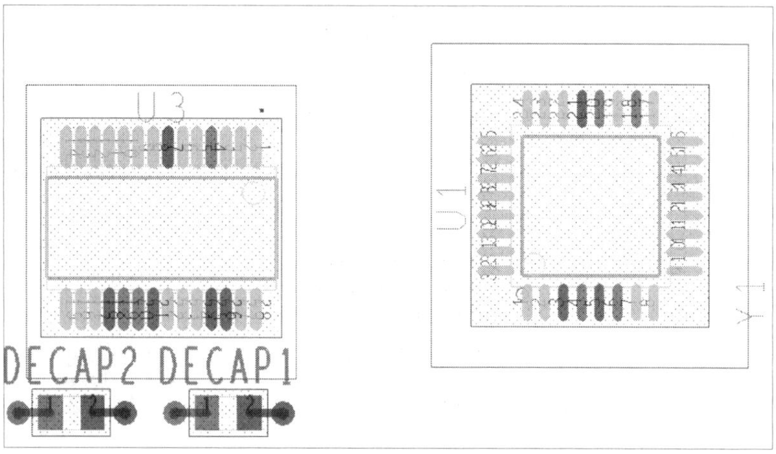

5. 메뉴 Route – Create Fanout 클릭
6. Options 탭에서 Via : Net Default, Via Direction : **West,** Pin-Via Space : **0.6 mm** 으로 설정
7. LED 1~8 의 **2번 Pin (GND net)**을 선택하여 Fanout 생성

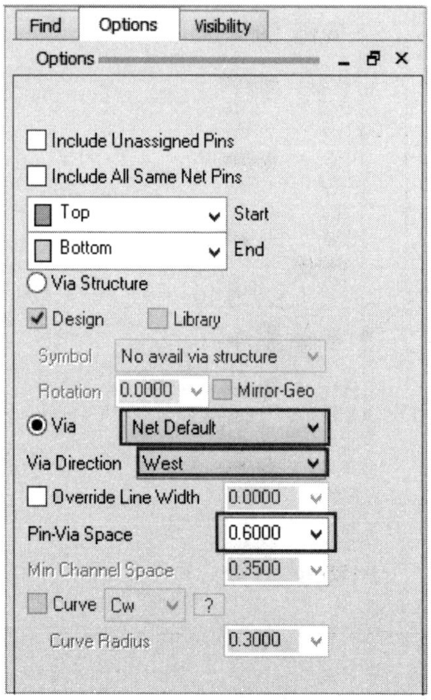

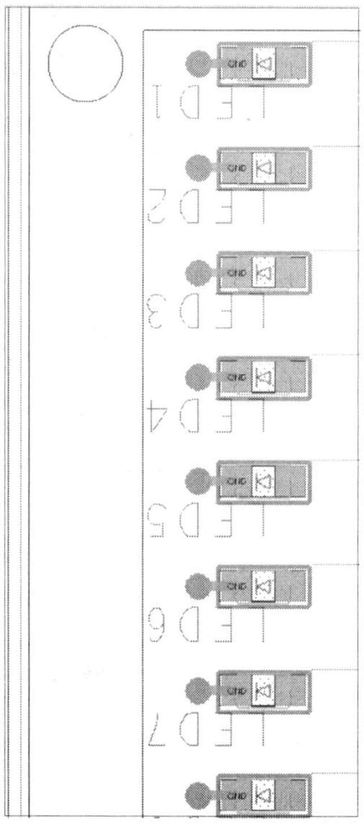

8. 다른 SMD 부품들의 VCC 및 GND 연결 Pin에 Fanout 적용

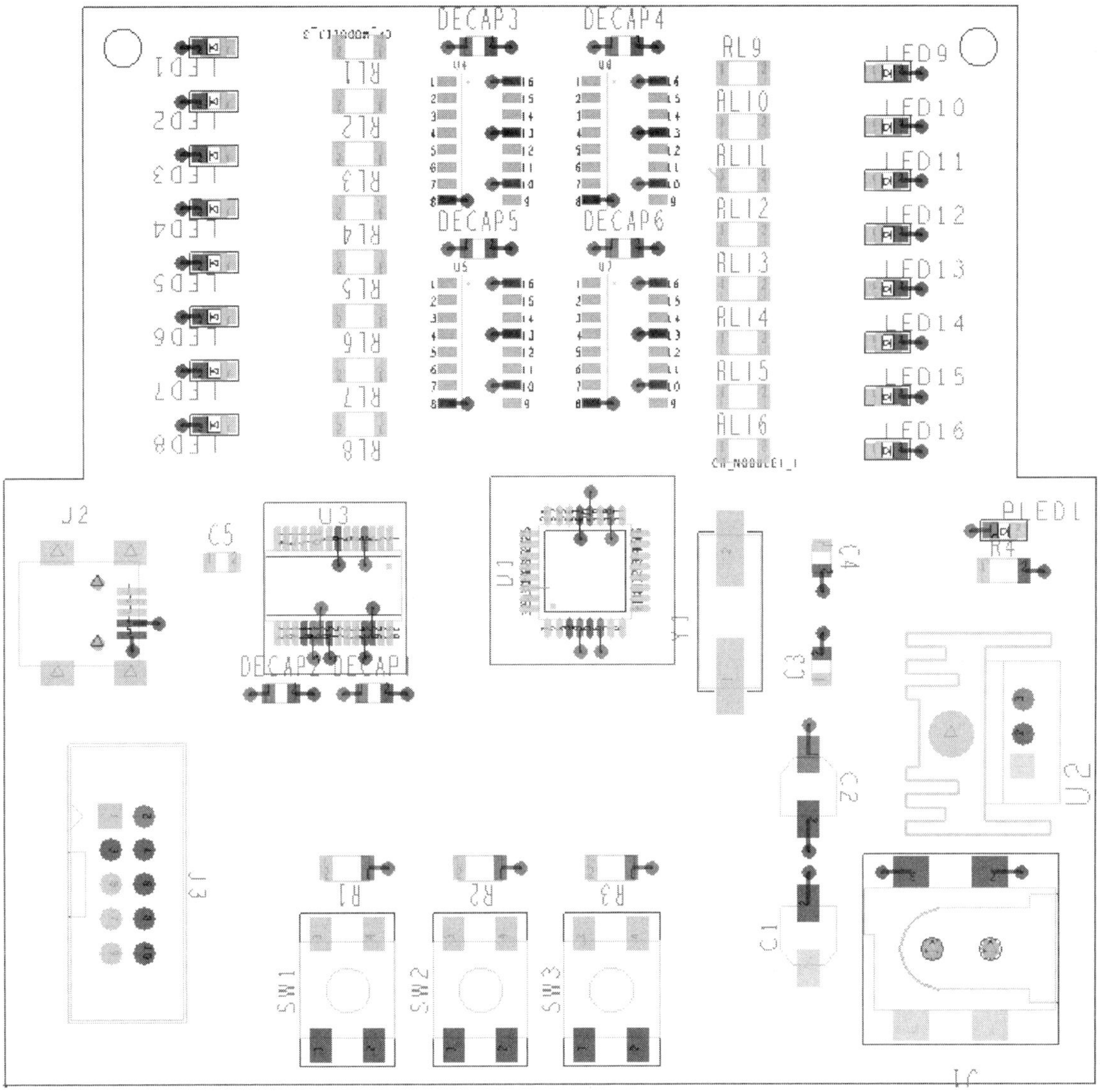

11-2 : Route

회로도에서 작업되어진 Netlist를 기반으로 Pin과 Pin, Pin과 Via 등을 상호 연결 할 수 있다.

<table>
<tr><td rowspan="3">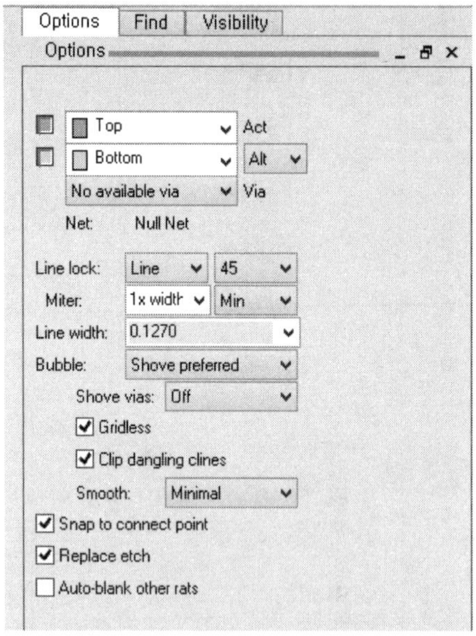
</td>
<td>Act : 작업 중인 레이어
Alt : Act레이어와 대응되는 레이어 (Via생성시 반대 위치)
Via : Via의 종류를 선택 (CM 설정 자동 적용됨)</td></tr>
<tr><td>Line lock : 배선 종류(Line, Arc), 배선각도(Off, 45, 90)
Miter : 45도 배선 시 꺾이는 부분의 길이에 대한 설정
Line width : 배선의 두께 (CM 설정 자동 적용됨)
Bubble : 배선에 대한 모드 설정(Off, Hug, Shove)
Shove vias : Shove 모드에서 Via도 같이 위치 수정</td></tr>
<tr><td>Gridless : Shove 모드에서 밀린 배선은 Grid를 무시
Clip dangling clines : 결선되지 않은 배선의 이동 여부
Snap to connect point : 배선 시 Pin이나 Via의 중심점 (핀 연결점)에 배선
Replace etch : 기존의 배선에 다시 배선하여 폐곡선이 생길 때 기존의 배선의 삭제 여부
Auto-blank other rats : 배선 작업 시 배선중인 Rat외 나머지 Rat는 숨김 기능</td></tr>
<tr><td colspan="2">Bubble : 배선 연결 시 사용할 수 있는 세 가지 모드를 제공한다.
- Off: DRC 에러가 발생하더라도 사용자가 배선하는 그려진다.
- Hug: 새로운 배선은 기존 배선을 보호하며 배선을 안고(hug) 그려진다. DRC에러가 발생하지 않는다.
- Shove-Preferred: 기존 배선을 이동시키며 새로운 배선의 작업을 최우선으로 작업한다
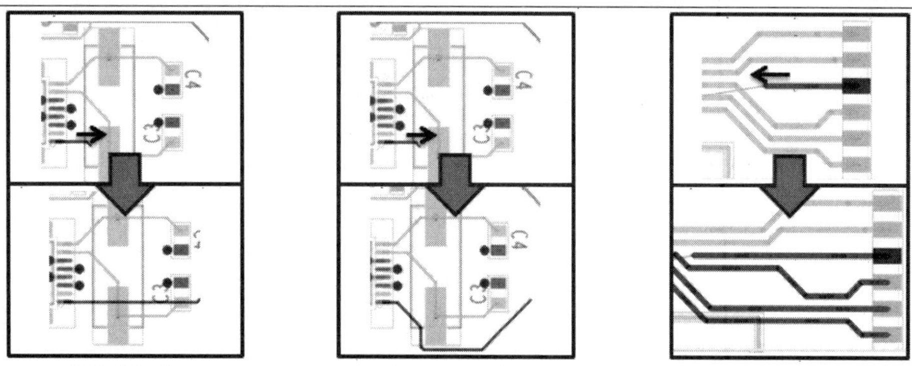
Off Mode　　Hug Mode　　Shove Mode</td></tr>
</table>

[Lab 11-2] Route (Etch Layer선택, Add connect 우클릭 메뉴 등)

■ **Etch Layer 선택**

1. 메뉴 Route - Connect를 클릭
2. Option 탭에서 Act 레이어를 **Top**으로 Alt 레이어를 **Bottom**으로 설정
3. 설정 완료 후 Top레이어의 핀을 클릭
4. 마우스의 이동에 따라 배선이 생성
5. 배선의 각도를 바꿀 때에는 변경할 지점에 클릭
6. 넷리스트의 반대쪽에 있는 핀에 클릭하게 되면 배선이 완료

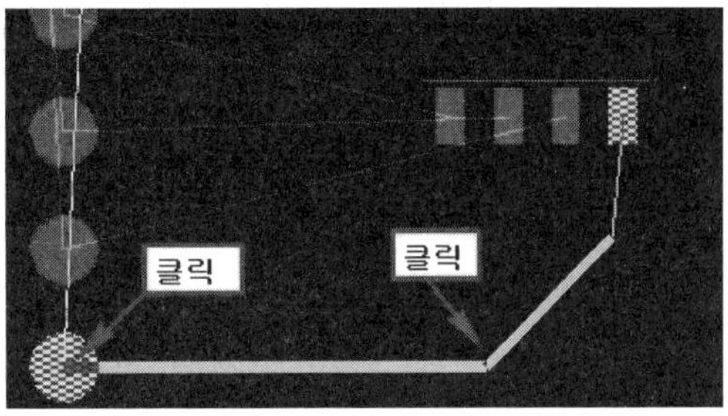

7. 배선을 그리는 중 수정할 경우는 우클릭 - Oops를 선택
8. 레이어의 변경은 우클릭 - Swap Layer를 선택

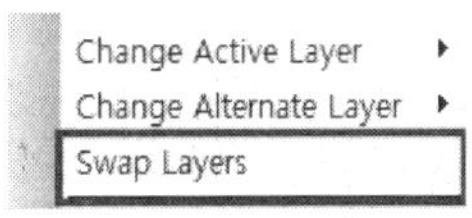

9. 배선이 완료되면 우클릭 - Done를 선택

■ **Add Connect - Next**

※ 작업 중인 배선을 멈추어 놓고 다른 배선 작업을 할 수 있다.

1. 배선 작업 중 우클릭 - Next를 클릭
2. 다른 배선을 작업

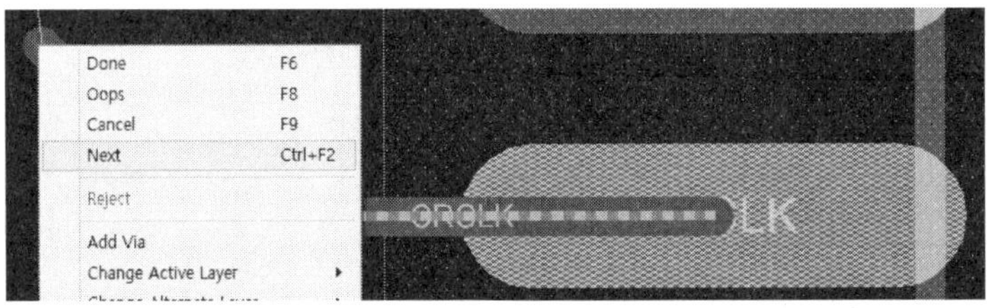

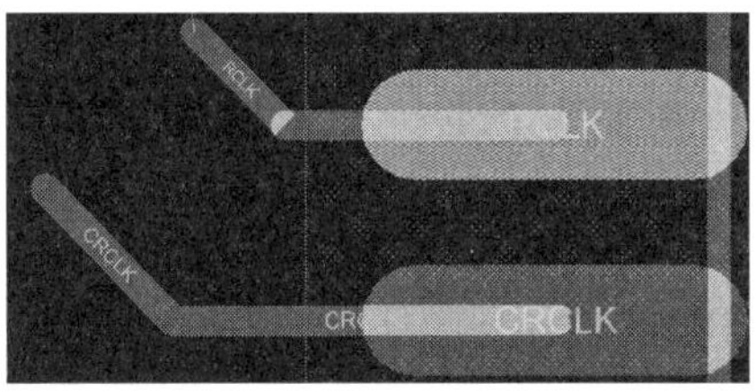

■ **Add Connect - Finish**

※ 자동으로 배선을 완성 시켜주는 기능이다.

1. 배선 선택한 후 우클릭 - Finish를 선택

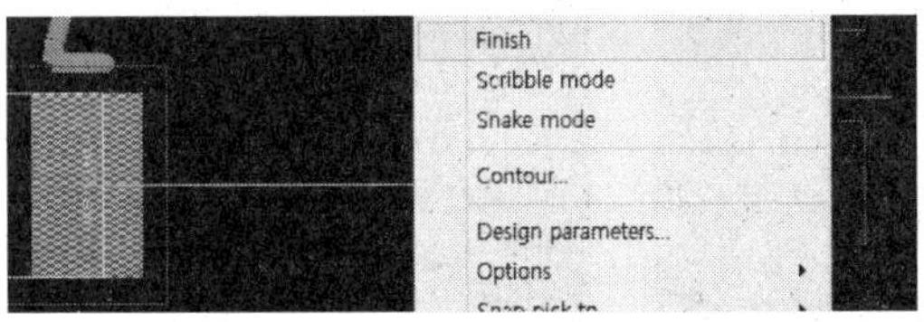

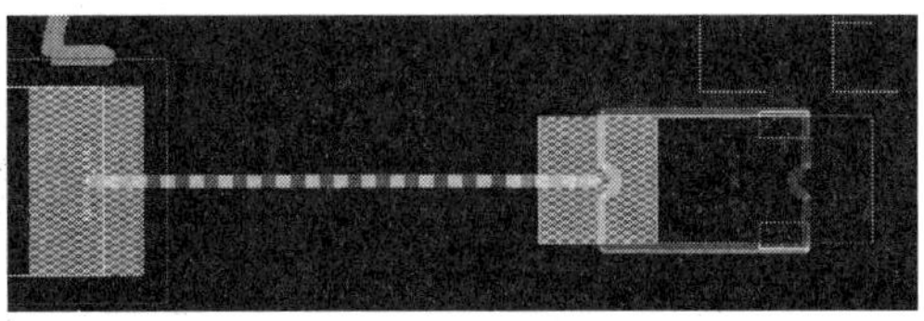

■ **배선 삭제**

1. 배선을 삭제할 때는 메뉴 Edit - Delete를 클릭
2. Find 탭에서 Cline (Trace 전체) 또는 Cline Segs(Trace의 한 선분)를 선택

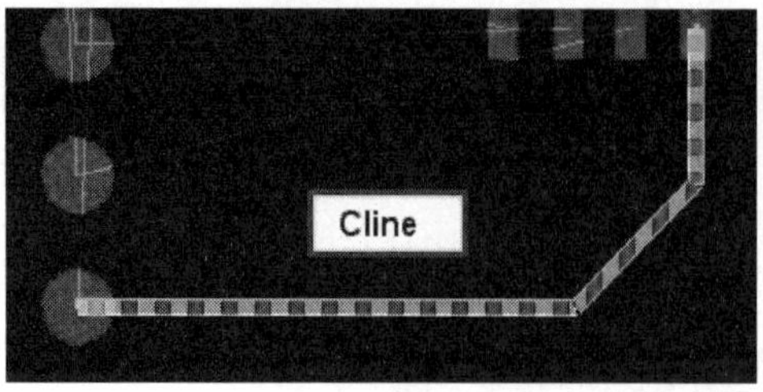

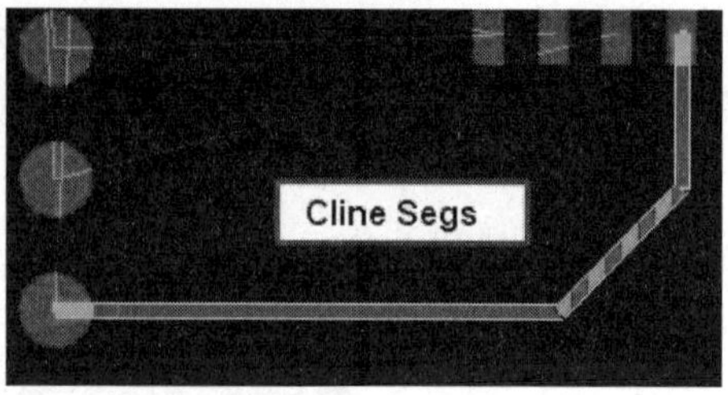

3. 삭제할 배선을 클릭 **(선택)**
4. 다시 빈 공간을 클릭하면 삭제 **(삭제)**
5. 우클릭 - Done을 선택

■ **Via 삽입**

1. 메뉴 Route - Connect를 클릭
2. Option 탭의 Act(**Top**)와 Alt(**Bottom**) 레이어로 설정
3. 배선 작업 중 비아를 생성할 곳에서 클릭
4. 3번 위치에서 더블클릭(우클릭 - Add Via)하면 비아가 생성되며 작업 레이어는 Alt 레이어로 변경

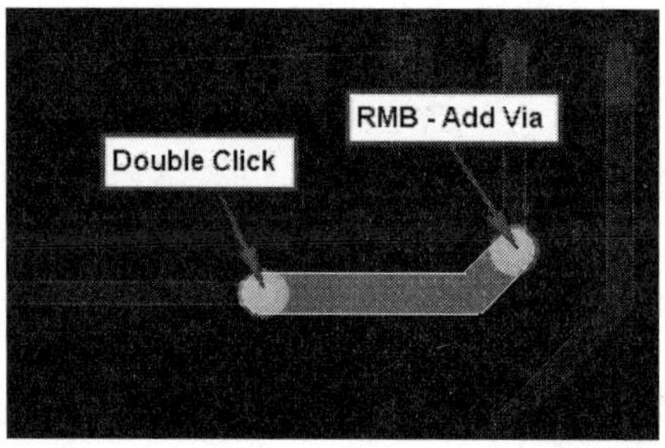

■ **Route Mode (Bubble Options)**

※ 새로운 배선을 작업 시 기존의 배선 뿐아니라 Via까지 밀면서 배선할 때 설정한다.

1. 메뉴 Route - Connect를 클릭
2. Option 탭의 Bubble에서 선택

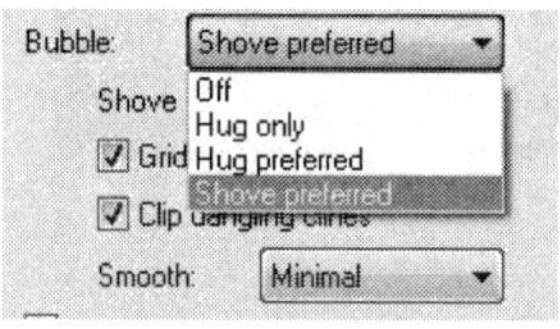

3. Shove via설정을 Minimal로 설정

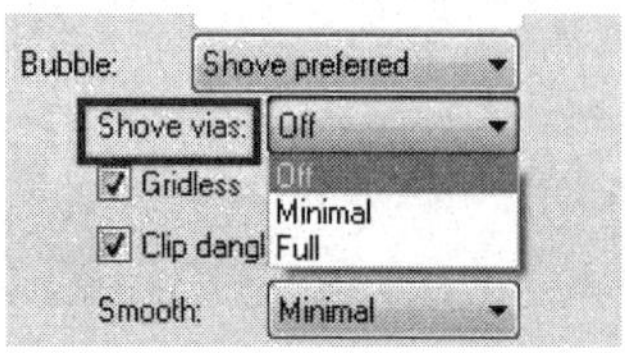

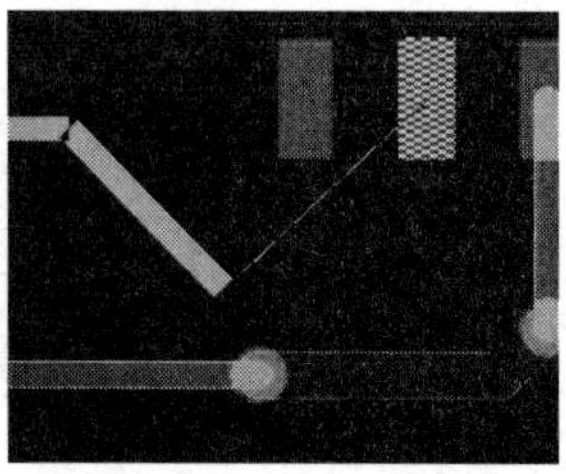

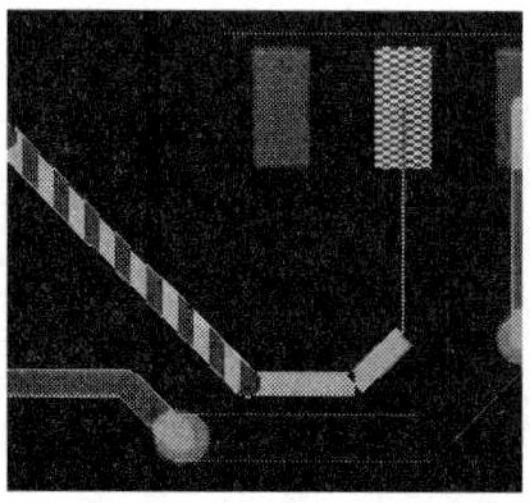

- **Working Layers**

1. 메뉴 Route - Connect를 클릭
2. Option탭의 Alt버튼을 클릭하여 WL로 변경
3. Working Layer 설정창이 뜨면 **Top**과 **Bottom**에 체크

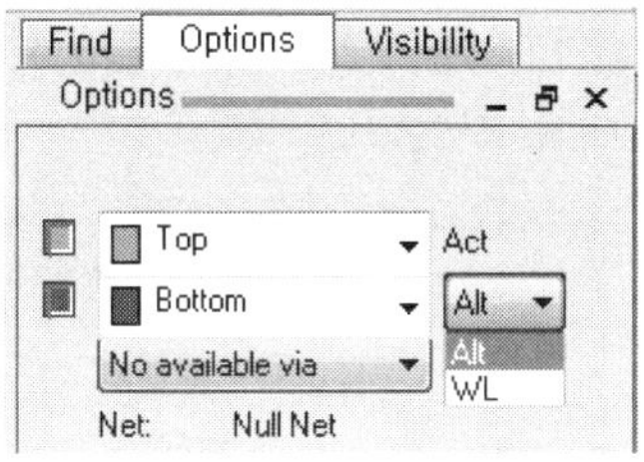

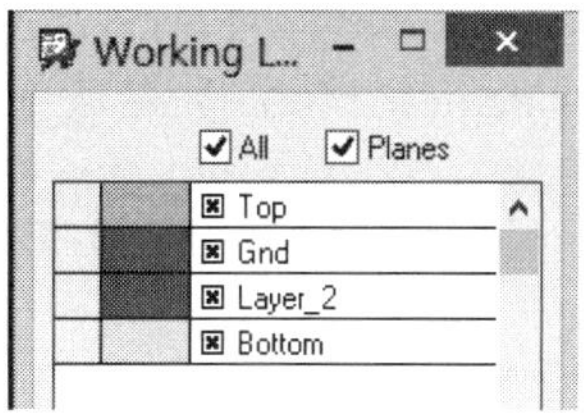

4. "Close"를 클릭
5. 배선작업 중 더블클릭(또는 우클릭 - Add Via)하여 Via를 생성할 Layer를 선택

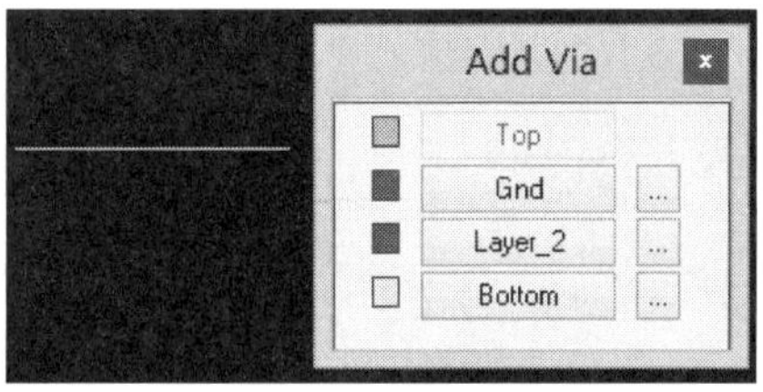

- **Add Connect - Neck Mode**

1. 배선 작업 중 우클릭 - Neck Mode 클릭

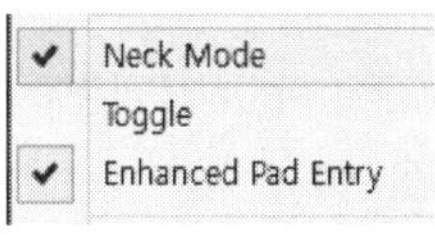

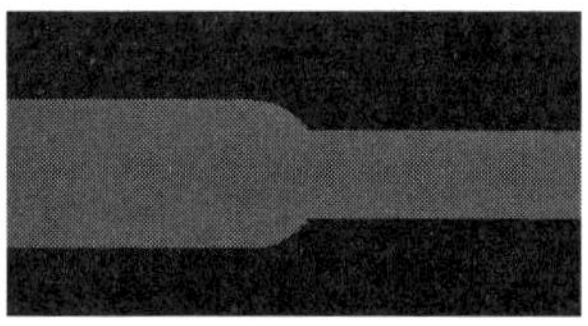

※ Constraint Manager의 Physical 설정한 Neck 두께 만큼 변경되며, Max Length 까지 배선 허용한다.

unnamed

Objects			Referenced Physical CSet	Line Width		Neck	
				Min	Max	Min Width	Max Length
Type	S	Name		mm	mm	mm	mm
*	*	*	*	*	*	*	*
Dsn		⊟ unnamed	DEFAULT	0.5000	0.0000	0.3000	0.0000
PCS		⊞ DEFAULT		0.5000	0.0000	0.3000	0.0000

2. Neck Mode 배선 후 다시 우클릭 - Neck Mode를 다시 클릭하여 Neck Mode 해제

11-3 : Advanced Route

배선 작업 시 기본적인 배선과 수정 기능이외에 향상된 기능을 제공한다.

회로도 또는 Constraint Manager에서 설정된 정보를 기반으로 Differential Pairs 배선과 Total etch 배선을 작성 할 수 있으며, Delay Tune 기능을 통해 길이를 맞추거나, 전송지연에 대한 길이를 조절할 수 있다.

※ Constraint Manager의 Electrical에서 설정한 정보를 PCB에 적용시키기 위해서는 Analysis Modes에서 Electrical Options과 Electrical Mode를 모두 "On"한 다음 작업한다.

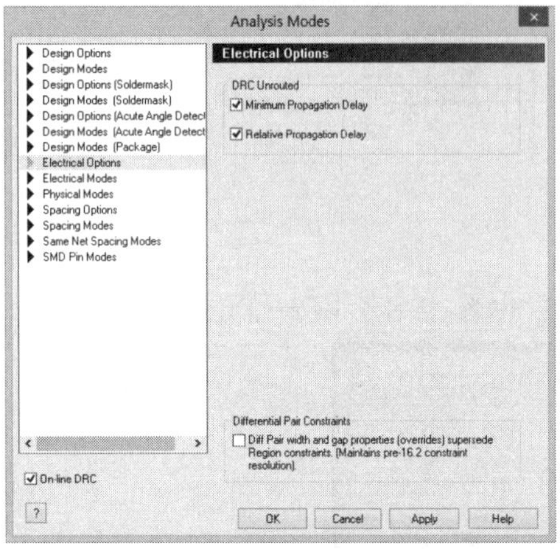

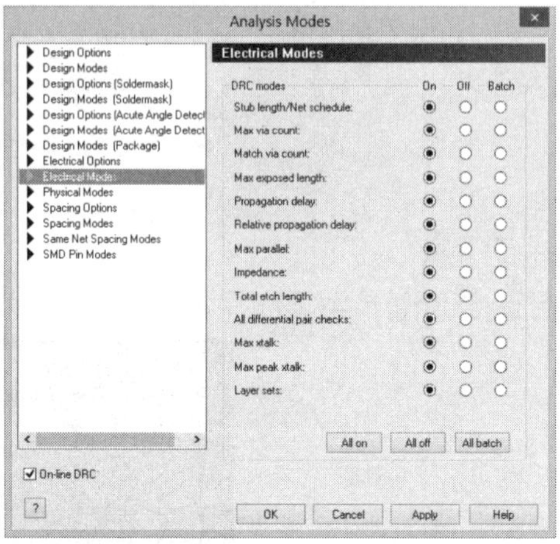

배선 중 유용한 기능은 마우스 우클릭 시 팝업메뉴로 제공되며, Target, Multi Route 등의 기능을 제공하며, 최신 기능으로 Contour, Scribble mode, Snack mode등을 제공한다.

[Lab 11-3] Advanced Route (Differential Pair / Total Etch Length 등)

■ **Routing the Differential Pairs**

1. Constraint Manager를 실행한 후 Electrical의 Net - Differential Pair에서 Differential Pair가 설정되어 있는지 확인 (DP1에 Referenced Electrical C Set을 **DIFF**로 설정)
2. 메뉴 Setup - Constraints Modes를 클릭
3. Electrical Mode를 선택한 후 All differential pair checks를 **On**으로 설정
4. 메뉴 Route - Connect를 클릭
5. Differential Pair설정되어 있는 핀을 클릭하여 배선을 시작

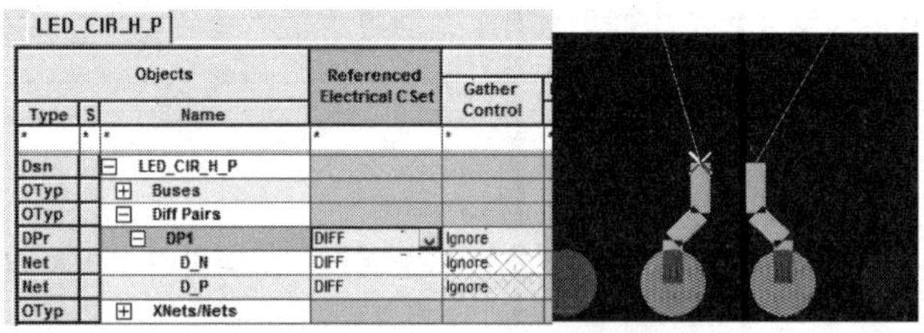

6. 배선을 진행 중 반대편에서부터 배선을 시작할 때에는 우클릭 - Target - Route From target을 클릭

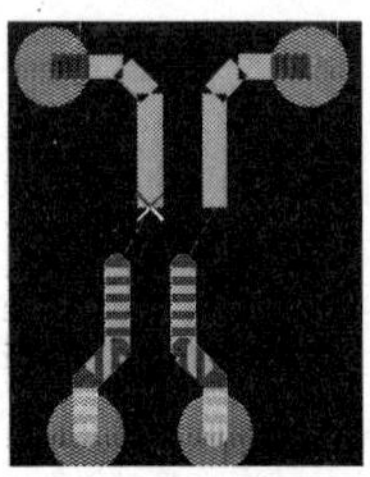

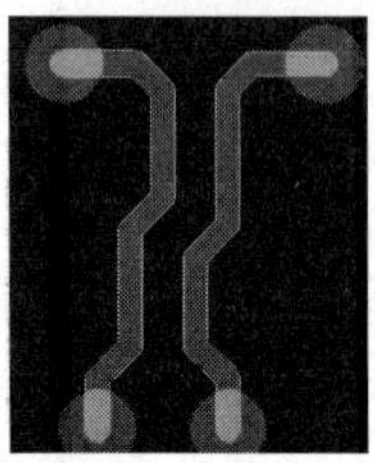

■ **Total Etch Length**

1. Constraint Manager를 실행한 후 Electrical의 Net - Total Etch Length에서 Total Etch Length가 설정되어 있는지 확인 (CRCLK에 Min에 **80**, Max에 **90**이 설정되어 있는지 확인

Objects			Referenced Electrical CSet	Total Etch Length			Total Etch Length		
				Min	Actual	Margin	Max	Actual	Margin
Type	S	Name		mm	mm	mm	mm	mm	mm
*	*	*	*	*	*	*	*	*	*
Dsn		⊟ LED_CIR_H_P							
OTyp		⊞ Buses							
OTyp		⊞ Diff Pairs							
OTyp		⊟ XNets/Nets							
Net		CRCLK	FAR_END_CLUS	80.0000			90.0000		

2. 메뉴 Setup - Constraints Modes를 클릭
3. Electrical Mode를 선택한 후 Total etch length를 **On**으로 설정
4. 메뉴 Route - Connect를 클릭 후 CRCLK Net을 배선을 시작
5. PCB Editor 창 우측 하단에 상태바를 보고 초록색이 되도록 배선

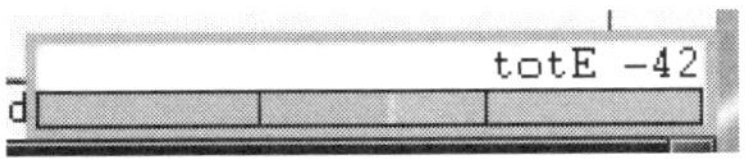

6. Constraint Manager창의 Electrical의 Net - Total Etch Length에서 현재 Net에 대한 배선 길이를 확인 가능

Objects			Referenced Electrical CSet	Total Etch Length			Total Etch Length			Unrouted Net Length	Routed/Manhattan Ratio
				Min	Actual	Margin	Max	Actual	Margin		
Type	S	Name		mm	mm	mm	mm	mm	mm	mm	%
*	*	*	*	*	*	*	*	*	*	*	*
Dsn		⊟ LED_CIR_H_P				-9.4118			19.4118		
OTyp		⊞ Buses									
OTyp		⊞ Diff Pairs									
OTyp		⊟ XNets/Nets									
Net		CRCLK	FAR_END_CLUS	80.0000	70.5882	-9.4118	90.0000	70.5882	19.4118		

※ User Preferences Editor 창에서 allegro_etch_length_on을 체크 시 Dynamic Length 창으로 실시간으로 해당 Net의 길이가 출력

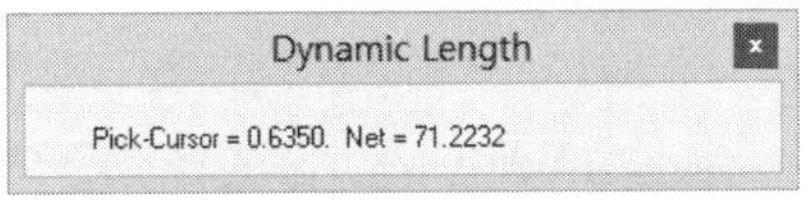

※ Total Etch Length에 설정 값 미만이거나 초과하였을 경우 DRC 에러가 발생

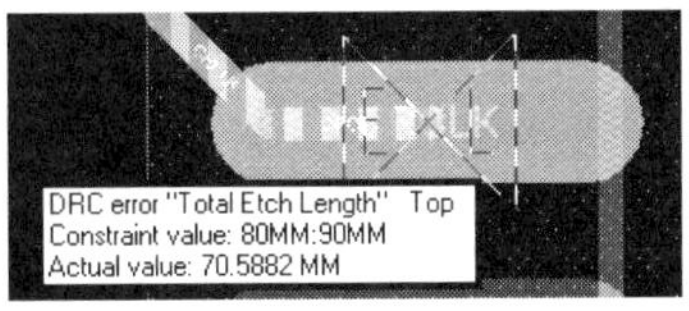

■ **Delay Tune 사용**

1. 메뉴 Route - Delay Tune를 클릭
2. Option에서 Style를 설정 후 해당 Net을 클릭하여 길이를 맞춤

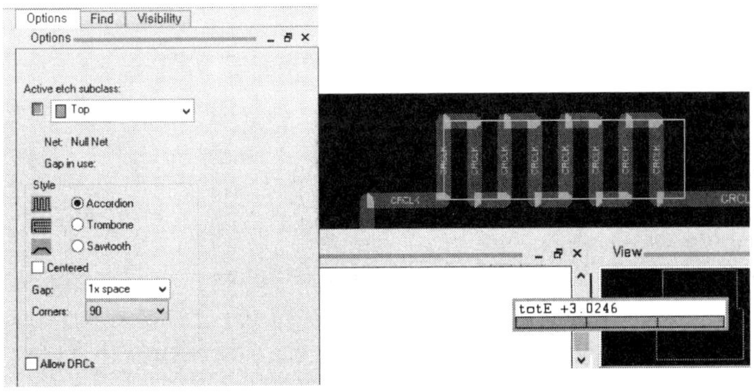

■ **Multi Route**

※ 여러 배선(버스)을 한꺼번에 작성할 수 있는 기능

1. 메뉴 Route - Connect를 클릭한 후 우클릭 - Multi-Line Route를 클릭
2. Multi-Line Route를 작업할 위치를 마우스로 클릭
3. Multi-Line Route의 배선의 수(Quantity)를 **4**, Line Width와 Line to Line Space를 **0.127**로 설정

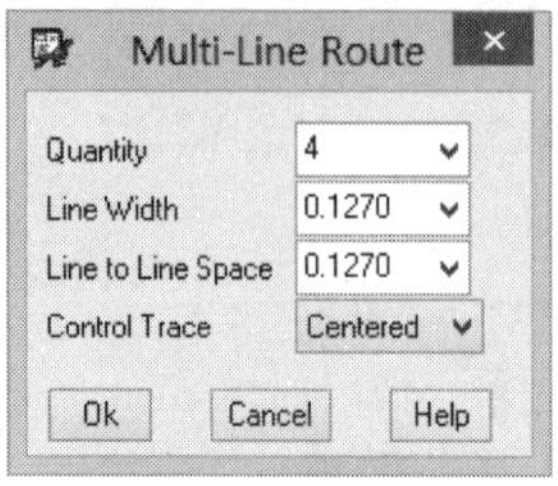

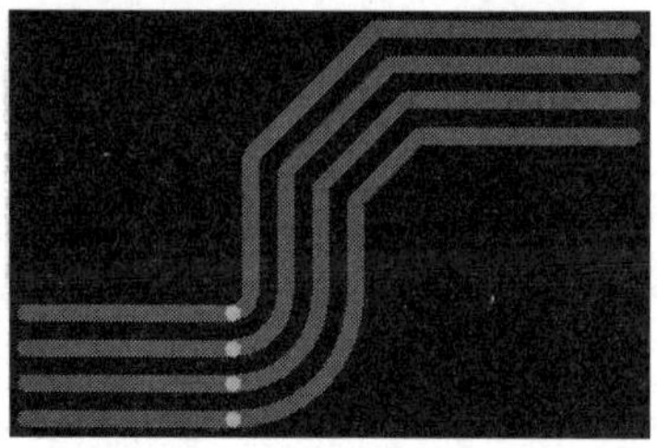

4. Multi Line 작성이 완료되면 우클릭 - Done을 클릭
5. 메뉴 Route - Connect를 클릭하여 배선작업을 수행

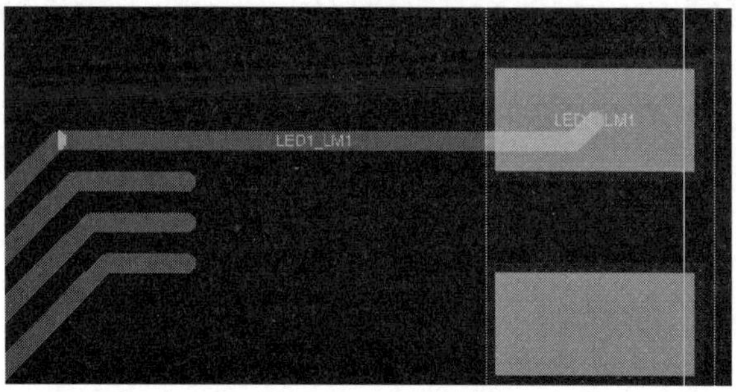

■ **Target**

※ 여러 핀에 연결된 Net의 경우 기본설정에서는 가까운 핀을 기준으로 Rat이 연결된다. 설계자가 원하는 두 지점을 연결하고 할 때 Target을 이용한다.

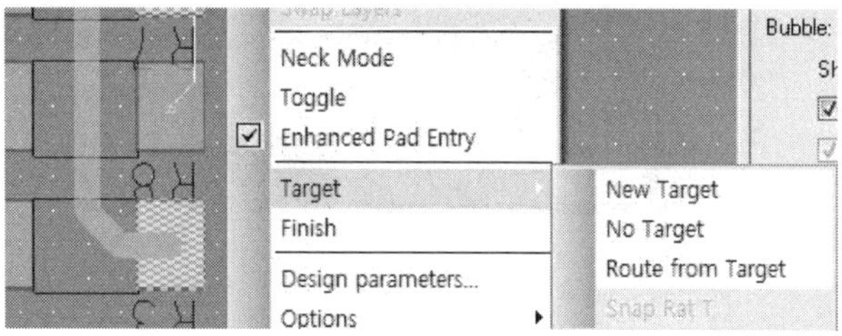

1. 다른 핀에 연결하고자 할 때 우클릭 - Target - New Target을 선택한 후 다른 핀을 선택 (Rat의 위치가 새로운 목적 핀으로 변경)
2. 배선 중 우클릭 - Target - Route from Target을 선택하면 목적 핀에서 배선을 시작

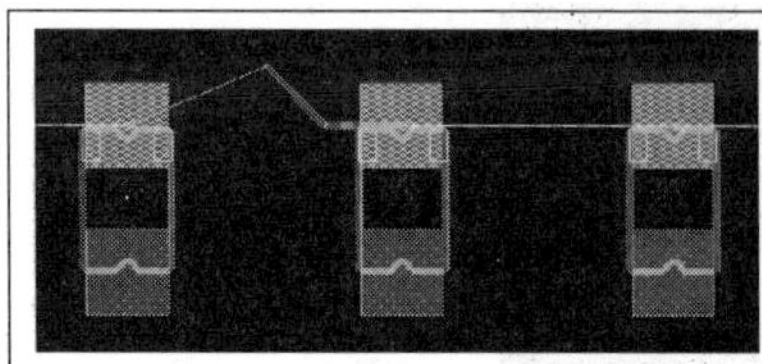	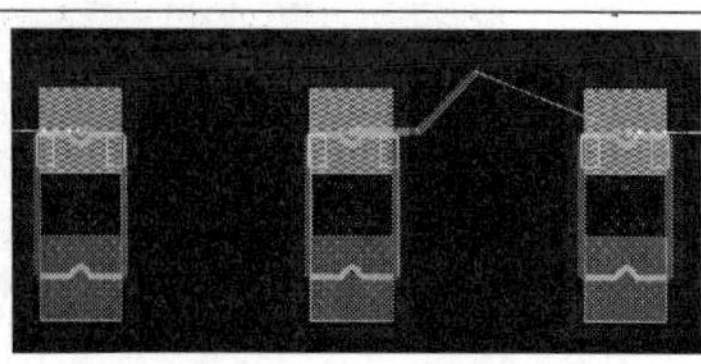	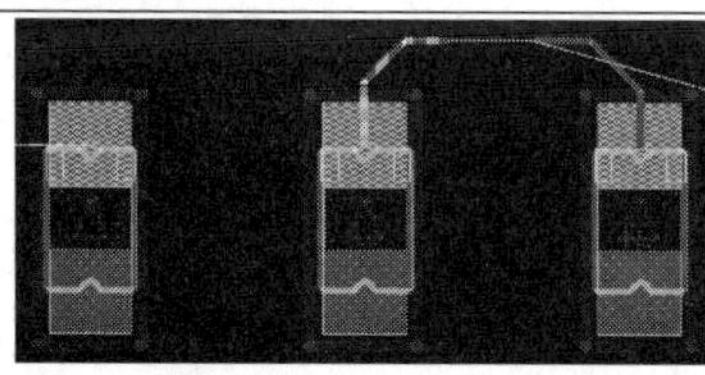
기본 왼쪽으로 Rat선이 적용	우클릭 - Target - New Target 새로운 목표점을 선정	우클릭 - Target - Route from Target 반대편에서부터 배선

■ **Scribble mode**

1. Add Connect 중 우클릭 - Scribble mode 클릭
2. 마우스로 배선의 궤적을 그린 후 클릭

※ Scribble mode는 배선이 가야할 방향과 대략적인 길을 그려주면 DRC 설정에 맞추어 배선을 작성

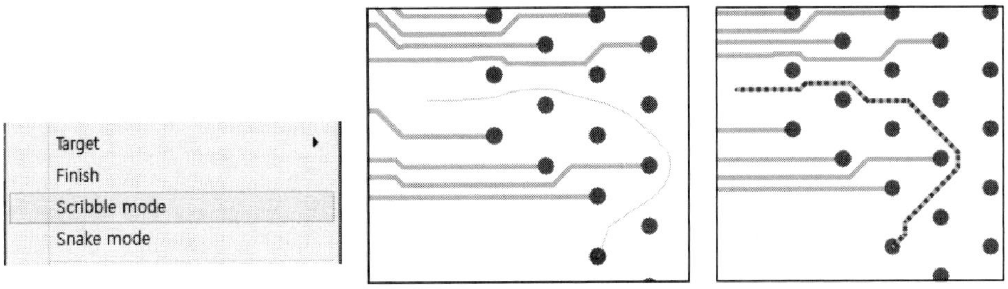

■ **Snake mode**

1. Add Connect 중 우클릭 - Snake mode 클릭
2. Constraint manager에서 설정한 Spacing을 만족하여 배선작업을 진행

※ Snake mode는BGA 배선 작업처럼 좁은 공간에 작업 시 Grid를 적용하여 배선하기 어려운 경우 유용하게 작업할 수 있다.

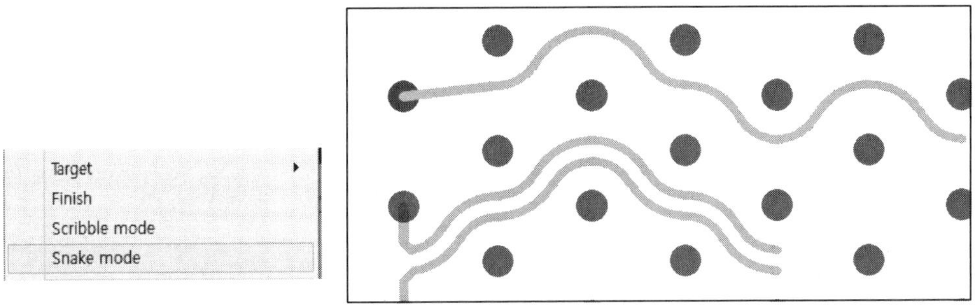

■ **Contour**

1. Add Connect 중 우클릭 - Contour를 클릭

※ Contour는 Grid 환경에서는 배선하기 어려운 곡선 또는 복잡한 형태로 작업 시 유용하며, Route Keepin과 Connect Line를 따라 배선할 수 있는 기능을 지원한다. 주로 Flex Design 설계에 사용된다.

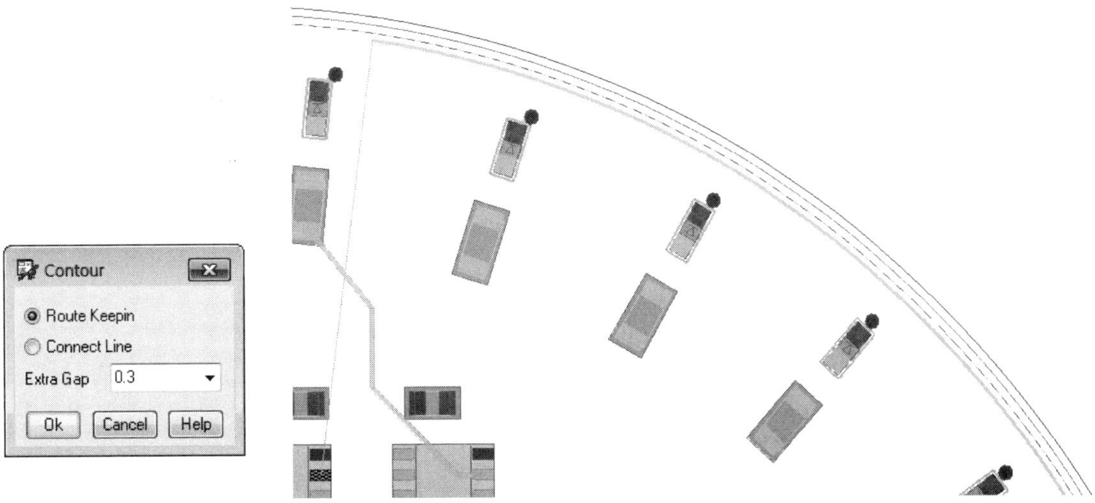

■ **Group Route And Via Pattern**

1. Add Connect 중 Group 배선 할 핀을 드래그하여 선택
2. 배선을 그린 후 우클릭 - Route Spacing을 클릭
3. Route Spacing 창에서 Group 배선의 간격을 설정

※ Current Space: 현재 간격, Minimum DRC: Constraint manager에서 설정한 값, User-define: 사용자 설정값

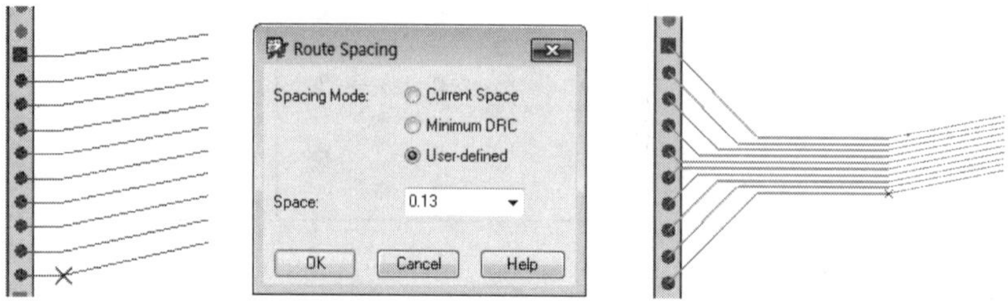

4. 우클릭 - Change Control Trace를 클릭 후 기준이 되는 배선을 선택
   - 가운데 배선을 클릭하여 변경(가운데 배선 끝에 x표시)
5. 우클릭 - Via Pattern을 클릭하여 비아의 모양을 결정

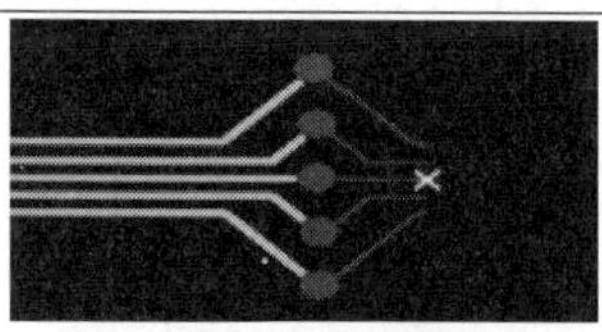 Perpendicular	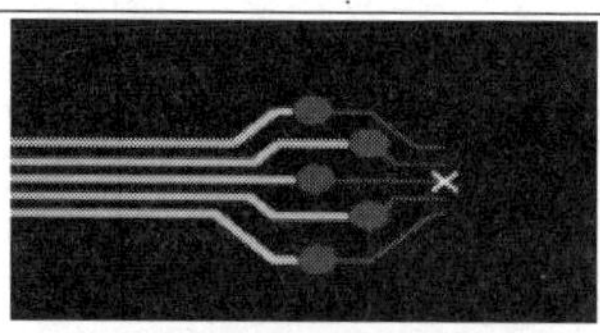 Stagger	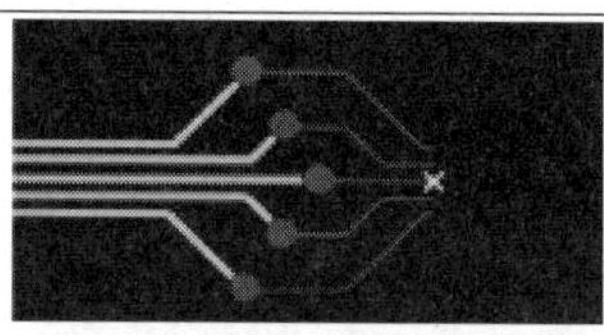 Out Taper
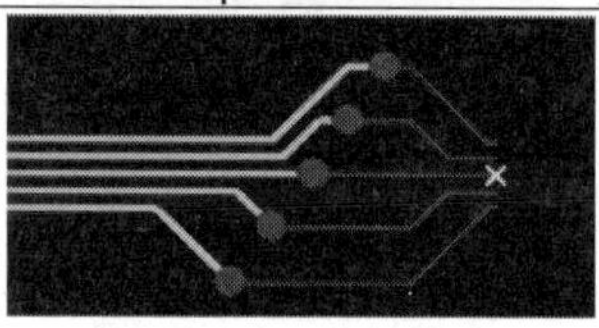 Diagonal Right	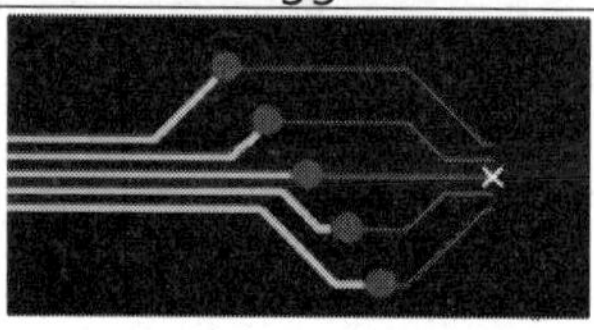 Diagonal Left	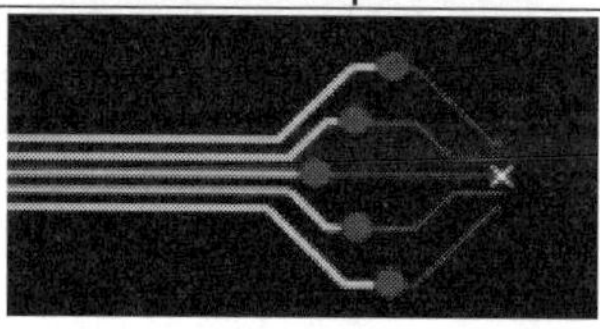 In Taper

6. 우클릭 - Add via를 클릭한 후 적당한 위치에 비아를 배치

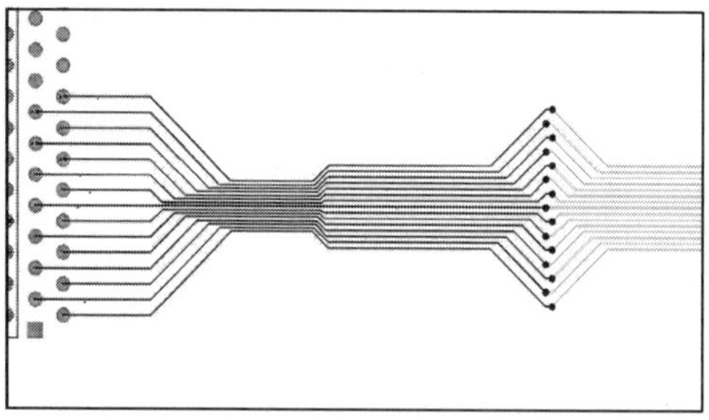

7. 배선 작업 중 그룹을 해제하여 개별 배선할 때에는 우클릭 - Single Trace mode를 클릭.

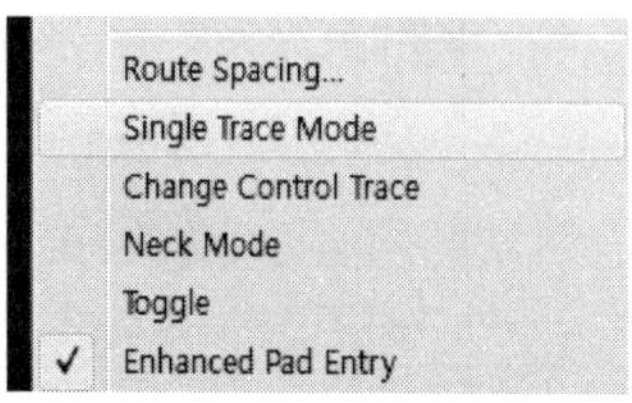

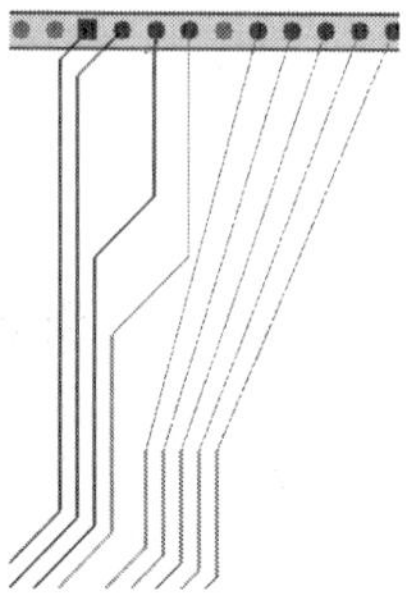

■ **PCB Router (Automatic Router)**

1. 완료된 배선이 변경되지 지 않게 하기 위하여 해당 배선을 Fix( )아이콘을 클릭
2. Find 탭에서 Cline과 Via 만 체크 후 보드안의 배선이 완료되거나 고정 시킬 배선들을 선택
3. 메뉴 Route - PCB Route - Route Automatic을 클릭
4. Automatic Router 창이 뜨면 Use smart router를 클릭
5. Smart Router 탭에서 Miter after route를 클릭

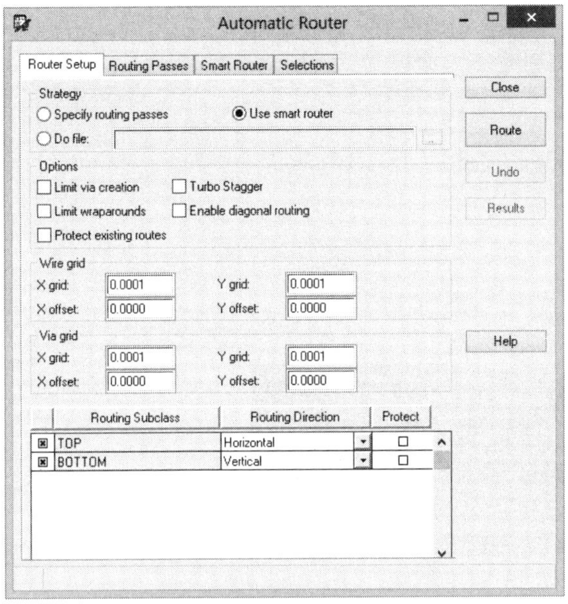

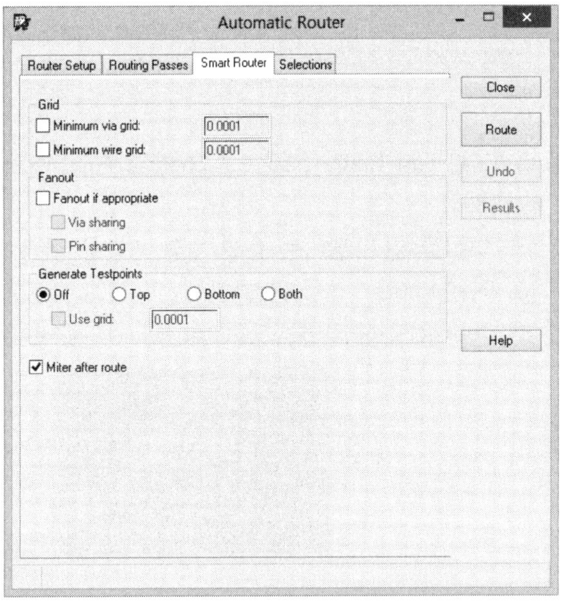

6. "Route"를 클릭 (배선을 시작)
7. 배선이 완료되면 "Close"버튼을 클릭하여 PCB Router창을 닫음
8. 완료된 배선이 완료되면 Fix된 Cline과 Via를 Unfix( )아이콘으로 해제시킴
9. 메뉴 Check - Design Status를 클릭하여 배선 상태를 확인

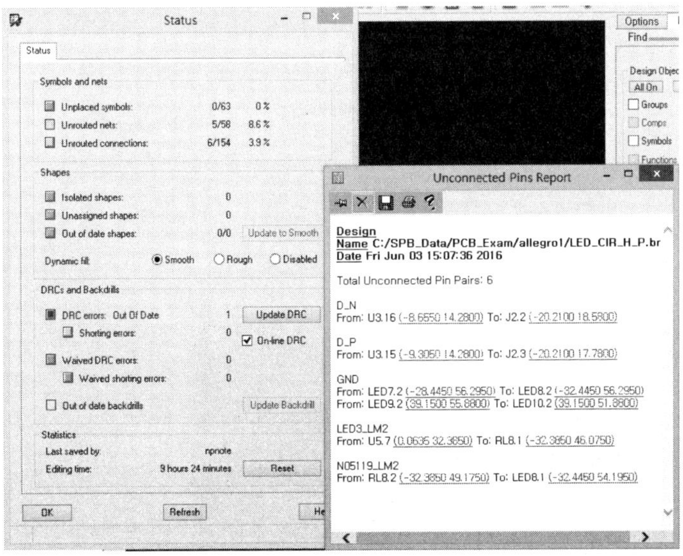

11-4 : Edit Route

배선 생성 후 수정 관련 명령에는 Slide, Vertex, Change Width, Gloss 등이 있다.

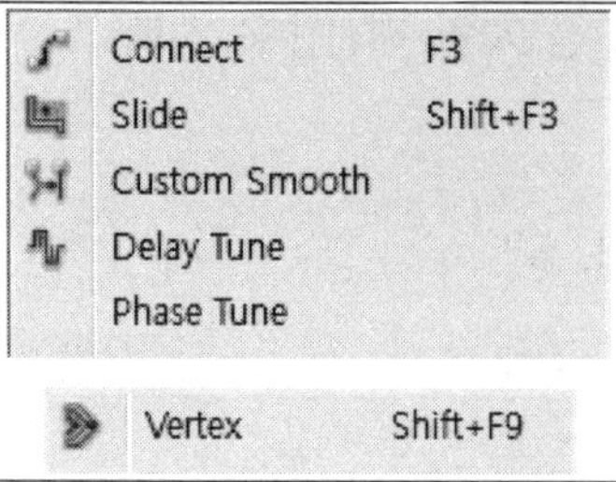	Connect: 배선 생성 기능 Slide: 이미 그려진 배선을 밀거나 당겨서 수정 Custom Smooth: 기존 그려진 배선의 꺽인 부분을 최단거리로 수정 Delay Tune: Constraint Manager에서 설정한 Total Etch Length와 Propagation Delays 값에 맞게 배선을 수정 Phase Tune: Static Phase 값에 맞게 배선을 수정 Vertex: 배선이나 라인에 꼭지점을 수정 또는 추가

[Lab 11-4] Edit Route (Slide / Change / Replace Etch / Cut)

- **Slide**

※ 배선을 밀고 당기는 등의 수정 기능을 한다.

1. 메뉴 Route - Slide를 클릭
2. Connect Line을 클릭하여 배선의 위치를 수정

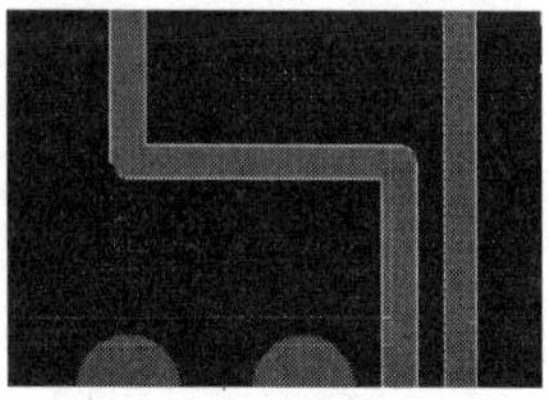

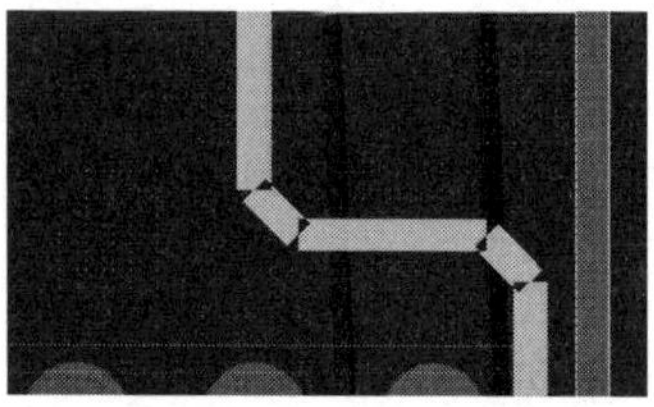

- **Change**

※ 레이어 변경, 배선 굵기, 글자의 크기, 글자 작성 방향 등을 변경이 가능하다.

1. 메뉴 Edit - Change Object를 클릭
2. Find 탭에서 "All Off"를 클릭 후 **Cline** 또는 **Cline Segs**를 체크

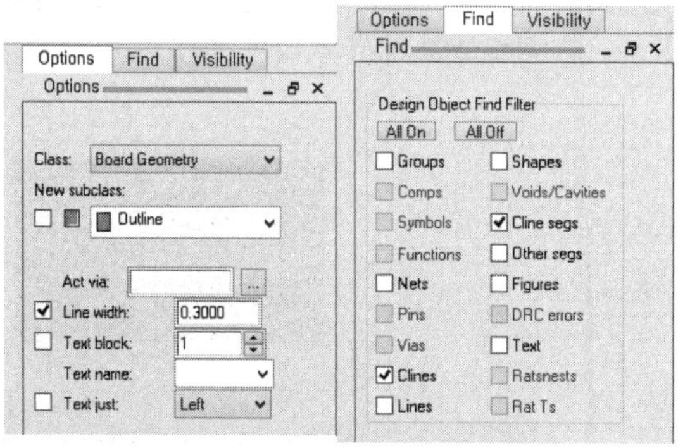

3. Width를 변경할 Connect Line을 클릭한다.

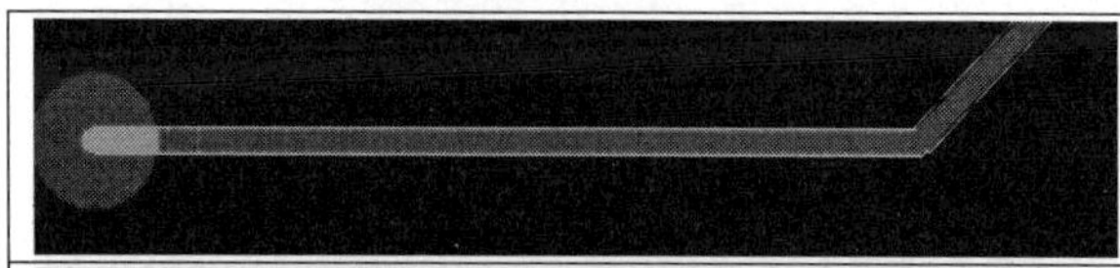	<변경 전>
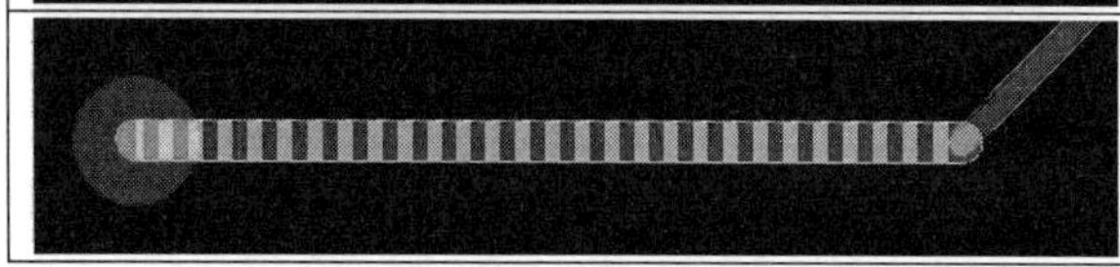	<변경 후>

■ Replace Etch

※ 배선 작업 시 기존 작업된 배선을 지우고 신규 배선을 우선적으로 적용된다.

1. 메뉴 Route - Connect를 선택한다.
2. Option 탭의 Replace etch 항목에 체크한다.

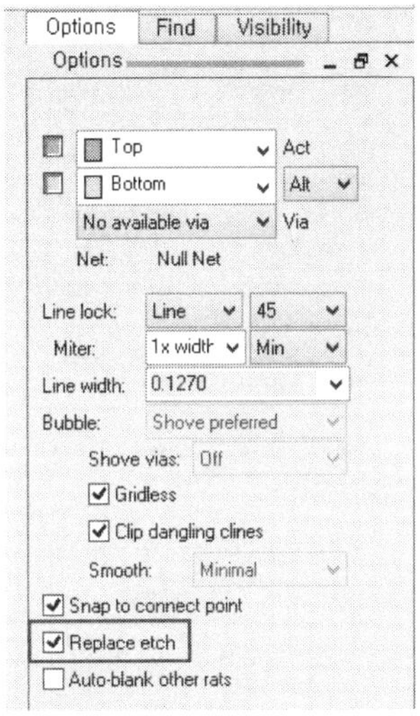

3. 기존 배선에 추가하여 배선을 함

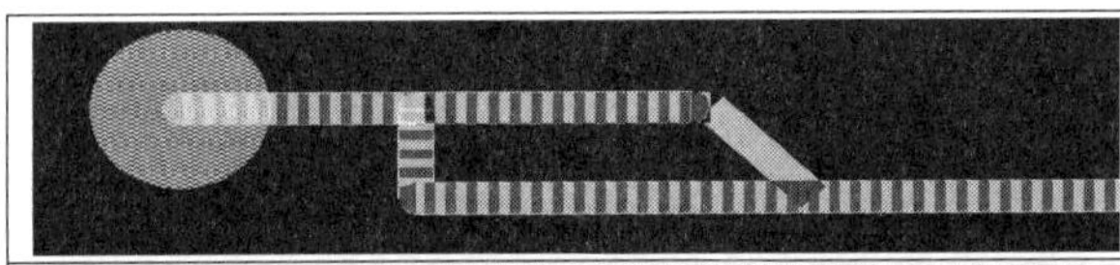
<변경 전>

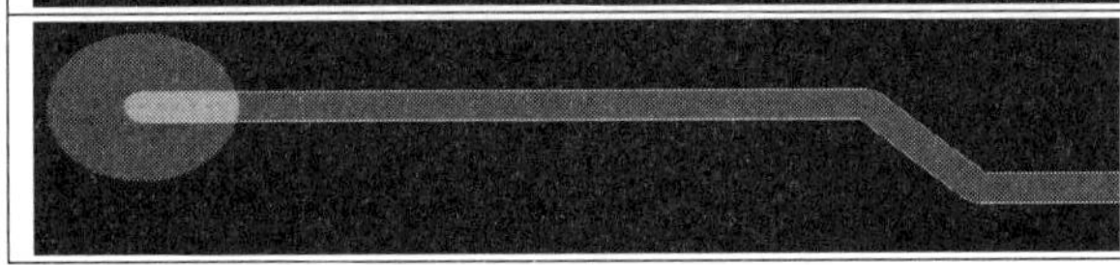
<변경 후>

■ Cut

※ 작성된 배선 중 일부 구간을 잘라낸다.

1. 메뉴 Edit - Delete를 클릭
2. Find 탭에서 "All Off"를 클릭 후 Cline Segs를 체크
3. 빈 공간에서 우클릭 - Cut을 선택
4. 잘라낼 Cline을 선택
5. 시작부분과 끝부분을 클릭한 후 잘라낼 부분이 표시되면 클릭하여 삭제

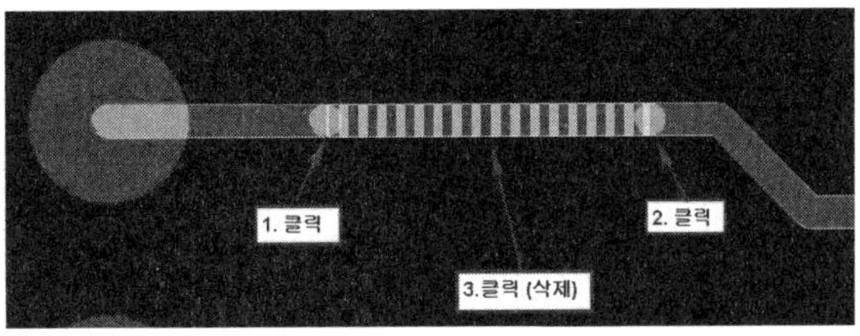

[Lab 11-5] 배선작업

1. 모든 DRC 규칙에 어긋나지 않게 배선 작업을 진행

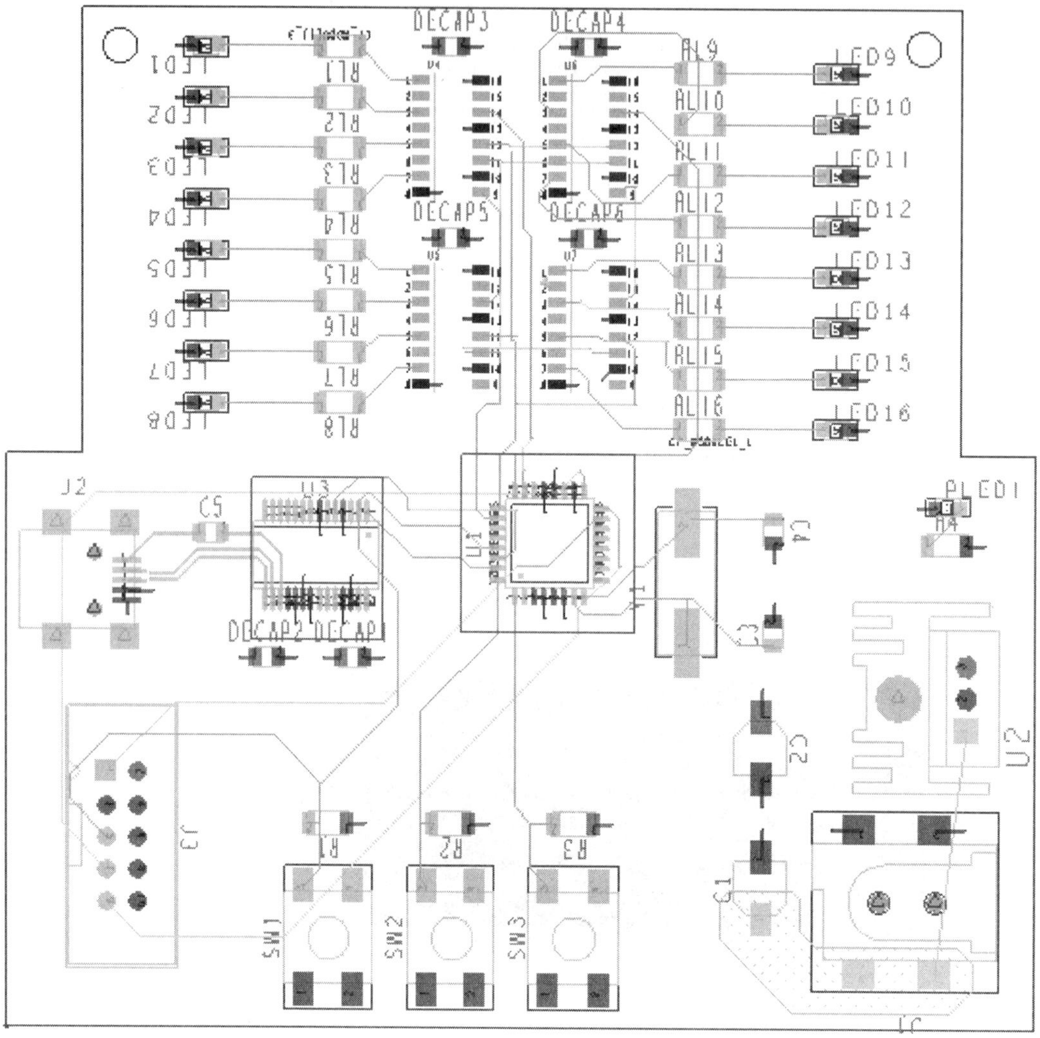

11-5 : Gloss (TearDrop, Tapered Trace)

Gloss는 배선을 다듬거나 배선의 코너를 Arc로 변경작업, TearDrop과 Tapered Trace등 배선 작업의 후처리 과정이다.

TearDrop는 Pin 또는 Via와 배선의 접점 부분을 보강하기 위한 방법으로 Pin과 Via 주변에 눈물방울모양으로 보강하는 것을 말한다.

Tapered Trace는 배선의 두께가 서로 다른 두 배선이 접하는 부분의 두께를 서서히 변화를 주는 방법으로 Trace의 Impendence가 급격하게 변하는 것을 방지한다.

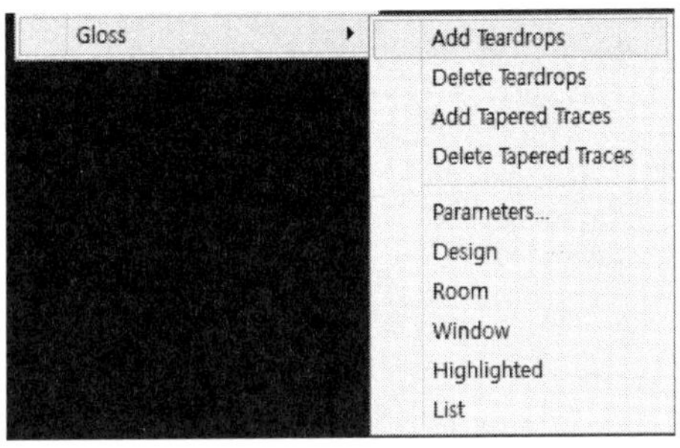

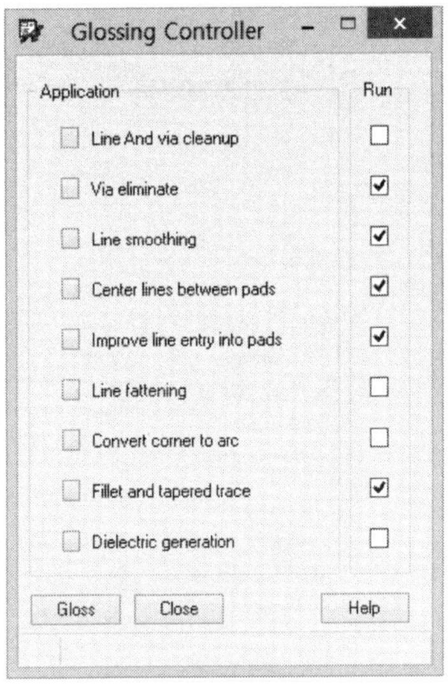

[Lab 11-6] Gloss 작업

- **Line smoothing**

1. 메뉴 Route - Gloss - Parameters를 선택
2. Glossing Controller창에서 Application에서 Line smoothing 앞 사각형을 클릭
3. **Convert 90' to 45's**와 **Extend 45's** 항목을 체크
4. Corner Type에 **45**를 체크 후 "OK"을 클릭
5. Glossing Controller 창에서 Line Smoothing만 Run을 체크 후 "Gloss"를 클릭

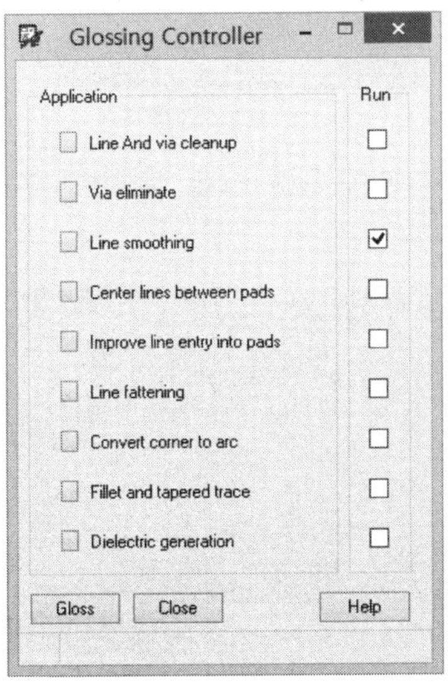

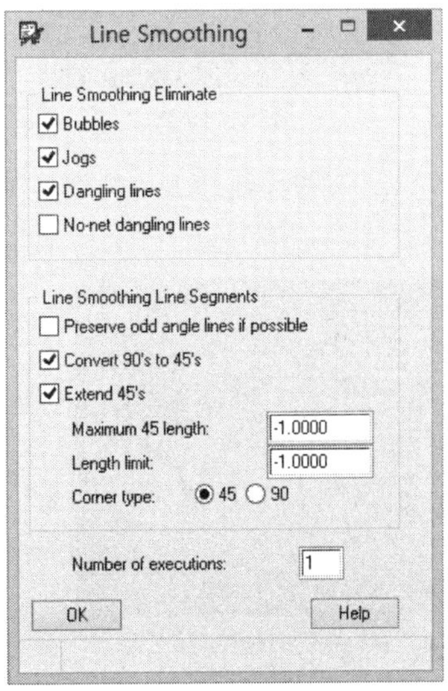

■ Teardrop(Fillet), Tapered Trace

1. 메뉴 Route - Gloss - Parameters를 선택
2. Glossing Controller창에서 Application에서 Fillet and tapered trace 앞 사각형을 클릭
   - Global Options항목에서 필요항목에 체크 (**Curved, Allow DRC, Unused nets**)
   - Fillet Option에서 Desired angle(Fillet 각도)를 **30**으로 설정
   ※ 각도가 작을수록 Fillet 기울기는 커진다.
3. Tapered Trace Option의 Tapered Trace에 체크한 후 Desired angle에 **60**을 입력
4. "OK" 버튼을 클릭 후 창을 닫음

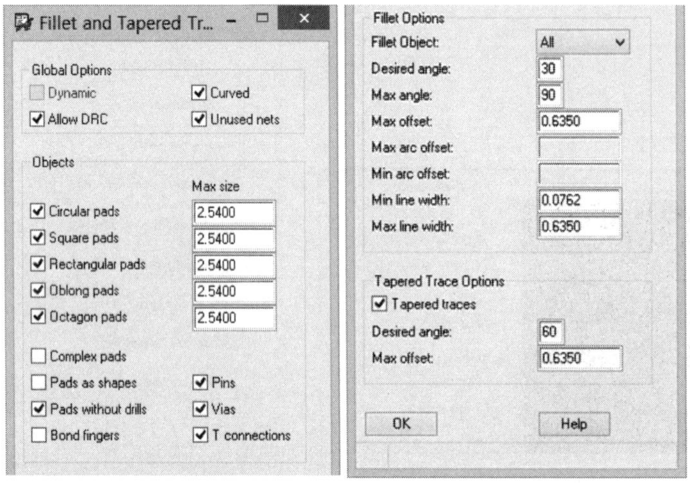

5. 메뉴 Route - Gloss - Add TearDrop을 클릭한 다음 Find탭에서 Pin(Via) 또는 Net을 선택
※ Find탭에서 Pin을 체크하였을 경우 해당 핀에 Tear Drop이 생성되며, Net을 체크하였을 경우에는 Net에 연결된 Pin, Via에 TearDrop이 생성된다.
6. TearDrop을 생성할 핀을 선택하거나 드래그하여 적용한다.

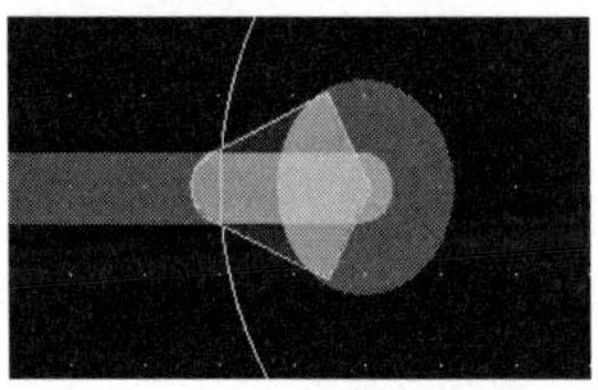
30도 적용

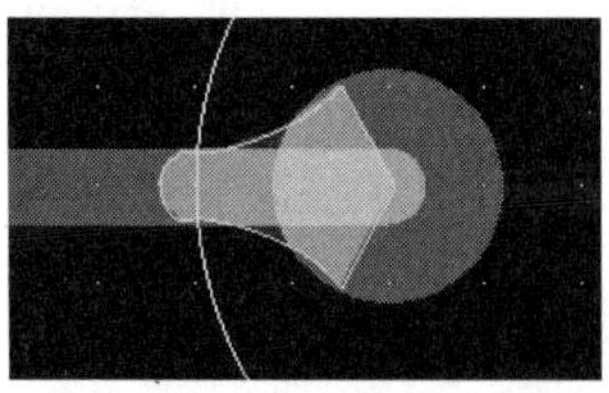
Curved 적용

7. TearDrop과 동일한 방법으로 메뉴 Route - Gloss - Add Tapered를 클릭한 다음 배선의 두께가 다른 두 배선의 접점을 클릭

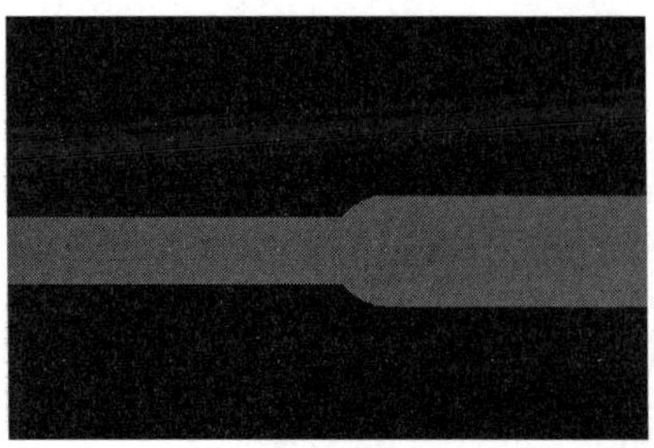
적용 전

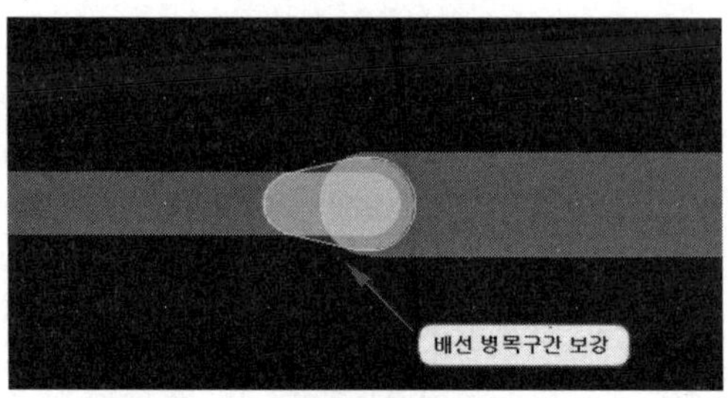

적용 후

11-6 : Shape (Copper) 생성

Shape는 채워진 면을 의미하며, Etch Layer에서 사용 시 동박에 해당하는 Copper를 생성한다. Shape는 크게 Dynamic Copper와 Static Copper를 지원한다.

	Cavity : Copper에서 비워질 영역을 설정 Dynamic Copper : Copper에 적용된 net과 일치하는 핀에만 연결되고 나머지 핀은 anti pad를 형성하는 작업을 자동으로 함 Dynamic Crosshatch : Dynamic Copper와 동작은 동일하나 채워진 면이 그물망 모양으로 채워짐 Static Solid : 생성하려고 하는 모양의 Copper를 수작업으로 폐곡면을 그려 생성함

[Lab 11-7] Shape

- **Static Shape**

※ 배선을 디자인 하거나 고전압이 흐른는 배선을 보강하는데 사용한다.

1. 메뉴 Shape - Ploygon을 클릭
2. Option탭을 설정하고 Vin Net에 Shape로 연결
   - Active Class and Subclass : **Etch / Top**
   - Shape Fill Type : **Static solid**
   - Assign net name : **Vin**

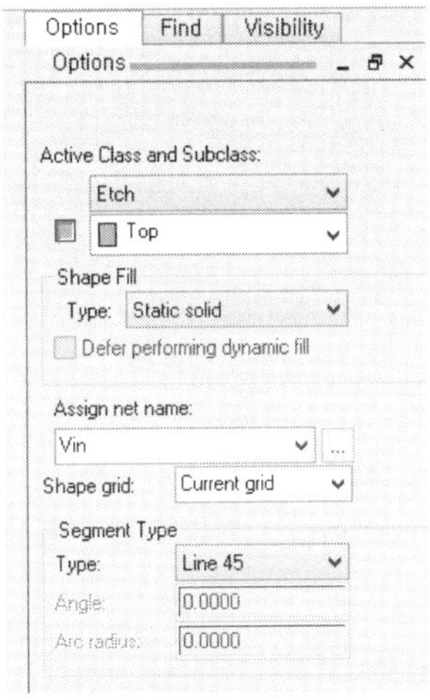

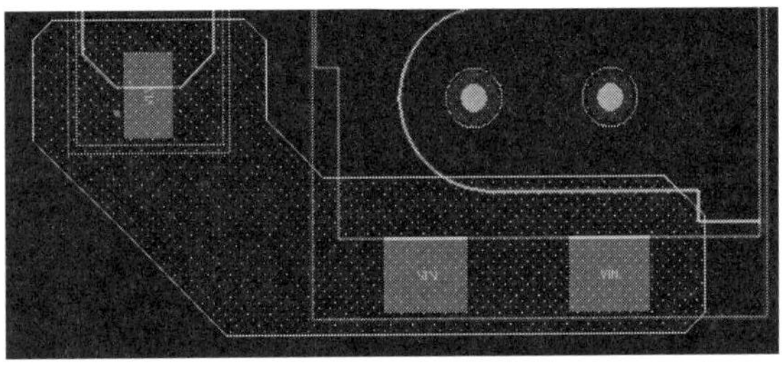

■ **Dynamic Shape (Copper)**

※ Power Net을 PCB 전체를 덮어 신호를 전달 목적으로 사용한다.

1. 메뉴 Shape - Global Dynamic Parameters를 클릭
2. Global Dynamic Shape Parameters창의 Shape file 탭의 Dynamic fill을 **Smooth**로 설정

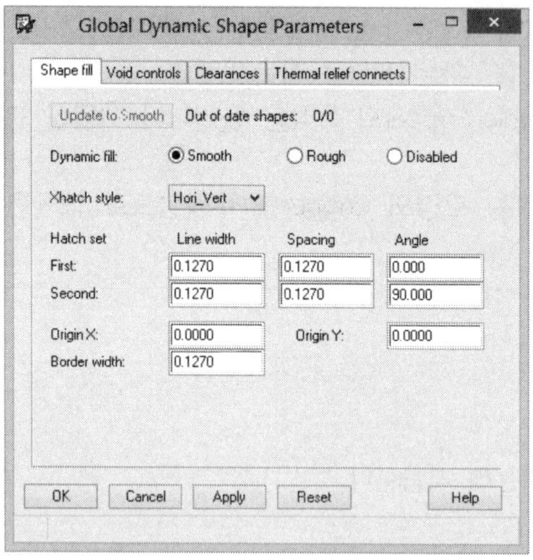

Update to Smooth : Out of date shapes가 1이상 있을 경우 Shape를 갱신함
Dynamic fill : DRC 규칙에 맞춰 Shape 생성
 - Smooth(부드럽게), Rough(거칠게), Disabled(DRC규칙무시)
Xhatch Style : Cross-hatch Shape를 생성 (격자 모양으로 Shape 생성)

3. Void control 탭에서 Artwork Format을 **Gerber RS274X**로 설정

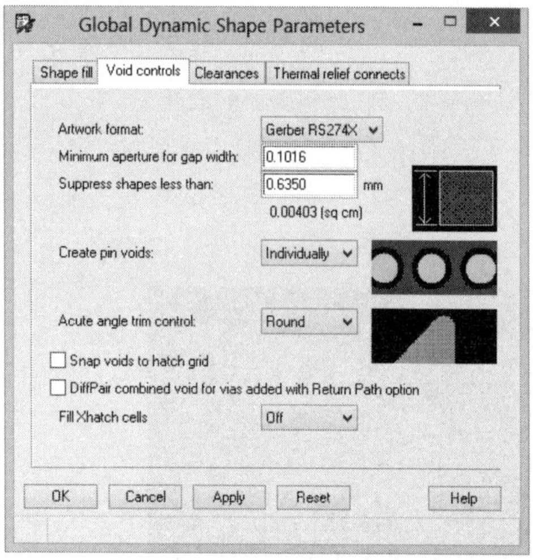

Artwork Format : PCB를 설계할 Film 스타일을 설정
Minimum aperture for gap width : aperture간의 최소 이격거리
Suppress shapes less than : Shape 생성되는 최소 면적
Create Pin voids : Pin 주의를 Void 처리 방법
 - Individually : Pin 개별로 이격
 - In-line : Distance between pins에 설정된 간격안은 Void 처리함
Acute angle trim control : 모서리의 처리방법 설정

4. Clearances 탭에서 모든 조건은 DRC로 설정

※ Thermal/anti 설정 시 Padstack Editor에서 설정한 이격거리가 설정된다.

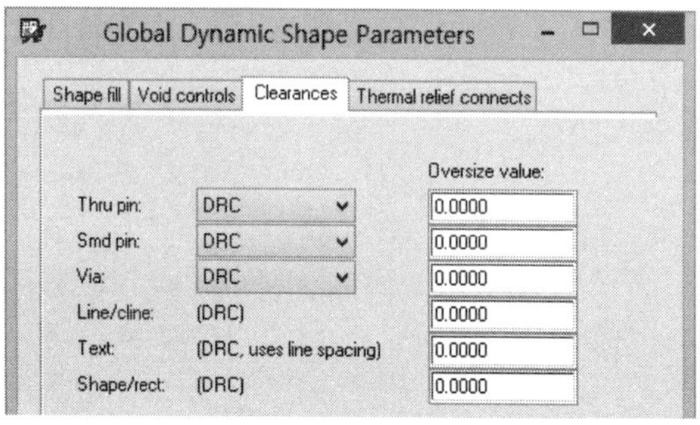

5. Thermal relief connects 탭에서 Use fixed thermal width of를 **0.254**로 설정

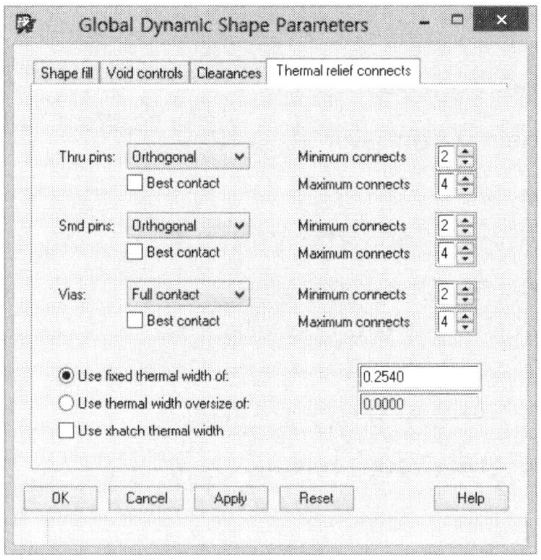

Thru pins, Smd Pins, Vias :
　각 요소마다 Shape의 모양을 설정

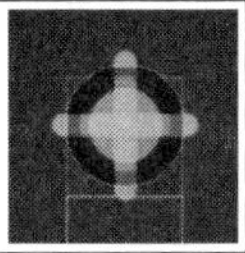	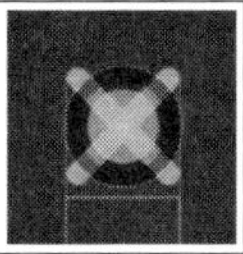	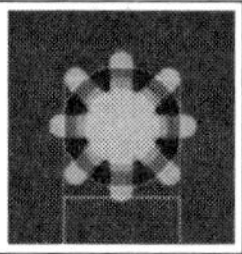	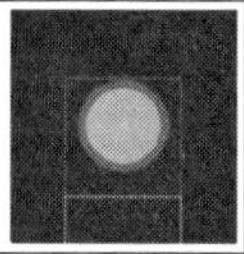	
Orthogonal	Diagonal	8 way contact	Full contact	None

Minimum/ Maximum connects :
　단열판이 생성되는 최소/최대 연결 수
Use fixed thermal width of :
　단열판의 연결선 두께를 고정
Use thermal width oversize of : DRC 규칙보다 크기설정
Use xhatch thermal width : Cross-hatch에도 단열판 적용

6. "OK"를 클릭하고 메뉴 Shape - Rectangular을 클릭
7. Option탭을 설정하고 Vin Net에 Shape로 연결
   - Active Class and Subclass : **Etch / Top**
   - Shape Fill Type : **Dynamic copper**
   - Assign net name : **GND**

8. PCB 전체를 드래그하여 적용
※ Route Keepin 영역 안으로 Dynamic shape (Copper)가 적용
9. Bottom 층에도 **GND** Net으로 Copper 작업

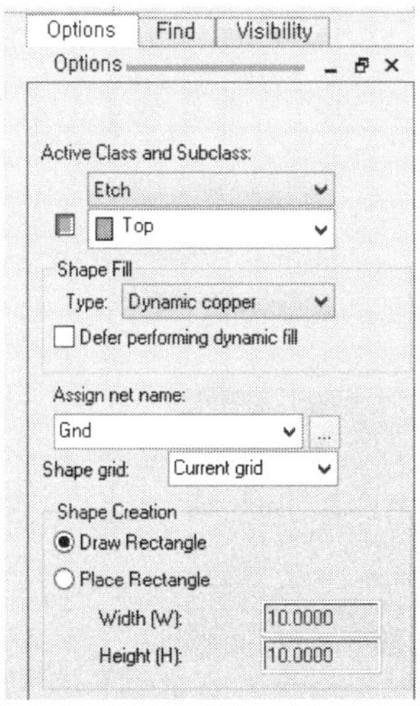

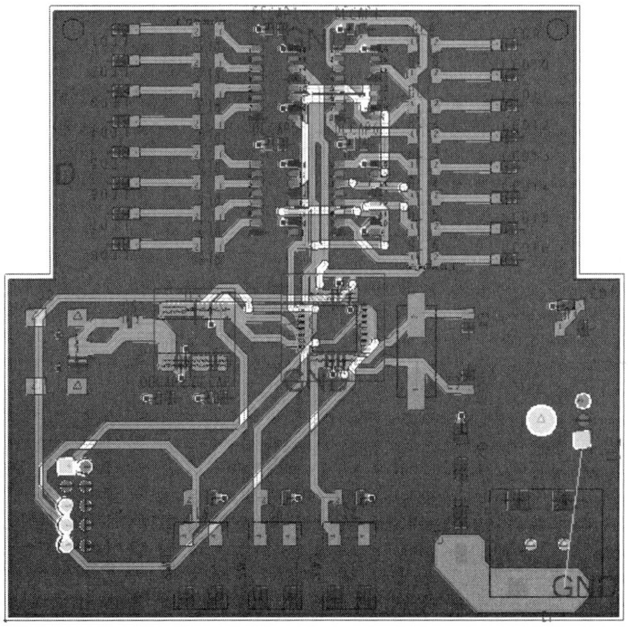

■ **Delete Unconnected Copper (Delete Islands)**

※ Dynamic Copper 생성 후 어디에도 연결되지 않은 Copper 조각을 Island 또는 Isolated shape라 하며, 자동 또는 수동으로 제거할 수 있는 기능을 제공한다.

1. 메뉴 Shape - Delete Unconnected Copper를 클릭
2. Option탭에서 Net의 **First**와 **Next**를 클릭하여 Unconnected Copper를 확인
3. 필요한 Unconnected Copper는 **Via**를 생성, 그 외는 "Delete all on layer"를 클릭하여 제거

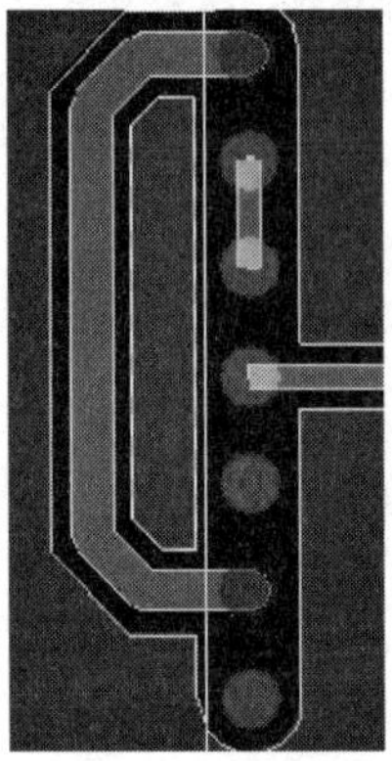

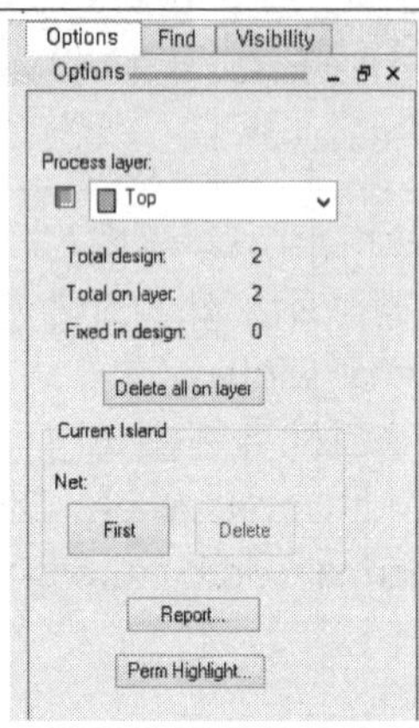	Process Layer : Island Shape가 있는 경우 레이어 표시 Total Design : 총 Island Shape 수 Total On layer : 현재 레이어의 Island 수 Fixed in design : 삭제가 안 되도록 고정된 Island 수 Delete all on layer : 모든 Island를 삭제
	Current Island : First / Next : Isolate Shape 위치로 이동 Delete : 수동으로 Isolate Shape삭제

■ **Copper void Option**

1. Copper를 일부 제거하는 기능으로 메뉴 Shape - Manual Isolation/Cavity – Polygon 또는 Rectangular ....을 선택
2. Board에 적용된 Copper 중 제거할 Shape를 클릭하여 선택
3. 제거할 부분을 마우스로 드래그하여 작성
4. 완료 후 우클릭 - Done을 선택
5. void를 이동 복사 삭제 할 때는 Shape - Manual Isolation/Cavity - Delete/Move/Copy를 선택

■ **Merge Shape**

1. 수동으로 그려진 다수개의 shape를 하나로 합쳐주는 기능으로 메뉴 Shape - Merge shape를 선택
2. 합칠 shape을 선택한 후 우클릭 - Done을 클릭

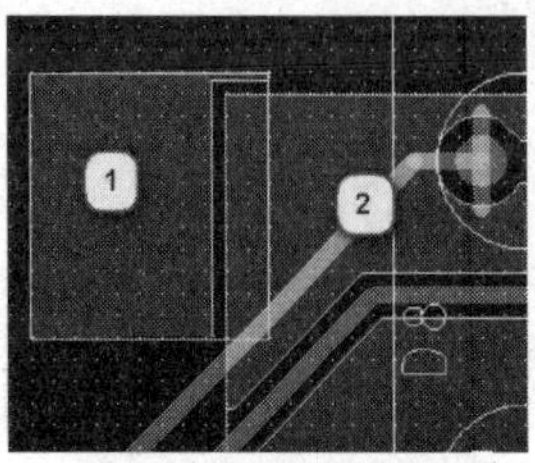

Merge 전

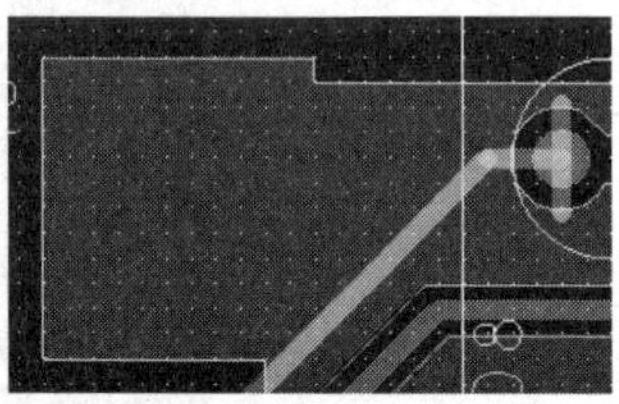

Merge 후

11-7 : Plane

◆ Split Planes

내층 Plane을 분할하여 사용할 경우 Anti Etch를 이용하여 직관적이고 빠른 분할 작업을 지원한다.

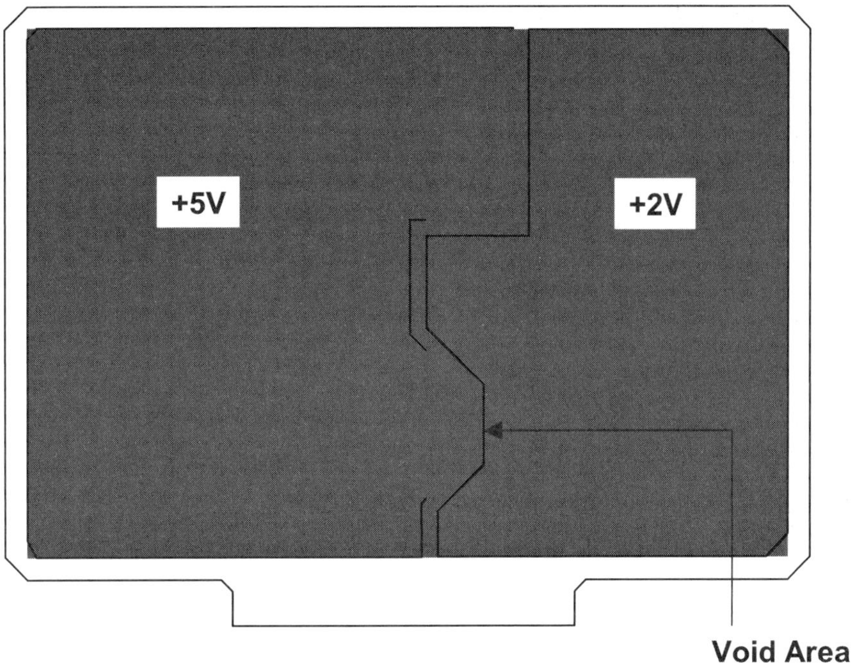

■ Split Plane 방법

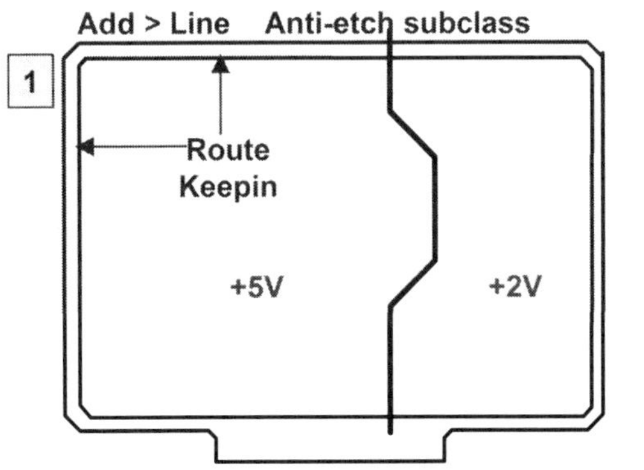	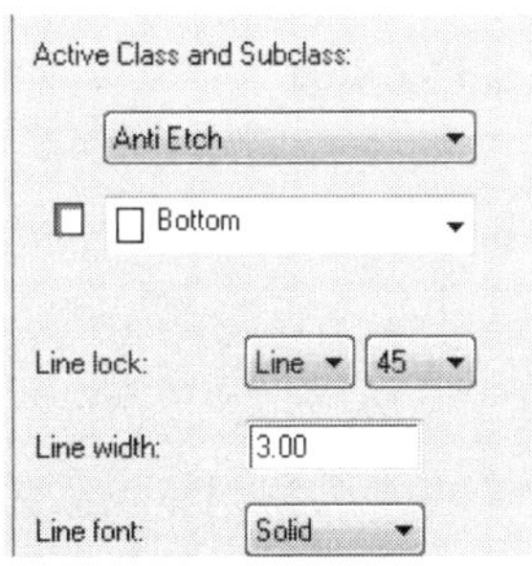	1. 메뉴 Add - Line 선택 Options Tab에서 2. Anti Etch / 작업레이어 3. Line Width: Shape간 이격될 간격
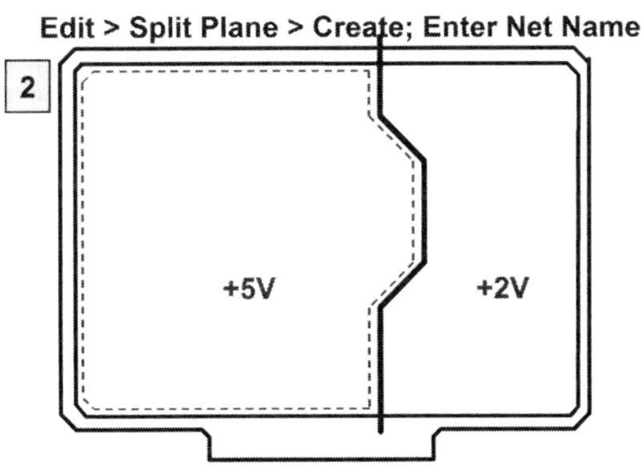	4. 분리할 Shape를 핀을 기준으로 그린다. 5. 메뉴 Edit Split Plane를 클릭한다. 6. 분리할 Shape가 있는 레이어를 선택후 Create를 클릭 7. 지정한 첫 번째 영역이 하이라이트 되고 Select s net 창이 나타난다. 8. 첫 번째 영역의 넷이름을 선택하고 OK를 클릭	

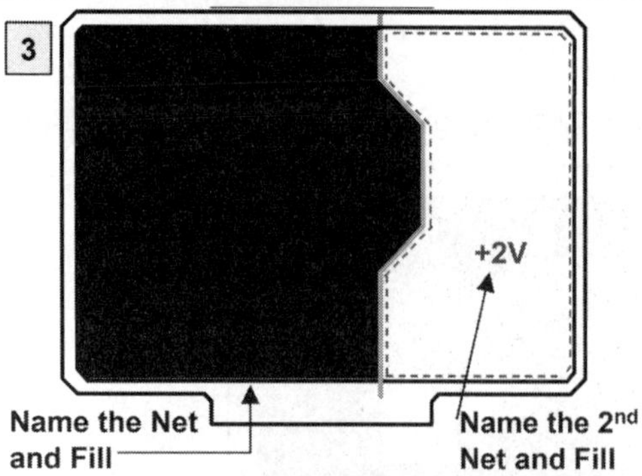	9. 두 번재 영역의 Shape가 하이라이트되면 Select a net창에서 넷이름을 선택한다. *** 영역은 여러개를 나눌수 있으며, Select a net 에서 넷의 이름이 보이지 않을 때에는 *를 입력하면 전체넷이 나타난다.
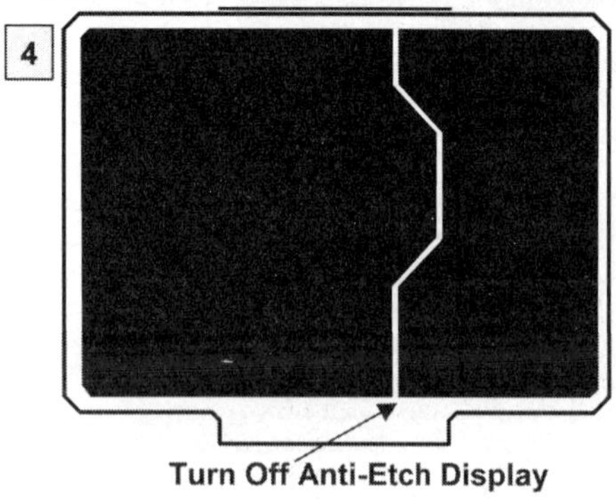	10. Color에서 Anti Etch의 컬러설정을 해제하면 분리된 Shape를 확인 할 수 있다.

[Lab 11-8] Plane 생성

- **Shape 생성하기**

1. 메뉴 Shape – Rectangular 클릭
2. Options 탭에서 아래와 같이 설정
   Active Class and Subclass : **Etch/In_1**
   Assign net name : **GND**
3. Board outline 이 포함된 전체 영역에 Shape 생성

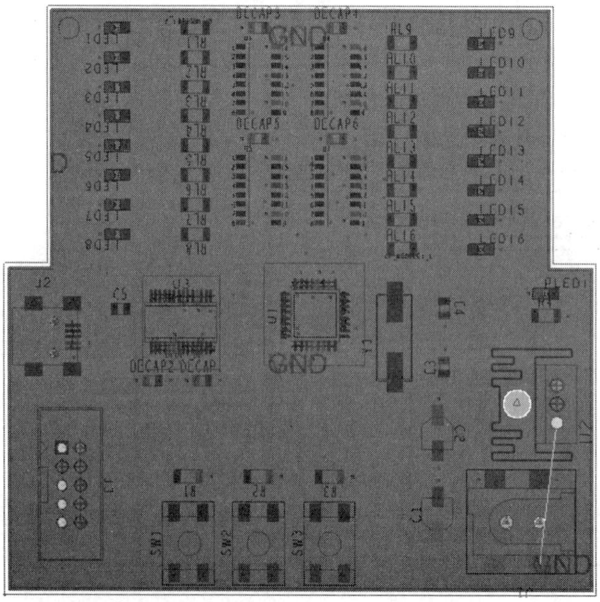

4. 1~3 과정으로 아래와 같이 Shape 생성
   Active Class and Subclass : **Etch/In_2**
   Assign net name : **VCC**

■ **Split Plane 방법**

1. 메뉴 Add – Line 클릭
2. Options 탭에서 아래와 같이 설정 후 아래 이미지를 참조하여 형성 (**Vin** Net 기준)
   - Active Class and Subclass : **Anti Etch / In_2**
   - Line lock : **line / 45**
   - Line width : **0.4 mm**

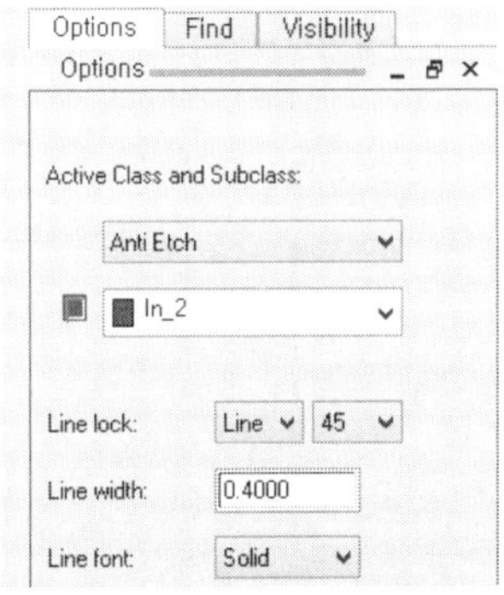

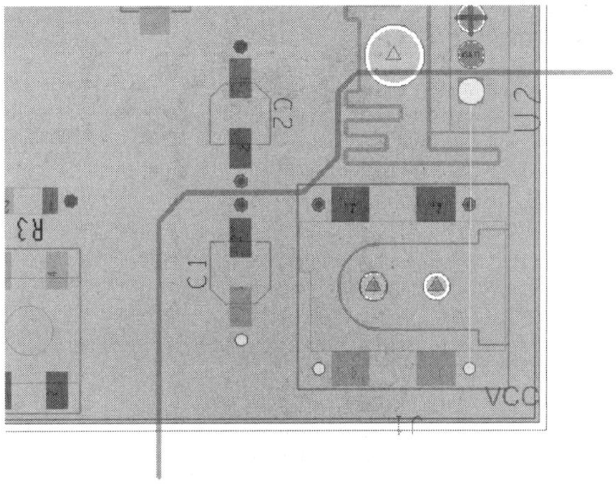

3. 메뉴 Edit – Split plane 클릭
4. 아래와 같이 설정 후 Create 클릭
   - Select layer for split plane creation : **In_2**
   - Shape type desired : **Dynamic**

5. 오른쪽 아래의 좁은 영역에 **VIN** net을 지정 후 "OK" 클릭

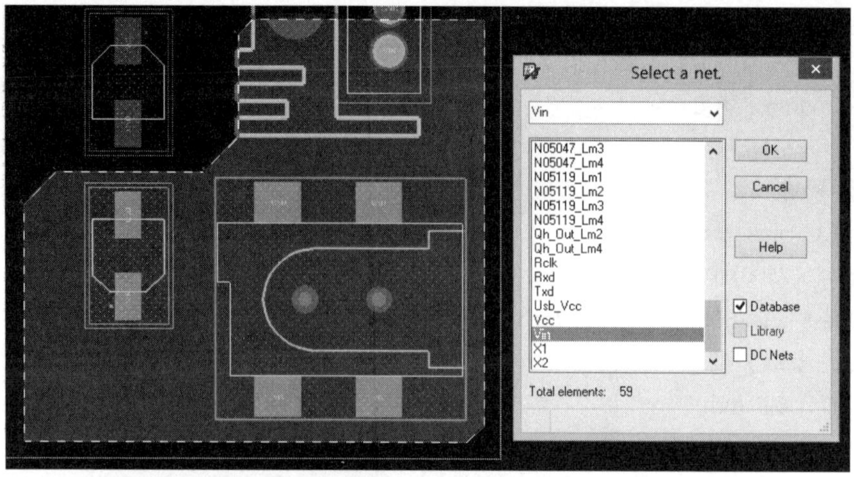

6. 나머지 지역은 VCC로 설정 후 "OK" 클릭

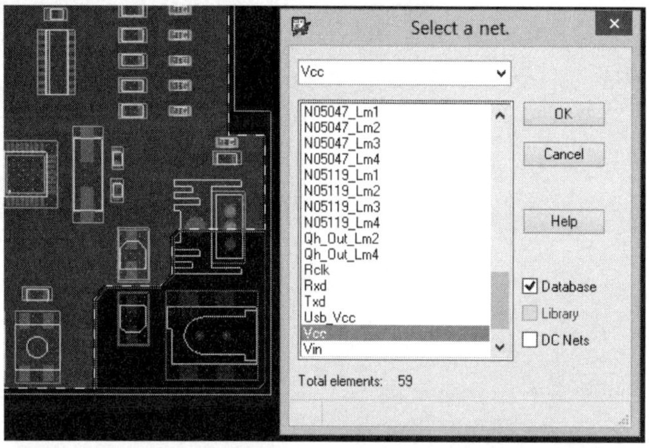

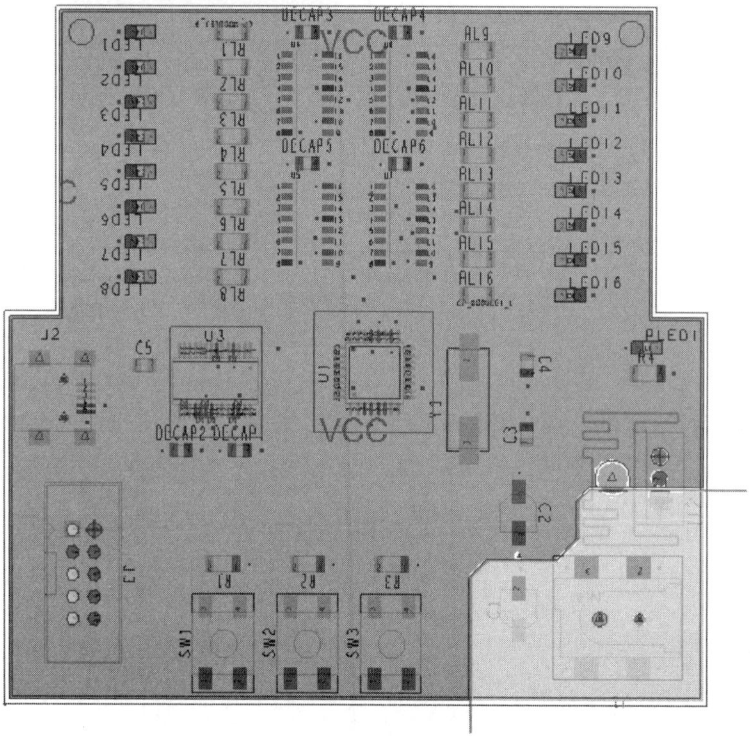

◆ **Thermal Pad Display 설정**

Plane 층을 음각형태로 Artwork 출력 시 PAD의 내층에서 사용할 PAD를 Flash로 Thermal Pad 설정을 체크해야 내층에서 연결 상태를 확인 할 수 있다.

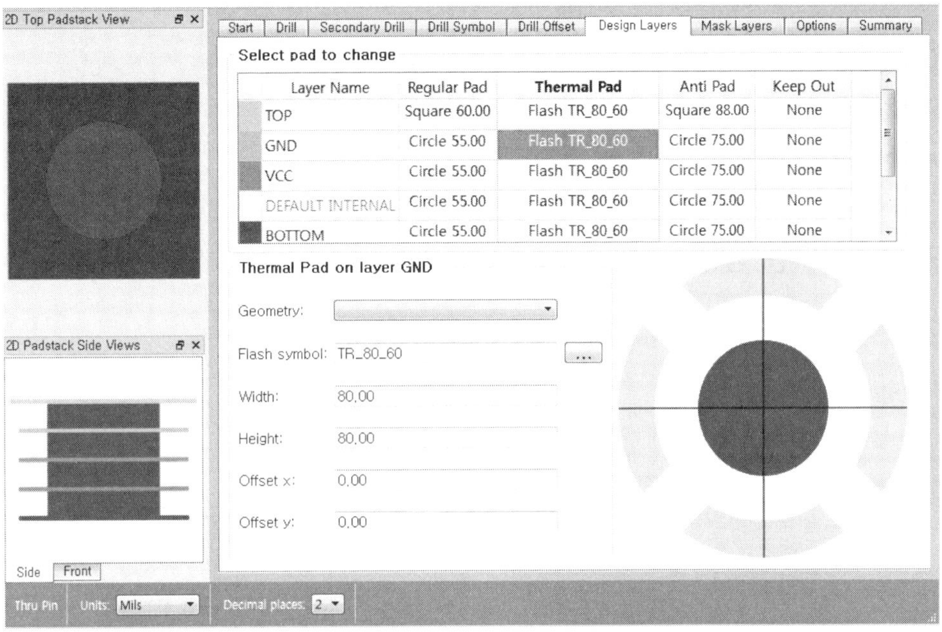

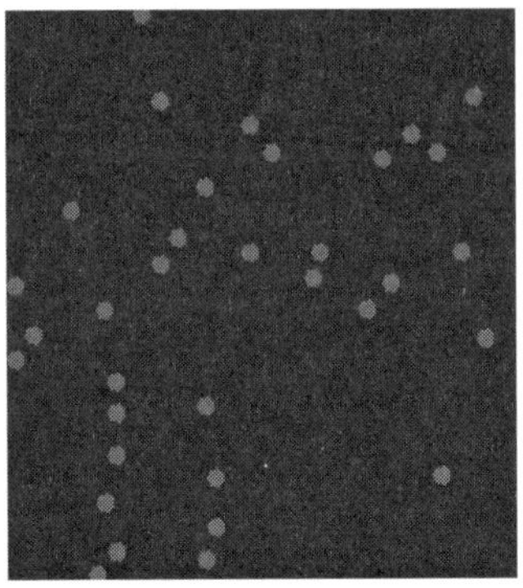

음각 설계 시 Thermal Pad를 적용하지 않았을 경우

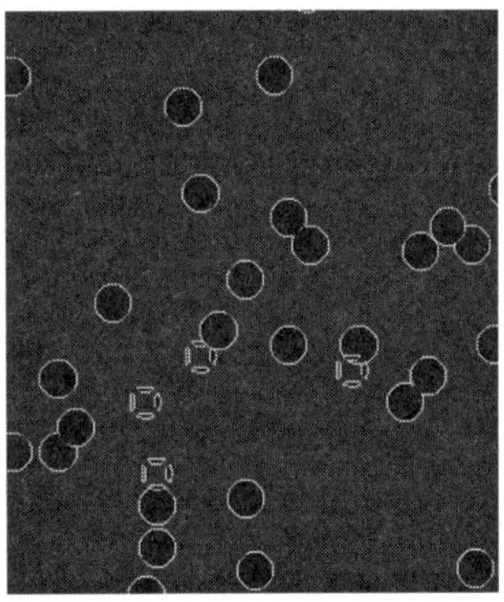

음각 설계 시 Thermal Pad를 적용하였을 경우

11-8 : Via Array

Via Array를 통한 장점은 아래와 같다.

√ EMI (Mitigates Electromagnetic Interface)

√ Crosstalk 제어

√ Resonance 제어

√ Power integrity 향상

PCB Editor는 Via Array를 생성할 수 있는 Matrix 형태와 Boundary 형태 두 가지를 지원한다.

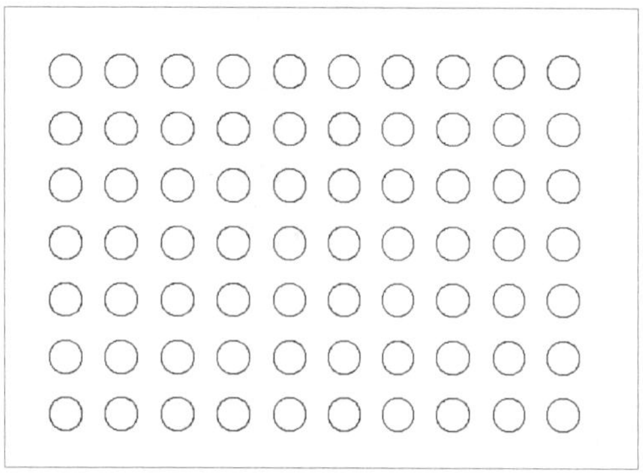

Matrix

Boundary

◆ Matrix

지정한 영역 기준, Matrix 형태로 Via를 Array하는 명령이다. 생성 영역은 사용자가 직접 지정할 수 있고, 또는 특정 Shape 또는 Board에 적용이 가능하다. 또한 Via의 종류와 Net, Via간의 간격 등에 대한 Option을 설정할 수 있다.

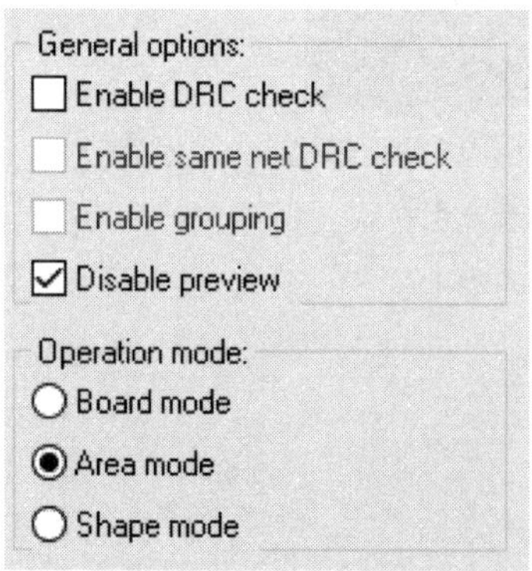

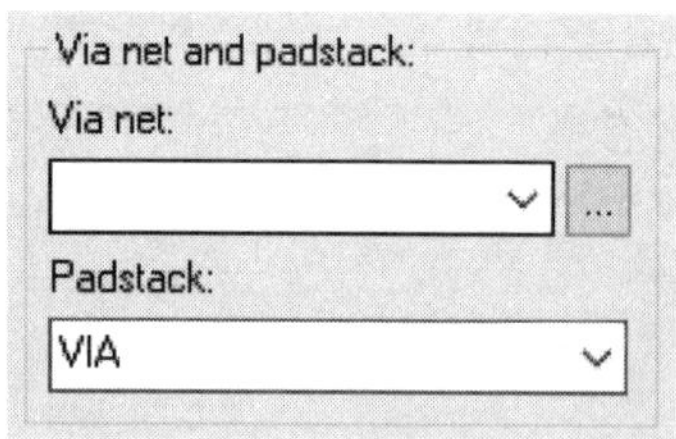

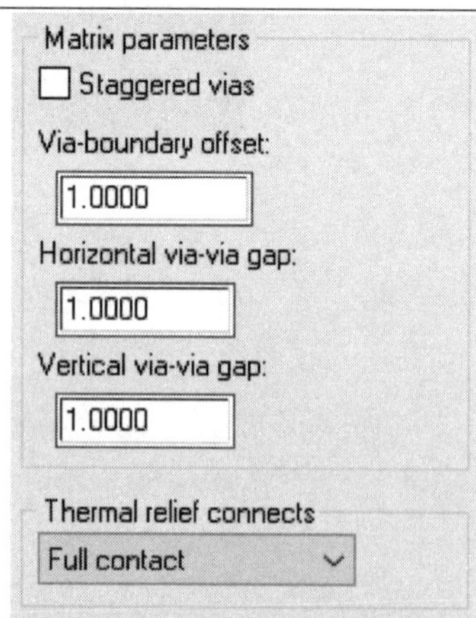

- General options : Via Array에 대한 DRC 검증 관련 설정 - Operation mode : Via Array를 생성할 기준 영역 관련 설정	- Via net : Via의 Net 설정 - Padstack : Via의 Padstack 설정	- Matrix parameters : Via의 배치 형태, 간격 관련 설정 - Thermal relief connects : Orthogonal/Diagonal/Full contact/ 8 way connect / None

◆ **Boundary**

Shape, Cline, Symbol 등의 Boundary 기준으로 Via Array를 생성하는 명령이다. Matrix와 마찬가지로 Via의 종류와 Net, Via간의 간격 등에 대한 Option을 설정할 수 있다.

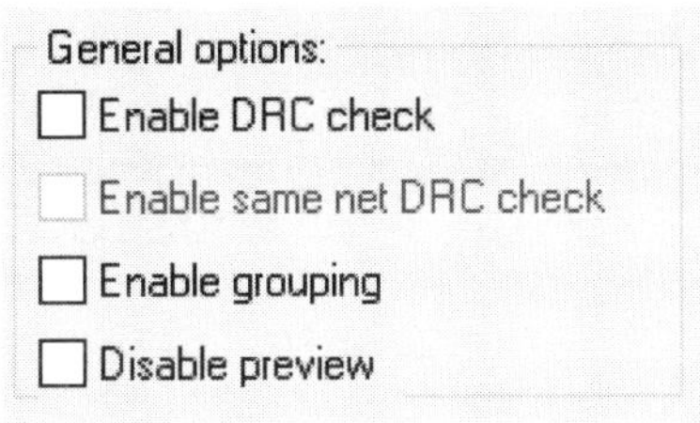	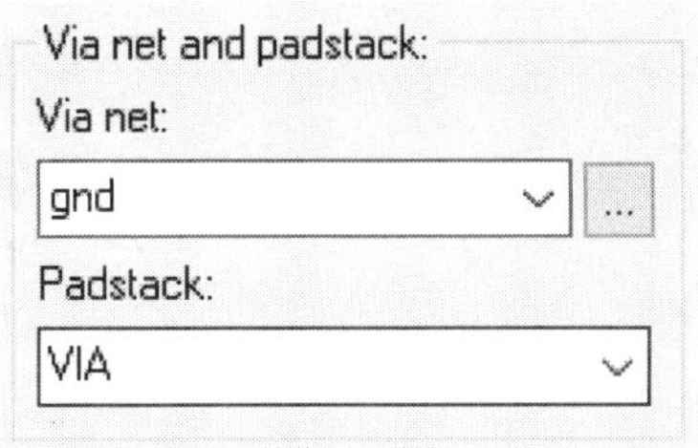
- General options : Via Array에 대한 DRC 검증 관련 설정	- Via net : Via의 Net 설정 - Padstack : Via의 Padstack 설정

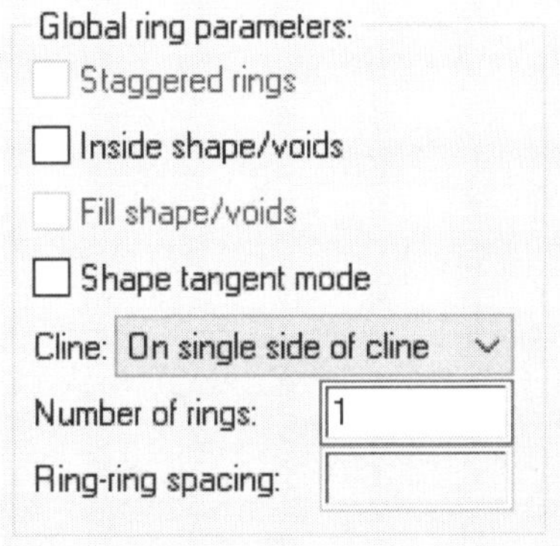	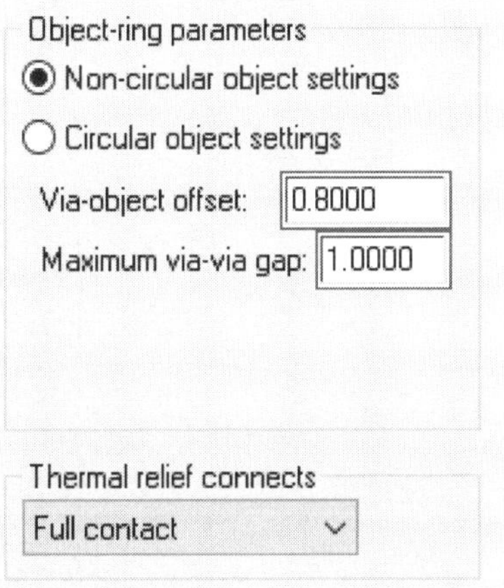
- Global ring parameters : Via의 배치 형태 관련 설정 Cline의 경우 single side/both/center 설정을 할 수 있으며, Ring 개수를 설정	- Object-ring parameters : Boundary가 Circle형태인지 아닌지에 따른 설정 및 간격 관련 설정 - Thermal relief connects : Orthogonal / Diagonal / Full contact/ 8 way connect / None

[Lab 11-8] Via Array

◆ **Matrix**

1. 메뉴 Place – Via Arrays – Matrix 클릭
2. Options 탭에서 아래와 같이 설정
   - Operation mode : **Area mode**
   - Via net : **Gnd**
   - Padstack : **VIA**
   - Via-boundary offset : **1**
   - Horizontal via-via gap : **1**
   - Vertical via-via gap : **1**
3. PCB의 여백에 Via Array를 생성할 영역을 형성

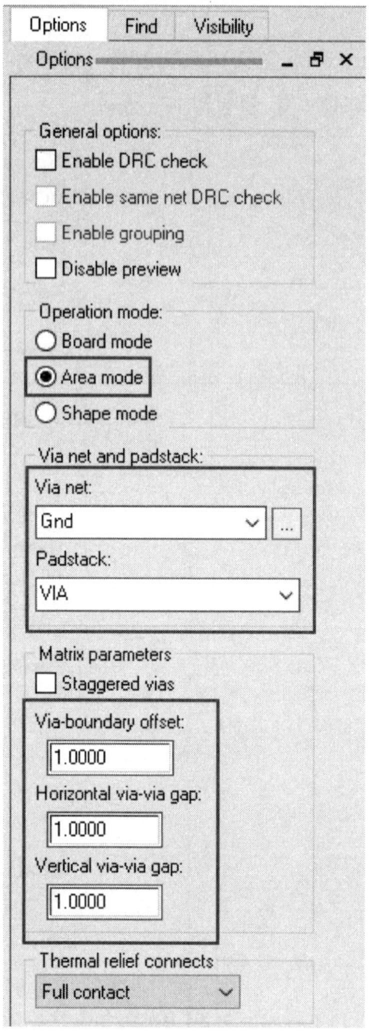
Options
Find
Visibility
Options
General options:
Enable DRC check
Enable same net DRC check
Enable grouping
Disable preview
Operation mode:
Board mode
Area mode
Shape mode
Via net and padstack:
Via net:
Gnd
Padstack:
VIA
Matrix parameters
Staggered vias
Via-boundary offset:
1.0000
Horizontal via-via gap:
1.0000
Vertical via-via gap:
1.0000
Thermal relief connects
Full contact

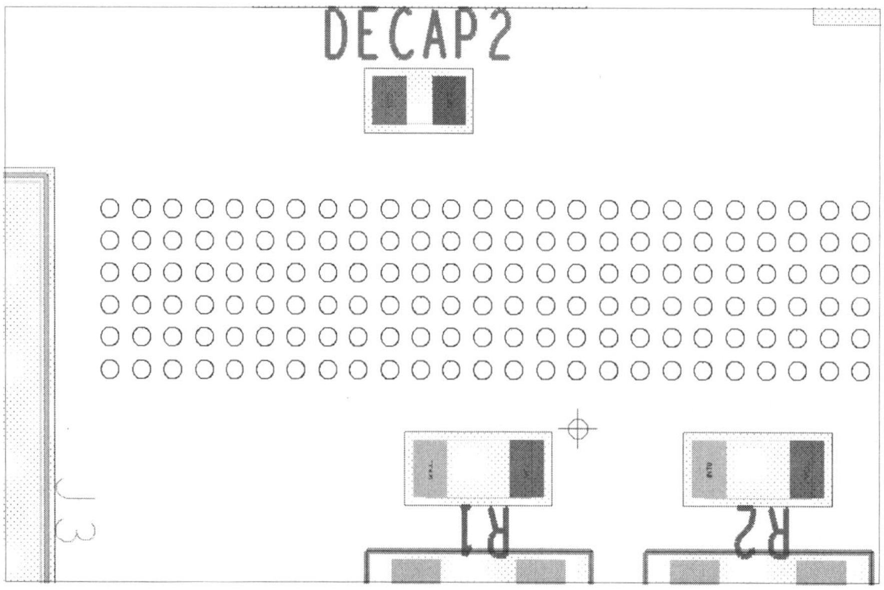
DECAP2
R1
R2

◆ **Boundary**

1. 메뉴 Place – Via Arrays – Boundary 클릭
2. Options 탭에서 아래와 같이 설정 후 Cline 중 하나를 선택
 - Via net : **Gnd**
 - Padstack : **VIA**
 - Cline : **On both sides of cline**
 - Via-object offset : **0.4**
 - Maximum via-via gap : **1.2**

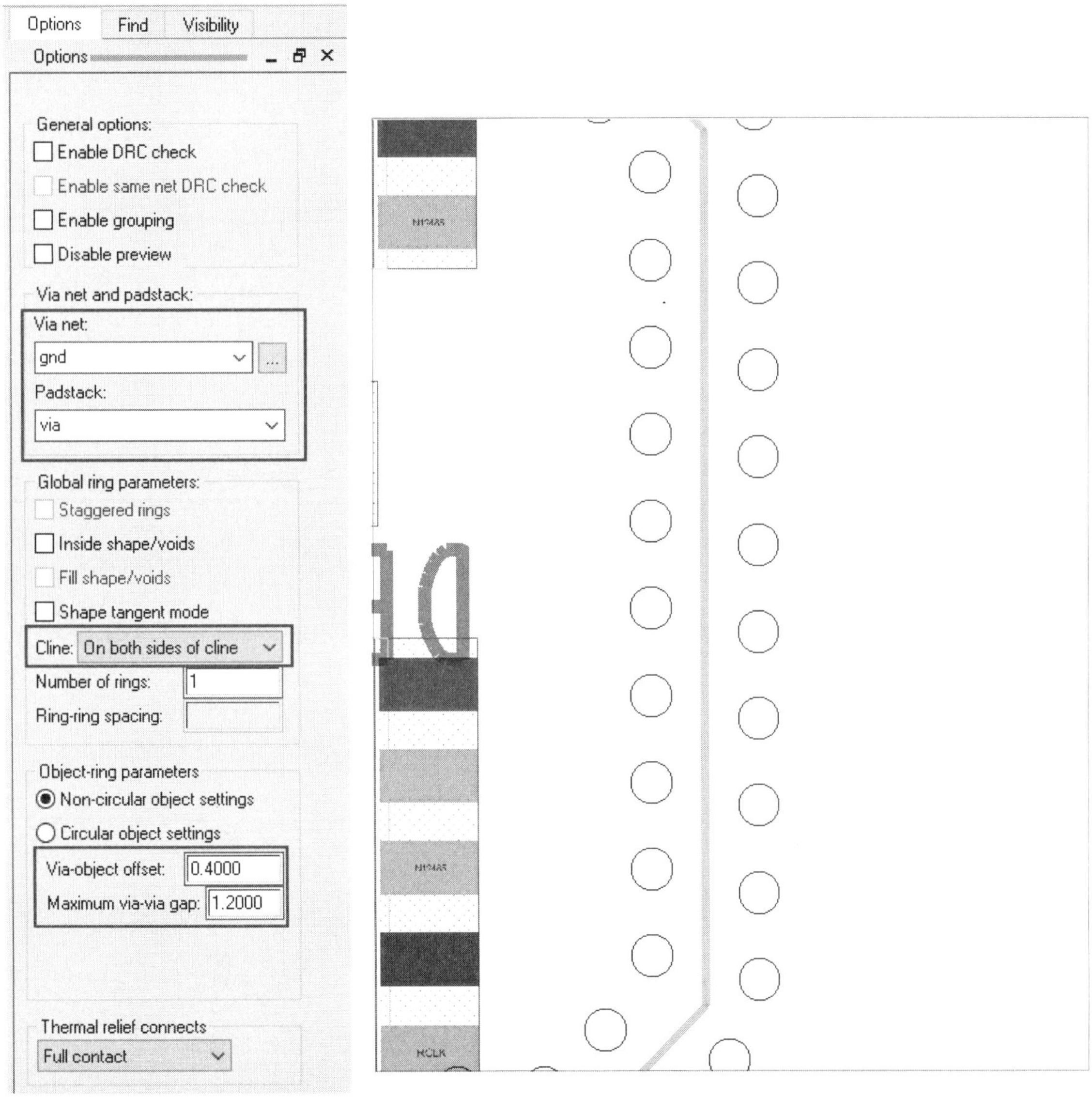

Chapter 12 DRC, Report

12-1 : DRC(Design Rules Check)

PCB Editor는 Constraint Manager에서 기입된 Rules을 기반으로 설계되며, 만약 Rules을 위배하는 경우에 Errors marker 및 Report를 생성한다. 설계자는 이를 참조하여 Rules 에 위배되는 곳을 수정할 수 있다.

◆ Error marker

Error가 있다면 위배되는 지점에 아래와 같은 DRC Marker가 형성된다. DRC Marker 내에는 문자가 형성되며, 만약 아래와 같이 L, K인 경우 Line과 Keepout 간의 Error임을 나타낸다. 또한 일부의 Rules을 제외하면, Constraint Manager의 Rules은 기본적으로 실시간(On-line) 검증 시스템이다. 따라서 Error를 수정하는 경우에 Error markers는 자동으로 제거된다.

또한 Error marker 위에 마우스 커서를 올리면, Datatip으로부터 간략한 정보를 볼 수 있다.

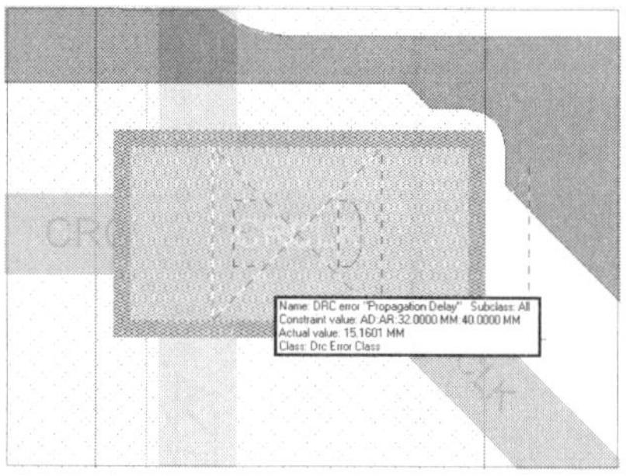

◆ Design Status

Symbol의 배치, 연결 정보 뿐 아니라 DRC error의 집계, 또한 Shape의 Island 발생 정보 등을 확인 할 수 있다. (메뉴 Check - Design Status)

<table>
<tr><td rowspan="4">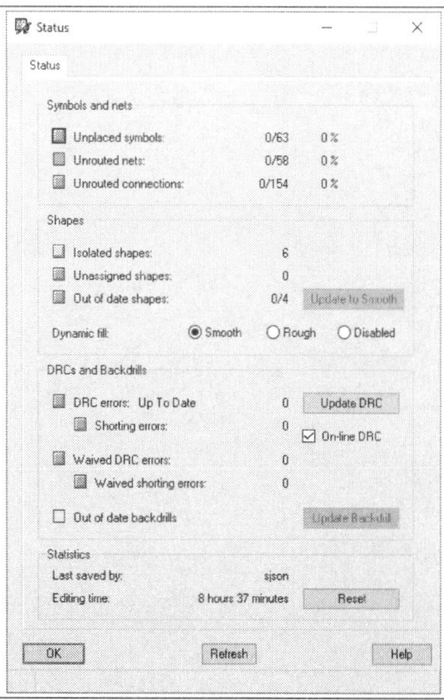</td><td>Symbols and nets:
Unplaced symbols : 배치되지 않은 부품 수
Unrouted nets : 연결되지 않은 Net 수
Unrouted connections : 연결되지 않은 Rat 수</td></tr>
<tr><td>Shapes:
Isolated shapes : 연결되지 않고 떨어진 Shape 수
Unassigned shapes :
Net 설정이 되지 않은 Shape 수 (Dummy Net)
Out of date shapes :
제약조건에 충족하지 않은 Dynamic Shape 수</td></tr>
<tr><td>DRCs:
DRC errors : 제약조건을 위배된 곳의 수
Shorting errors : 단선된 곳의 수
Waived DRC errors : 설계자가 DRC 규칙을 무시한 곳의 수
Waived Shorting errors : 단선에러를 무시한 곳의 수</td></tr>
<tr><td>Refresh : DRC 규칙을 다시 검사</td></tr>
</table>

만약 Shapes에서 Isolated shapes가 발견된다면 Delete unconnected copper 명령을 이용하여 검색 및 제거가 가능하다. (메뉴 Shape – Delete Unconnected Copper)

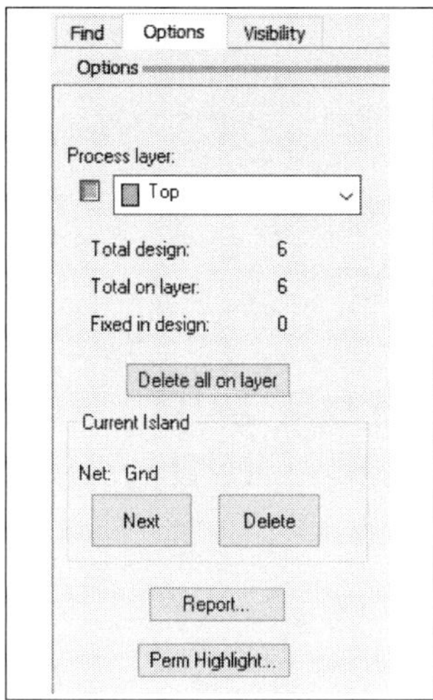

Process layer : Isolate Shape이 있는 Layer Delete all on layer : Process layer의 모든 Isolate Shape를 삭제
Current Island : First / Next : Isolate Shape 위치로 이동 Delete : 수동으로 Isolate Shape삭제

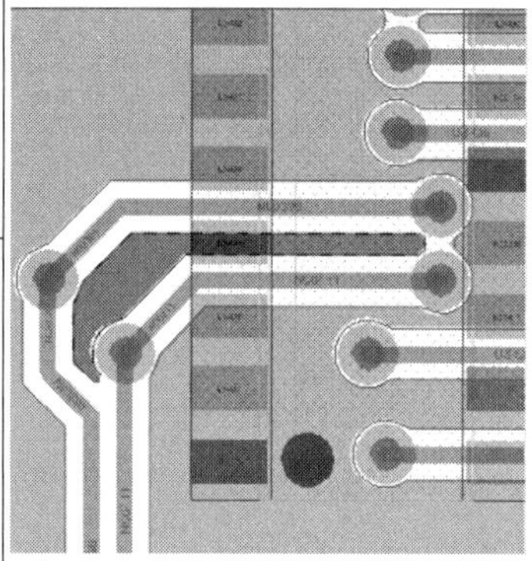

[Lab 12-1] Design Status

1. 메뉴 Check – Design Status 클릭
2. 모든 항목이 녹색으로 되는지 확인

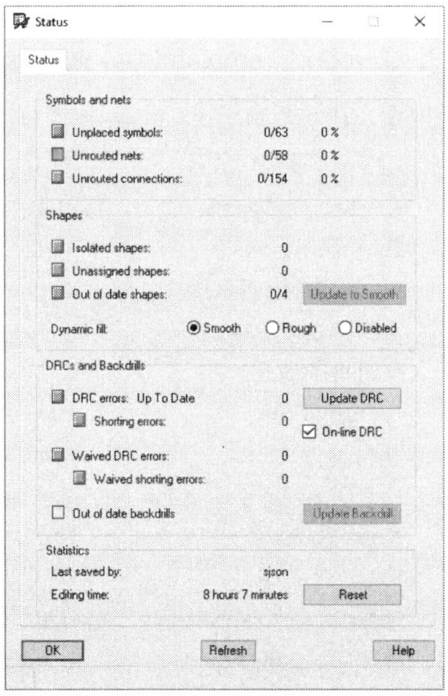

3. 경고 및 에러가 있는 부분을 수정하여 모든 항목이 녹색이 되도록 변경

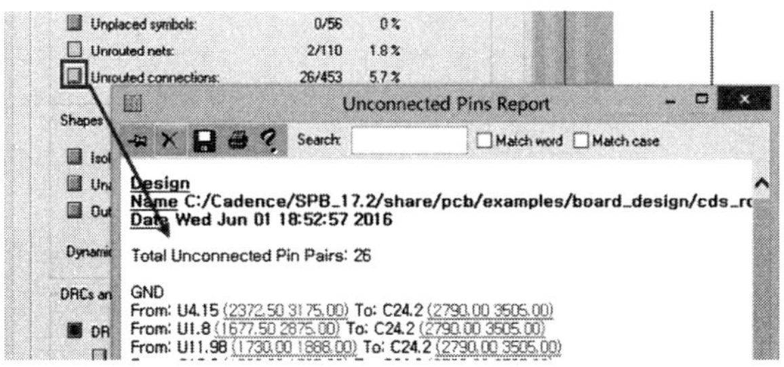

12-2 : Database check

PCB Editor의 설계 파일에 이상이 있는 경우, Database Check(DBDoctor)를 이용할 수 있다.
(메뉴 Check – Database Check)

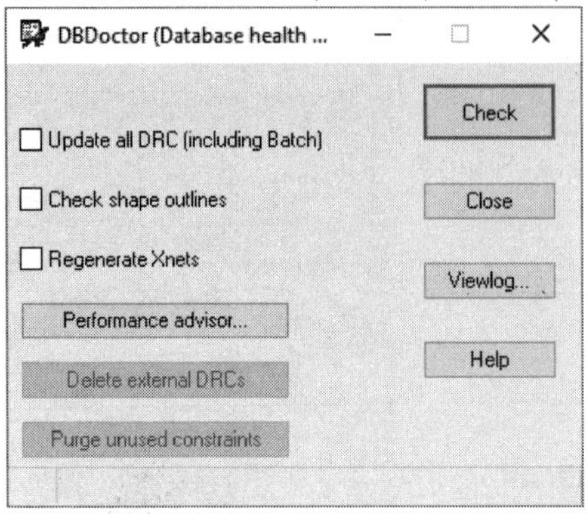

Update all DRC (including Batch) :
모든 규칙을 업데이트함
Check shape outlines :
Shape의 모양과 형태를 검사함
Regenerate Xnets : Xnet을 다시 작성함

12-3 : Report

설계 파일의 정보를 Report로 출력 가능하다. Report에는 PCB Editor의 내장된 Template에 맞춰 출력하는 Quick report와 User가 직접 Template을 설정하는 Report가 있다.

◆ Quick report

약 50 여 가지의 기본 제공하는 Quick report template(메뉴 Export – Quick report)을 제공한다.
Quick report 가 제공하는 Template은 아래와 같다.

- Assigned Function Report
- Backdrill Report
- Bill of Material Report
- Bill of Material Report (Condensed)
- Cadence Schematic Feedback Report
- Component Pin Report
- Component Report
- Cross-Section Report
- Dangling Lines, Via and Antenna Report
- Design Partition Report
- Design Rules Check (DRC) Report
- Design Rules Net Shorts Check (DRC) Report
- Diffpair Gap Report
- Etch Detailed Length Report
- Etch Length by Layer Report
- Etch Length by Layer and Width Report
- Etch Length by Net Report
- Etch Length by Pin Pair Report
- Film Area Report
- Film Area Short Report
- Function Pin Report
- Function Report
- Missing Fillets Report
- Missing Tapers Report
- Module Report
- Net List Report
- Net Loop Report
- Net Single Pin and No Pin
- Netin (back anno.)
- Netin (non-back)
- Padstack Definition Report
- Padstack Usage Report
- Pin Swap Report
- Placed Component Report
- Properties on Nets Report
- Route Jumper Report
- Shape No Net
- Shape Report
- Slot Hole Report
- Spare Function Report
- Summary Drawing Report
- Symbol Availability Check
- Symbol Library Path Report
- Symbol Pin Report
- Testprep Report
- Unassigned Functions Report
- Unconnected Pins Report
- Unplaced Components Report
- Unused Blind/Buried Via Report
- User Schedule (back anno.)
- Via List by Net Report
- Via List by Net and Layer Report
- Waived Design Rules Check Report
- Waived Design Rules Shorts Check (DRC) Report

◆ Report

Report(메뉴 Export – Report)는 Quick report에서 기본 제공하지 않는 Template을 사용자가 설정하여 report 출력을 하는 명령이다.

Net/Edit를 클릭하여 Template에 포함할 속성을 추가 및 수정한다.

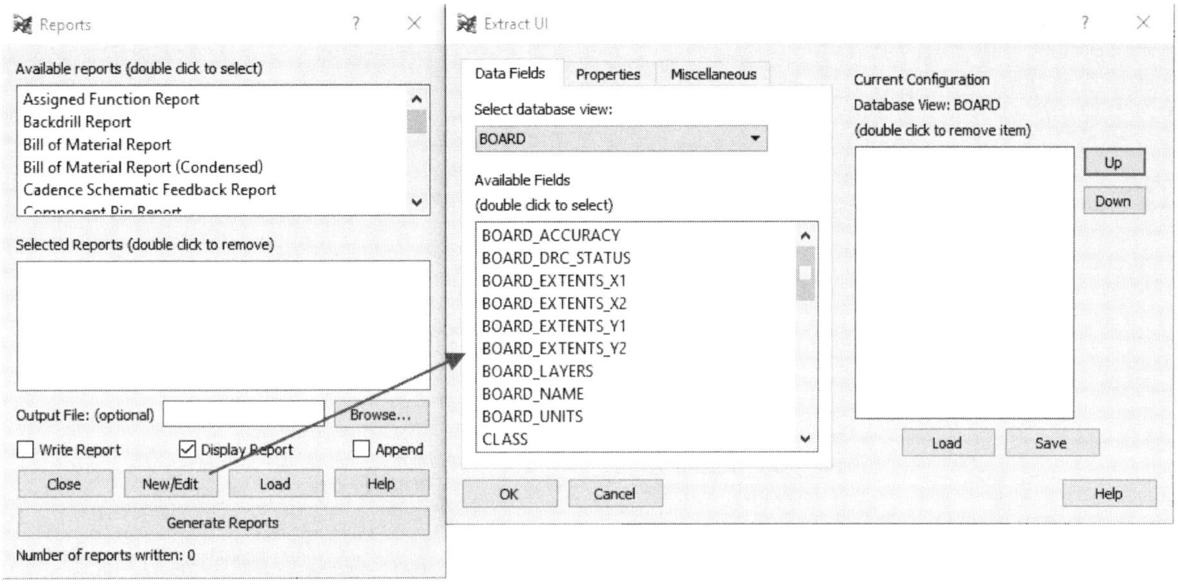

[Lab 12-1] Report Connect Line 정보 출력

1. 메모장에 아래와 같이 작성 (segment_report.txt)

CONNECTIVITY #----------검색 조건---------- GRAPHIC_DATA_NAME = ARC GRAPHIC_DATA_10 = CONNECT CLASS = ETCH OR GRAPHIC_DATA_NAME = LINE GRAPHIC_DATA_10 = CONNECT CLASS = ETCH #----------리포트 출력내용---------- NET_NAME CLASS SUBCLASS	#----------시작 좌표 1=>X, 2=>Y---------- GRAPHIC_DATA_1 GRAPHIC_DATA_2 #----------종료 좌표 1=>X, 2=>Y---------- GRAPHIC_DATA_3 GRAPHIC_DATA_4 #----------line의 Width---------- GRAPHIC_DATA_5 GRAPHIC_DATA_6 #----------ARC의 radius와 Width값---------- GRAPHIC_DATA_7 GRAPHIC_DATA_8 #--ARC 방향 (시계방향;CLOCKWISE, 반시계방향;COUNTERCLOCKWISE)-- GRAPHIC_DATA_9 END

2. 메뉴 Export - Reports클릭
3. "Load"클릭 후 segment_report.txt 파일을 엶

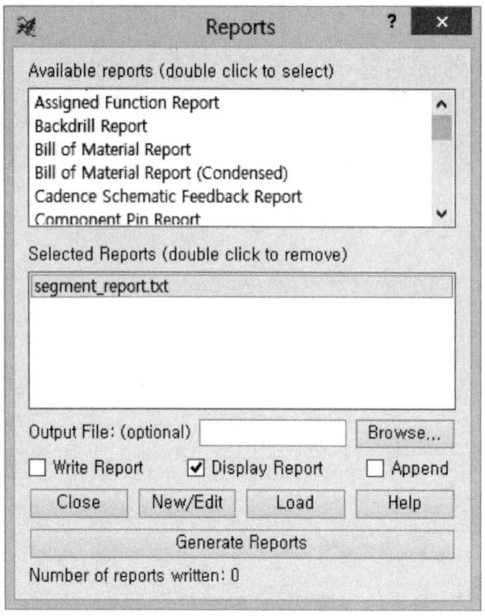

4. "Generate Report"를 클릭하여 리포트 출력

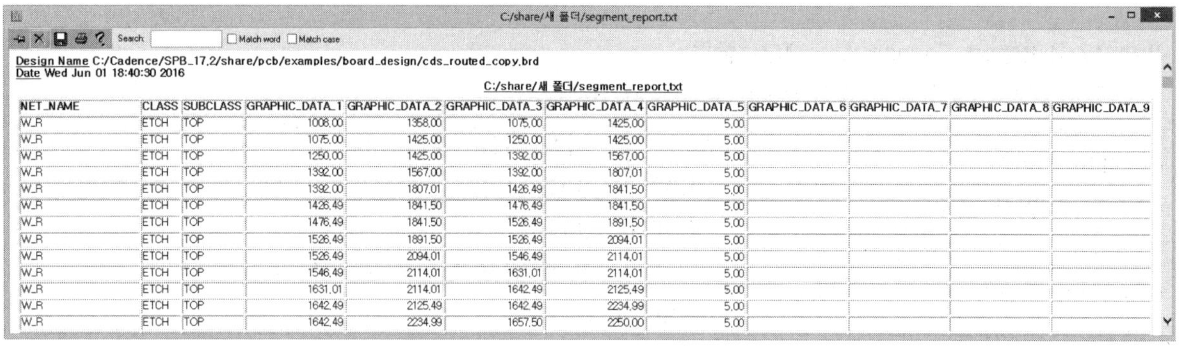

C:/share/새 폴더/segment_report.txt

Design Name C:/Cadence/SPB_17.2/share/pcb/examples/board_design/cds_routed_copy.brd
Date Wed Jun 01 18:40:30 2016

C:/share/새 폴더/segment_report.txt

NET_NAME	CLASS	SUBCLASS	GRAPHIC_DATA_1	GRAPHIC_DATA_2	GRAPHIC_DATA_3	GRAPHIC_DATA_4	GRAPHIC_DATA_5	GRAPHIC_DATA_6	GRAPHIC_DATA_7	GRAPHIC_DATA_8	GRAPHIC_DATA_9
W_R	ETCH	TOP	1008.00	1358.00	1075.00	1425.00	5.00				
W_R	ETCH	TOP	1075.00	1425.00	1250.00	1425.00	5.00				
W_R	ETCH	TOP	1250.00	1425.00	1392.00	1567.00	5.00				
W_R	ETCH	TOP	1392.00	1567.00	1392.00	1807.01	5.00				
W_R	ETCH	TOP	1392.00	1807.01	1426.49	1841.50	5.00				
W_R	ETCH	TOP	1426.49	1841.50	1476.49	1841.50	5.00				
W_R	ETCH	TOP	1476.49	1841.50	1526.49	1891.50	5.00				
W_R	ETCH	TOP	1526.49	1891.50	1526.49	2094.01	5.00				
W_R	ETCH	TOP	1526.49	2094.01	1546.49	2114.01	5.00				
W_R	ETCH	TOP	1546.49	2114.01	1631.01	2114.01	5.00				
W_R	ETCH	TOP	1631.01	2114.01	1642.49	2125.49	5.00				
W_R	ETCH	TOP	1642.49	2125.49	1642.49	2234.99	5.00				
W_R	ETCH	TOP	1642.49	2234.99	1657.50	2250.00	5.00				

Chapter 13 Manufacturing

Manufacture는 설계의 목적이 되는 PCB 제작에 관계된 Gerber 데이터 생성과, PCB 조립 시 필요한Assembly 데이터 생성을 할 수 있다. PCB Editor에서는 Gerber RS274X 타입과 IPC-2581을 지원하며, Assembly에 필요한 다양한 Report를 제공한다.

13-1 : Text

PCB에 필요한 문자 숫자를 삽입할 수 있다.

Text를 생성하기 위하여서는 메뉴 Add – Text을 클릭하여 이용할 수 있고, 생성 시에 Text의 크기, Subclass의 종류 등을 설정 할 수 있다. 또한 Text 크기에 대한 사전 설정은 메뉴 Setup – Design Parameters 실행 후 Text 탭의 Setup text sizes에서 가능하다.

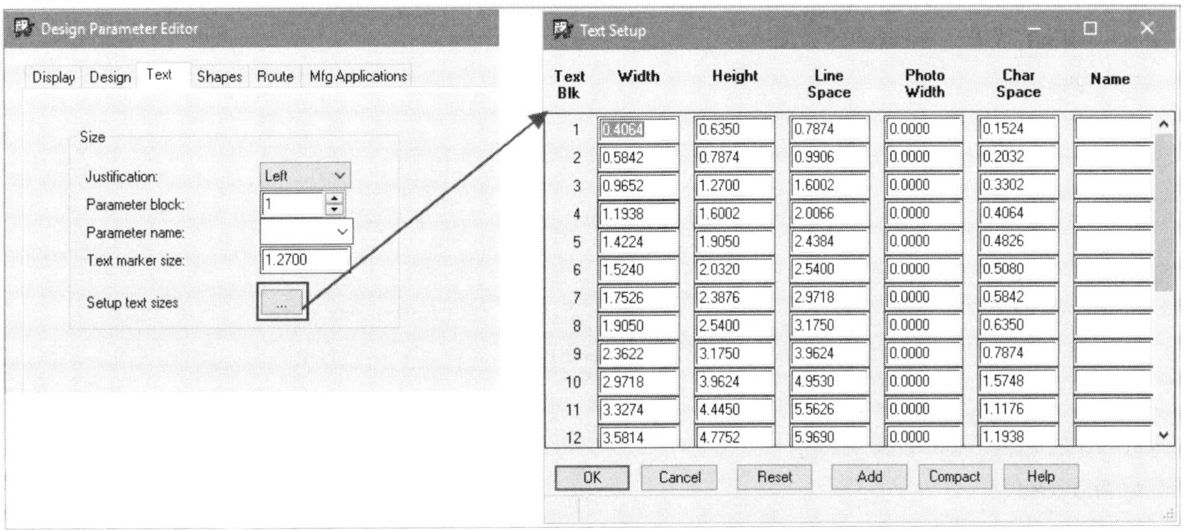

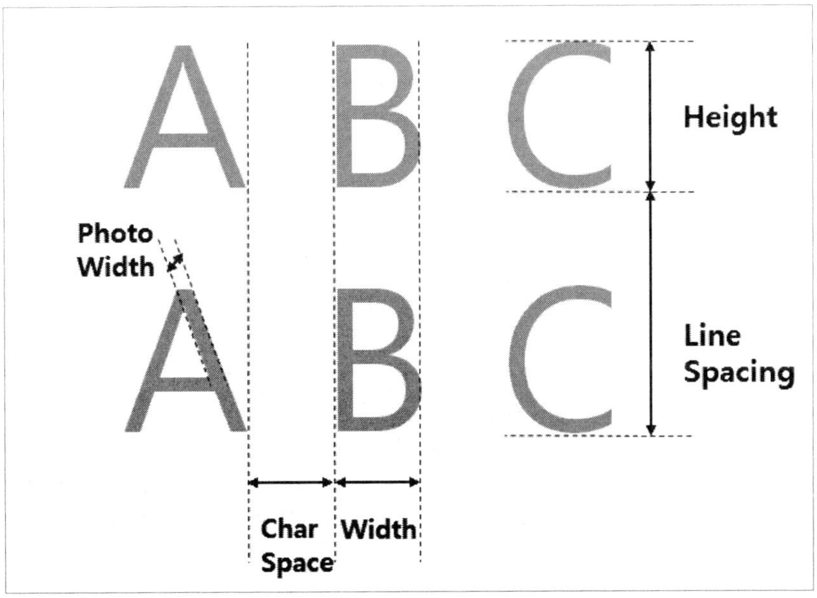

또한 생성된 Text를 수정하는 경우에는 메뉴 Edit-Text 명령을 사용하며, 크기 변경은 메뉴 Edit – Change Object의 Text block을 이용 할 수 있다.

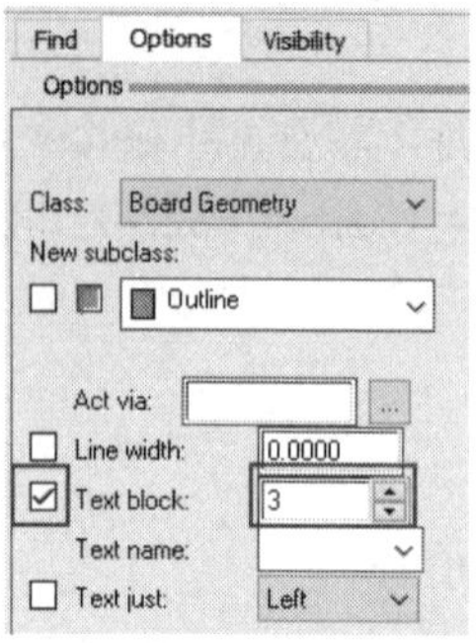

Text의 회전 각도를 변경하는 경우 메뉴 Edit – Rotate을 클릭하여 이용한다. (Find의 Filter에서 Text만 선택되어 있어야 함) 만약 보드 상의 전체 Text의 크기를 동시에 0° 로 통일하는 경우에 Options에서 아래와 같이 설정한다.

- Rotation Type : **Absolute**
- Angle : **0**

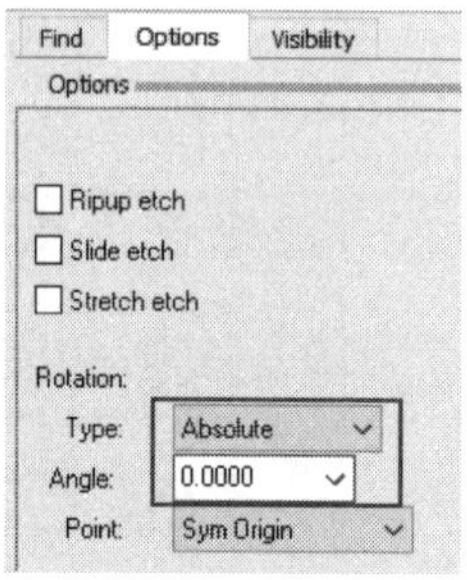

[Lab 13-1] Text [Add, Edit, Align]

- **Add Text**

1. 메뉴 Setup – Color를 클릭
2. Board Geometry 카테고리의 Silkscreen_Top에 체크
3. 메뉴 Add - Text를 클릭
4. Option탭의 설정의 Class / Subclass를 **Board Geometry / Silkscreen_Top**로 설정
5. Text block size를 적당한 크기로 설정(예 : size : **3** [기본 글자 높이는 1.27mm(50mil)])
6. Board의 정당한 위치에 클릭하여 정보를 입력

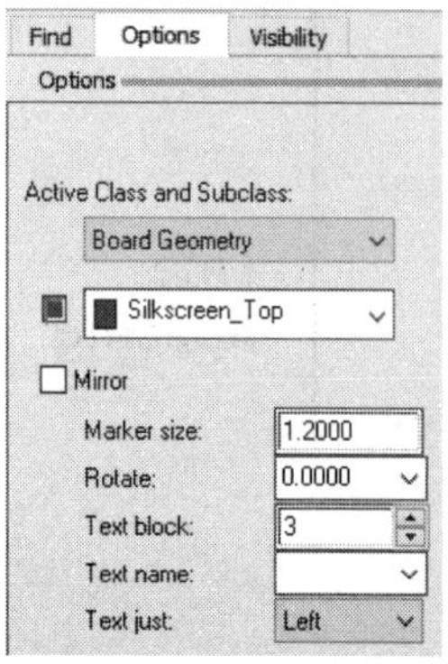

※ 글씨 수정 시 메뉴 Edit - Text를 클릭

[Lab 13-2] Reference Designer 정렬

PCB에 표시되는 부품의 참조자(Reference)의 통일된 크기와 방향성을 정렬한다.

1. 메뉴 Setup – Colors를 클릭
2. Components 카테고리의 **RefDes - Silkscreen_Top만 체크** (나머지는 Off시킨다)

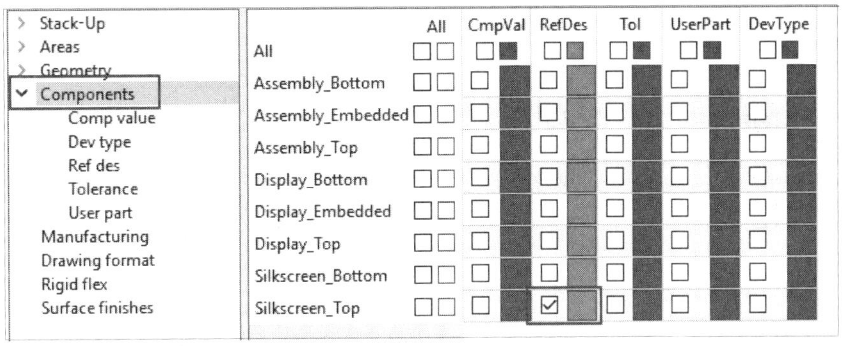

3. 메뉴 Edit – Change Objects를 클릭
 - Option탭에서 Text Block Size를 설정(**3**)한 후 체크

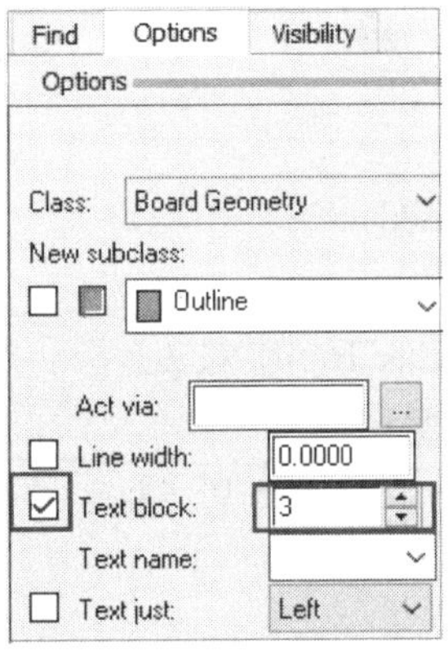

4. 마우스로 보드 전체를 드래그 (크기 통일)

※ Filter에서 Text가 체크 설정이 되어 있어야 한다.

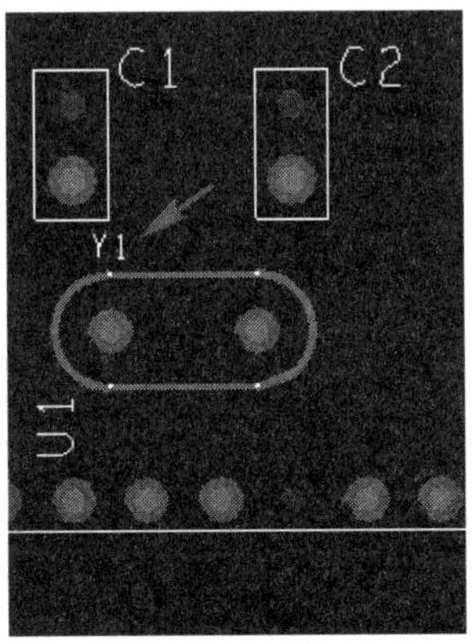

[적용 전]

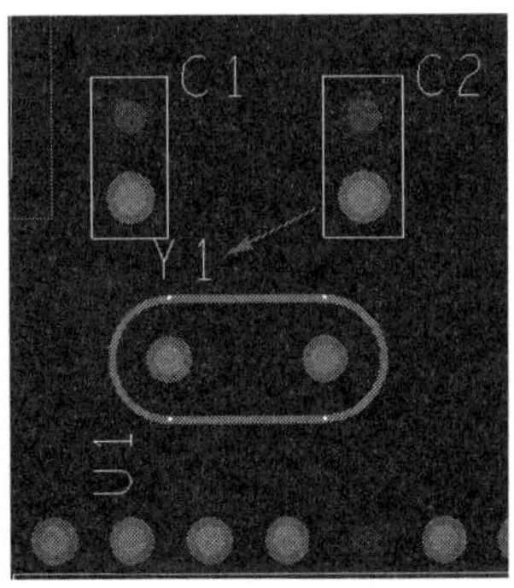

[적용 후]

5. 우클릭 - Done를 클릭 후 메뉴 Edit - Move 메뉴를 이용하여 정리
 - Find탭의 Filter에서 **Text만 선택**하면 Text만 이동 가능

13-2 : Create Silkscreens

자동으로 Silkscreen을 생성하는 기능으로 생성할 Subclass, Silkscreen 종류, Reference 방향등을 설정하면 자동으로 생성하여 수동으로 작업할 부분을 상당히 줄일 수 있다. 또한 생성된 Silkscreen의 Subclass는 Autosilk_Top/Bottom으로 생성된다.

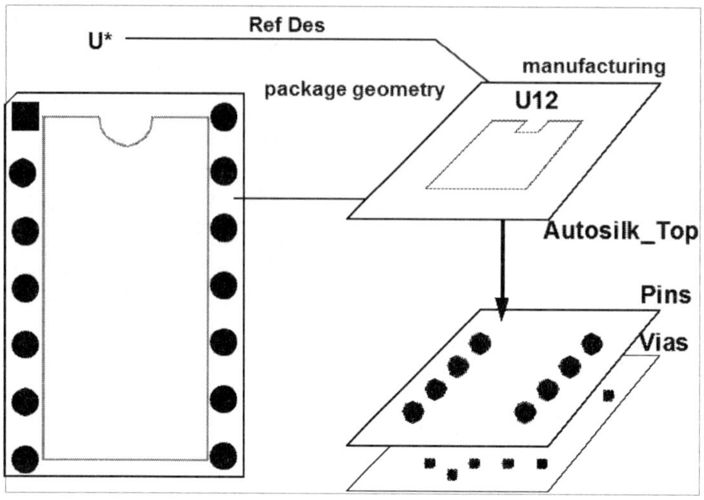

[Lab 13-3] Create Silkscreen [Auto Silk]

1. 메뉴 Setup – Color를 클릭
2. Manufacturing 카테고리의 Autosilk_Top에 체크
3. 메뉴 Manufacture – Silkscreen 클릭
4. Package Geometry와 Reference designator만 **Silk**로 설정하고 나머지는 **None**로 변경
5. 설정
   - Layer : **TOP**
   - Text Rotation : **모두 체크**
   - Element to pad clearance : **체크**
   - Clear solder mask pad : **체크**
6. Silkscreen 버튼을 클릭

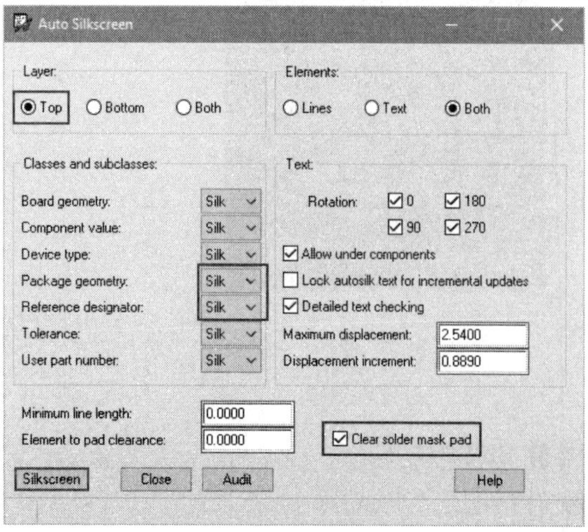

Layer: 부품을 배치한 레이어를 고려하여 Silk를 생성할 레이어를 선택
Text Rotation: Silk의 생성 방향을 결정
Minimum line length : Silk의 최소 두께
Element to pad clearance : 지정한 값만큼 이격하여 Silk를 생성
Clear solder mask pad : PAD의 Solder mask 에는 Silk를 생성하지 않음

7. Visibility 탭에서 모든 체크 설정을 해제하고 Top의 Pin, Via에만 체크

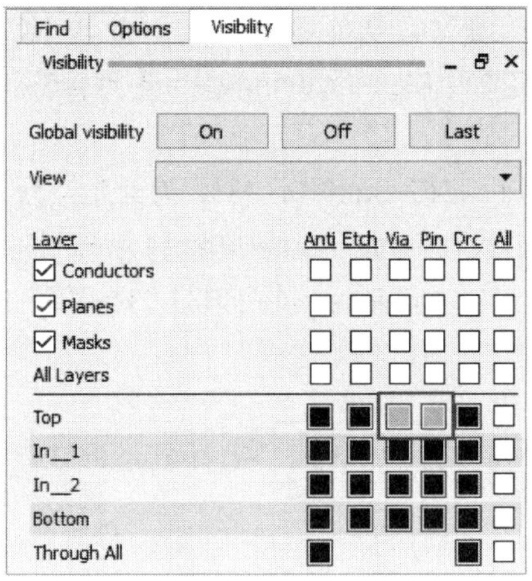

8. 메뉴 Edit – Move를 클릭
9. Find 탭에서 **Text**만 선택
10. Reference를 정렬
11. 정렬이 완료되면 RMB - Done을 클릭

(Note)

13-3 : NC Drill 생성

PCB를 생성하기 위한 Drill 데이터 출력을 위해 Drill 치수 정렬 및 NC-Drill 데이터 출력을 실행한다. 또한 일반 Drill의 경우 NC Drill 명령으로부터 Manufacturing data를 추출하지만, 장공홀의 Drill의 경우 NC Route 명령을 이용한다.

- NC Drill의 명령은 메뉴 Export – NC Drill이며, 생성 파일명은 *.drl이다.
- NC Route의 명령은 메뉴 – Export – NC Route이며, 생성 파일명은 *.rou이다.
- Parameters 설정은 메뉴 Export – NC Parameters에서 가능하다.

<table>
<tr><td rowspan="6">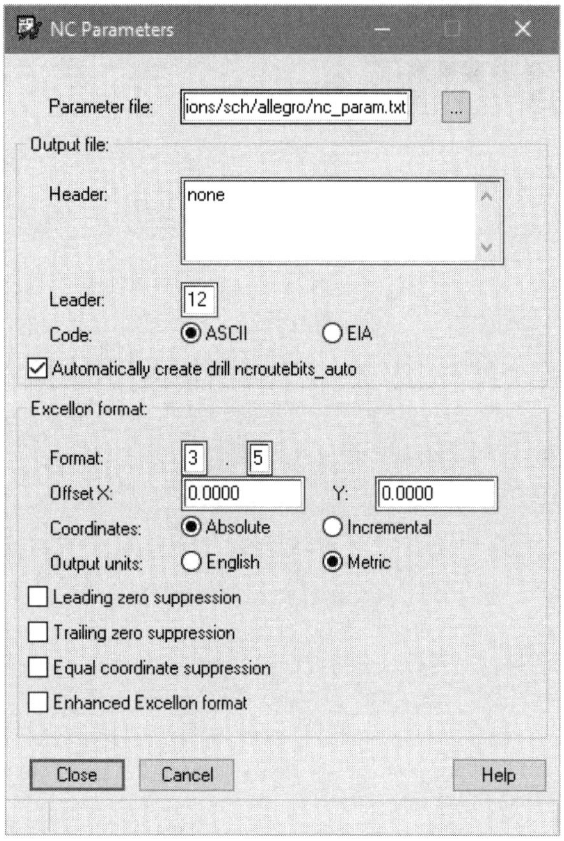
</td><td>Format : PCB 설계 범위에 맞게 설정
(실수 자리 : 3, 소수점 이하 자리 : 5)</td></tr>
<tr><td>Output units : PCB 설계 단위에 맞게 설정</td></tr>
<tr><td>Leading zero suppression :
드릴 데이터 앞의 0을 제거</td></tr>
<tr><td>Trailing zero suppression :
드릴 데이터 뒤의 0을 제거</td></tr>
<tr><td>Equal coordinate suppression :
다음 데이터의 좌표 중 동일한 축의 데이터는 제거</td></tr>
<tr><td>Enhanced Excellon format :
드릴 데이터의 머리글에 포맷 정보를 입력</td></tr>
</table>

[Lab 13-4] NC Drill 생성

■ Create Drill Legend

※ Drill Table 생성과 Drilldraw film에서 사용할 Drill symbol을 정렬한다.

1. 메뉴 Manufacture – Customize Drill Table 클릭
2. Drill Customization창 아래의 Auto generate symbols 버튼을 클릭

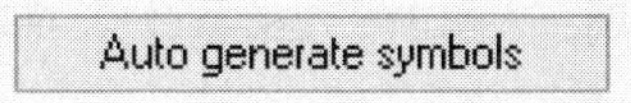

3. Symbol Figure와 Symbol Size X 와 Symbol Size Y의 데이터가 자동으로 정렬

#		Type	Size X	Size Y	Tool Size	+ Tolerance	- Tolerance	Symbol Figure	Symbol Characters	Symbol Size X	Symbol Size Y	Plating	Non-standard Drill	Quantity
1		Circle Drill	0.3302			0.0000	0.0000	Cross		0.3302	0.3302	Plated		102
2		Circle Drill	1.0000			0.0000	0.0000	Square		1.0000	1.0000	Plated		10
3		Circle Drill	1.3716			0.0000	0.0000	Hexagon		1.3716	1.3716	Plated		3
4		Circle Drill	2.5000			0.0000	0.0000	Hexagon		2.5000	2.5000	Plated		1
5		Circle Drill	0.8999			0.0000	0.0000	Octagon		0.8999	0.8999	Non-Plated		2
6		Circle Drill	1.5999			0.0000	0.0000	Diamond		1.5999	1.5999	Non-Plated		1
7		Circle Drill	1.8001			0.0000	0.0000	Triangle		1.8001	1.8001	Non-Plated		1

4. OK를 클릭
5. 메뉴 Manufacture – Create Drill Table 클릭
6. Output unit을 확인한 후 OK를 클릭
7. 마우스 포인터에 Drill Legend가 나타나면 화면에 배치

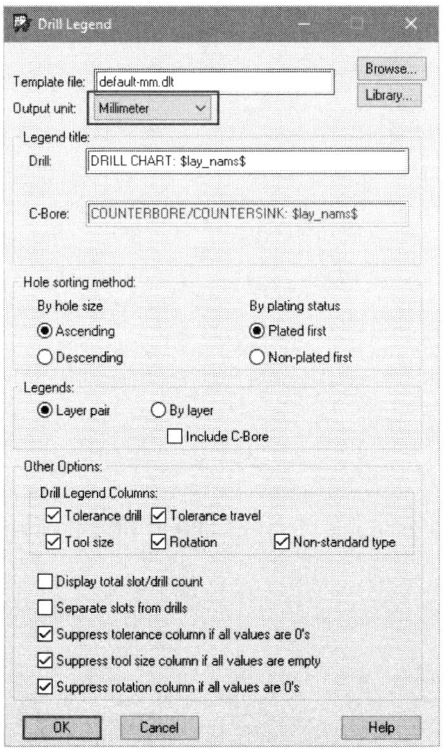

DRILL CHART: TOP to BOTTOM			
ALL UNITS ARE IN MILLIMETERS			
FIGURE	FINISHED_SIZE	PLATED	QTY
·	0.3302	PLATED	102
□	1.0	PLATED	10
○	1.3716	PLATED	3
⬡	2.5	PLATED	1
○	0.8999	NON-PLATED	2
◇	1.5999	NON-PLATED	1
△	1.8001	NON-PLATED	1

■ **NC Drill data 생성**

※ 실제로 Drill 가공될 데이터로 확장자는 DRL로 생성된다.

1. 메뉴 Export - NC Parameters 클릭
2. Excellon format 항목에서 Format : **5 . 5** 로 설정 (소수점 앞 5자리.소수점 뒤 5자리까지 표현)
3. Output units을 Mils설계 시 **English** , mm설계 시 **Metric**을 선택
4. Leading Zero suppression을 선택 (무의미한 0의 생성을 제거하여 데이터의 크기를 줄임)

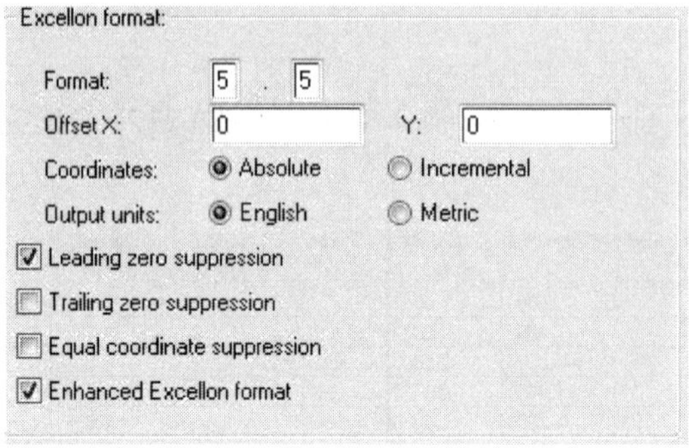

5. Close를 선택
6. 메뉴 Export - NC Drill 클릭
7. root file name에 생성 경로를 지정
8. "Drill"을 클릭하면 Dill Data가 생성

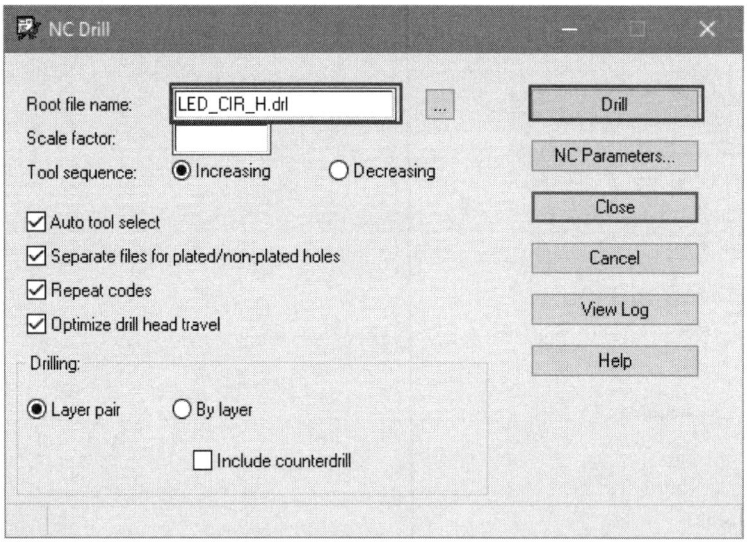

9. Close 버튼을 클릭

※ [Lab 1-5 File_Management-Output_Dir 참조] 작업의 결과물은 작업폴더내의 Output_Dir에서 설정한 폴더 내에 저장되어 진다.

설정을 하지 않았을 경우 작업 폴더 내에 생성된다.

13-4 : Artwork File 생성

PCB 제작에 필요한 Artwork file을 생성한다. Artwork 파일의 생성은 설계 데이터로부터 추출하며, 실행 명령은 메뉴 Export – Gerber이다. 또한 파일명은 *.art로 저장된다.

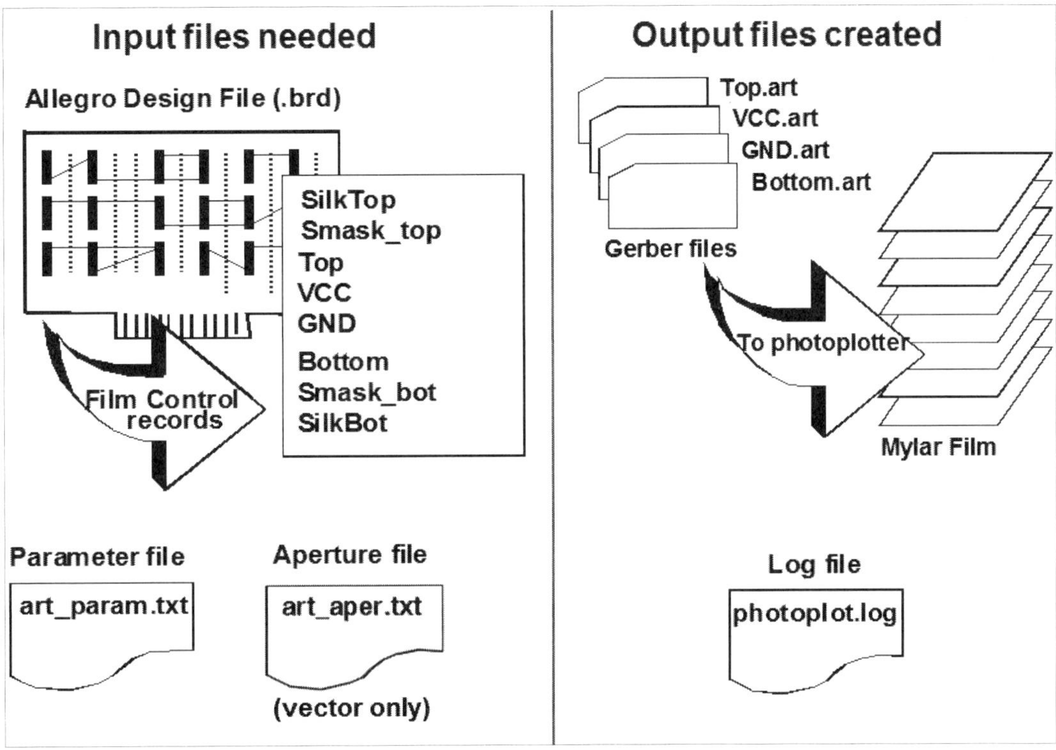

[Lab 13-5] Artwork File 생성

- **Parameters 설정**

1. 메뉴 Export – Gerber 클릭 또는 Artwork 아이콘을 클릭
2. General Parameters 탭을 선택

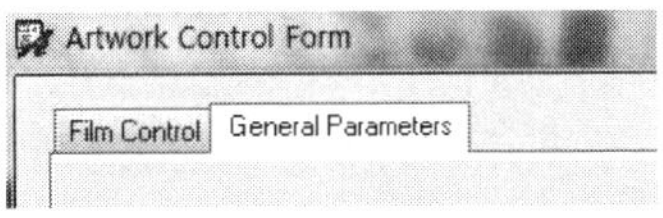

3. Device Type 항목에 **Gerber RS274X**를 선택

※ Shape - Global Dynamic Parameters의 Void controls에서 설정한 값과 일치시킨다.

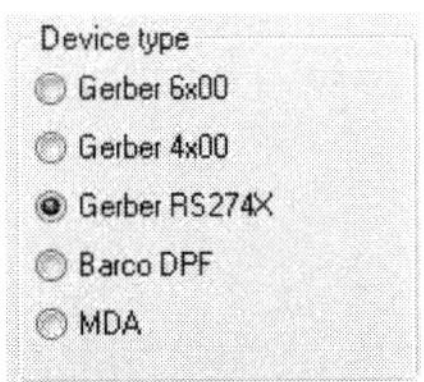

<일치>

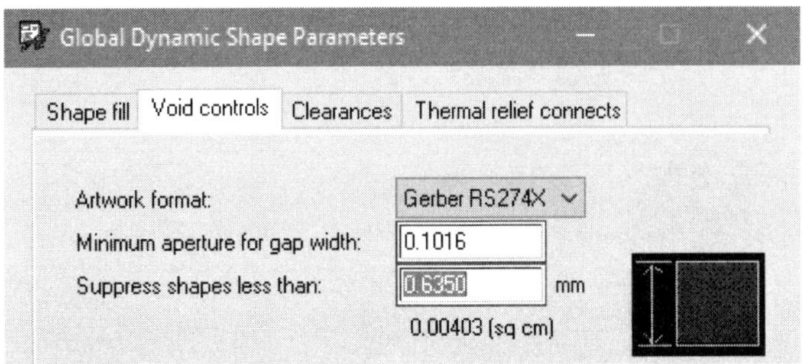

4. Output units항목에서 설계 unit을 선택

5. Format항목을 설정
   - Integer place : **5** (정수부분 다섯 자리)
   - Decimal place : **5** (소수점 아래로 다섯 자리)
6. Suppress 항목을 설정
   - **Leading zeros 선택**
   - **Equal coordinates 선택**

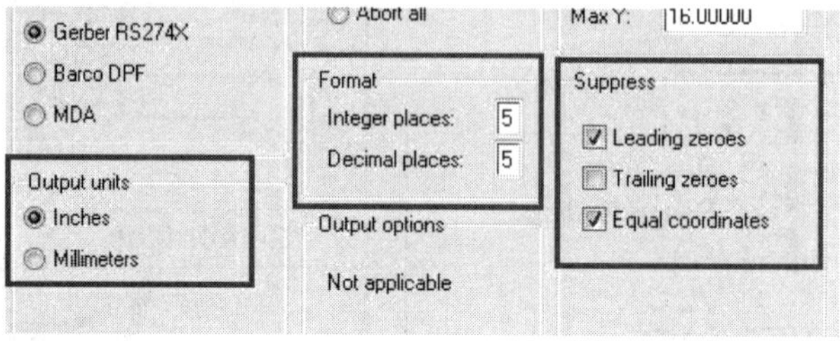

7. "Apertures"를 클릭

8. Edit Aperture Wheel창이 나타나면 "Edit"를 클릭

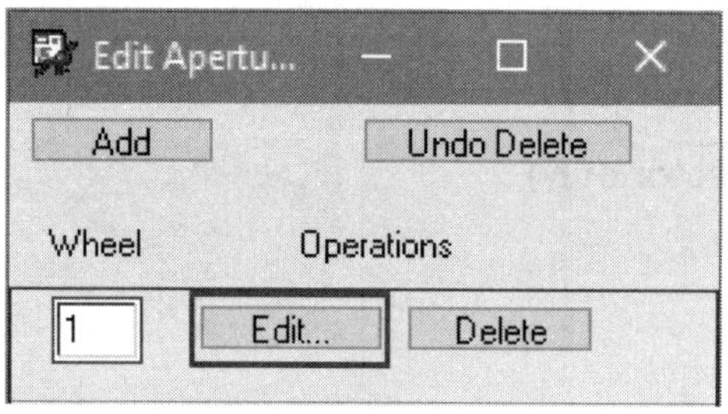

9. Edit Aperture Stations창이 뜨면 Auto - Without Rotation 또는 Rotation을 클릭하면 자동으로 Aperture가 생성 정렬

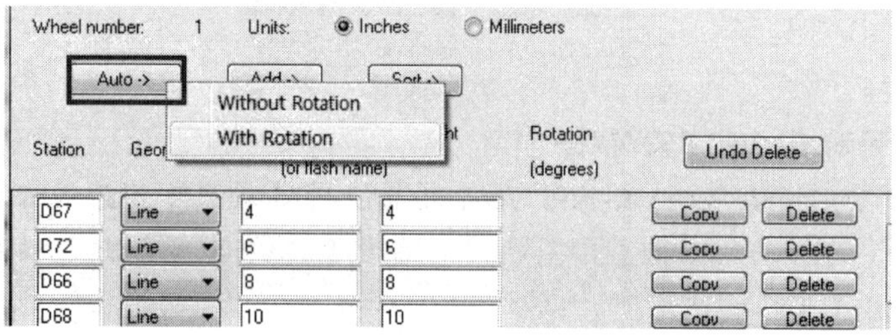

10. OK를 선택

■ **New Film 작성**

1. Artwork 아이콘을 클릭
2. Etch 레이어는 기본적으로 생성됨
3. BOTTOM 필름을 선택한 후 우클릭 - Display for Visibility를 선택

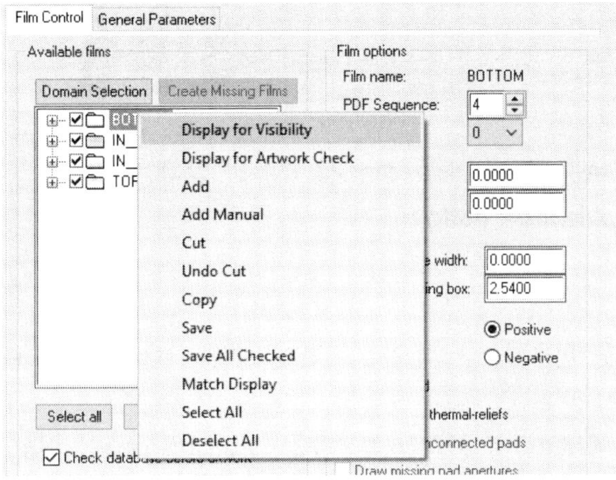

4. PCB Editor 화면에 나타난 Bottom 레이어를 확인
5. 모든 Etch 레이어를 확인 (확인 중 에러를 발견하면 수정한다.)
6. "OK"를 선택.

■ **Soldermask 작성**

1. 메뉴 Display - Color / Visibility 클릭
2. Color Dialog 창의 우측 상단의 Global Visibility: **Off**를 클릭

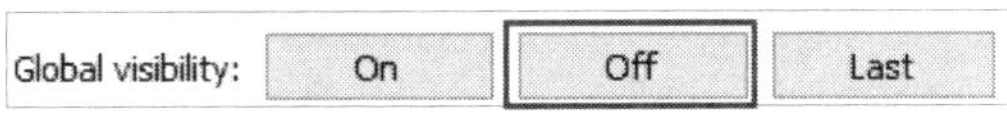

3. Stack-Up 카테고리- Non-Conductor를 선택
4. Soldermask_Top 항목에서 **Pin과 Via에 체크**

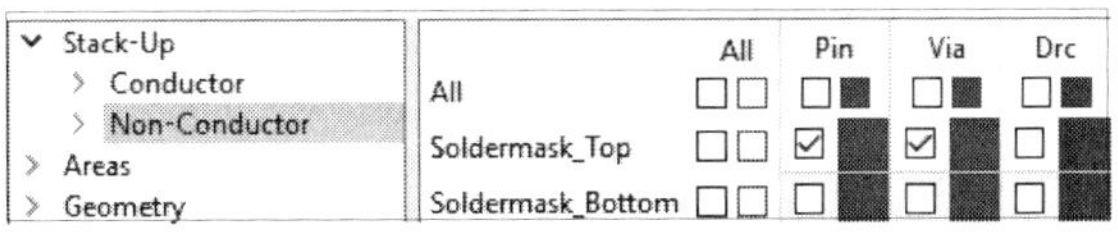

5. "OK"를 클릭
6. PCB Editor 화면에 Soldermask_Top이 나타남
7. Artwork 아이콘을 클릭
8. VCC를 선택한 후 RMB - Add를 선택
9. Enter new film name에 [**Soldermask_Top**]을 작성

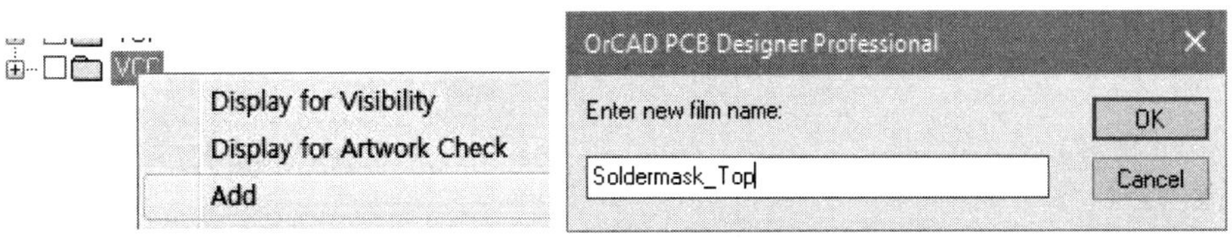

10. OK를 클릭

11. Soldermask_bottom은 Soldermask_top과 1번에서 3번까지 동일한 작업을 수행하며, 4번 설정 부분에서 Color설정을 다음과 같이 수행
   - Color 설정 : Stack-up - Non-Conductor - Soldermask_Bottom항목의 **Pin, Via를 체크**

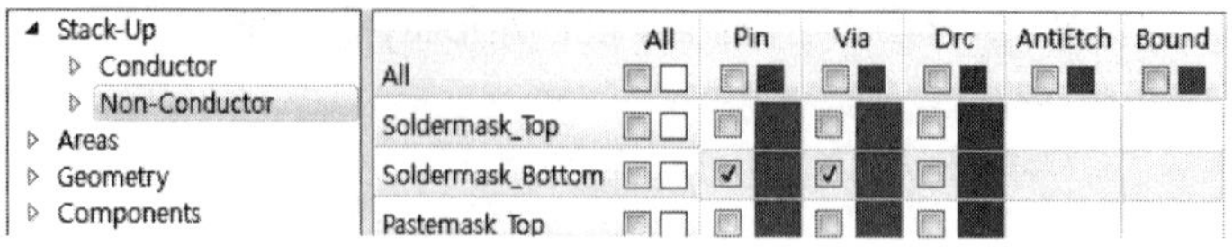

12. 위 5번부터 8번까지 수행 후 9번 File name을 다음과 같이 수행
   - New file name : **Soldermask_bottom**

■ **Silkscreen 작성**

앞서 작업한 컬러 설정을 이용하는 방식으로 추가해도 되고, 다른 방법으로 레이어를 직접 추가하는 방법도 지원한다.

1. Soldermask_Bottom 카테고리를 클릭한 후 RMB - Add manual을 선택

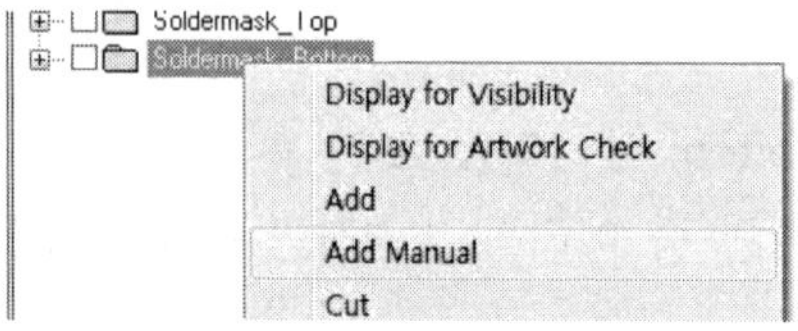

2. Enter new film name : Silkscreen_top을 작성

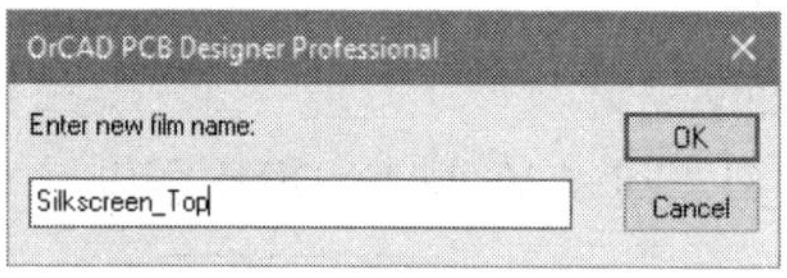

3. Ok를 선택
4. Subclass Selection 창이 나타난다.
5. MANUFACTURING 카테고리 - AUTOSILK_TOP에 체크

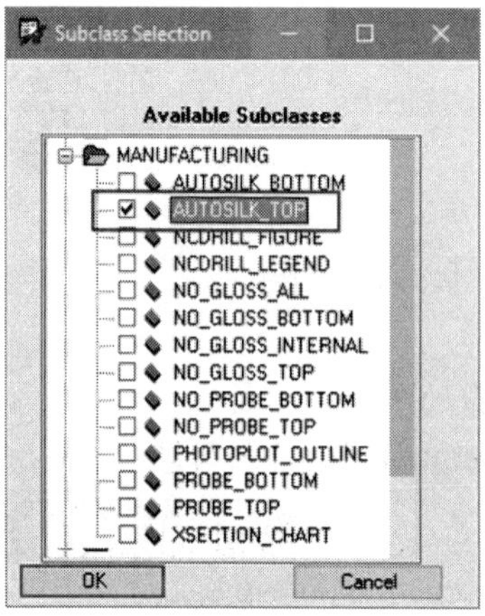

6. "OK"를 클릭
7. 생성된 Silkscreen_Top카테고리를 선택

8. Undefined line width 항목에 0.2~0.3사이의 값을 입력

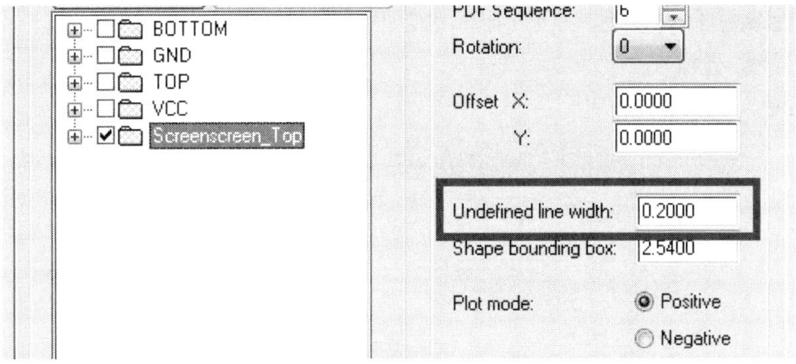

※ 부품을 Bottom에도 배치하였으면 Silkscreen_Bottom도 생성하여야 함.

■ Drill_Draw 작성

1. VCC 필름 선택 후 우클릭- Add manual을 선택
2. 추가할 필름의 이름을 작성
   - Enter new film name : **Drill_Draw**
   - Subclass selection 설정

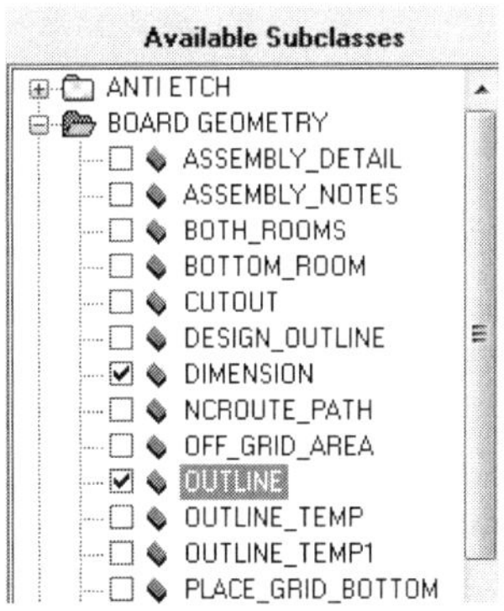

- BOARD GEOMETRY - DIMENSION
- BOARD GEOMETRY - OUTLINE

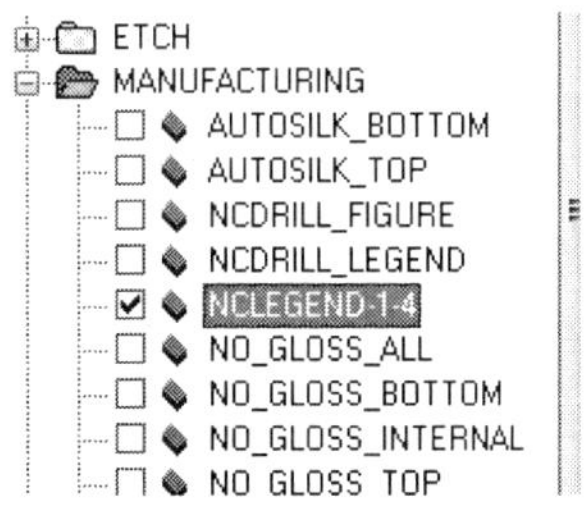

- MANUFACTURING - NCLEGEND-1-4

(양면 작업 시 1-2, 4층 작업 시 1-4로 나타남)

3. "OK"를 클릭
4. Undefined line width 항목에 **0.2**을 입력
5. 추가된 Drill_Draw를 선택 후 RMB - Display for Visibility를 선택

■ **Create Artwork file [Gerber]**

※ PCB제조에 필요한 Gerber Film 데이터를 생성한다.

1. Select all 버튼을 클릭
2. 하단의 Create Artwork을 클릭

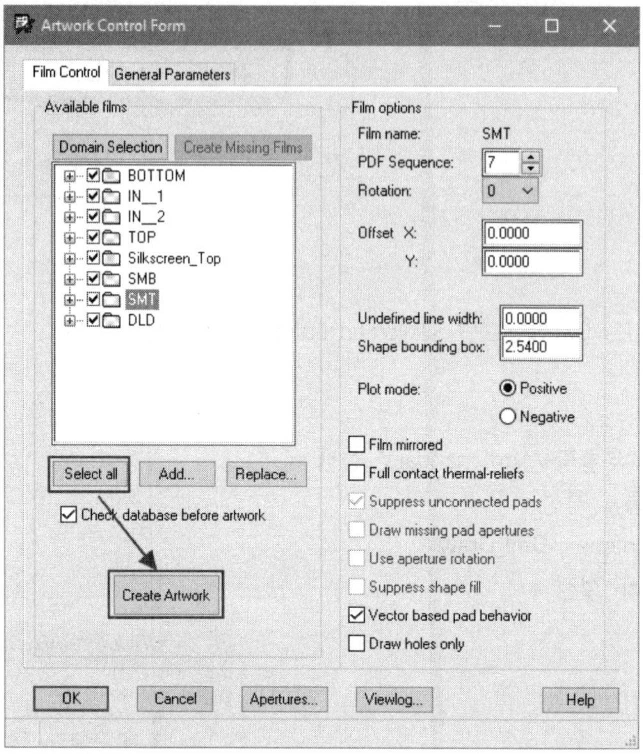

3. 폴더내에 확장자 .art 파일이 생성

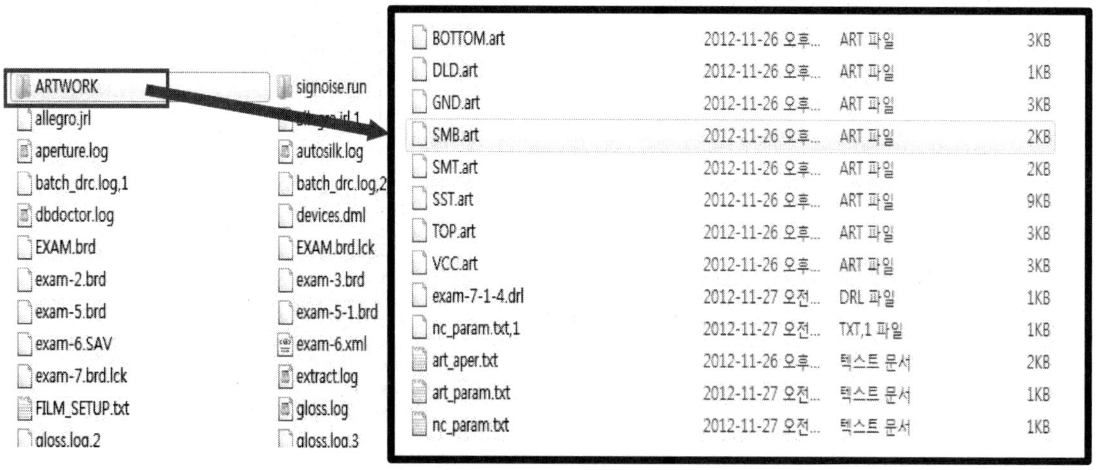

4. Viewlog 버튼을 클릭하여 log를 확인
5. "Ok"를 클릭

◆ Export / Import Artwork 설정

Artwork Film 설정을 저장 후 재사용하기 위해 생성한 설정을 저장한다.

[Lab 13-6] Export / Import Artwork

■ **Export Artwork**

1. Artwork Control form에서 Select all을 선택하여 모든 항목에 체크설정을 한다.
2. 체크된 항목의 필름에 마우스를 위치한 후 RMB - Save All Checked를 선택

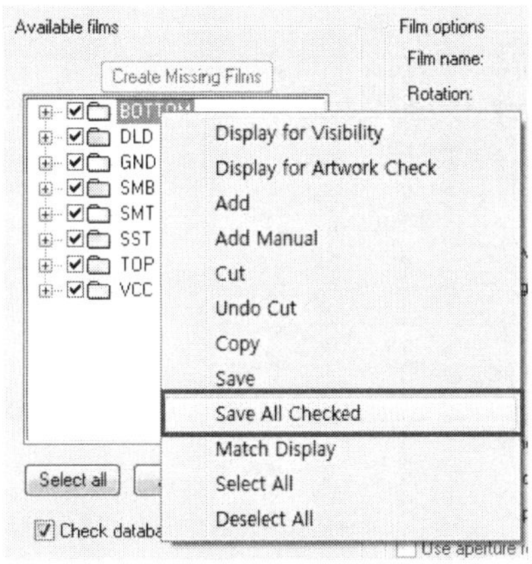

3. 작업창 하단의 메세지를 확인한다. FILM_SETUP.txt로 저장이 됨

■ **Import Artwork**

1. 1. Artwork Control form에서 Add를 선택하여 FILM_SETUP.txt를 선택

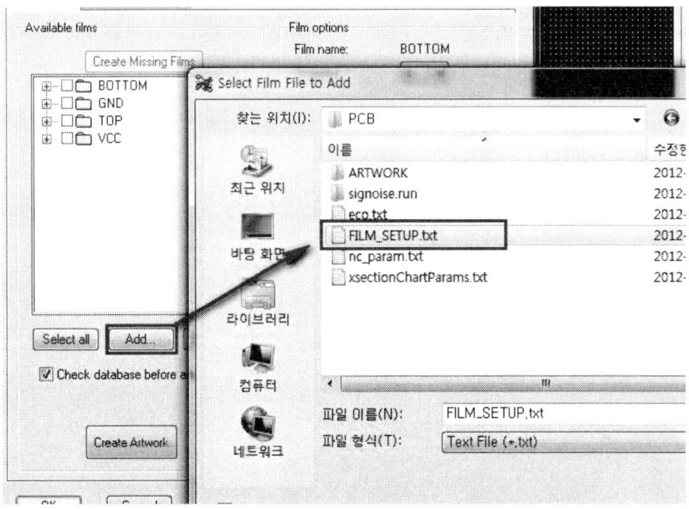

2. 설정이 추가되면 추가된 항목을 Display for Visibility를 선택하여 확인

[Lab 13-7] Viewing Artwork [Gerber] File

■ **Drawing Format 활용**

1. 메뉴 Setup – More – Subclass 클릭
2. Define Subclass 창이 나타난다.
3. DRAWING FORMAT의 사각형 버튼을 클릭
4. New Subclass 의 빈칸에 GERBER를 입력
5. Enter키를 누르면 새로운 Subclass가 추가

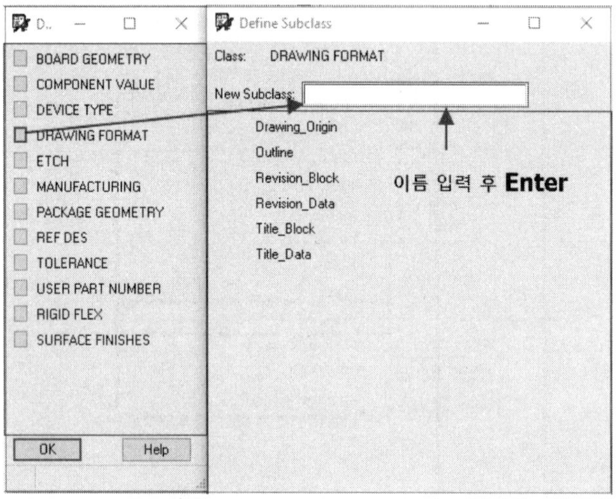

6. Close 버튼을 클릭하여 New Subclass창을 닫음
7. OK를 클릭하여 Define Subclass창을 닫음
8. Color192아이콘을 클릭
9. Global visibility : **Off** 버튼을 클릭
10. Drawing Format 카테고리 - GERBER 항목에 체크
11. "OK"를 클릭
12. 메뉴 Import – More – Artwork 클릭
13. File Name : Browser를 선택하여 **TOP.art**를 선택
14. Class : Drawing format으로 변경
15. Subclass : **GERBER**로 변경

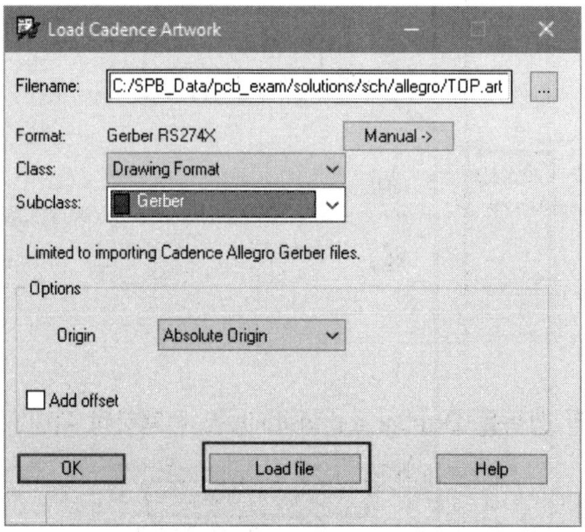

16. "Load File"을 클릭
17. 마우스 포인터에 사각형이 나타나면 전체화면(Shift + F12)으로 설정하여 화면에 배치
18. 배치가 완료되면 Load Cadence Artwork 폼이 나타난다.
19. 거버 배치가 끝나면 Ok를 선택

■ **Visibility를 활용**

1. Visibility 탭의 Views를 확인해 보면 생성된 Artwork File의 항목이 나타난다.

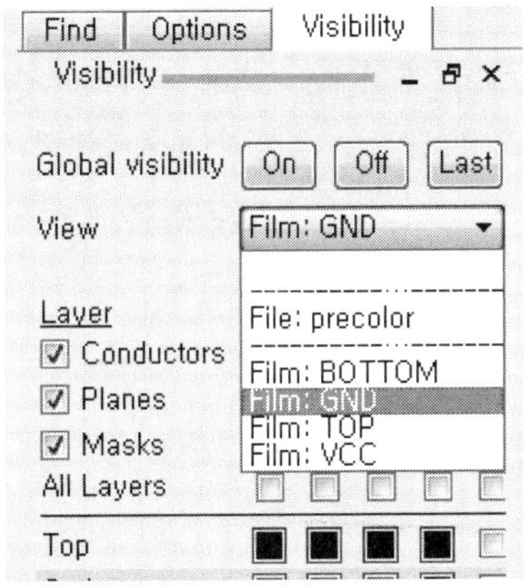

2. 메뉴 File - Print Setup을 이용하여 출력
3. 프린트 설정은 Plot Setup을 이용하여 설정
   - Scaling factor : 1.0 (작업물과 1:1로 출력)

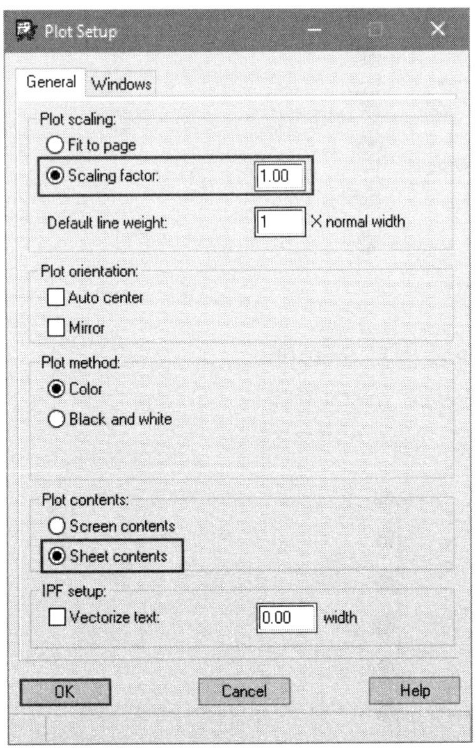	Plot scaling : Fit to Page: 작업물을 설정한 용지에 맞추어 출력 Scaling factor : 출력물을 배율 출력
	Plot Orientation : Auto center : 용지의 중앙에 위치 Mirror : 작업물을 뒤집어서 출력
	Plot method : Color : 화면에 보이는 색상으로 출력 Black and White : 흑백으로 출력
	Plot contents : Screen contents : 화면에 보이는 그대로 출력 Sheet content : Design Parametric에서 설정한 Size의 화면 전체를 출력

Chapter 14 기타

14-1 : Swap (Pins / Functions / Components)

PCB Editor에서 3가지의 Swap 명령을 지원한다. Pins 및 Functions Swap은 OrCAD Capture에서 Pin group 속성에 대한 설정이 사전에 되어 있어야 한다.

◆ Pins Swap

메뉴 Place – Swap – Pins로 실행하며, 동일 Part 내에 두 Pin에 연결된 Net을 상호 Swap한다.
Pin Swap을 하기 위해서는 두 핀의 PinGroup 속성이 동일하여야 한다.

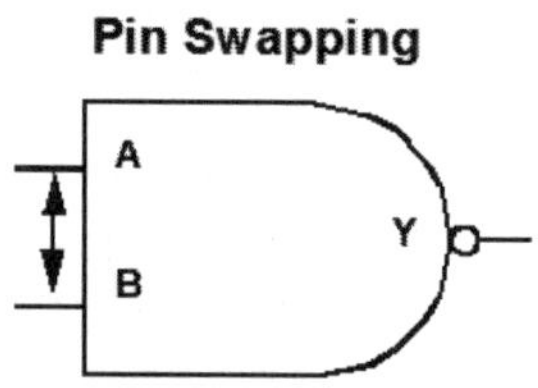

◆ Function(Gate) Swap

메뉴 Place – Swap – Functions로 실행하며, Function(Gate)의 단위로써 상호 Swap한다.
Function(Gate) Swap을 하기 위해서는 Capture의 Part에서 Homogeneous 형태의 Multiple Part Package로 구성되어 있어야 한다.

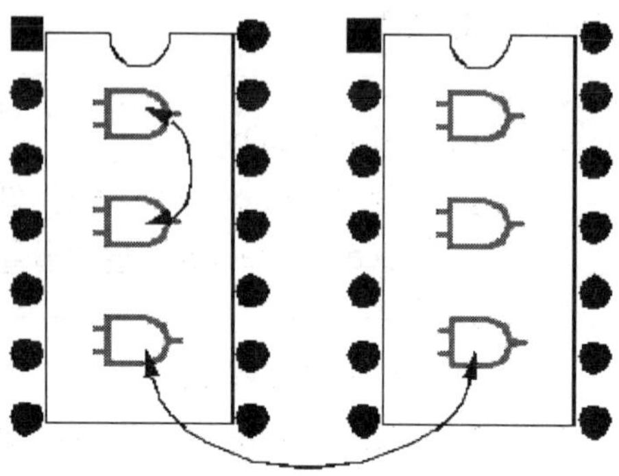

◆ Components Swap

메뉴 Place – Swap – Components로 실행하며, Components를 상호 Swap한다.
Component Swap을 하기 위해서는 동일한 Device File을 가지고 있어야 한다.
- Capture에서 두 Component가 동일한 속성과 같은 Part를 이용하여야 한다.

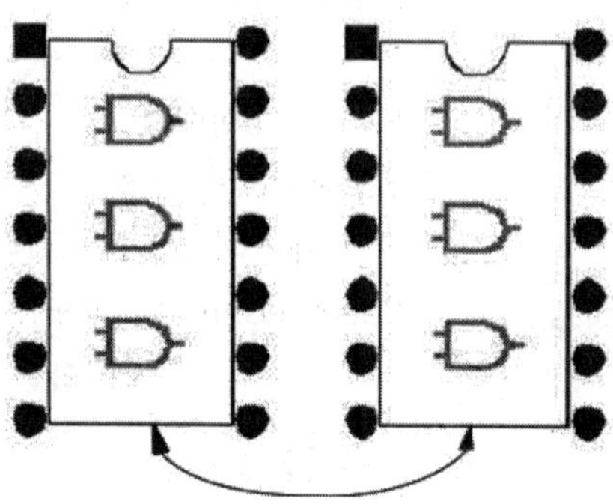

14-2 : Back-annotate

OrCAD Capture에서 Netlist 생성 후 PCB 작업 과정에서 Reference가 변경되거나 Pin/Function Swap이 발생하는 경우, 변경된 정보를 OrCAD Capture에 반영하는 명령이다. (메뉴 Export – Back Annotation Netlist)

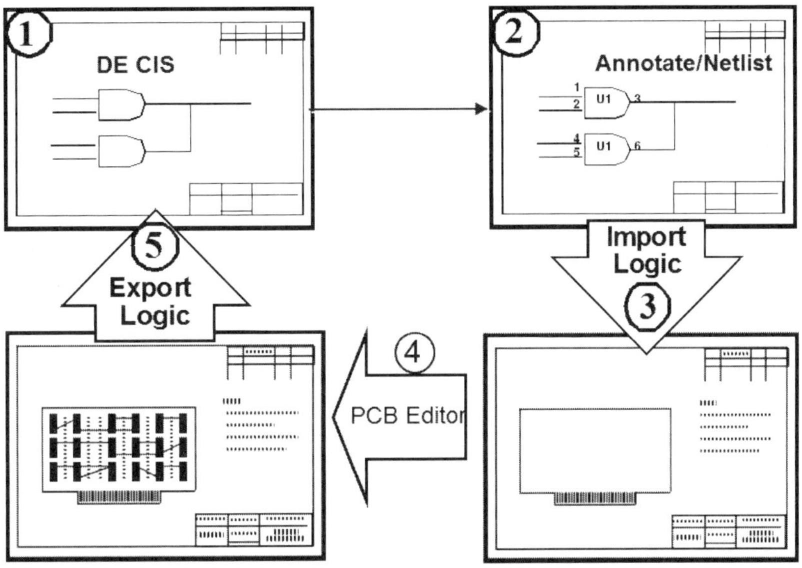

Logic type (회로 설계를 OrCAD Capture로 하는 경우 Design entry CIS로 설정)과 Export to directory 설정을 한 후 Export Cadence를 클릭하여 Netlist를 추출한다.

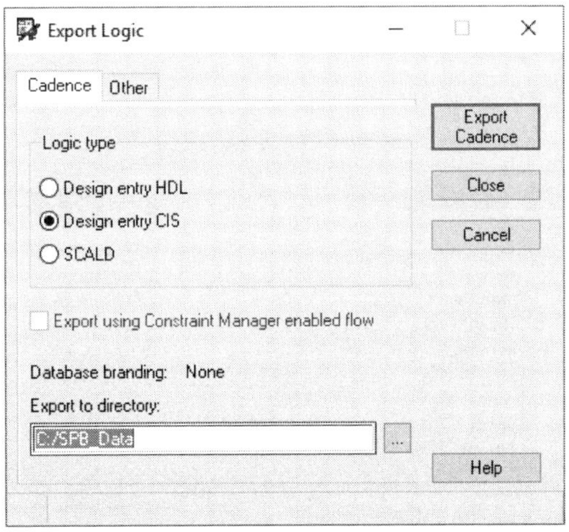

14-3 : Import / Export

◆ **Import (CAD Translator / MCAD)**

3rd Party Tool의 설계 파일을 PCB Editor로 불러올 수 있으며, 지원 가능한 목록은 아래와 같다.
(메뉴 Import – CAD Translator/MCAD)

- CAD Translator : PADS, PCAD, PADS Library, Altium PCB, Altium Schematic to DE HDL
- MCAD : DXF, IDF, IDX

각 3rd party의 Import 방식은 유사하며 아래는 PADS 파일의 Import 방법에 대한 설명이다.
PADS 상에서 추출된 ASCII (*.asc) 파일을 input file로써 지정 후, Options file과 Output 경로 및 이름 지정을 한 후 Translate를 클릭하면 변환이 시작된다.

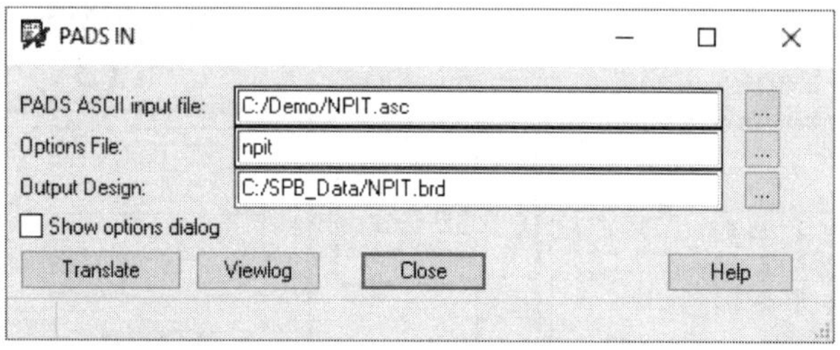

변환 과정 중 PADS to Allegro Translation Options에서 상호 Tools에서 사용되는 Layer를 Mapping 할 수 있는 창이 실행된다. 대부분의 Layer는 기본적으로 Mapping이 되어 있으며, 사용자가 필요에 따라 수정하거나 Mapping 되어 있지 않은 Layer를 적절하게 설정하여 진행한다. 만약 Dynamic Shape을 생성하기 위해서는 하단의 Create Dynamic Shapes를 클릭 후 진행한다.

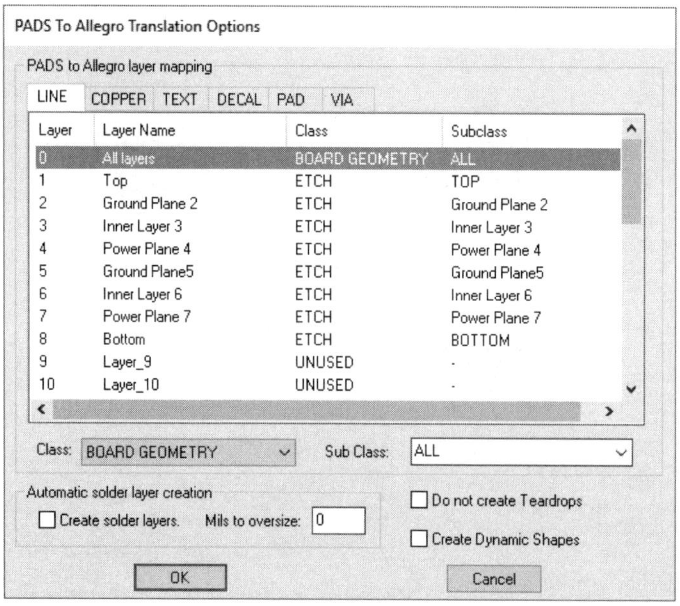

◆ Export

PCB Editor에서 Export 할 수 있는 파일 형태는 아래와 같다. (메뉴 Export)

- MCAD : DXF, IDF, IDX, STEP
- Libraries, IPC-2581, IPC-356 등

Export 방식은 파일 포맷마다 유사하며, 아래는 DXF 파일의 Export 방법에 대한 설명이다.

변환 과정 중 경로 및 이름, Format, Unit 등에 설정을 할 수 있으며, Edit을 클릭하면 각 Tools간의 Layer mapping을 할 수 있다. 변환을 원하는 Layer만을 체크 후 진행한다.

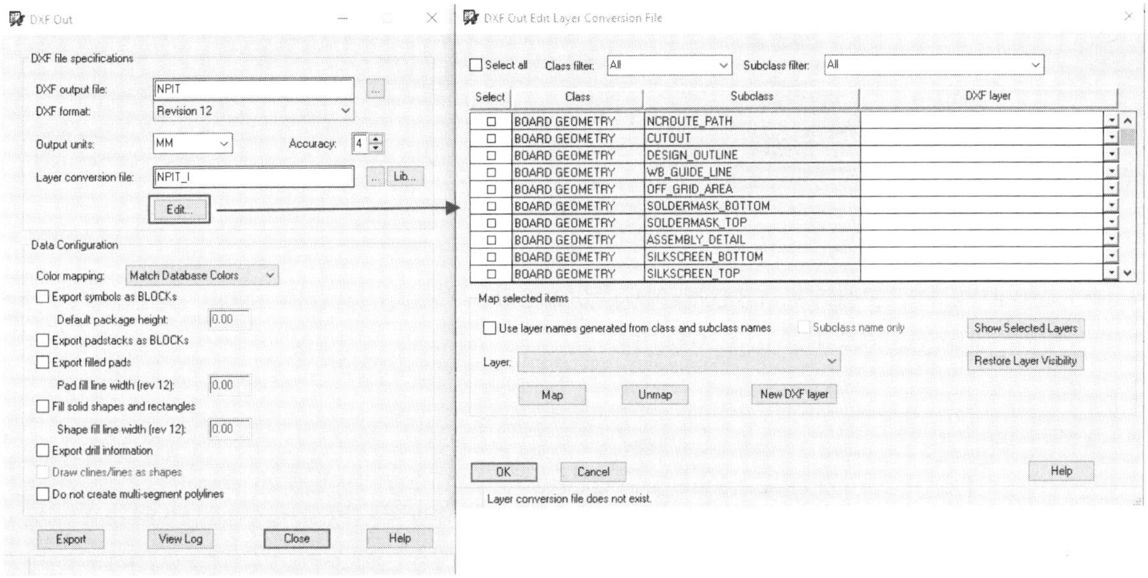

■ **Export Libraries**

메뉴 Export – More – Libraries로 실행하며, Export 항목 중 Export Libraries는 배치된 PCB Symbol을 원하는 경로 상에 추출하는 명령이다.

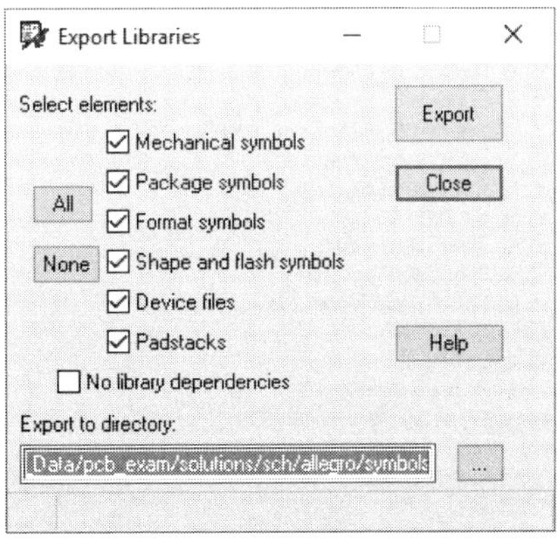

■ **Import/Export Techfile**

Design parameters(Unit, Size 등), Cross-section, Constraint Manager 등의 설정을 추출하여 다음 번 설계 파일에 적용하고자 할 때 Techfile을 이용할 수 있다. Export Techfile 명령으로 파일 추출 후, Import Techfile 명령으로 적용한다. (메뉴 Export – More – Techfile, 메뉴 Import – Techfile)

■ **Import/Export IPC-2581**

ICP2581 Data format을 PCB Editor로 Import하거나 Export 할 수 있다. 이를 통하여 Standards-based 방식의 설계, PCB 설계 및 Fabrication, Manufacturing 등에서 효율을 향상시킬 수 있다.
(메뉴 Import – More – IPC-2581, 메뉴 Export – IPC-2581)

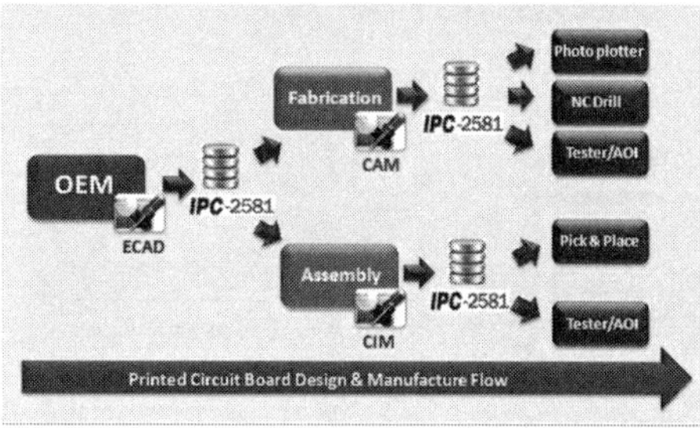

Name	User Def	Design			Fabrication			Assembly			Test		
		1	2	3	1	2	3	1	2	3	1	2	3
Hierarchical layer/stack instance files	O	N	Y	N	N	N	N	N	N	N	N	N	N
Hierarchical conductor routing files	O	N	Y	N	N	N	N	N	N	N	N	N	N
BOM (Components and Materials)	O	Y	Y	Y	Y	Y	Y	Y	Y	Y	N	Y	Y
AVL (Components and Materials)	O	N	Y	Y	N	Y	Y	Y	Y	Y	N	N	Y
Component Packages	O	Y	Y	Y	N	N	Y	Y	Y	Y	N	Y	Y
Land Patterns	O	N	Y	Y	N	N	Y	N	Y	Y	N	Y	Y
Device Descriptions	O	Y	Y	Y	N	N	N	N	N	Y	N	N	Y
Component Descriptions	O	Y	Y	Y	N	N	N	Y	Y	Y	N	Y	Y
Soldermask; Solder Paste Legend Layers	O	N	N	Y	Y	Y	Y	Y	Y	Y	Y	Y	Y
Drilling and Routing Layers	O	N	N	Y	Y	Y	Y	Y	Y	Y	Y	Y	Y
Documentation Layers	O	Y	Y	Y	Y	Y	Y	Y	Y	Y	Y	Y	Y
Net List	O	Y	Y	Y	N	Y	Y	N	Y	Y	Y	N	Y
Outer Copper Layers	O	N	N	Y	Y	Y	Y	Y	Y	Y	Y	Y	Y
Inner Layers	O	N	N	Y	Y	Y	Y	N	Y	Y	N	N	Y
Miscellaneous Image Layers	O	N	Y	Y	N	Y	Y	N	Y	Y	N	Y	Y
DFX Analysis	O	Y	Y	Y	Y	Y	Y	Y	Y	Y	Y	Y	Y

O = User Defined so Data is Optional N=Data is Not Included Y=Data is Included

위의 표는 IPC-2581의 구성이며, PCB Editor에서는 이와 100% 대응되는 형태로써 Data의 Exchange가 가능하며, Industry-standard XML Format을 사용한다.

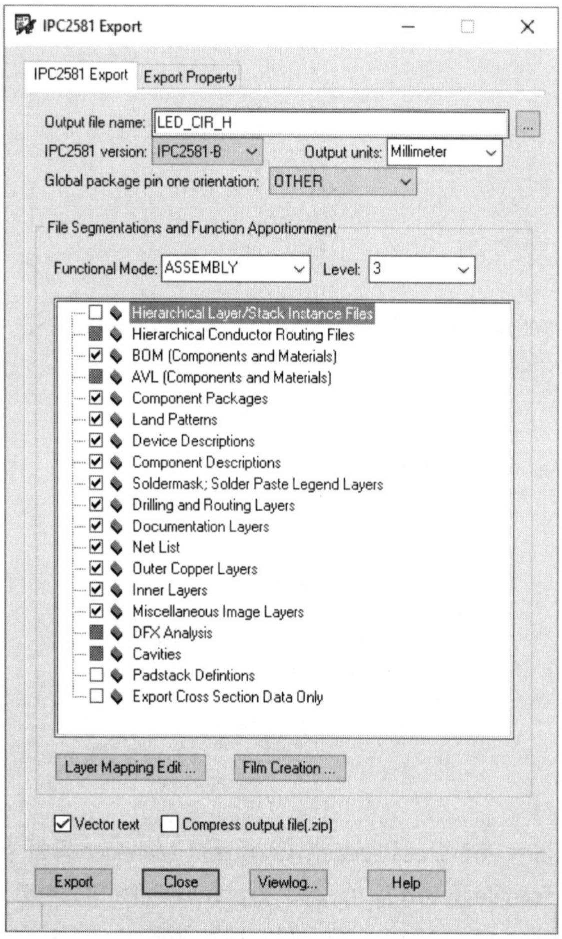

14-4 : Segments Over Voids (Return Current Path Management)

고속의 PCB 설계에서 Return current path가 형성되지 않은 구간에서 Reflection 등의 성능 저하가 나타난다. 따라서 PCB Editor에서 설계된 부분 중, Return current path가 형성되지 않은 구간을 검색하여 쉽게 찾을 수 있는 명령으로써 Segments Over Voids(메뉴 Display - Segments Over Voids)를 이용할 수 있다. 해당 Trace가 활성화되며, 리포트를 이용하여 해당 위치를 바로 확인할 수 있다.

※ 이 명령은 Plane layers가 Cross-Section에서 명시되어 있어야 실행 가능하다.

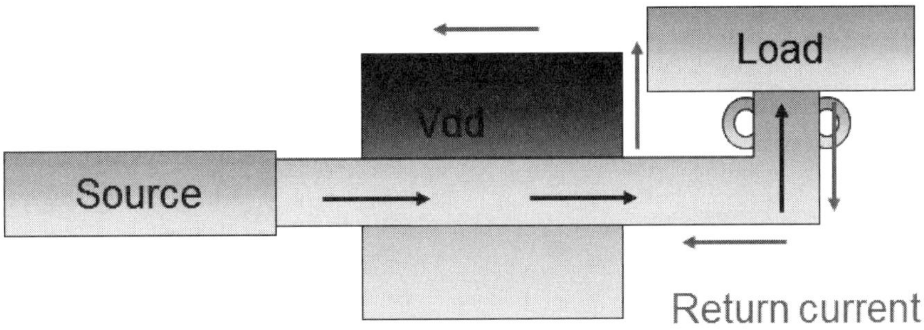

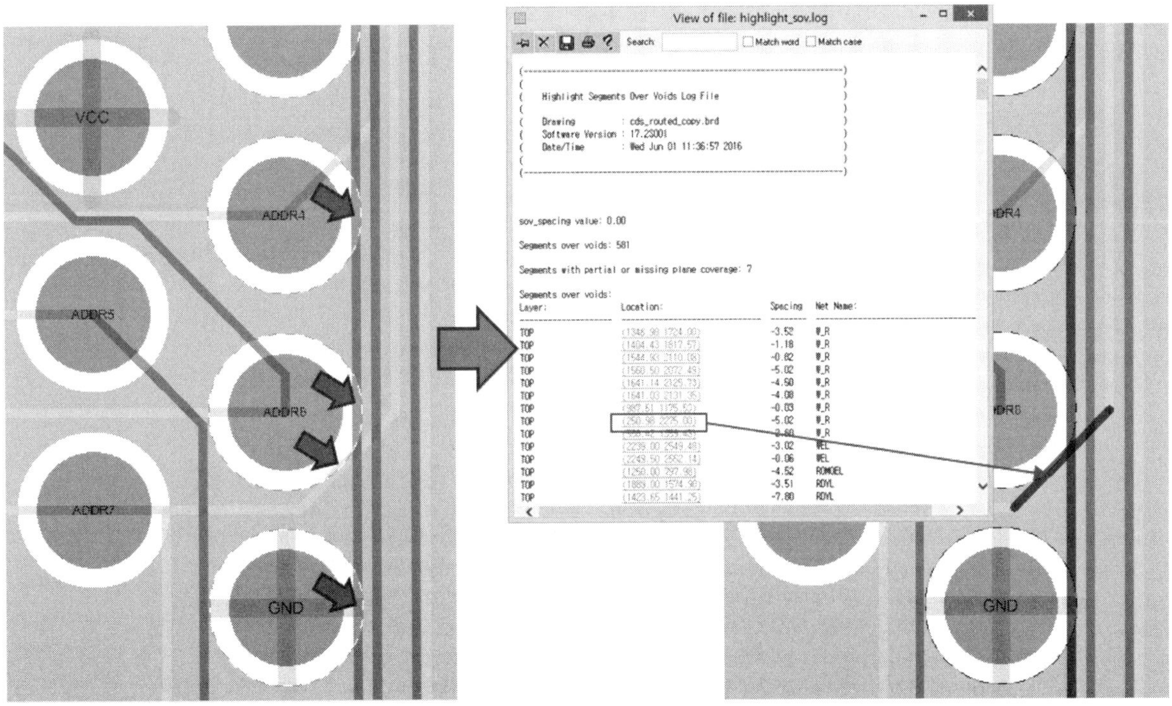

14-5 : Script

Script(메뉴 File - Script)는 Macro 기능으로써, 자주 반복하는 작업에 대하여 Record 및 Replay가 가능하다. 또한 Script 파일(.SCR 파일)은 ASCII 포맷으로 되어있기 때문에 문서편집기로 작성 및 수정이 가능하며, Funckey/Alias 등의 단축키 생성 시에도 유용하게 사용될 수 있다.

※ Script 실행 단축 키 : funckey (단축키) replay (경로)₩(파일명).scr

※ User Preferences Editor창(메뉴 Setup - User Preferences)의 카테고리 Paths - Config에서 Scriptpath에 경로를 설정 시 경로명 없이 단축키를 생성할 수 있으며, Scripting 창의 Library로 활용할 수 있다.

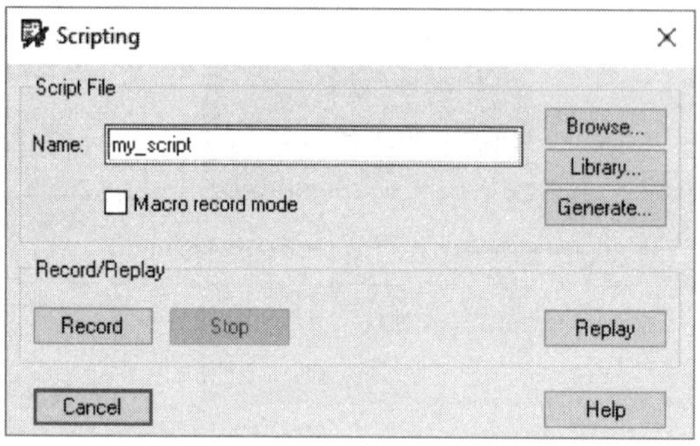


```
setwindow pcb
zoom in 234.48 3011.04
trapsize 3793
add connect
pick grid -1138.62 2495.17
pick grid -675.86 2760.69
pick grid -653.11 3223.45
pick grid -258.62 3193.11
mouse_pos -258.62 3193.11
mouse_pos -288.97 3117.24
pick grid -251.04 2715.17
prepopup -68.97 2571.04
done
generaledit
color192
generaledit
QtSignal ColorVisibilityDialog CVDTabs currentChanged Nets
QtSignal ColorVisibilityDialog CVDTabs currentChanged Layers
QtSignal CVDLayerContainer CVDVisibilityRestore clicked
QtSignal CVDLayerContainer CVDVisibilityOff clicked
QtSignal CVDLayerTable CVDLayerTableDelegate clickedBox 1 0
QtSignal CVDLayerSplitter CVDLayerTable dataChanged Gnd Pin
QtSignal CVDLayerSplitter CVDLayerTable selectionChanged
QtSignal CVDLayerTable CVDLayerTableDelegate clickedBox 2 0
```

(Script 파일 내용 예시)

14-6 : Skill language

Cadence에서 제공하는 LISP 형식의 Language이다. Tools의 기능 확장, Macro(Script와 유사), 기존 기능에 대한 개선 등 다양한 용도로써 사용 할 수 있도록 개발이 가능하다. 본 교재에서는 Skill 파일을 PCB Editor에 Loading하는 것에 대하여 다루도록 한다. (Skill 개발에 대하여서는 Tool 설치 후 함께 제공하는 Documentation ((설치경로)₩doc₩allegroskill₩algroskill)과 예제 ((설치경로)₩share₩pcb₩examples₩skill) 파일을 참조하도록 한다.)

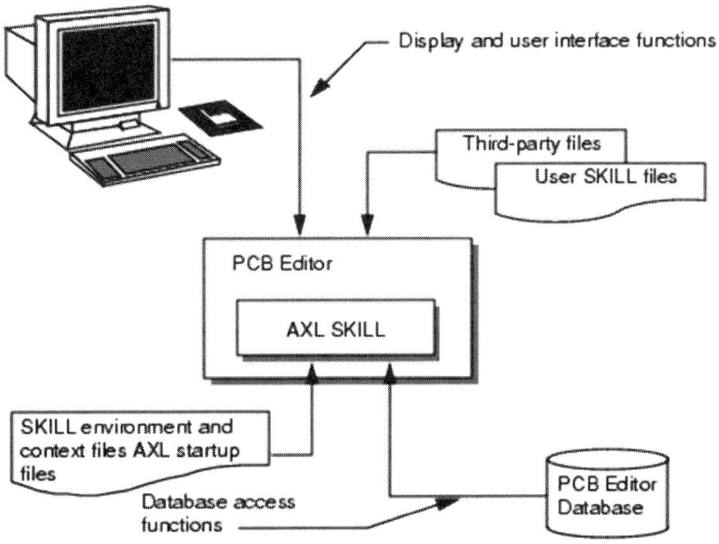

Skill 파일을 자동으로 Loading하는 방법은 HOME 경로의 pcbenv/allegro.ilinit 파일에서 지정한다. allegro.ilinit 파일 내에서의 작성 포맷은 아래와 같다.

load "저장 경로/파일이름"
예) load "C:/SPB_DATA/pcbenv/username.il" 또는
load "username.il" (allegro.ilinit과 같은 디렉토리이므로 경로명 생략가능)

loading이 된 이후에는 해당 Skill의 함수 호출 명령을 이용하여 실행할 수 있으며, 대부분의 Skill 파일은 axlCmdRegister에서 등록이 되어 있다.

예) 아래와 같이 설정되어 있는 경우 함수 호출 명령은 user이며, PCB Editor에서 Command window에서 입력하여 실행할 수 있다.

```
axlCmdRegister("user" 'User_name ?cmdType "general")
procedure(User_name()
    username_var = axlUIPrompt("Please Enter your name :")
    sprintf(username_s "set title_allegro = %s" username_var)
    axlShell(username_s)
)
```

부 록

부록 A : Rigid Flex Design

부록 B : Signal Explorer

부록 C : 교재에서 사용한 부품의 Datasheet

부록 D : OrCAD Additional Products

부록 A Rigid-Flex Design

◆ **Multi-stackup**

Cross-Section(메뉴 Setup - Cross-Sections)에서 Rigid 영역과 Flex 영역에 각각에 대한 Stack-up을 지정할 수 있다. 또한 적용되지 않는 Layer는 체크 해제하여 제외할 수 있다.

Multi-stackup을 설정하기 위해서는 Cross-Section창의 메뉴 View - Multi Stackups mode를 클릭하여 아래와 같이 Stackup을 설정할 수 있다. 그리고 Layer를 추가하여 Rigid와 Flex영역에 맞는 Material을 설정할 수 있다.

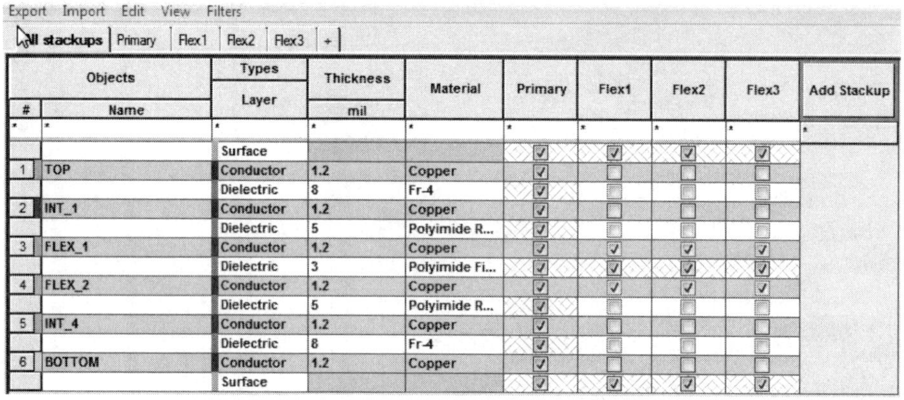

적용된 Stack-up는 우측의 Cross-Section Chart에서 이미지로 확인 가능하다.

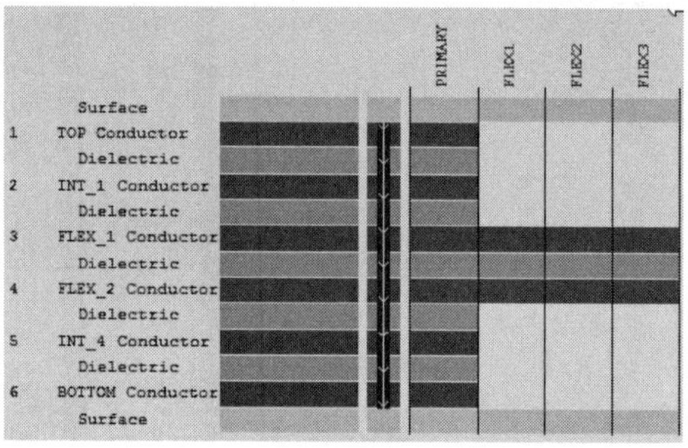

(Tip)

Cross-Section을 설정 시 Material 관련 정보는 Materials Editor(메뉴 Setup – More – Materials 클릭)에서 편집 할 수 있다.

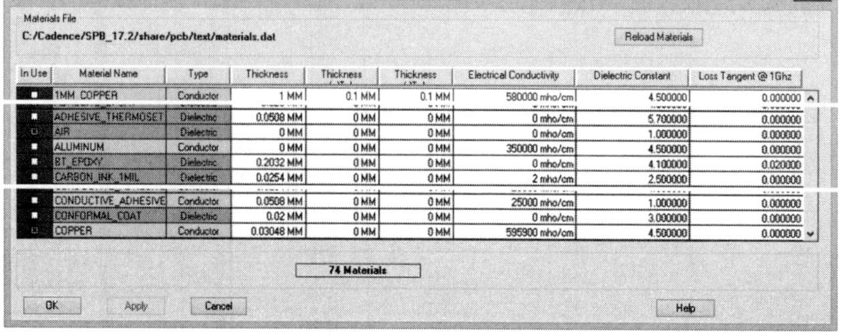

Signal Layer나 Plane을 생성 시 Add Layers(Cross-Section창의 Objects에서 우클릭 - Add Layers)을 이용하여 생성할 수 있으며, Rigid-Flex와 같이 Layer의 Material에 따라 관련 Mask를 지정 가능하다.

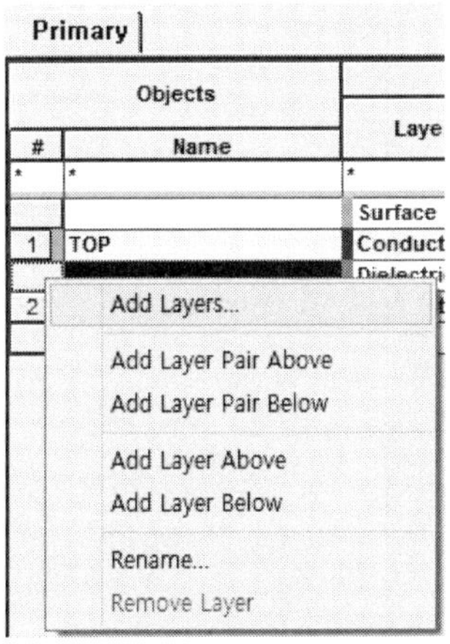

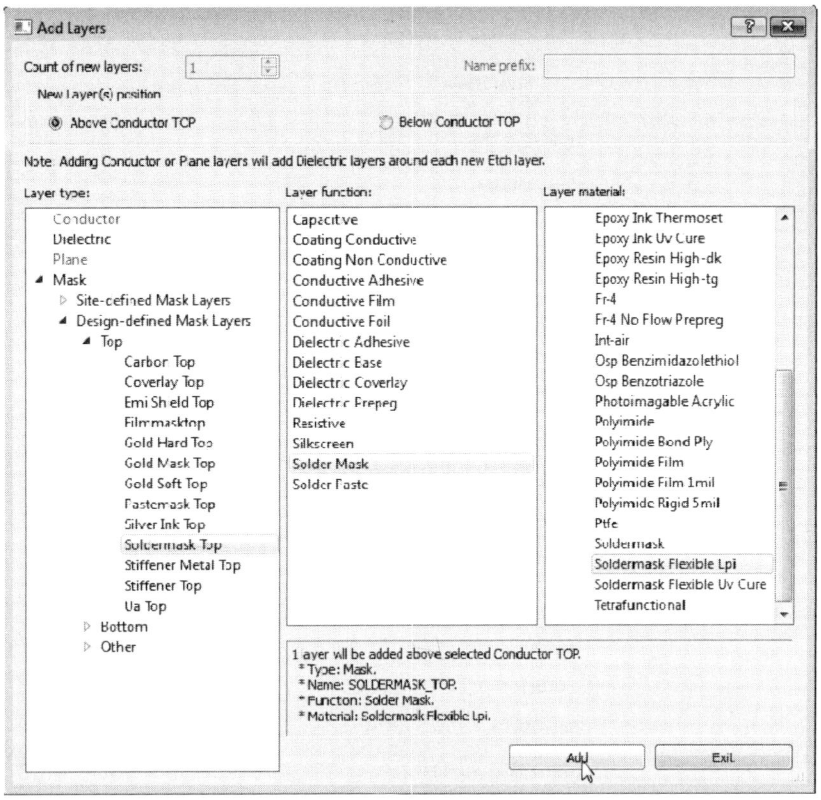

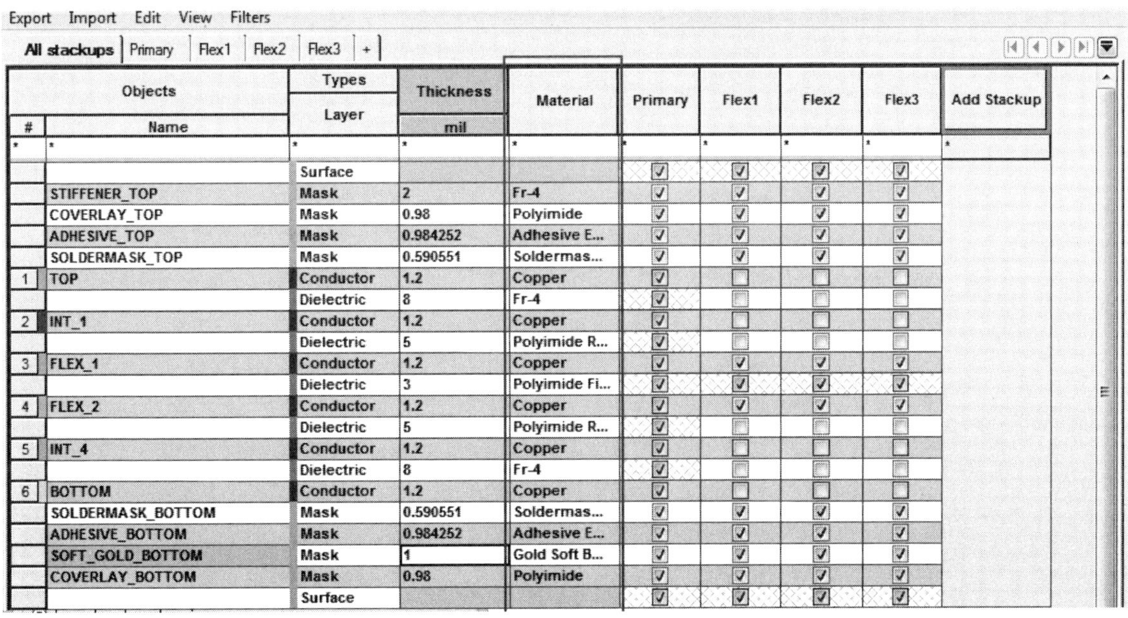

#	Objects Name	Types Layer	Thickness mil	Material	Primary	Flex1	Flex2	Flex3	Add Stackup
*	*	*	*	*	*	*	*	*	*
		Surface			✓	✓	✓	✓	
	STIFFENER_TOP	Mask	2	Fr-4	✓	✓	✓	✓	
	COVERLAY_TOP	Mask	0.98	Polyimide	✓	✓	✓	✓	
	ADHESIVE_TOP	Mask	0.984252	Adhesive E...	✓	✓	✓	✓	
	SOLDERMASK_TOP	Mask	0.590551	Soldermas...	✓	✓	✓	✓	
1	TOP	Conductor	1.2	Copper	✓				
		Dielectric	8	Fr-4	✓				
2	INT_1	Conductor	1.2	Copper	✓				
		Dielectric	5	Polyimide R...	✓				
3	FLEX_1	Conductor	1.2	Copper	✓	✓	✓	✓	
		Dielectric	3	Polyimide Fi...	✓	✓	✓	✓	
4	FLEX_2	Conductor	1.2	Copper	✓	✓	✓	✓	
		Dielectric	5	Polyimide R...	✓				
5	INT_4	Conductor	1.2	Copper	✓				
		Dielectric	8	Fr-4	✓				
6	BOTTOM	Conductor	1.2	Copper	✓				
	SOLDERMASK_BOTTOM	Mask	0.590551	Soldermas...	✓	✓	✓	✓	
	ADHESIVE_BOTTOM	Mask	0.984252	Adhesive E...	✓	✓	✓	✓	
	SOFT_GOLD_BOTTOM	Mask	1	Gold Soft B...	✓	✓	✓	✓	
	COVERLAY_BOTTOM	Mask	0.98	Polyimide	✓	✓	✓	✓	
		Surface			✓	✓	✓	✓	

만약 Mask Layer의 순서를 바꾸고자 한다면 Cross Section Editor의 메뉴 Edit - Mask Layer Order를 클릭하여 수정이 가능하다.

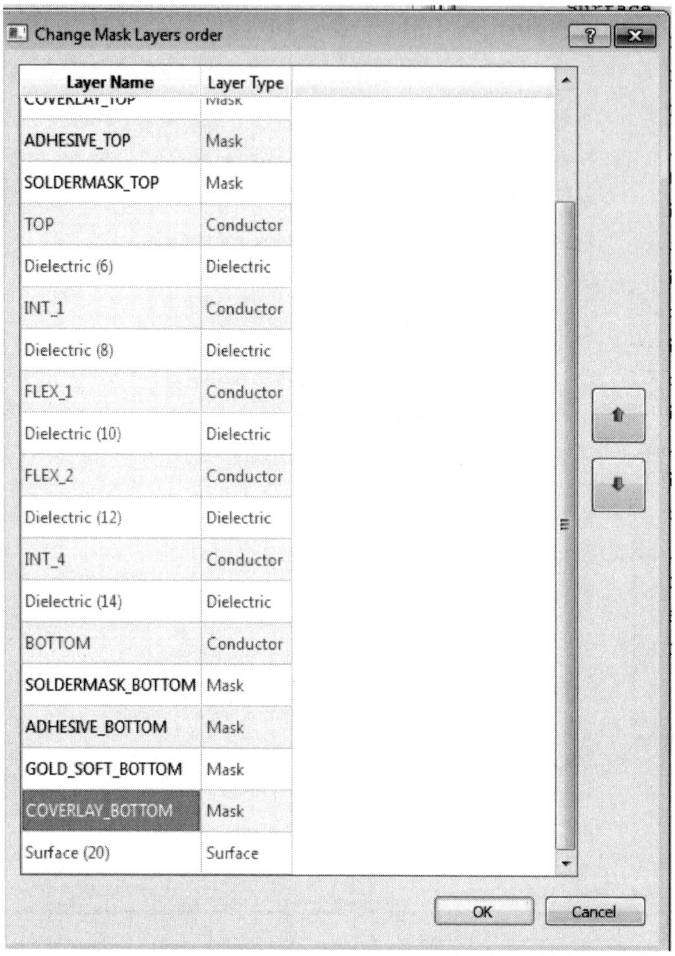

◆ Zone

만약 아래와 같이 1, 2, 3, 4 구간이 Flex 구간이라면 Flex에 해당하는 Stack-up 설정이 지정되어야 한다.

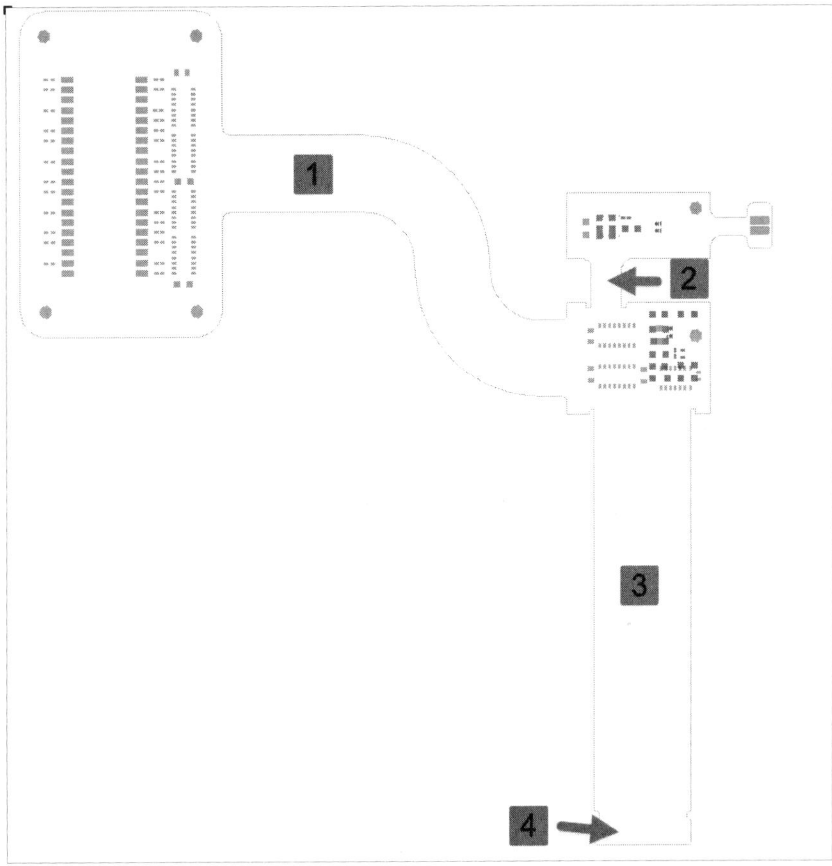

Cross-Section에서 설정된 각 stack-up 설정에 대한 영역을 나누기 위하여 Zone(메뉴 – Setup – Zones – Craete)을 이용한다.

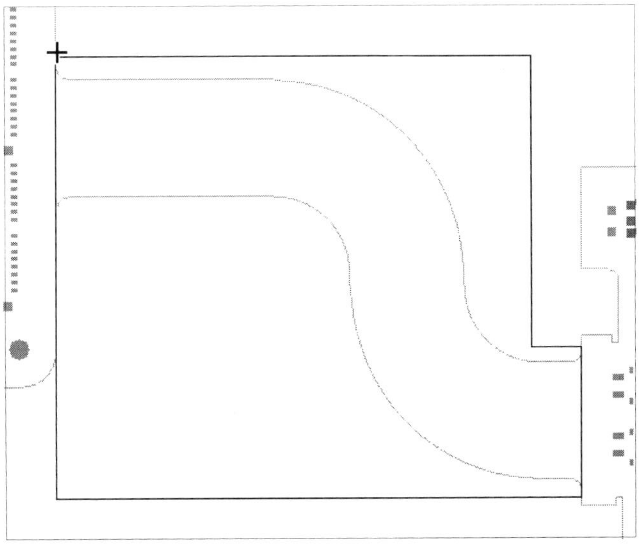

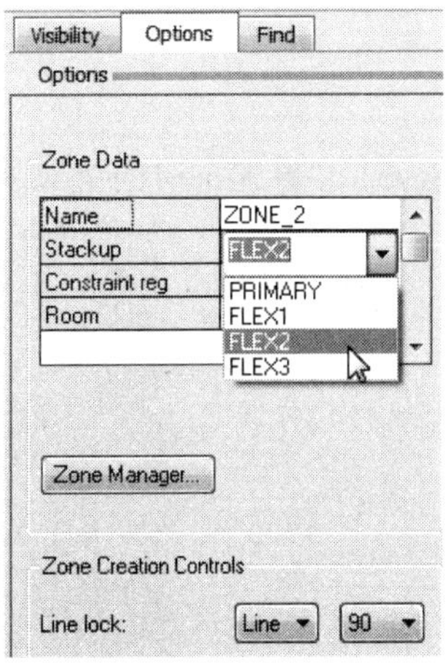

또한 Zone Manager (메뉴 Setup – Zones – Manage)를 이용하여 전체 Zone을 관리 할 수 있다. 해당 Zone을 삭제하거나, Zone에 해당하는 Stack-up을 수정 가능하다.

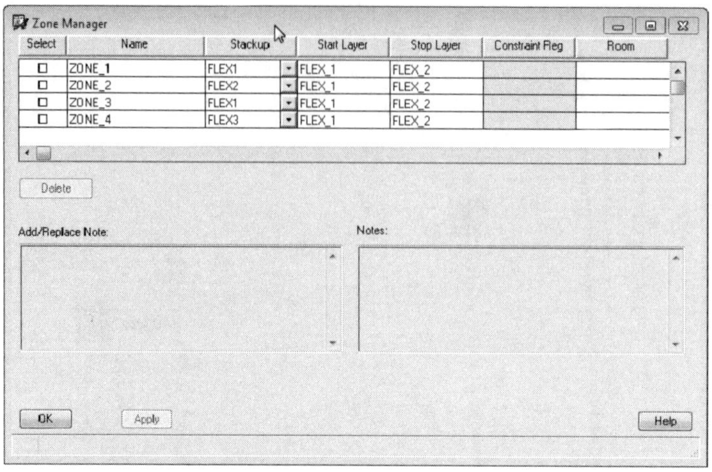

Zone의 Outline 정보는 (class) Rigid Flex의 (Subclass) Zone_Outline으로 형성된다.

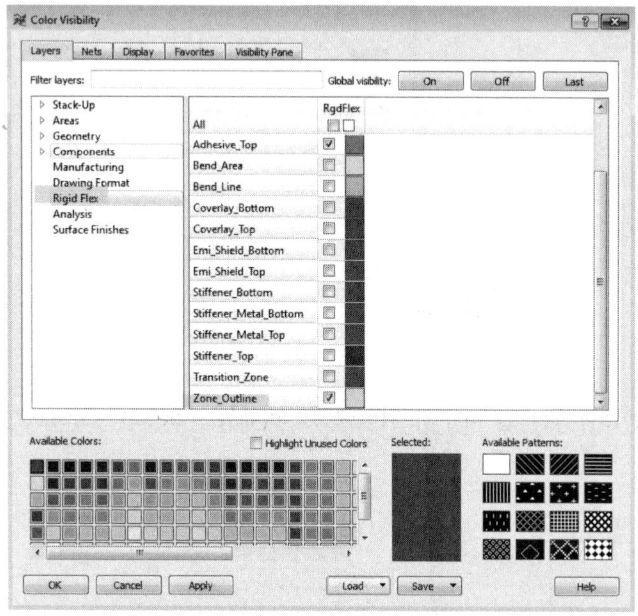

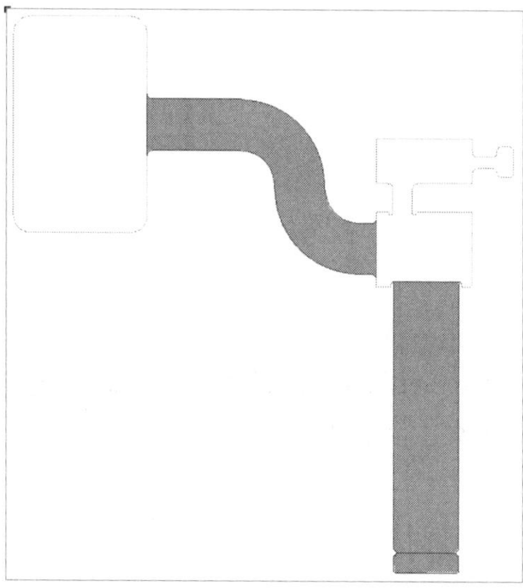

3D Viewer 또한 Rigid-Flex에 대한 형상을 지원한다.

◆ Inter Layer Checks

Rigid-Flex Design 설계 시 Constraint Manager의 Spacing – Inter Layer Checks가 유용하게 쓰일 수 있다. 각 Layer 간의 Spacing 관련 rule들을 포함하며, 아래와 같이 크게 4가지를 제공한다.

제공하는 Rules은 **Gap, Overlap, 1 inside 2, 2 inside 1** 이 있다.

■ Gap

각 Subclass 간의 이격 거리를 설정한다. 만약 지정된 Spacing 수치보다 가깝게 생성되면 DRC 에러를 띄우게 된다.

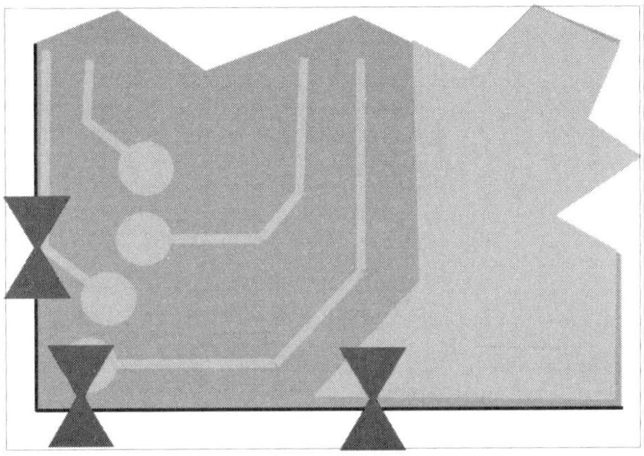

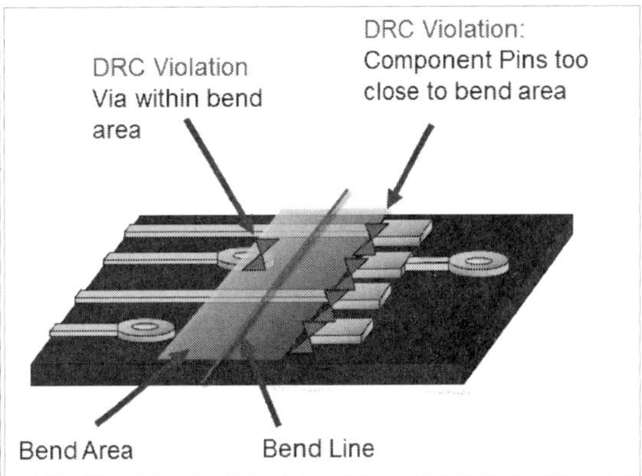

■ Overlap

지정된 두 Layer가 겹쳐져야 하는 최소 영역의 길이를 지정한다. 보통 Rigid와 Flex의 Transition 영역에 지정한다.

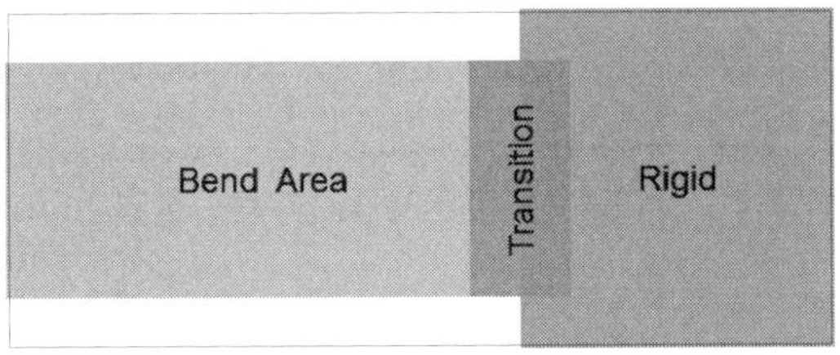

■ 1 inside 2 / 2 inside 1

"1 inside 2"는 Layer 1으로 지정된 Subclass 가 Layer 2로 지정된 Subclass 안쪽에 형성될 때, Layer 2 바깥 영역을 기준으로 Layer 1이 Keep in 되어야 할 Offset 거리를 의미한다. ("2 inside 1"은 반대로 적용됨)

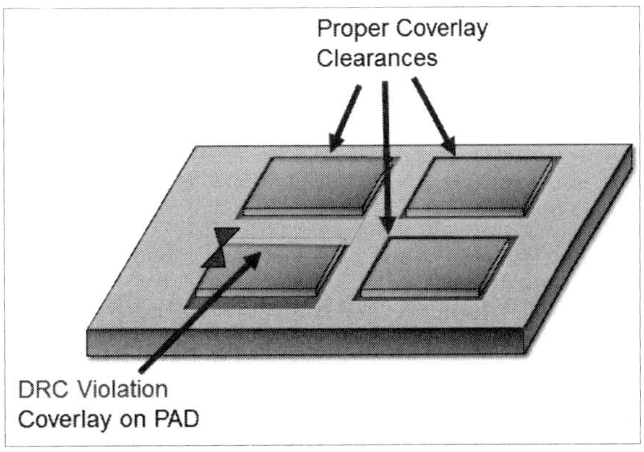

■ **ILC (Inter Layer Check) Matrix**

Gap, Overlap, 1 inside 2, 2 inside 1 에 대한 Rules 설정을 위하여 ILC Matrix를 이용한다.

ILC Matrix에서 Layer 1이 될 Subclass와 Layer 2가 될 Subclass가 Cross되는 항목에 체크를 하면 하단에 Rule을 적용 가능하다. 해당 항목의 DRC 적용 Type, Value와 DRC Error 가 생겼을 때의 Label, DRC subclass, Description을 기입 가능하다.

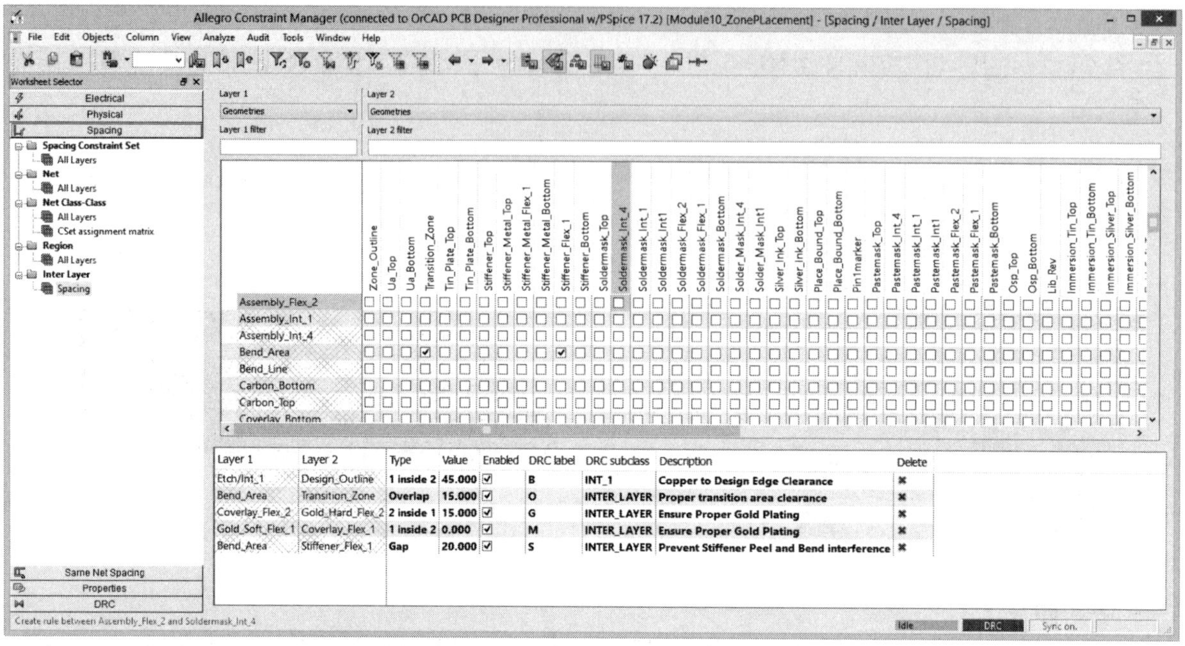

■ **Contour**

Flex 영역의 배선 시, Contour(Add connect 시에 우클릭 – Contour)를 이용하면 인접한 RTE Keep In 또는 주변 배선을 따라 쉽게 배선 할 수 있다.

※ 지정한 Net을 기준으로 일정 거리를 유지하면서 배선하는 작업이다.

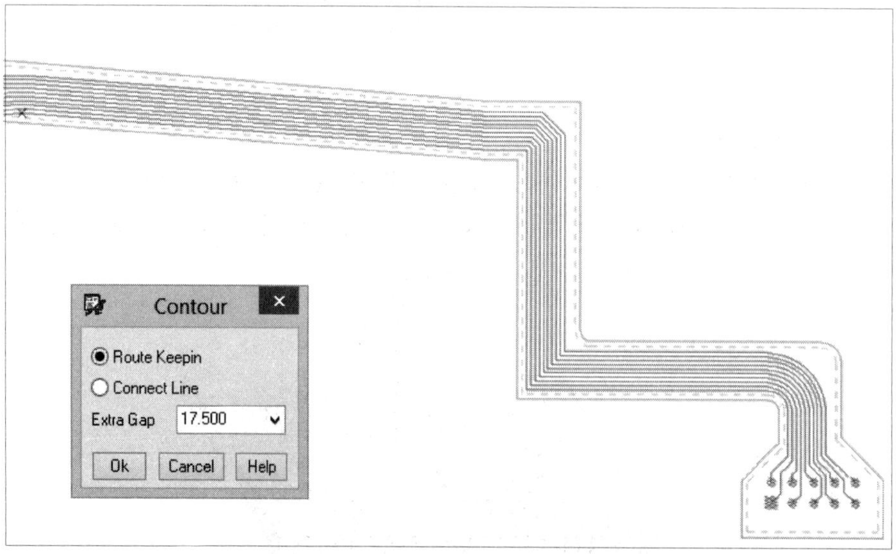

[Lab A] Rigid-Flex Design

■ **Multi Stack-up**

1. 시작 - 모든 프로그램 – Cadence Release 17.2-2016 – OrCAD Products – PCB Editor 실행 (윈도우키 + R – allegro 실행)
2. 메뉴 File - Open 클릭
3. pcb_exam₩rigid_flex₩rigid_flex_start 클릭 후 "Open"
4. 메뉴 Setup – Cross-Section 클릭
5. Cross Section editor의 메뉴 – View – Multi Stackups mode 클릭

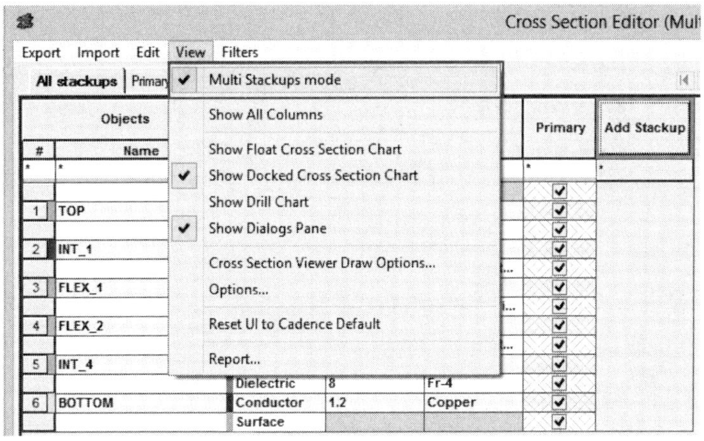

6. Primary 우측의 "+" 또는 Add Stackup 클릭

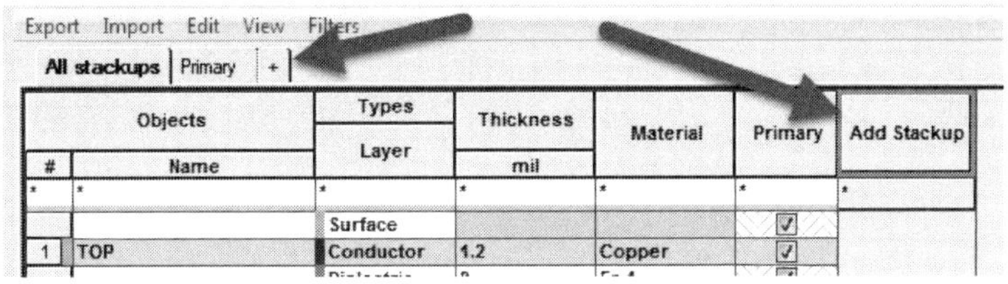

7. Create Stackup 창에서 Stackup 이름 "**FLEX1**"을 기입, All Layers excluded from stackup으로 설정 후 "OK" 클릭

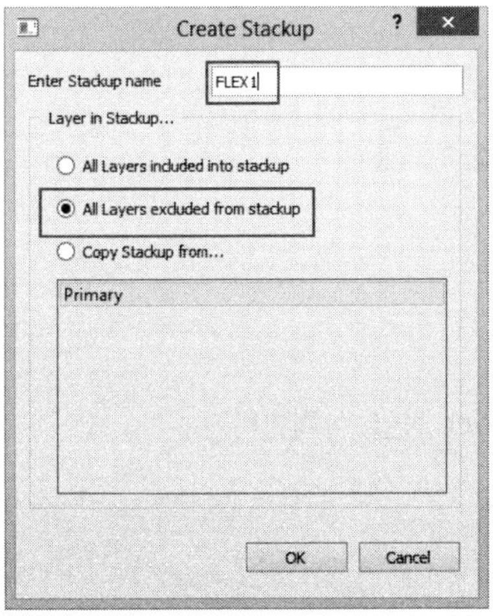

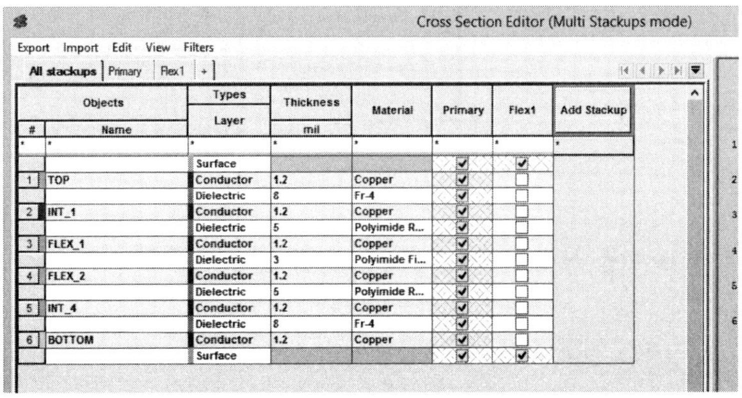

8. 6~7 과정을 반복하여 아래와 같이 Flex1~Flex3까지 추가
9. Flex1, Flex2, Flex3에 아래와 같이 Layer 적용

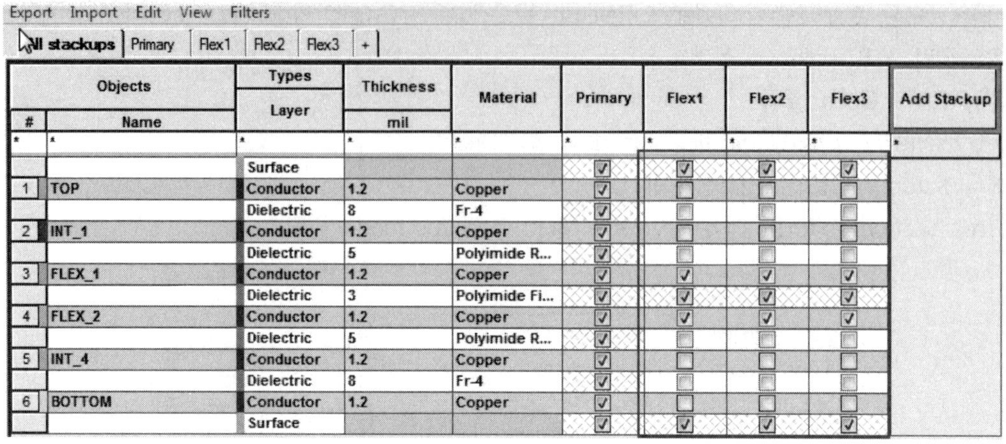

■ **Add Layer (수동 추가)**

1. Top Layer를 우클릭 – Add Layer Pair Below 클릭

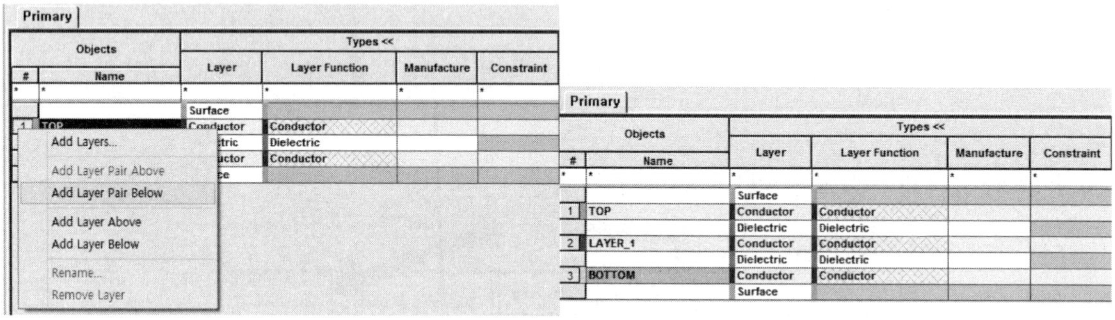

■ **Remove Layer**

1. 삭제할 Layer를 선택 후 우클릭 – Remove Layer 클릭

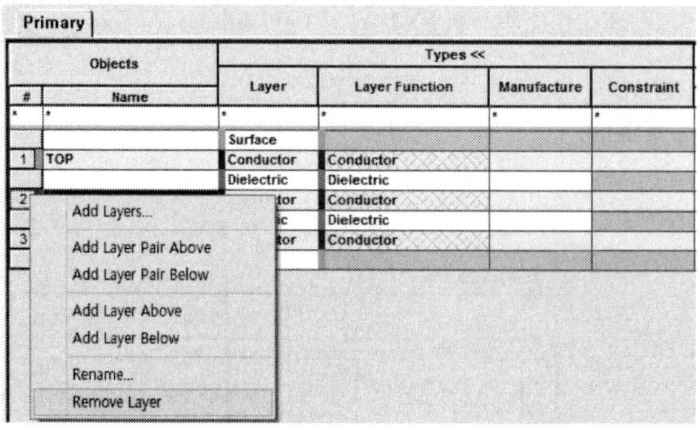

※ Layer를 삭제 시 Conductor Layer를 먼저 삭제 후 Dielectric Layer 등을 삭제한다.

■ **Add Layer (우클릭 메뉴)**

1. Top Layer를 우클릭 – Add Layers 클릭

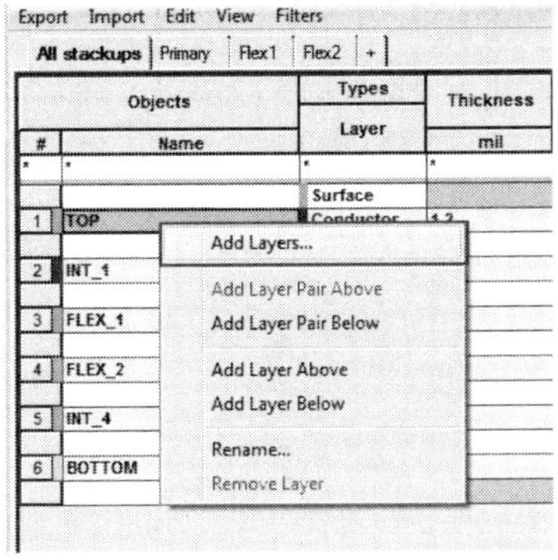

2. Add Layers 창에서 New Layer(s) Position : Above Conductor TOP 클릭
3. Layer type : Mask – Design-Defined Mask Layers – Top – Soldermask Top
   - Layer function : **Solder Mask**
   - Layer material : **Soldermask Flexible Lpi**

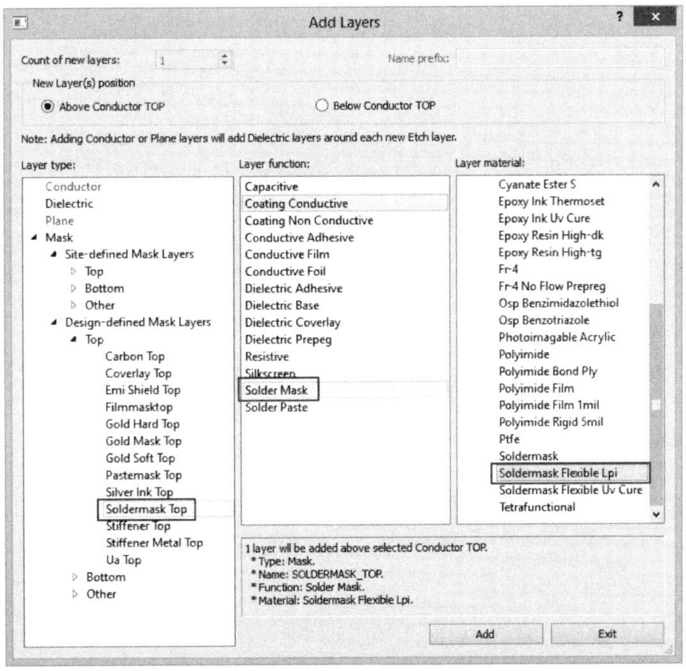

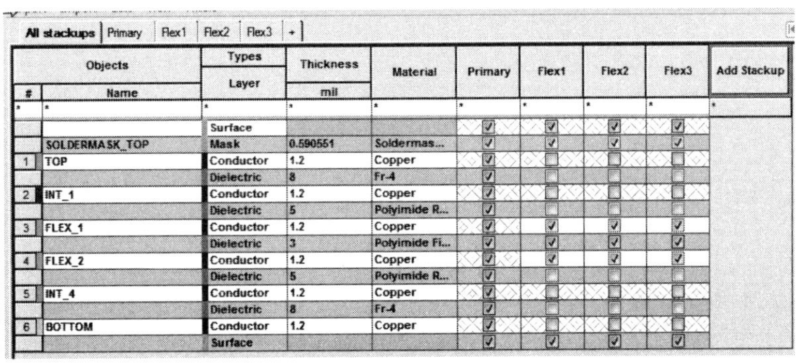

1. 2~3 과정을 이용하여 아래와 같이 Layer를 추가한다.

All stackups | Primary | Flex1 | Flex2 | Flex3 | +

#	Objects Name	Types Layer	Thickness mil	Material	Primary	Flex1	Flex2	Flex3	Add Stackup
*	*	*	*	*	*	*	*	*	*
		Surface			✓	✓	✓	✓	
	STIFFENER_TOP	Mask	2	Fr-4			✓		
	COVERLAY_TOP	Mask	0.98	Polyimide		✓	✓	✓	
	ADHESIVE_TOP	Mask	0.984252	Adhesive E...		✓	✓	✓	
	SOLDERMASK_TOP	Mask	0.590551	Soldermas...	✓				
1	TOP	Conductor	1.2	Copper	✓				
		Dielectric	8	Fr-4	✓				
2	INT_1	Conductor	1.2	Copper	✓				
		Dielectric	5	Polyimide R...	✓				
3	FLEX_1	Conductor	1.2	Copper	✓	✓	✓	✓	
		Dielectric	3	Polyimide Fi...	✓	✓	✓	✓	
4	FLEX_2	Conductor	1.2	Copper	✓	✓	✓	✓	
		Dielectric	5	Polyimide R...	✓				
5	INT_4	Conductor	1.2	Copper	✓				
		Dielectric	8	Fr-4	✓				
6	BOTTOM	Conductor	1.2	Copper	✓				
	SOLDERMASK_BOTTOM	Mask	0.590551	Soldermas...	✓				
	ADHESIVE_BOTTOM	Mask	0.984252	Adhesive E...		✓	✓	✓	
	COVERLAY_BOTTOM	Mask	0.98	Polyimide		✓	✓	✓	
	SOFT_GOLD_BOTTOM	Mask	1	Gold Soft B...				✓	
		Surface			✓	✓	✓	✓	

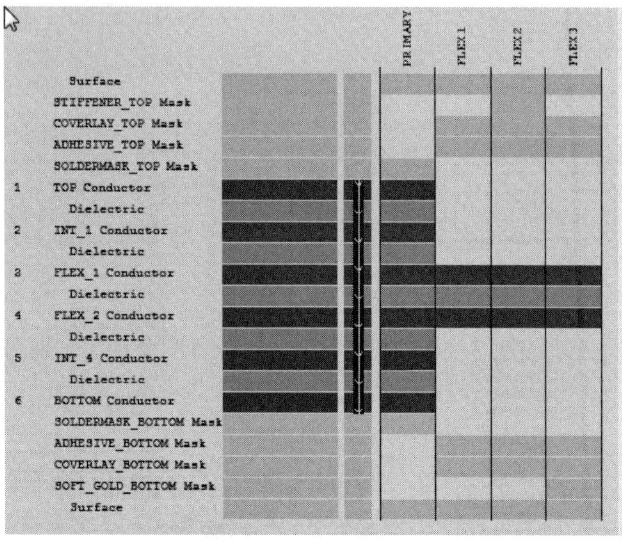

■ Zone

1. 메뉴 Setup – Zones – Create 클릭
2. Option에서 아래와 같이 설정

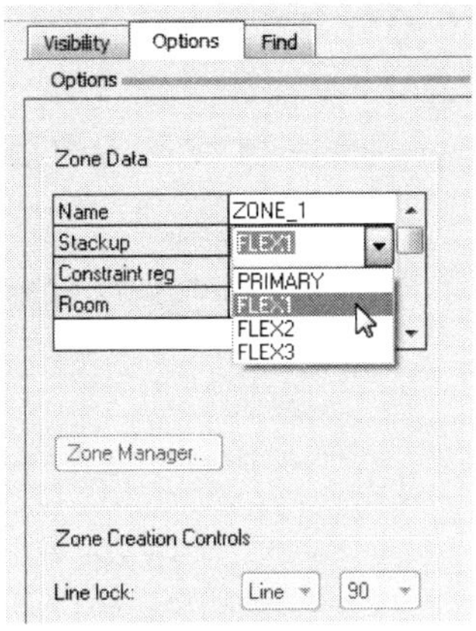

3. 우클릭 – Add Shape 클릭 후 아래와 같이 생성

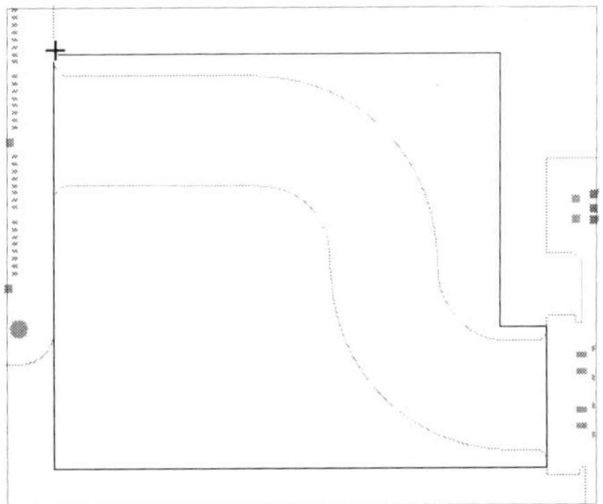

4. 2~3 과정을 이용하여 아래와 같이 생성

Zone 1 : **Flex 1**

Zone 2 : **Flex 2**

Zone 3 : **Flex 2**

Zone 4 : **Flex 3**

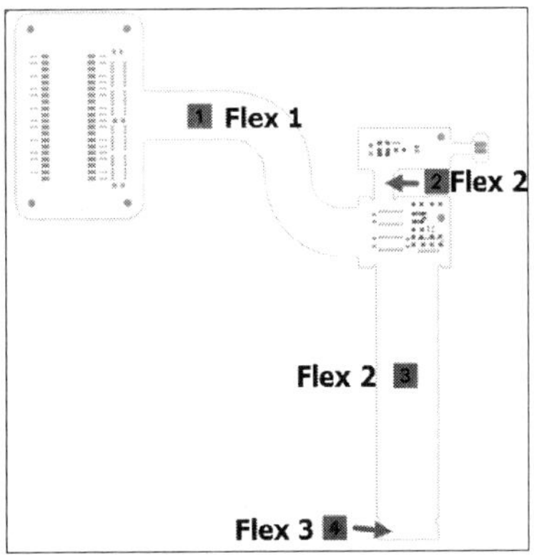

6. 메뉴 Setup – Zones – Manage 클릭하여 생성된 Zones 목록 확인

Select	Name	Stackup	Start Layer	Stop Layer
□	ZONE_1	FLEX1	FLEX_1	FLEX_2
□	ZONE_2	FLEX2	FLEX_1	FLEX_2
□	ZONE_3	FLEX2	FLEX_1	FLEX_2
□	ZONE_4	FLEX3	FLEX_1	FLEX_2

■ **ILC (Inter Layer Checks)**

1. 메뉴 File - Open 클릭
2. pcb_exam₩rigid_flex₩rigid_flex_ILC 클릭 후 "Open"
3. 메뉴 Setup – Constraint Modes 클릭
4. Design Modes의 On-line Inter Layer checks에 "On" 클릭 후 "OK" 클릭

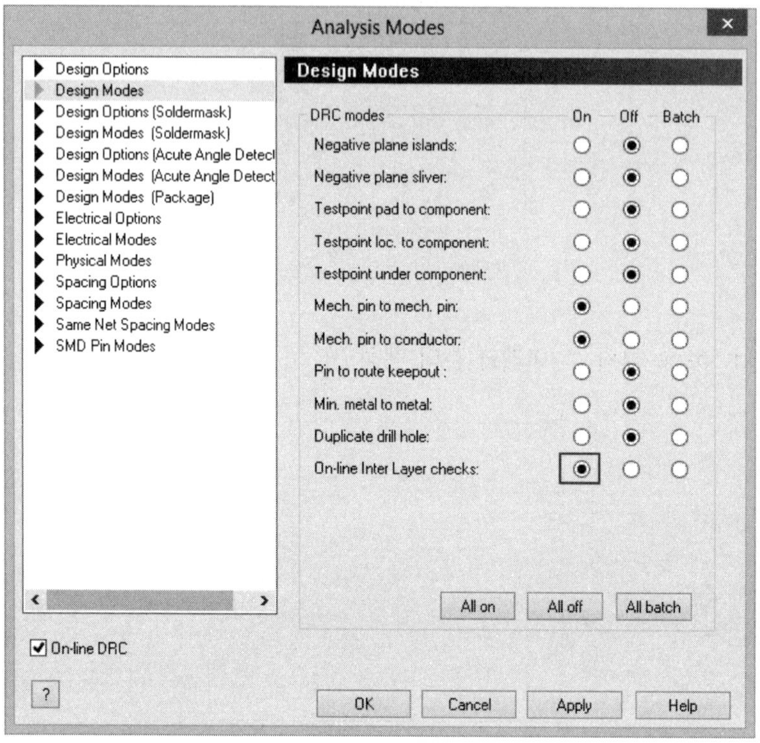

5. 메뉴 Setup – Constraints 클릭
6. Spacing – Inter Layer 클릭

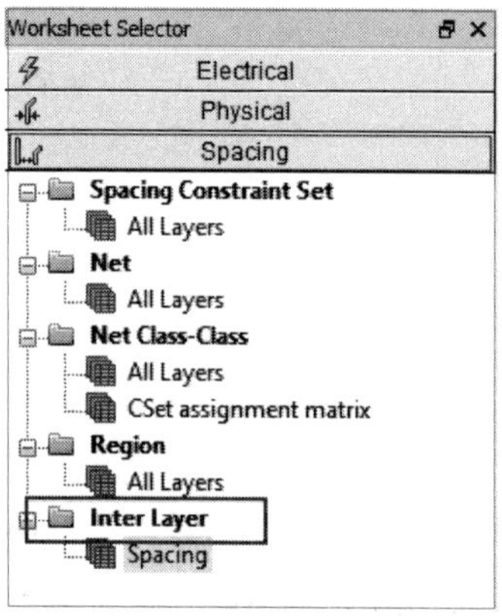

7. 하단에 적용된 Gap rule을 확인

Layer 1	Layer 2	Type	Value	Enabled	DRC label	DRC subclass	Description	Delete
Etch/Int_1	Design_Outline	1 inside 2	45.000	☑	B	INT_1	Copper to Design Edge Clearance	✖
Bend_Area	Transition_Zone	Overlap	15.000	☑	O	INTER_LAYER	Proper transition area clearance	✖
Coverlay_Flex_2	Gold_Hard_Flex_2	2 inside 1	15.000	☑	G	INTER_LAYER	Enusre Proper Gold Plating	✖
Gold_Soft_Flex_1	Coverlay_Flex_1	1 inside 2	0.000	☑	M	INTER_LAYER	Ensure Proper Gold Plating	✖
Bend_Area	Stiffener_Flex_1	Gap	20.000	☑	S	INTER_LAYER	Prevent Stiffener Peel and Bend interference	✖

8. PCB Editor의 Control panel – Visibility에서 View : File: DRC1-GAP 클릭

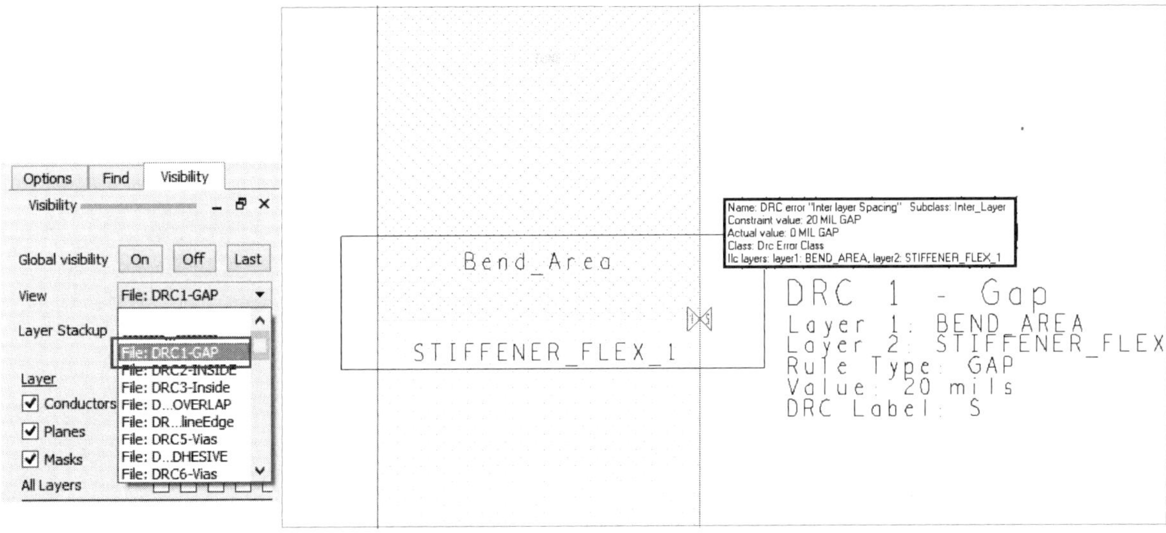

9. 메뉴 Setup – Application Mode – Shape Edit 클릭

10. Options의 Segment commands – Drag : Slide 로 클릭

Find의 Other segs 클릭

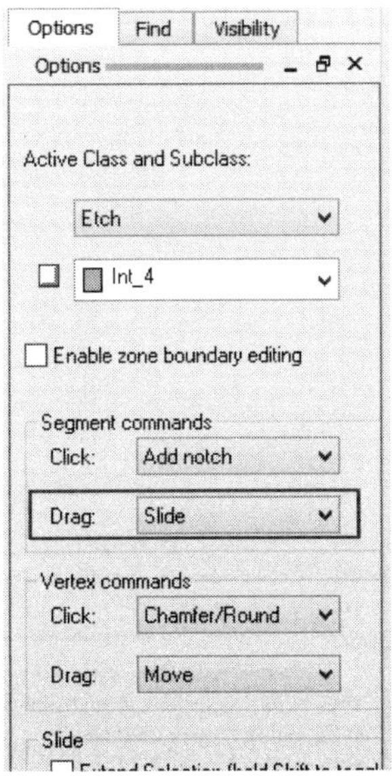

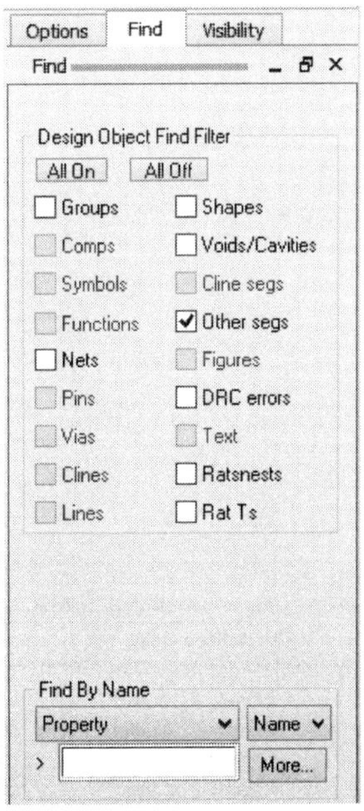

11. Bend_Area의 면을 드래그하여 위로 이동, DRC Error가 없어지는 것을 확인

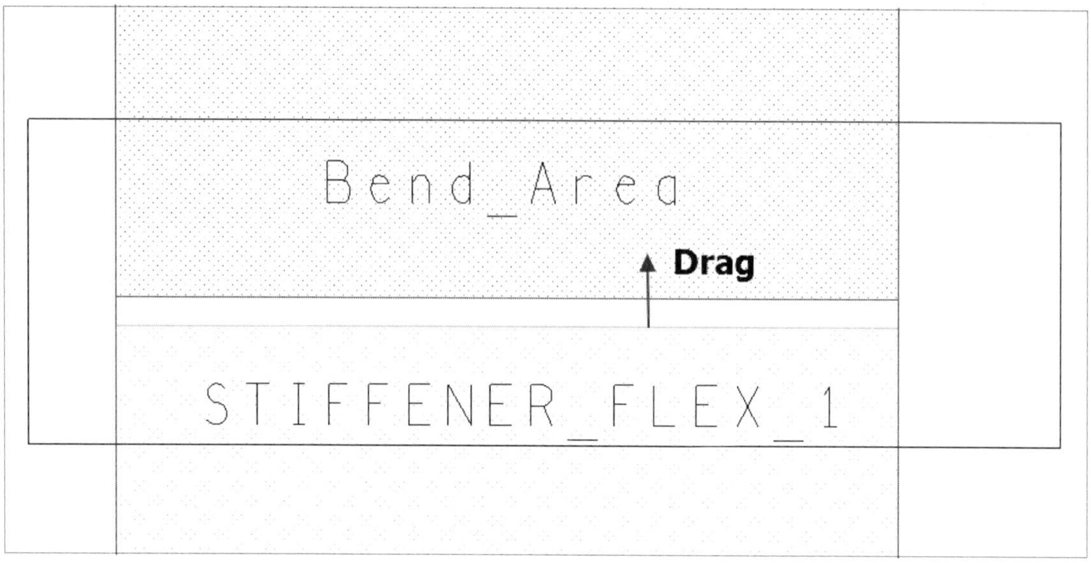

12. Constraint Manager – Spacing – Inter Layer 클릭
13. Layer 1 : Via(and Pin) 클릭
    Layer 2 : Geometries 클릭, Layer 2 filter : **tr** 기입
    Matrix에서 **Flex_1** 과 **Transition_Zone**이 만나는 항목에 체크
14. 하단에 새로운 Rule이 생성된 것을 확인

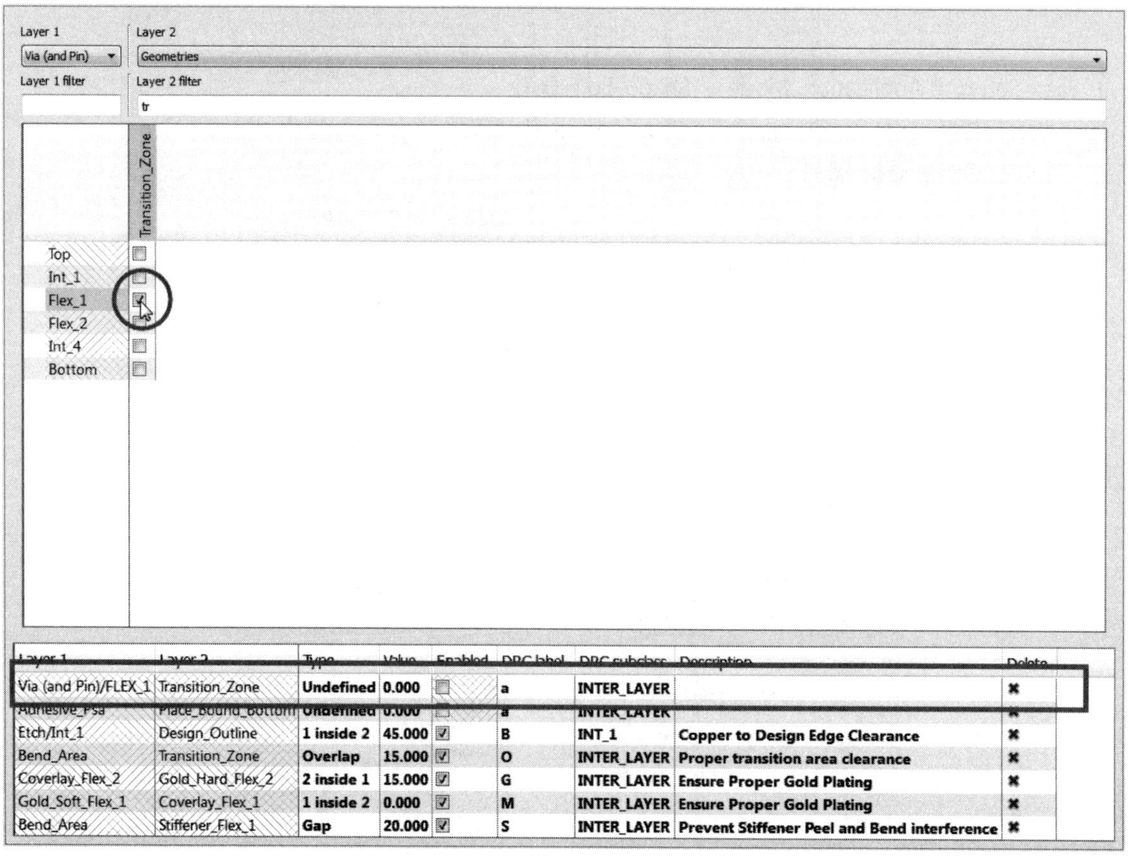

15. Type : Gap, Value : **12**, Enable : 체크, DRC label : **t**, DRC subclass : **FLEX_1**, Description : **Via and pin to transition area to prevent cracking and splitting of holes and flex.**

Layer 1	Layer 2	Type	Value	Enabled	DRC label	DRC subclass	Description	Delete
Via (and Pin)/FLEX_1	Transition_Zone	Gap	12.000	☑	t	FLEX_1	Via and pin to transition area to prevent cracking and splitting of holes and flex.	✖
Etch/Int_1	Design_Outline	1 inside 2	45.000	☑	B	INT_1	Copper to Design Edge Clearance	✖
Bend_Area	Transition_Zone	Overlap	15.000	☑	O	INTER_LAYER	Proper transition area clearance	✖
Coverlay_Flex_2	Gold_Hard_Flex_2	2 inside 1	15.000	☑	G	INTER_LAYER	Enusre Proper Gold Plating	✖
Gold_Soft_Flex_1	Coverlay_Flex_1	1 inside 2	0.000	☑	M	INTER_LAYER	Ensure Proper Gold Plating	✖
Bend_Area	Stiffener_Flex_1	Gap	20.000	☑	S	INTER_LAYER	Prevent Stiffener Peel and Bend interference	✖

16. Visibility에서 View : "**File: DRC 6-Vias**" 클릭

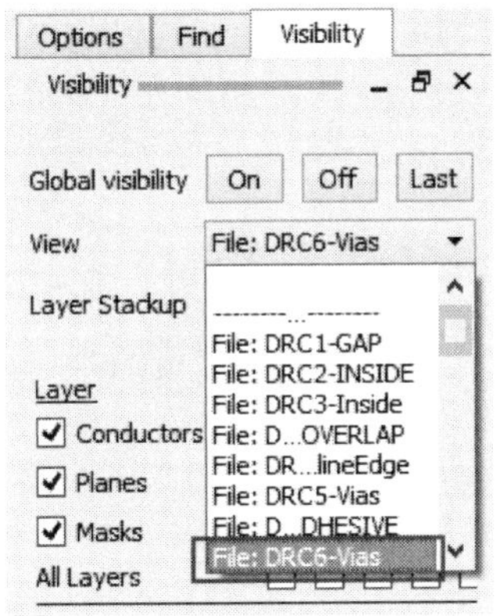

17. 메뉴 Check - DRC Update 클릭
18. Via와 Transition_Zone 사이 간의 DRC Error를 확인

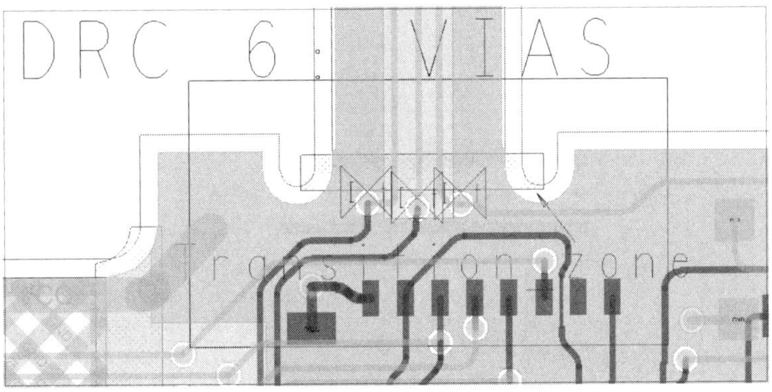

19. 메뉴 Route - Slide 클릭
20. 문제가 되는 Via를 이동, DRC Error가 없어지는 것을 확인

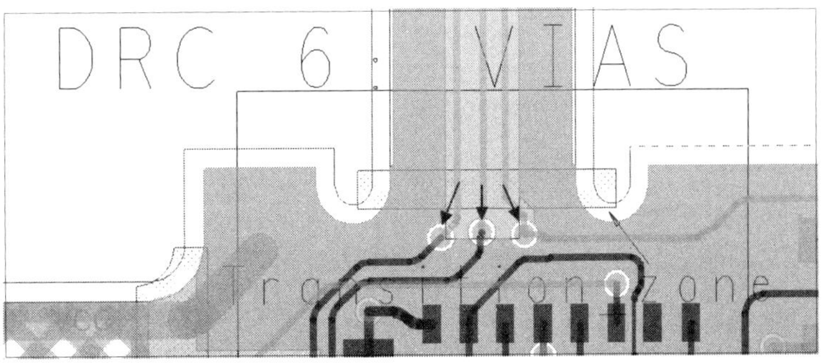

부록 B Signal Explorer

◆ 회로와 전기적 영역 해석 관계

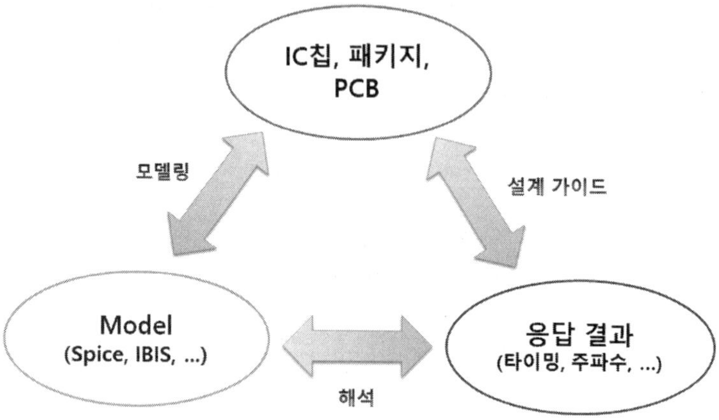

◆ Signal Integrity (SI, 신호 무결성)

■ **Signal Integrity란?**

고속 데이터 전송 시 신뢰성 확인(신호의 전달 타이밍) 및 신호가 정상적으로 목적지까지 전달(신호의 정확성)되는지 해석방법으로 **전송선로의 영향으로부터 안전하게 신호를 전송하는 기술**

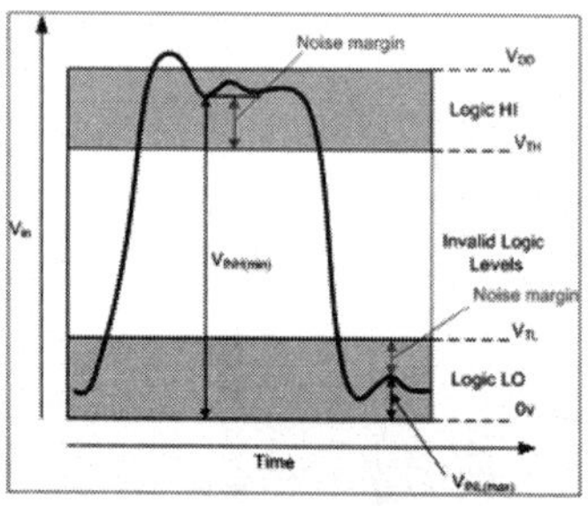

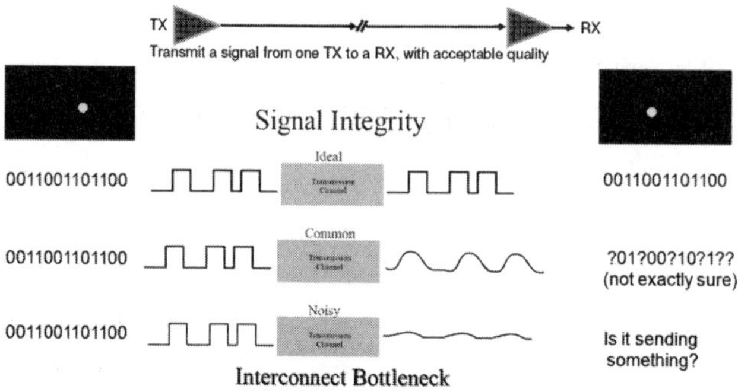

※ 디지털 신호에서 1과 0을 구별 할 수 있어야 한다.

■ **IBIS Model**

IC 부품 제조 회사는 SPICE 파라미터와 Netlist를 공개하지 않고, IC 제품에 필요한 SPICE의 정확한 I/O 버퍼 모델을 제공하고, PCB 및 시스템 설계자는 반도체 벤더가 제공한 IBIS 모델을 활용하여 신호 무결성에 필요한 고속 인터 커넥트를 정확하게 시뮬레이션 할 수 있다.

- Package의 R, L, C의 각 성분
- Power/GND의 Clamp Diode의 V/I 특성
- Pad에서의 등가 Capacitance 성분

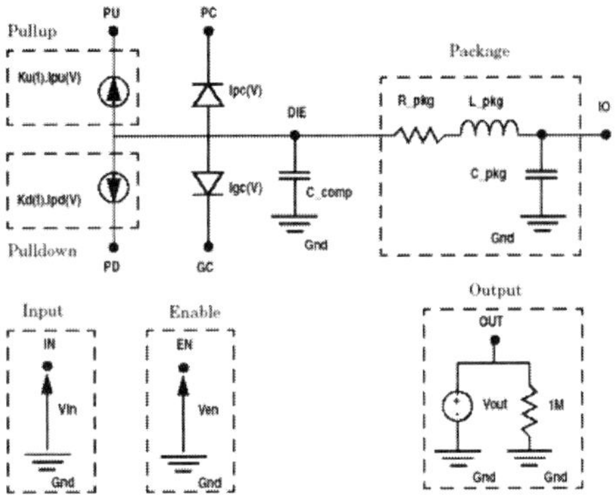

■ **SI 용어** (sigXplorer에서 자주 사용되는 용어들)

용어	설명
Driver pin	신호를 보내는 Pin (송신단)
Receiver pin	신호를 받는 Pin (수신단)
Aggressor net	노이즈의 영향을 주는 Net
Victim net	노이즈의 영향을 받는 Net
Xnet	입력에서 출력까지 저항 등의 소자를 포함하는 Net
Strobe Xnet	데이터나 신호들을 확인하기 위한 신호를 포함하는 Net
Overshooting/Undershooting	신호가 일시적으로 튀어 오르거나 내려가는 현상
Switch Rise/Fall Delay	Rise / Fall 전환 시 Delay
Settle Rise/Settle Fall	Rise / Fall 신호가 인식(안정)되기까지 Delay
Monotonic	신호가 증가하거나 감소하는 것
Harmonic	원천주파수의 배수 주파수 성분
Glitch	노이즈 펄스 (DA 변환 시 과도한 오버슈트)
Odd/Even	E-H의 방향이 반대방향이면 Odd Mode, 같은 방향이면 Even Mode
First Incidence	시뮬레이션 시 첫 번째 입사파에 신호 전환에 대한 설정
Propagation Delay	신호의 전송지연

◆ Signal Explorer

■ Transmission Line 특성

전송선로는 단위 길이당 Capacitance와 Inductance를 가지는데, 이는 선로의 물리적인 크기(Trace Width, Trace의 접촉면등)로 결정되며, Microstrip Trace (Air 층과 접촉하고 있는 레이어에 배선된 경우)와 Stripline Trace(다층 기판의 내층 Plane 사이에 배선된 경우)로 구성된다.

- 선로는 선로 자체의 저항(R)성분과 선로에 전압을 인가하였을 때 발생하는 전기장(C, E-Field), 전류가 인가하였을 때 발생하는 자기장(L, H-Field)성분으로 임피던스 값이 발생한다.
- 전송속도는 Microstrip Trace이 Stripline Trace보다 빠르다.

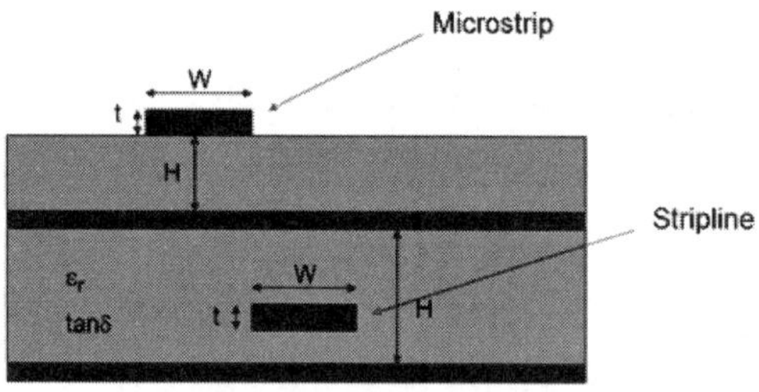

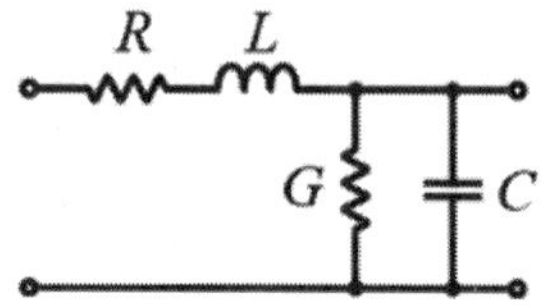

- R Resistance per unit length [ohm / m]
- C Capacitance [F / m]
- L Inductance [H / m]
- G Conductance [S / m]

- 전송선로의 특성 임피던스

$$Z_0 = \sqrt{\frac{R+j\omega L}{G+j\omega C}} \approx Z_0 = \sqrt{\frac{L}{C}}$$

[Lab B-1] LC 모델로 Transmission 시뮬레이션

1. 시작 - 모든 프로그램 - Cadence Release 17.2-2016 - OrCAD Products - **SigXplorer**를 실행.
   (윈도우키 +R -> sigxp.exe 실행)

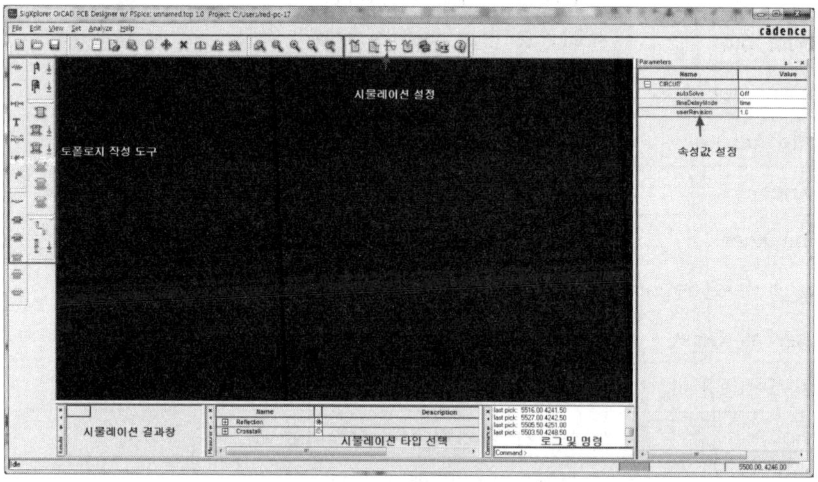

※ 화면의 왼쪽에 라이브러리 툴바를 이용하여 회로를 구성.

- 사용 소자: **Driver, Receiver, Resistor, Capacitor, Inductor, Source**

2. IO Cell에서 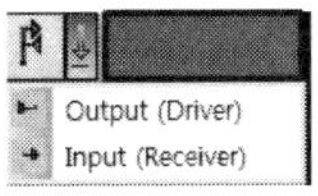

Driver와 **Receiver**를 배치

3. L을 **2.5nH**, C를 **1pF**으로 설정

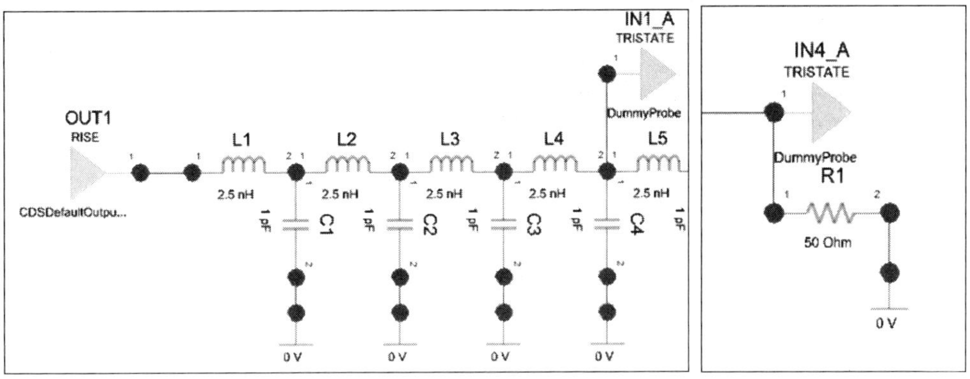

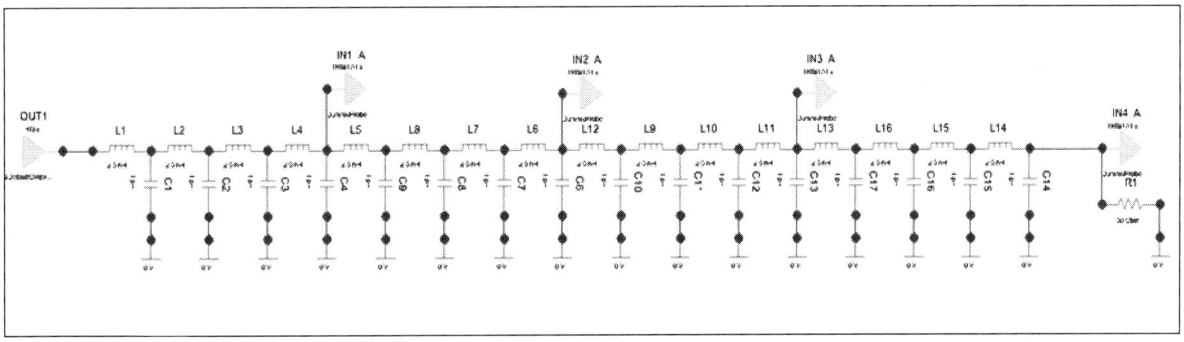

4. 0V의 배치는 source를 배치(기본 5V) 후 Voltage의 속성 값을 **0V**으로 변경

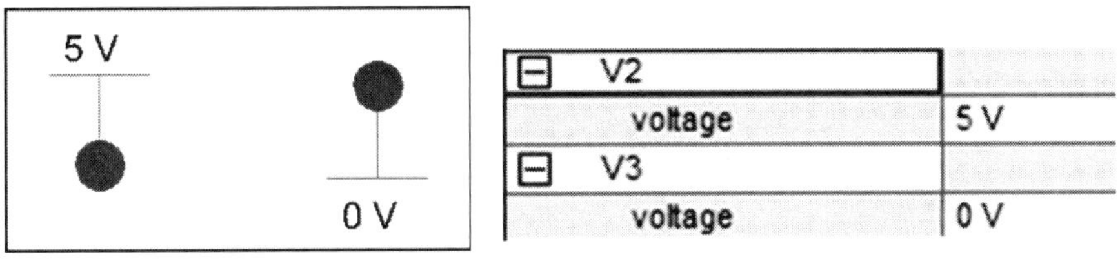

5. OUT1(Driver)의 Custom을 더블 클릭 후 설정 창이 열리면 **Rise**로 설정

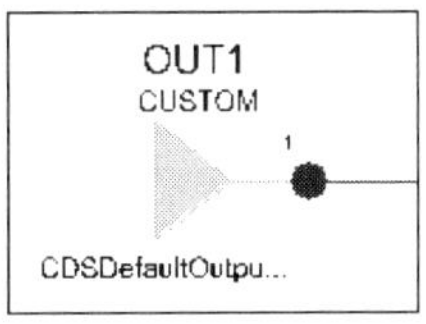

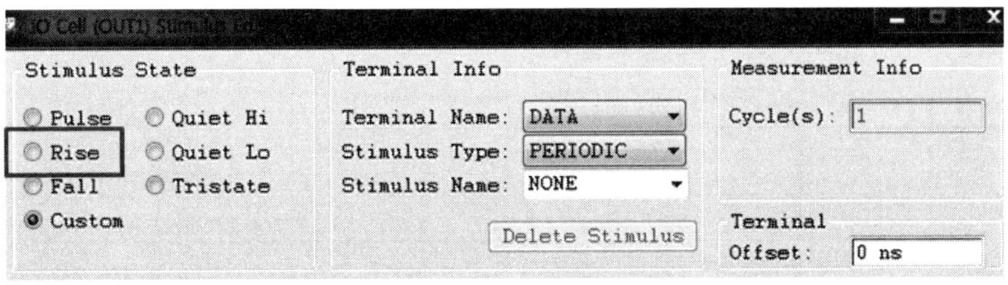

6. OUT1을 선택 후 화면 우측의 Parameter창에서 OUT1의 BufferModel을 **CDSDefaultOutput**에서 **CDSDefaultOutput_3p3v**로 변경

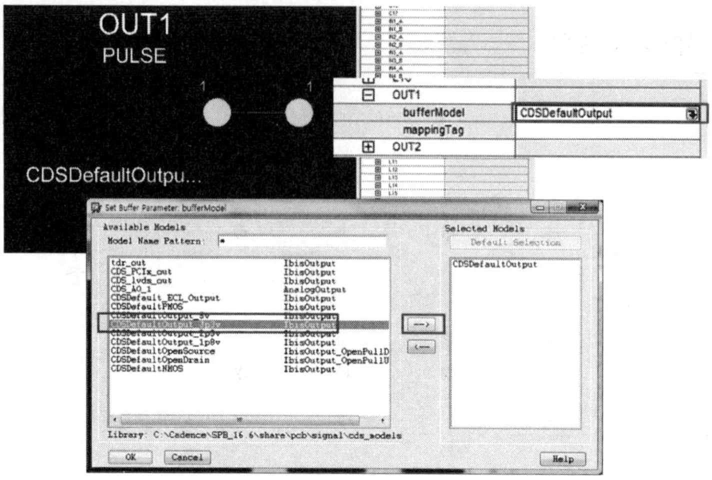

7. Receiver의 설정을 그림처럼 **DummyProbe**로 변경

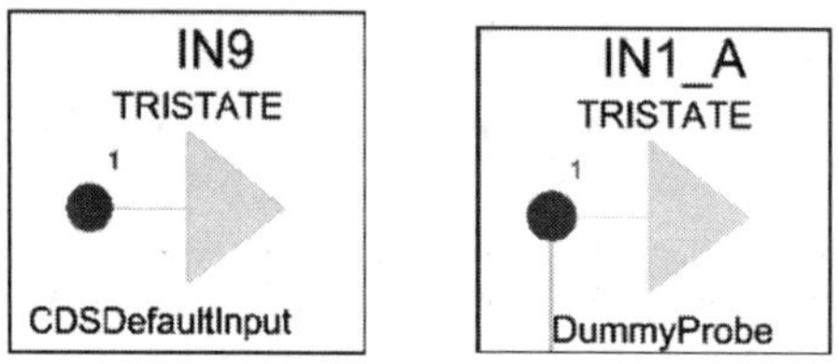

[Simulation 모드: Reflection]

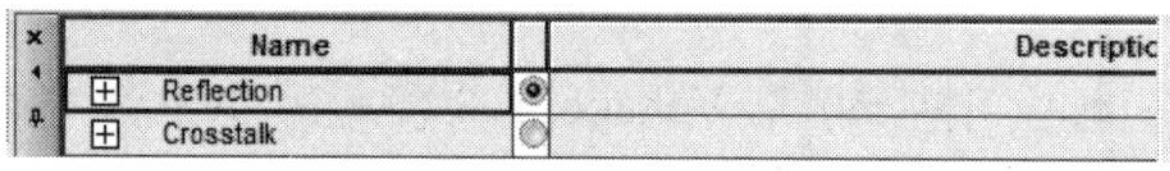

8. 설정이 완료가 되면 메뉴 **Analyze - Simulate**를 클릭

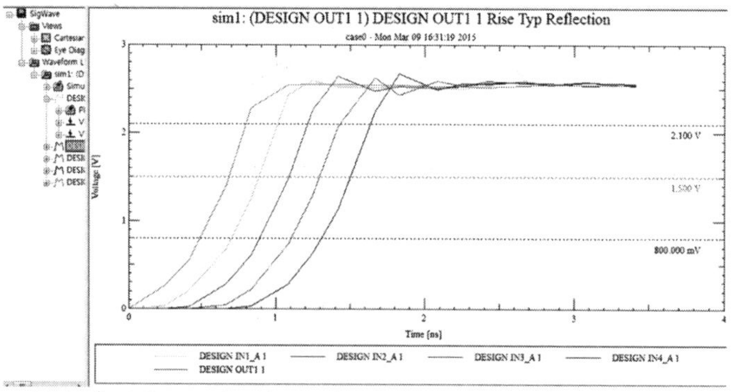

8. SigXplorer 화면 하단 결과와 같이 Report 출력

SimID	Driver	Receiver	Cycle	GlitchTol [ns]	FTSMode	EyeHeight [mV]	EyeJitter [ns]	EyeWidth [ns]	Glitch	Monotonic	NoiseMargin [mV]	OvershootHigh [mV]	Over
1	DESIGN.OUT2.1	DESIGN.IN4_B.1	1	0.05	Typ	NA	NA	NA	PASS	PASS	449.99	2550	-0.646
1	DESIGN.OUT2.1	DESIGN.IN3_A.1	1	0.05	Typ	NA	NA	NA	PASS	PASS	334.96	2625.81	-55.93
1	DESIGN.OUT2.1	DESIGN.IN1_B.1	1	0.05	Typ	NA	NA	NA	PASS	PASS	449.99	2550	-0.081
1	DESIGN.OUT2.1	DESIGN.IN4_A.1	1	0.05	Typ	NA	NA	NA	PASS	PASS	392.43	2674.08	-47.98
1	DESIGN.OUT2.1	DESIGN.IN1_A.1	1	0.05	Typ	NA	NA	NA	PASS	PASS	403.62	2596.51	-40.44
1	DESIGN.OUT2.1	DESIGN.IN2_A.1	1	0.05	Typ	NA	NA	NA	PASS	PASS	379.09	2647.67	-54.37
1	DESIGN.OUT2.1	DESIGN.IN3_B.1	1	0.05	Typ	NA	NA	NA	PASS	PASS	449.99	2550	-0.430

[Lab B-2] Transmission Line으로 시뮬레이션

1. 그려진 회로의 상단에 L,C 대신 Transmission Line을 이용하여 구성을 추가
2. Transmission Line 설정을 아래처럼 변경
   - Microstrip 설정 : **50 Ohm, 28mm**

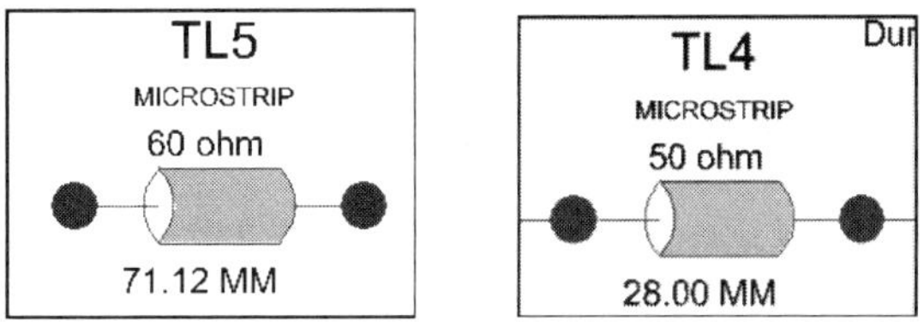

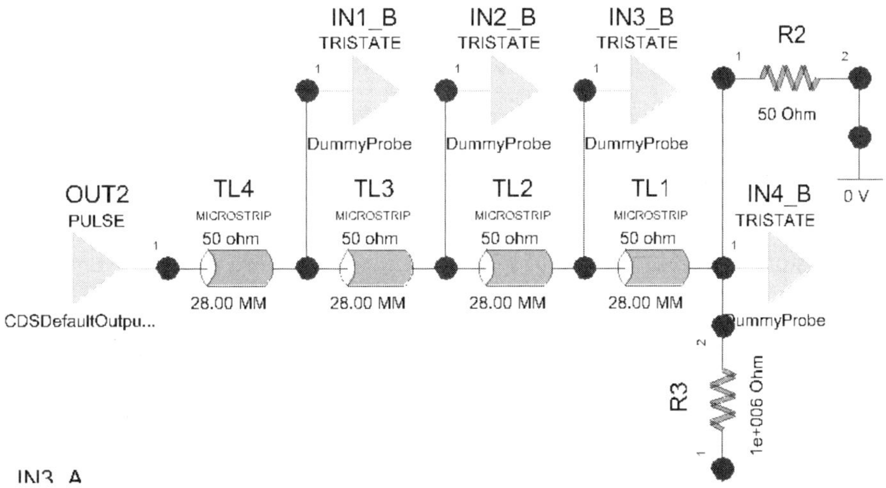

3. 종단에서 **1 Meg**의 저항으로 위 아래 두 넷을 연결
   - 저항 값의 단위를 설정 시 Meg까지 적어야 메가로 인식함

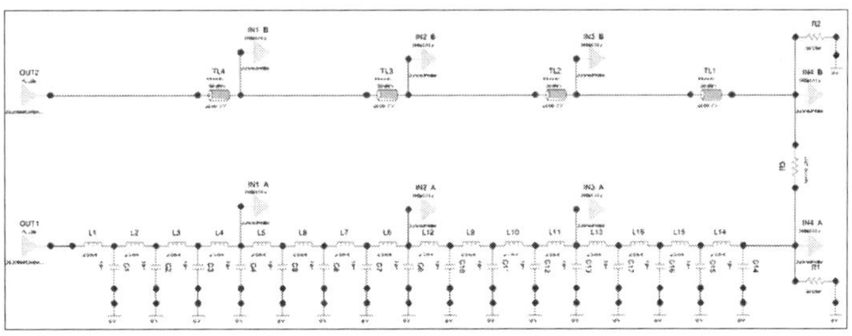

4. 전송선로 시뮬레이션 결과
   - 임피던스에 의한 신호 반사를 Time domain에서 확인

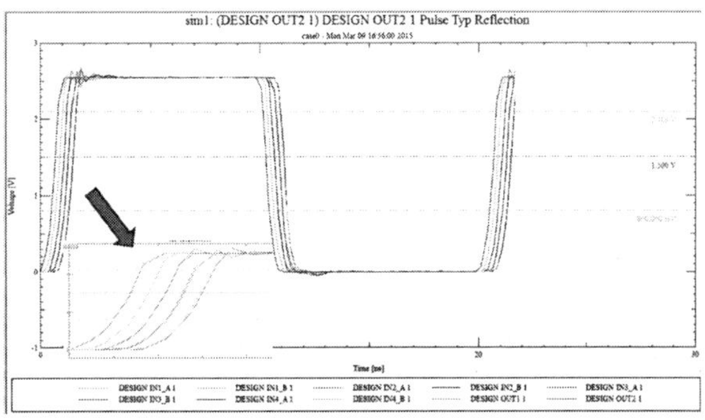

◆ Crosstalk

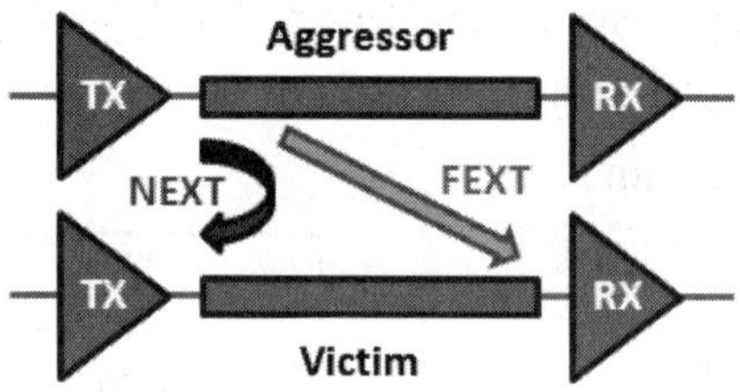

Mutual Capacitance와 Mutual Inductance에 의해 인접한 선로간의 전기적 간섭 현상을 말하며, 두 선로가 인접할수록 Crosstalk이 커진다.

- Near-end Crosstalk(NEXT), Far-end Crosstalk(FEXT)

[Lab B-3] Crosstalk 실습

1. SigXplorer를 실행 후 아래의 회로를 구성
   - 사용 소자: **Driver, Receiver, Resistor, Coupled Transmission Line, Source**
2. Driver의 설정을 **CDSDefaultOutput_1p8v**로 변경
3. 입력신호를 **Custom, 100MHz, pattern(010)**을 변경

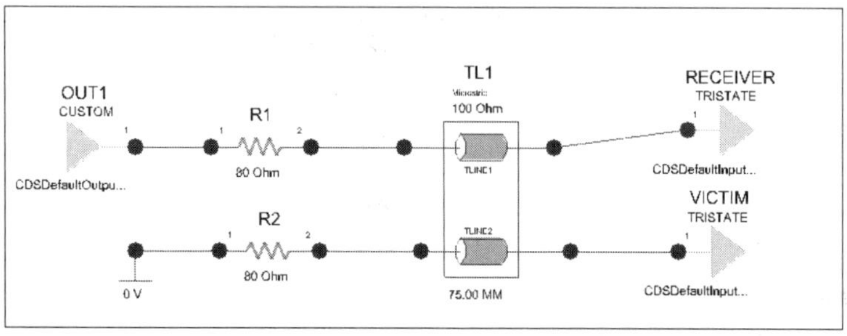

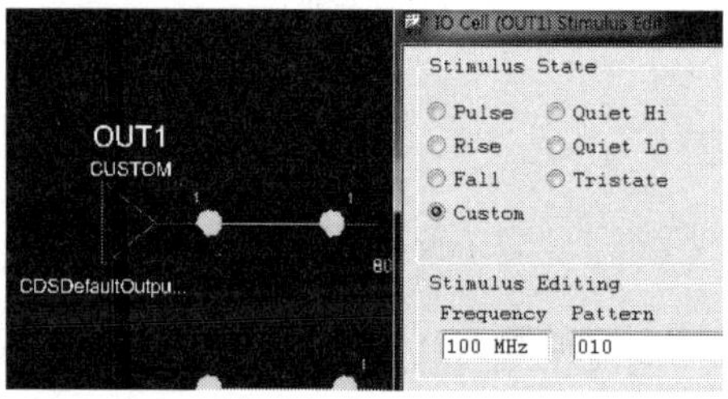

4. Source의 BufferModel을 **CDSDefaultOutput_1p8v**로 변경
5. Transmission Line을 배치

   [Simulation 모드: Reflection]

6. Simulate를 클릭하여 결과를 확인

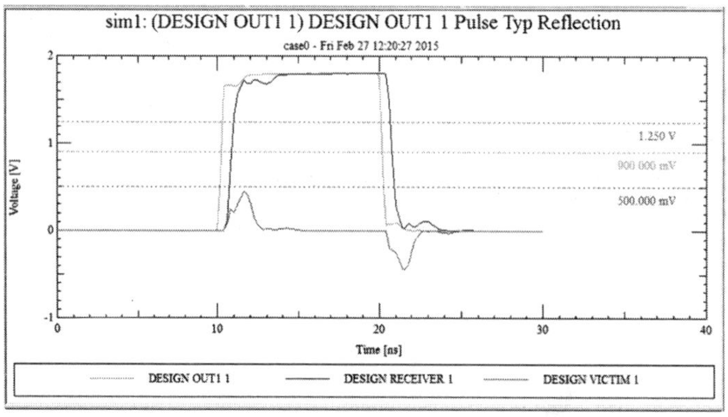

Command >

Measurements

SimID	Driver	Receiver	Cycle	GlitchTol [ns]	FTSMode	Glitch	Monotonic	NoiseMargin [mV]	OvershootHigh [mV]	OvershootLow [mV]	PropDelay [ns]	SwitchDelay [ns]	SettleDela [ns]
1	DESIGN.OUT1.1	DESIGN.VICTIM.1	1	0.0216	Typ	PASS	PASS	NA	NA	NA	0.39104	NA	NA
1	DESIGN.OUT1.1	DESIGN.RECEIVER.	1	0.0216	Typ	PASS	PASS	391.422	1799.96	-0.00772916	0.39104	0.688392	0.99458

◆ Reflection (반사)

신호가 선로를 진행하다가 특성 임피던스 변화에 의해 일부 신호가 되돌아오는 현상으로 Delay Time(TD)시간 만큼 신호를 왜곡 시키는 현상을 말한다.

- 주로 다음과 같은 상황에서 발생한다.
  - 부하의 Short / Open
  - 임피던스의 불연속 : Trace의 임피던스 변화, 커패시터, 인덕터, 비아, Stub 등
  - 링잉(Ringing) 주파수 : 선로 내 임피던스 불연속 지점과 입사점 사이에 반사가 반복해서 일어나 링잉이 생성되며, 1/4TD만큼 주파수가 발생

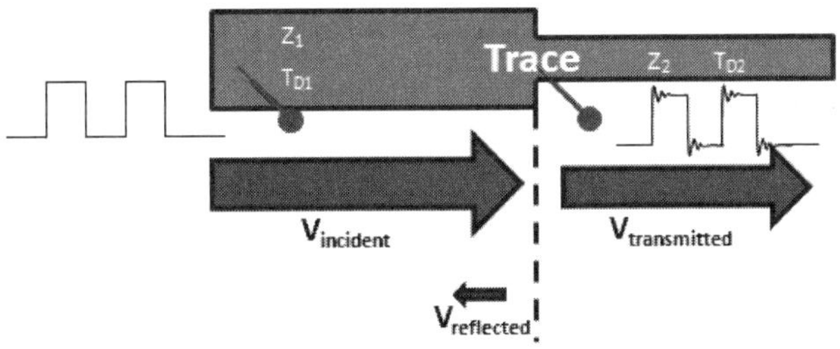

[Lab B-4] Reflection 실습

1. SigXplorer를 실행 후 아래의 회로를 구성
   - 사용 소자: **Driver, Receiver, Transmission Line**

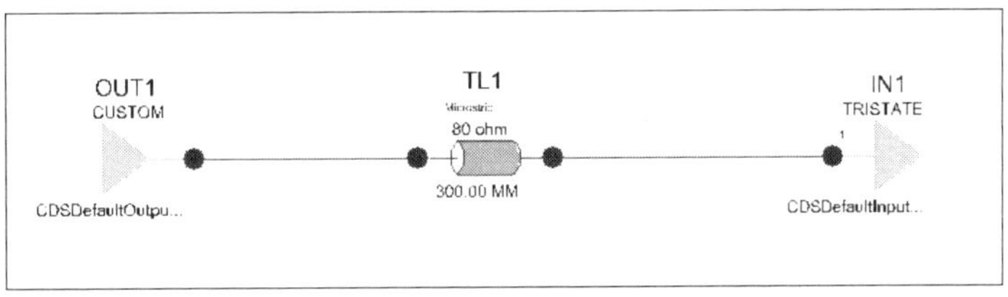

2. 오른쪽 파라미터창 및 Driver에 대하여 설정.
   - Parameter 설정
     - Driver BufferModel : **CDSDefaultOutput_1p8v**
     - Transmission Line: Impedance : **80 ohm**, length : **300 mm**
     - Receiver BufferModel: **CDSDefaultInput_1p8v**
   - OUT1 설정
     - State: Custom, Freg: **100MHz**, Pattern: **010**

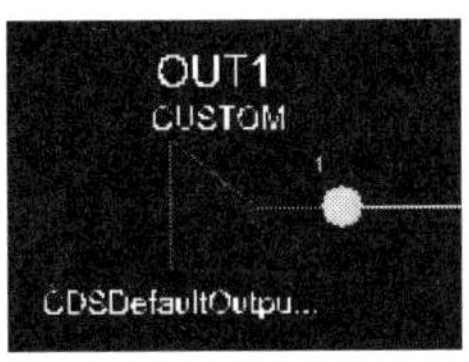

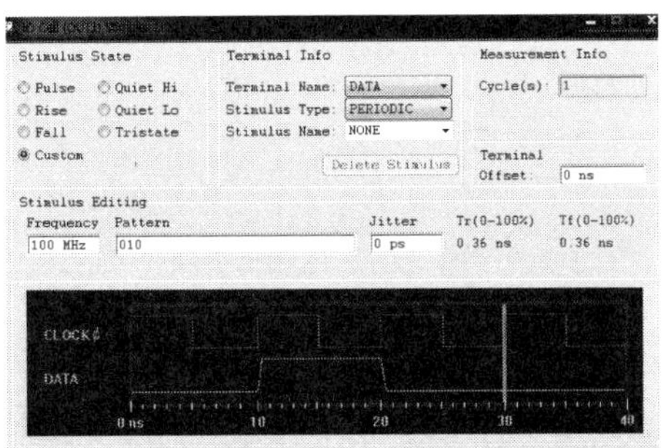

[Simulation 모드: Reflection]

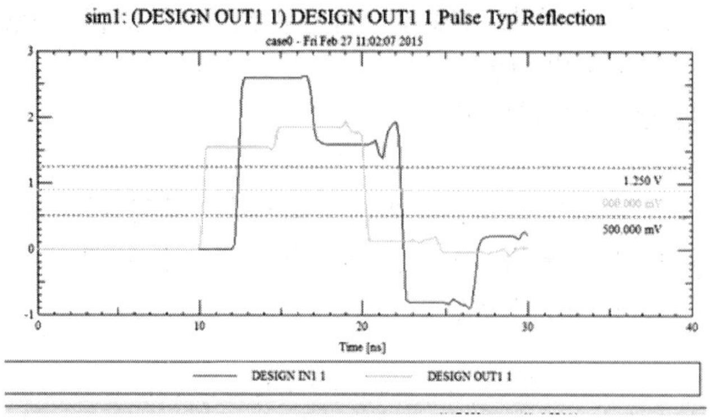

[Reflection에 의하여 신호의 왜곡이 심함]

3. 선로 앞단에 저항을 배치. (Termination 배치)

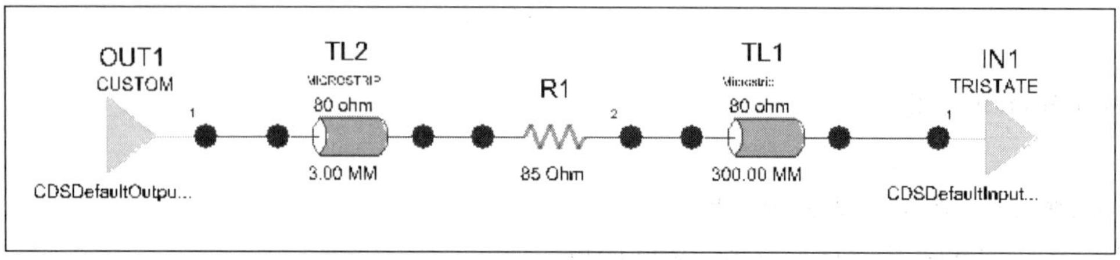

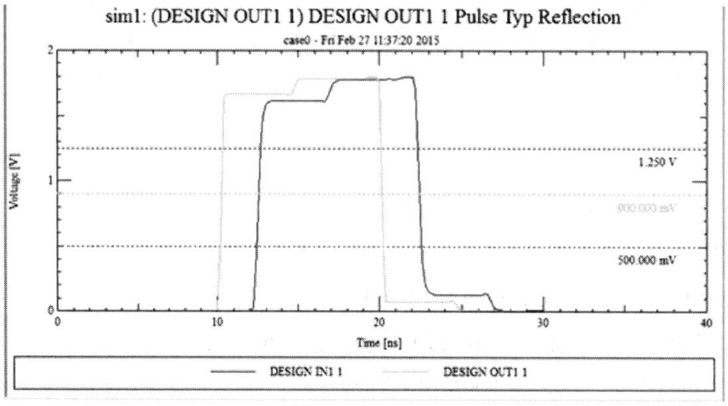

[Termination을 적용하여 Reflection을 줄여 신호가 안정]

◆ Signal Explorer 해석 (Capture and PCB Editor 연동 해석)

※ [설정] Length 설정 시 길이를 mils에서 mm로 변경하는 방법

- C:₩SPB_Data₩pcbenv₩env 파일을 메모장(워드패드)으로 열어 아래 문구를 작성한다.
  - **set SIGXP_ALTERNATE_UNITS "millimeters 2"**

■ Pre Simulation

[Lab B-5] Capture에서 SI Analysis

1. 프로젝트 매니저 창에서 (파일명).DSN을 선택
2. 메뉴 SI Analysis - Auto Assign Discrete SI Models를 클릭

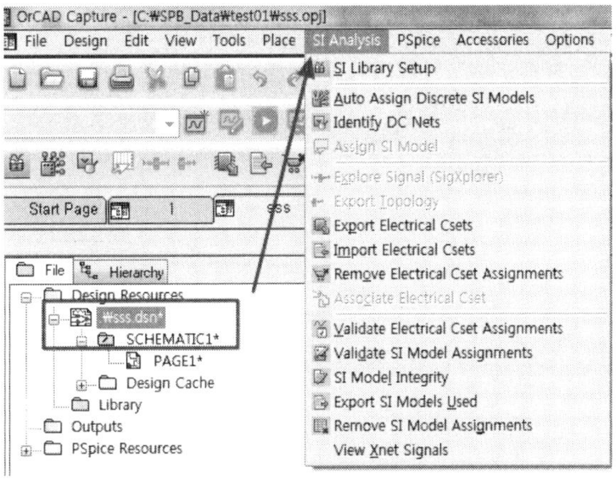

3. 메뉴 SI Analysis -Identify DC Net을 클릭 후 전원net의 전압값을 입력

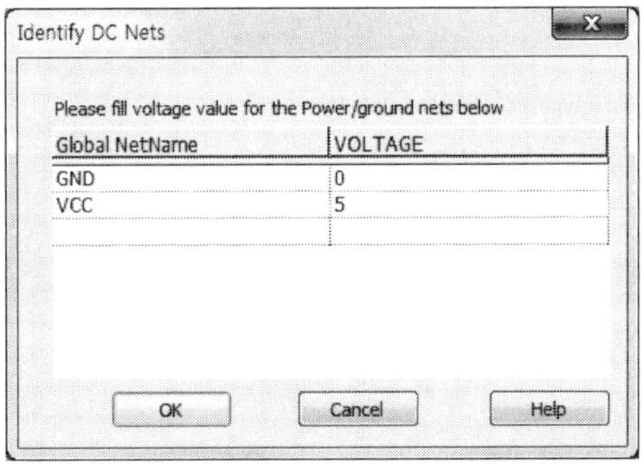

4. 회로도를 열고 해석하고자 하는 net을 선택한 후 우클릭 - SI Anialsis - Export Topology를 클릭
5. 현재 작업 폴더에 net 이름의 Topology 파일인 (Net 이름).TOP파일이 생성

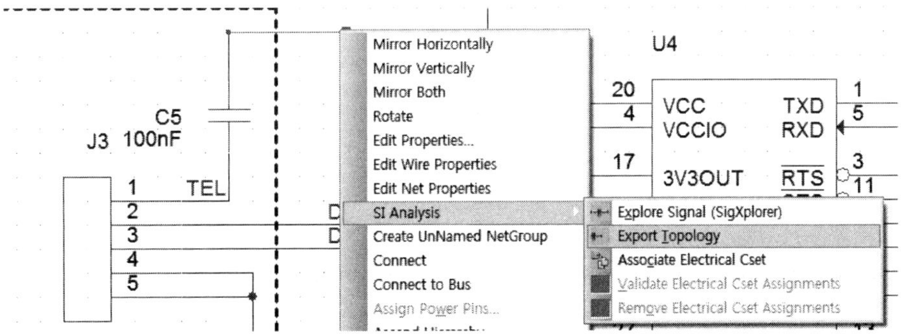

6. PCB SI Utility - SigXplorer를 실행한 후 메뉴 File - Open을 클릭
   - 작업 경로 내에 생성된 (Net이름).top 파일을 엶

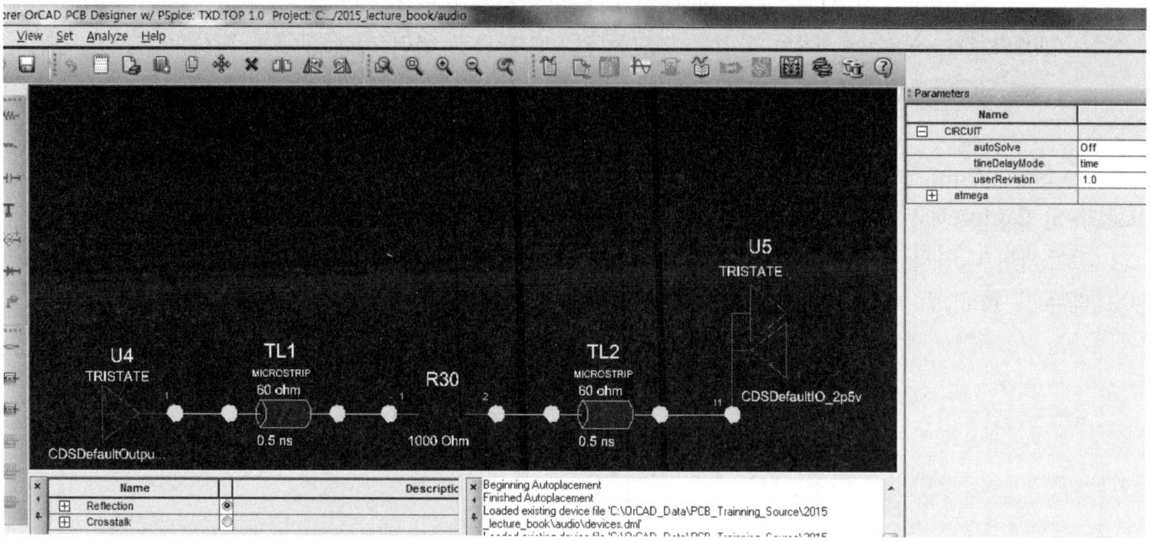

7. Parameter에서 TimeDelayMode를 **Length**로 변경
8. 길이, 임피던스를 변경해 가며 결과값을 확인

■ **Post Simulation**

[Lab B-6] PCB Editor에서 SI Analysis

※ 해당 예제는 SI Analysis를 위해 임의의 핀을 선택하여 작업하는 방법에 대해 설명한다.

1. 메뉴 Setup - More - SI Design Setup을 클릭
2. Setup Category Selection 창에서는 PCB 데이터를 바탕으로 SI 설정할 내용을 선택 (모두 체크)
3. Setup Xnet Selection에서는 SI 해석이 필요한 NET 또는 XNET을 선택

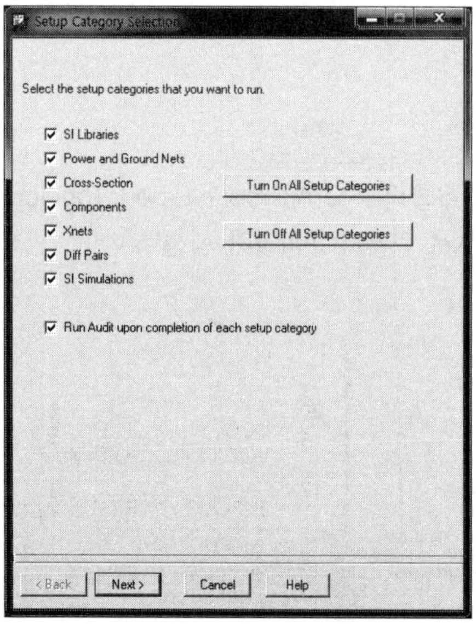

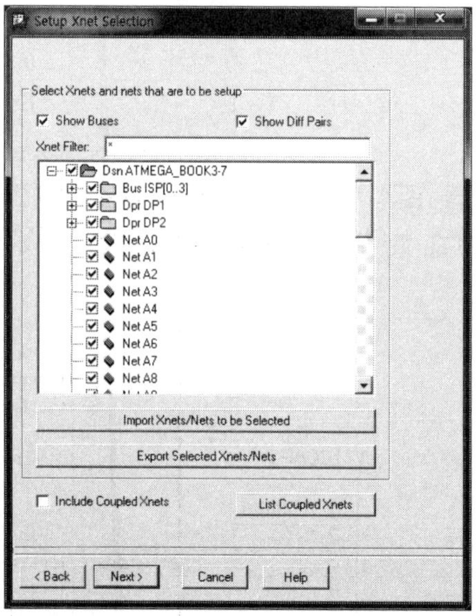

4. Setup Library Search Directories에서는 SI Model(dml 파일)이 들어있는 경로를 설정
5. 기본 SI Model은 C:₩Cadence₩SPB_17.2₩Share₩pcb₩signal 폴더 하위에 위치

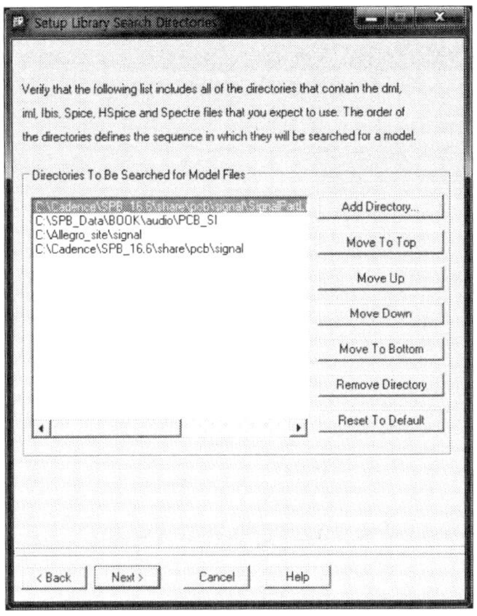

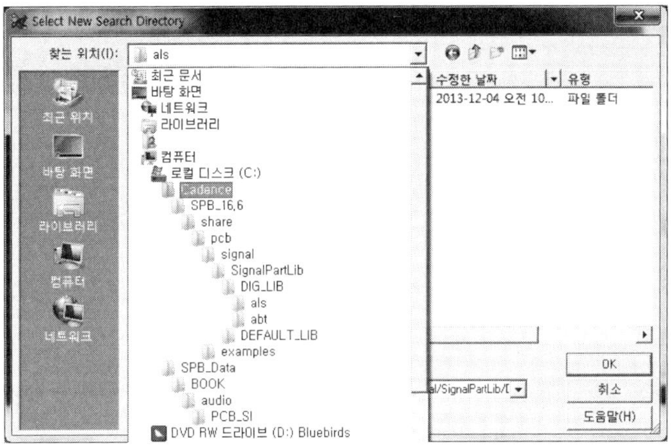

6. Setup Library File Extensions에서는 모델 확장자를 확인 및 설정할 수 있음
   - 기본설정 그대로 "Next" 클릭
7. Setup Working Libraries에서는 SI Model의 사용 여부를 설정
   - 기본설정 그대로 "Next" 클릭

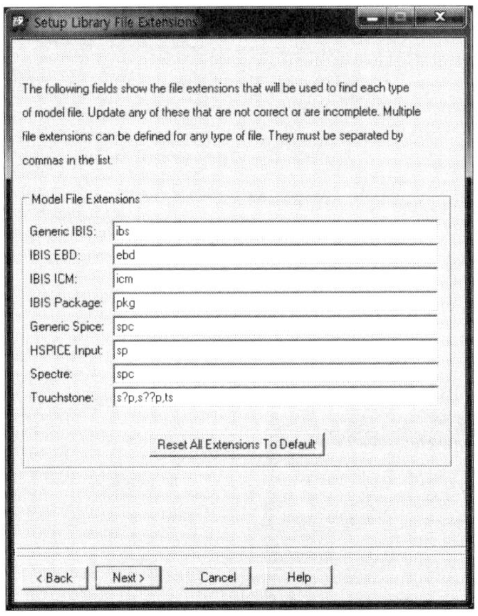

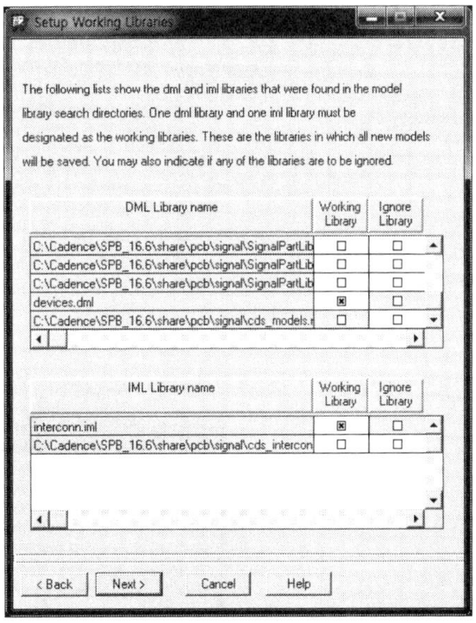

8. Setup Power and Ground Nets에서는 PowerNet의 전압값을 입력
   - 전원값을 입력할 Net을 Possible Power and Ground Nets (왼쪽)에서 선택 후 "Assign Voltage to Selected Net" 버튼을 클릭하여 전압값을 설정

   ※ Ground의 경우 전압값을 **0**을 작성
   - 전압값을 수정 시에는 Power and Ground Nets에선 Net을 선택 후 "Edit Selected Voltage Net"을 클릭하고 수정

9. (오른쪽 그림) PowerNet에 연결된 핀의 속성 중 Power/Ground 설정이 되어 있지 않은 핀이 있을 경우 해당 Error 가 발생하며, 이후에 해당 부품에 SI 모델을 적용하여 수정 할 수 있음

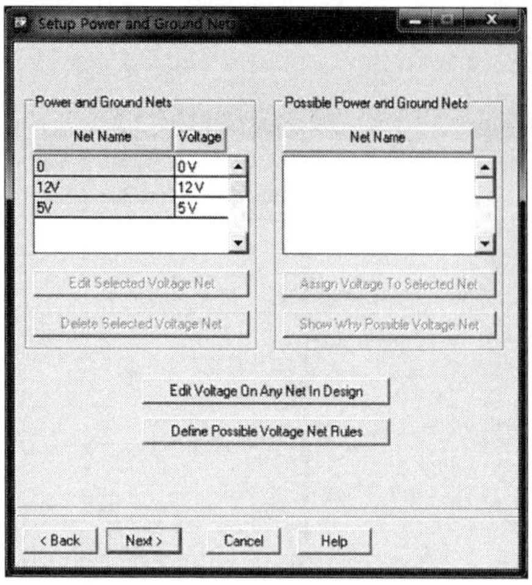

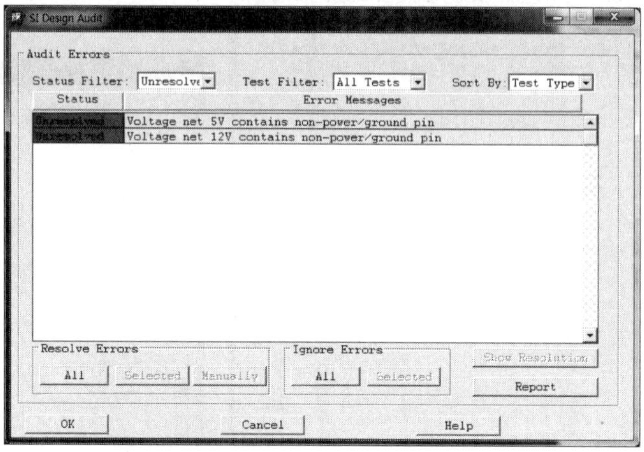

10. Setup Design Cross-Section에서는 PCB Layer에 대한 설정 가능

- 메뉴 Setup - Cross-section에서 수정 가능

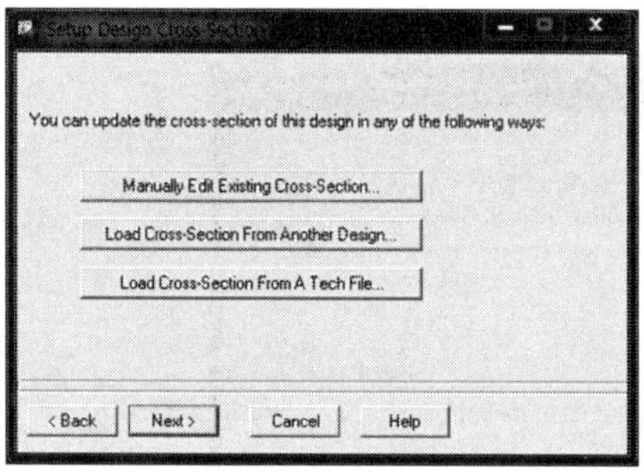

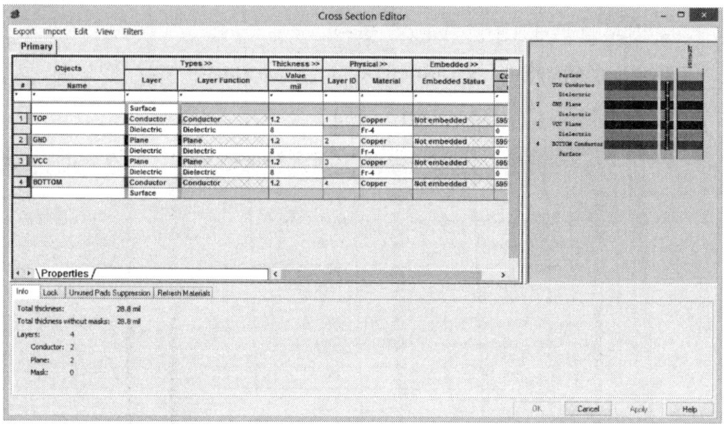

11. Setup Component Classes에서는 부품의 Class를 설정

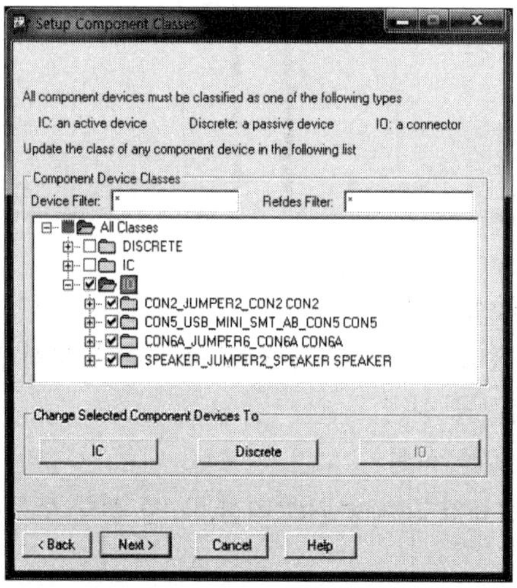

12. Assign Models to Components에서는 부품에 SI Model을 설정하는 단계로 해당 모델을 선택 후 "Assign Existing Model"을 클릭한 뒤 SI Model Browser에서 Model 을 선택하고 "Assign"을 클릭하여 적용

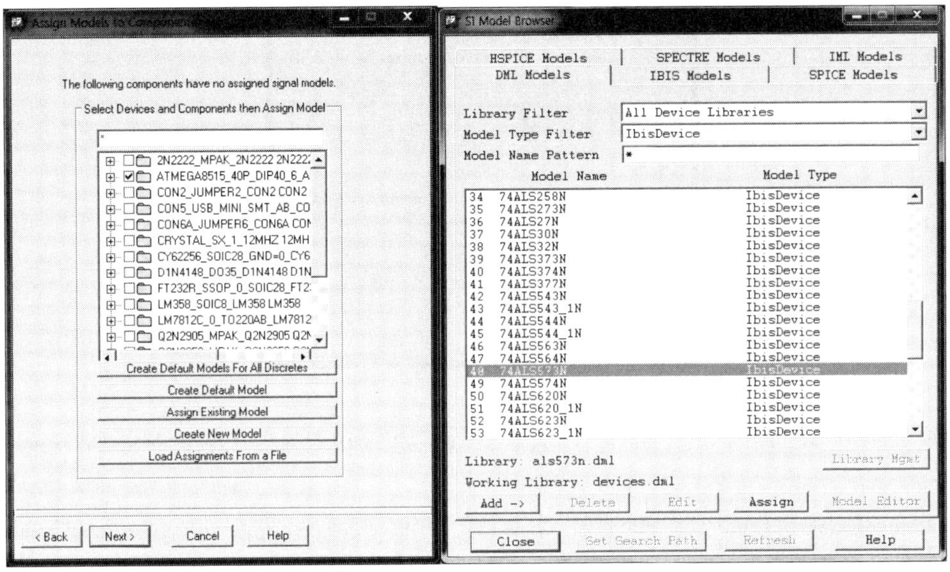

13. Setup Xnets에서는 해당 Net의 설정 중 Driver Pins과 Load Pins에 대한 정보가 없는 Net이 나열되며, 해당 Net을 클릭 후 Driver Pins과 Load Pins를 설정

- SI 해석과 관련 없는 Net의 경우 설정하지 않고 Next를 클릭하여 넘김

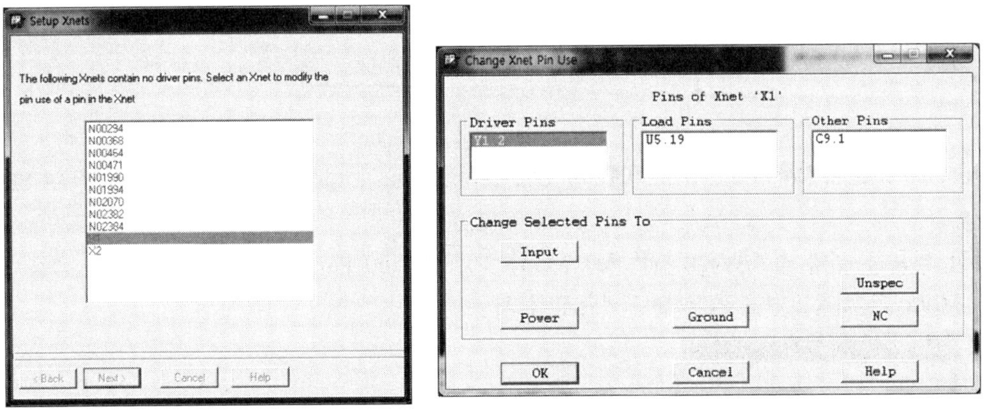

14. Setup Xnets창에서 Driver Pins과 Load Pins이 설정되지 않은 Pin이 있을 경우 Error창이 나타나며, 무시하고 넘어감

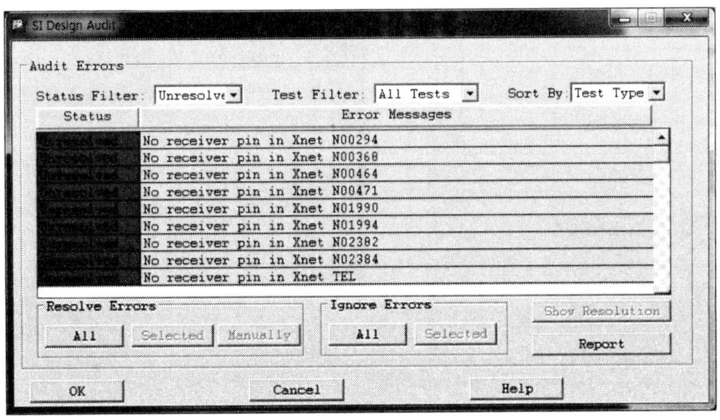

15. Setup Diff Pairs에서는 Differential Pair 설정

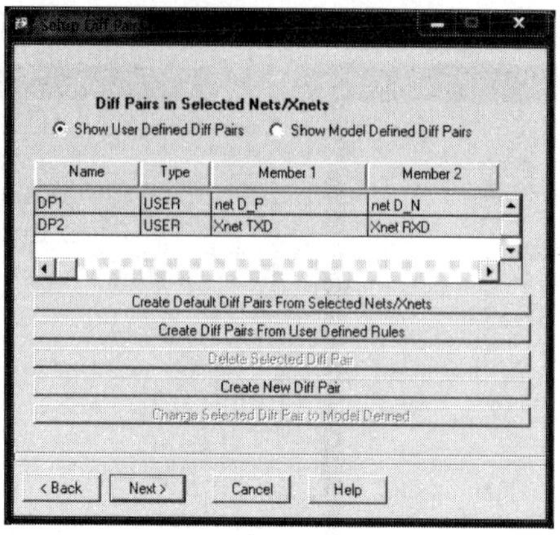

16. 새로운 Differential Pair에 대한 설정을 할 경우 Setup Diff Pairs 창에서 "Create New Diff Pair"을 클릭하여 설정

17. Create a Model Defined Diff Pair창이 나타나면, Differential Pair핀의 Non-Inverting Net과 Inverting Net을 설정한다.

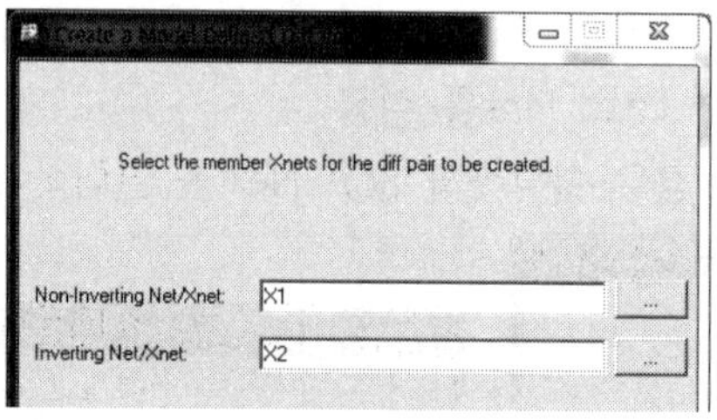

18. Create a Model Defined Diff Pair에서는 Differential Pair가 설정된 Pin을 포함한 부품의 SI Model을 적용가능

19. 해당 부품을 선택 후 "Assign Diff Pair Model to Selected Pins"을 클릭하여 모델을 적용 및 생성
- SI Model이 적용되었을 경우 빨간색으로 표시

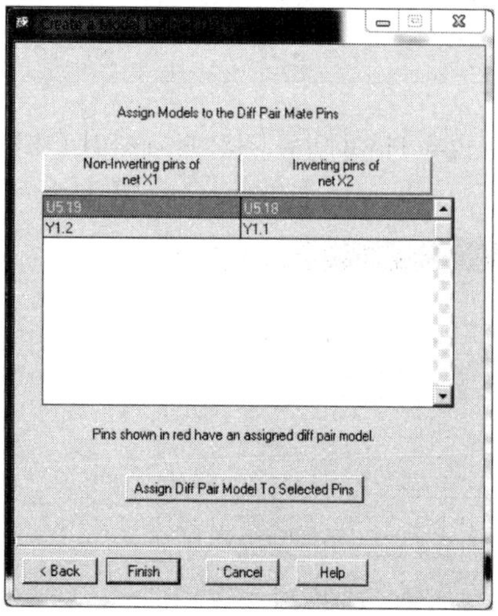

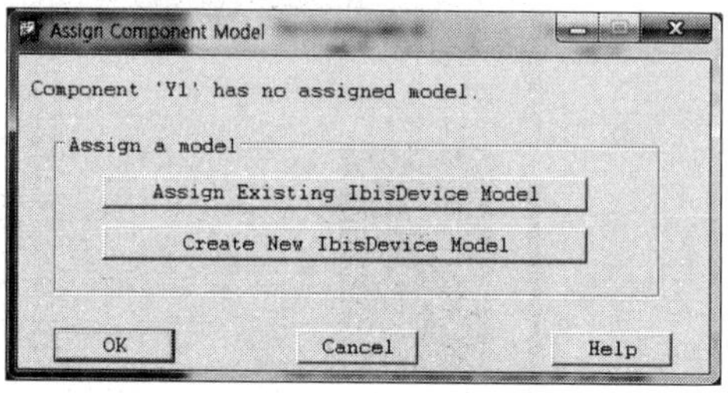

20. Setup SI Simulations에서는 시뮬레이션을 할 내용을 설정

    -Reflection, Stimulated Crosstalk 선택

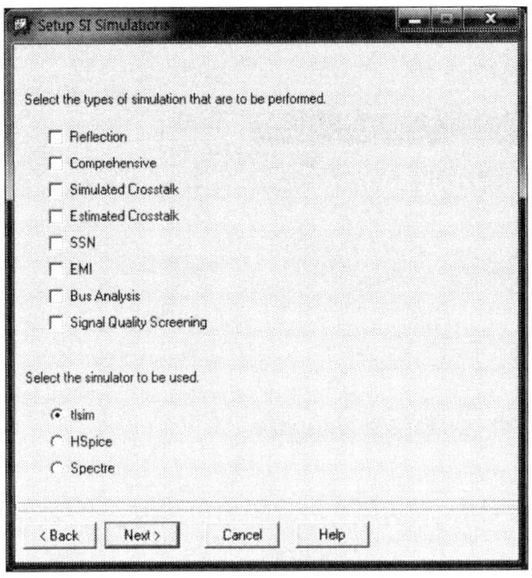

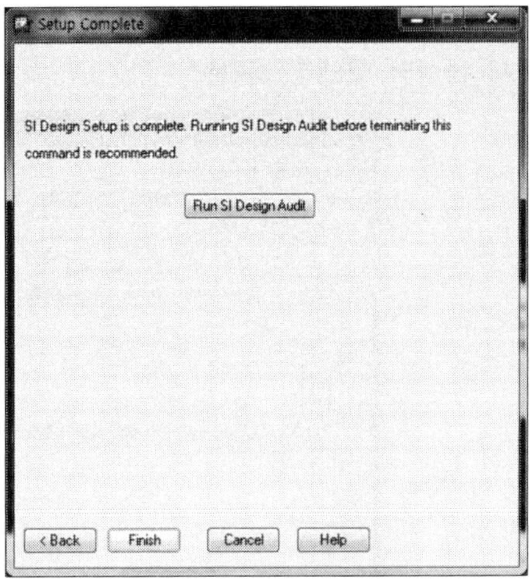

21. 설정을 완료

22. 메뉴 Analyze - Model Browser 에서 매칭하지 못한 모델을 설정

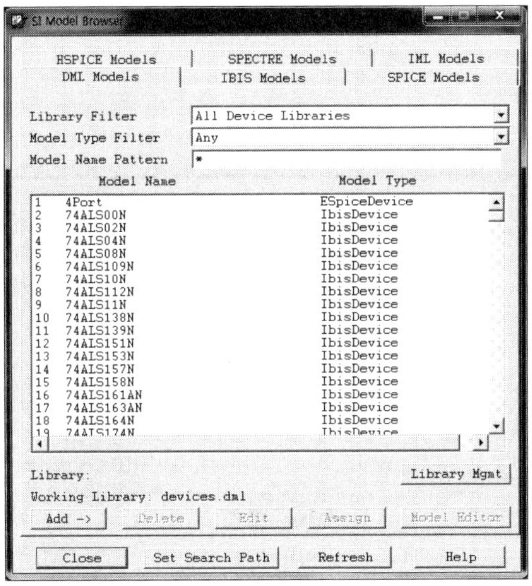

23. 메뉴 Analyze - Model Assignment 에서 부품과 모델을 매칭 시킨다.

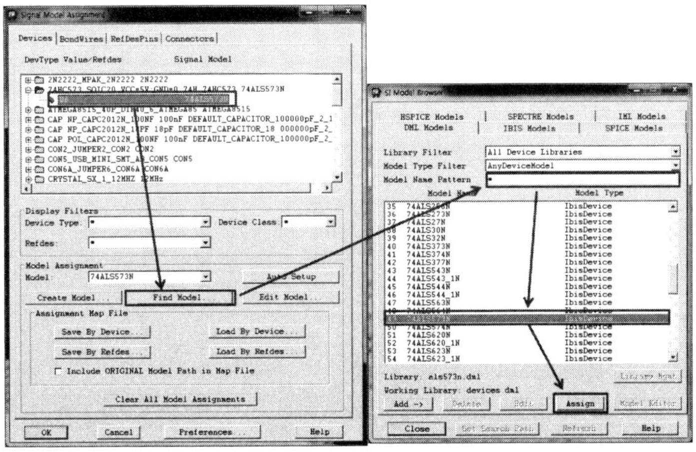

24. 메뉴 Tools - Topology Extract를 클릭
25. Topology를 추출할 Net을 클릭한 후 View를 클릭
   - Include Routed Interconnect와 Schedule Based on Routed Interconnect 항목을 체크하면 토폴로지가 PCB에서 설계된 형태로 나타남

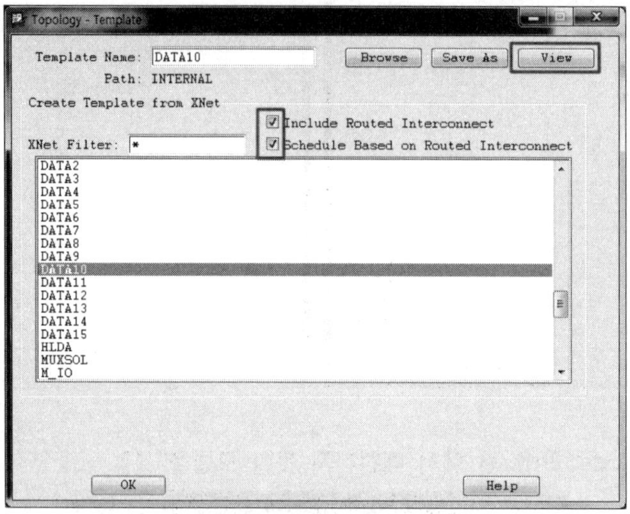

26. SigXplorer에서 시뮬레이션을 진행한다.

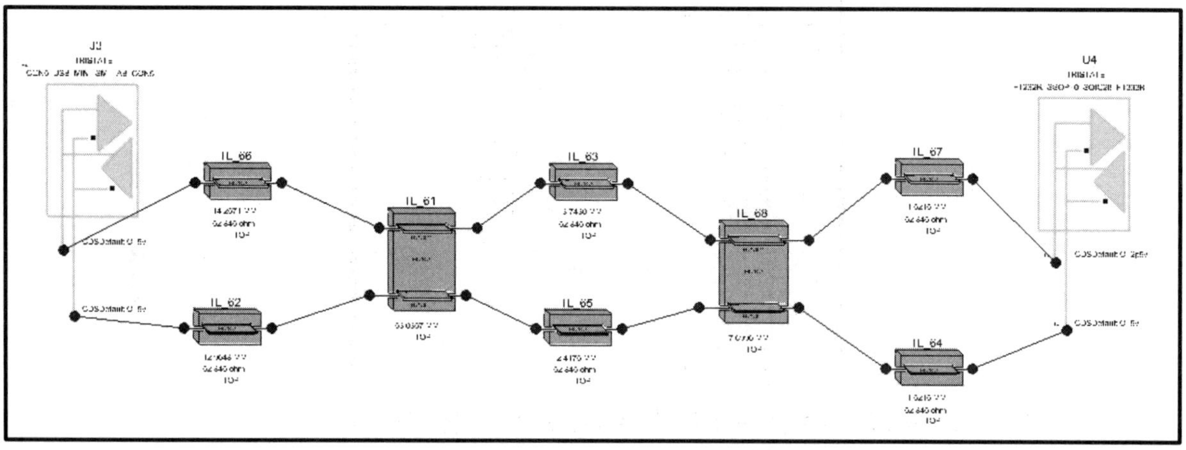

■ **Model**

[Lab B-7] 시뮬레이션 모델파일 변환하기

1. 시작 - 모든 프로그램 - Cadence Release17.2-2016 -Product Utilities - Model Integrity를 실행
2. 메뉴 File - Open으로 IBIS, HSpice, ESpice등의 모델을 엶
3. 메뉴 Tools - 해당 모델타입을 선택 - ...to DML 선택
   - 다른 타입의 모델을 DML로 변경

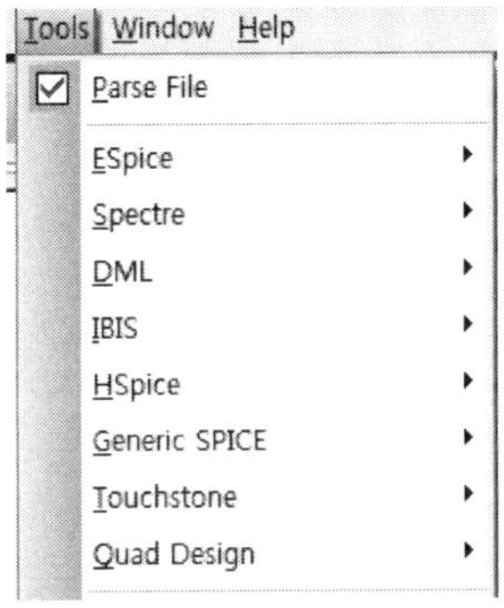

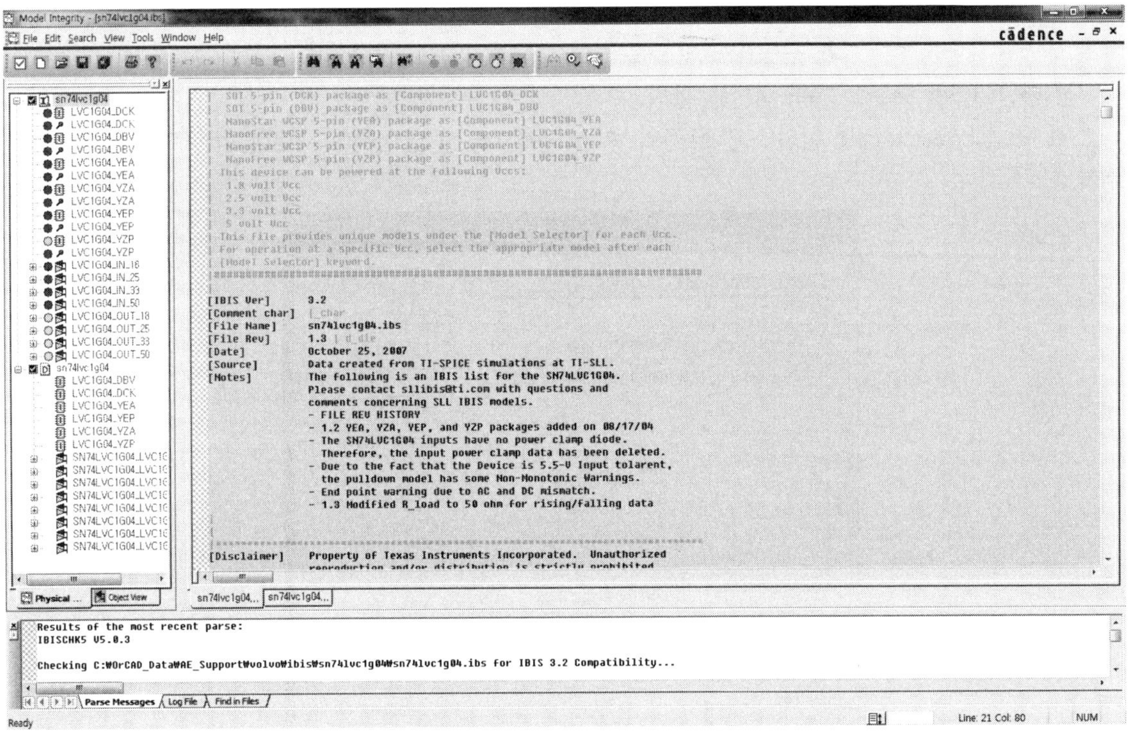

■ 라이브러리 추가

[Lab B-8] DML 라이브러리 추가하기

1. PCB Editor에서 메뉴 Analyze - Model Browser를 선택

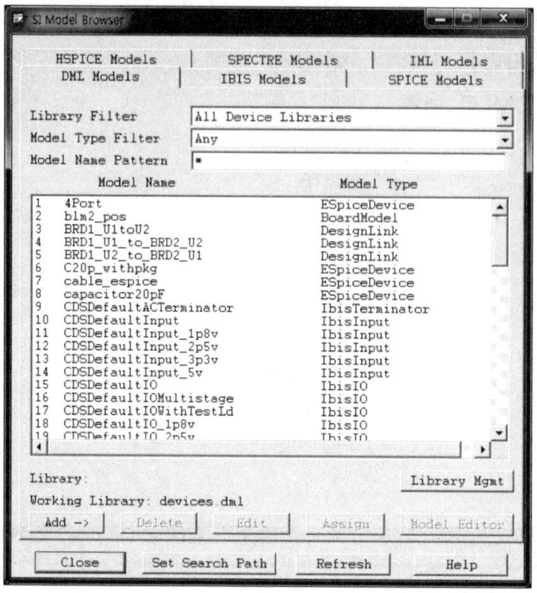

2. 창 하단의 Set Search Path 버튼을 클릭
3. Set Model Search Path 창이 뜨면 우측의 "Add Directory"을 클릭하여 새로 생성한 라이브러리 폴더를 추가

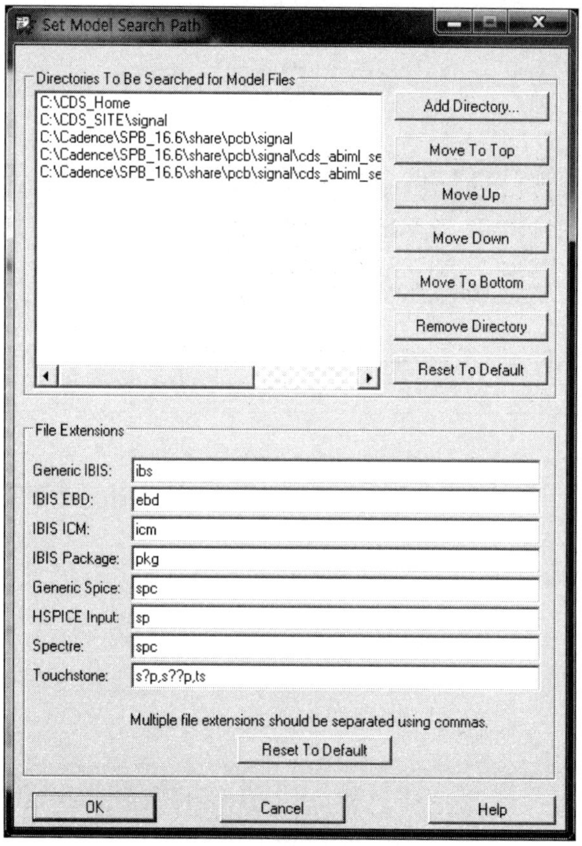

부록 C 교재에서 사용한 부품의 Datasheet

◆ 수동소자

■ **WCAP-ASLU Series (SMD Aluminium Electrolytic Capacitor)**

Part Name : **CAP_POL/SMD**, Footprint Name : **CAPAL4_0X5_5**

A. Dimensions: [mm]

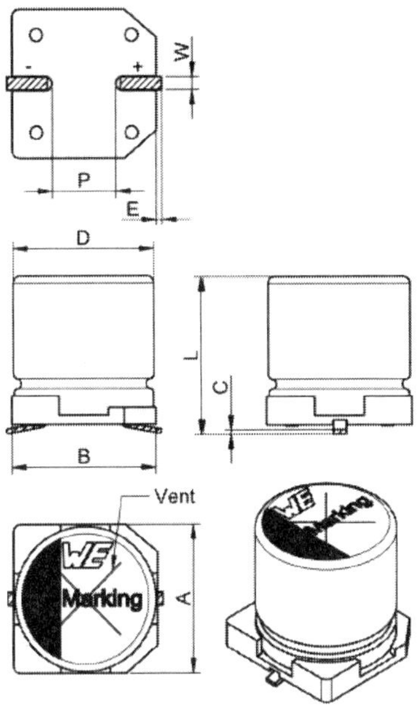

B. Recommended hole pattern: [mm]

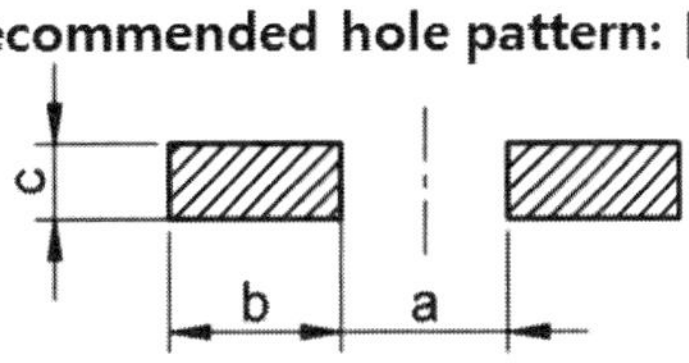

C. Schematic:

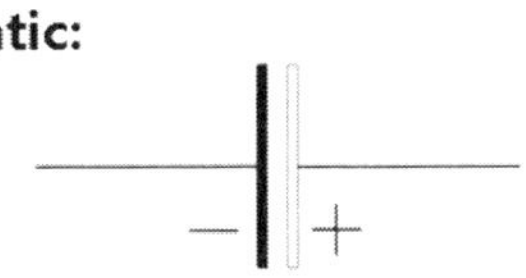

L max.	5.5		
D ±0.5	4.0		
A ±0.2	4.3		
B ±0.2	4.3		
C max.	0.15		
W ±0.1	0.65	a	1.0
E ±0.05	0.35	b	2.6
P ±0.2	1.0	c	1.6

■ **APHCM2012SURCK-F01 (2.0x1.25mm SMD CHIP LED LAMP-1)**

Part Name : **LED/SMD**, Footprint Name : **APHBM2012X**

Package Dimensions

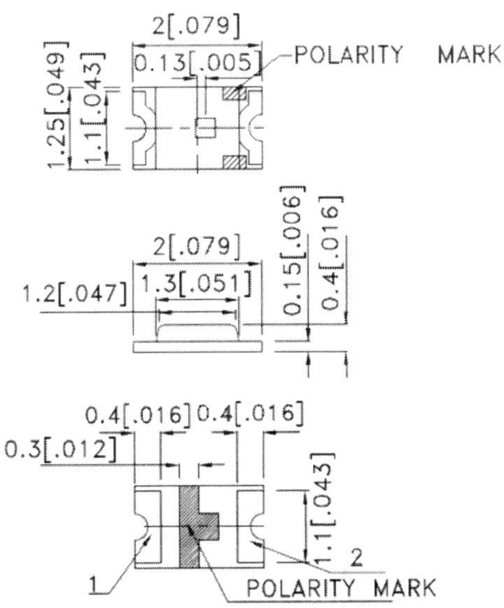

Recommended Soldering Pattern (Units : mm; Tolerance: ± 0.1)

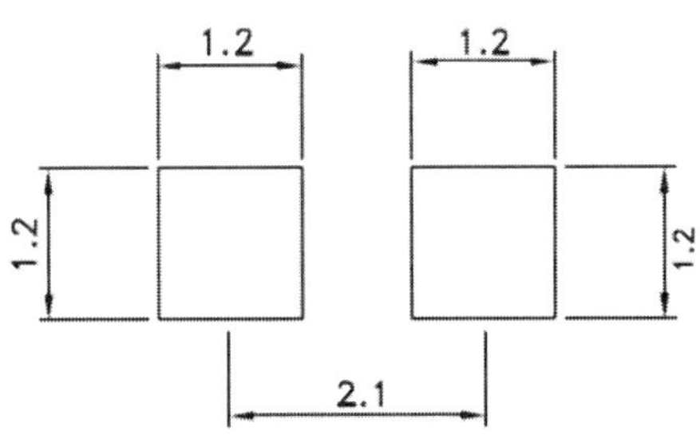

Schematic

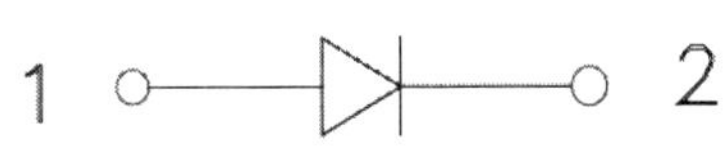

■ **C0805 (CERAMIC CHIP CAPACITORS ; EIA Size : 0805, METRIC Size : 2012)**

Part Name : **CAP_NP/SMD2012**, Footprint Name : **CAPC2012N**

CAPACITOR OUTLINE DRAWINGS

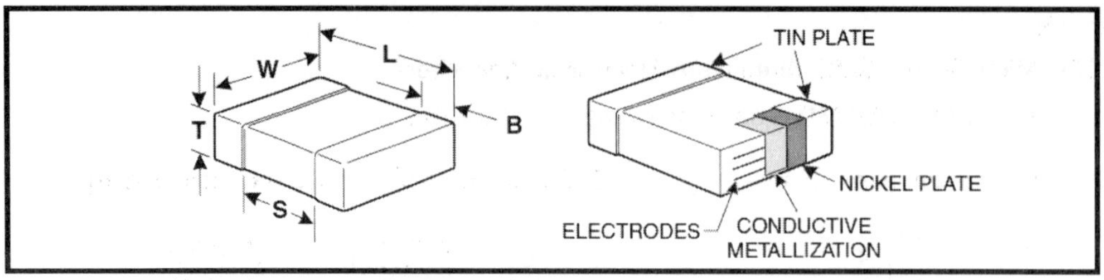

DIMENSIONS—MILLIMETERS AND (INCHES)

EIA SIZE CODE	METRIC SIZE CODE	L - LENGTH	W - WIDTH	T THICKNESS	B - BANDWIDTH	S SEPARATION minimum	MOUNTING TECHNIQUE
0201*	0603	0.6 (.024) ± .03 (.001)	0.3 ± (.012) ± .03 (.001)	See page 78 for thickness dimensions.	0.15 (.006) ± .05 (.002)	N/A	Solder Reflow
0402*	1005	1.0 (.04) ± .05 (.002)	0.5 (.02) ± .05 (.002)		0.20 (.008) -.40 (.016)	0.3 (.012)	
0603	1608	1.6 (.063) ± .15 (.006)	0.8 (.032) ± .15 (.006)		0.35 (.014) ± .15 (.006)	0.7 (.028)	Solder Wave + or Solder Reflow
0805*	2012	2.0 (.079) ± .20 (.008)	1.25 (.049) ± .20 (.008)		0.50 (.02) ± .25 (.010)	0.75 (.030)	
1206*	3216	3.2 (.126) ± .20 (.008)	1.6 (.063) ± .20 (.008)		0.50 (.02) ± .25 (.010)	N/A	
1210*	3225	3.2 (.126) ± .20 (.008)	2.5 (.098) ± .20 (.008)		0.50 (.02) ± .25 (.010)	N/A	
1808	4520	4.5 (.177) ± .30 (.012)	2.0 (.079) ± .20 (.008)		0.60 (.024) ± .35 (.014)	N/A	Solder Reflow
1812	4532	4.5 (.177) ± .30 (.012)	3.2 (.126) ± .30 (.012)		0.60 (.024) ± .35 (.014)	N/A	
1825*	4564	4.5 (.177) ± .30 (.012)	6.4 (.252) ± .40 (.016)		0.60 (.024) ± .35 (.014)	N/A	
2220	5650	5.6 (.220) ± .40 (.016)	5.0 (.197) ± .40 (.016)		0.60 (.024) ± .35 (.014)	N/A	
2225	5664	5.6 (.220) ± .40 (.016)	6.3 (.248) ± .40 (.016)		0.60 (.024) ± .35 (.014)	N/A	

SURFACE MOUNT LAND DIMENSIONS - CERAMIC CHIP CAPACITORS - MM

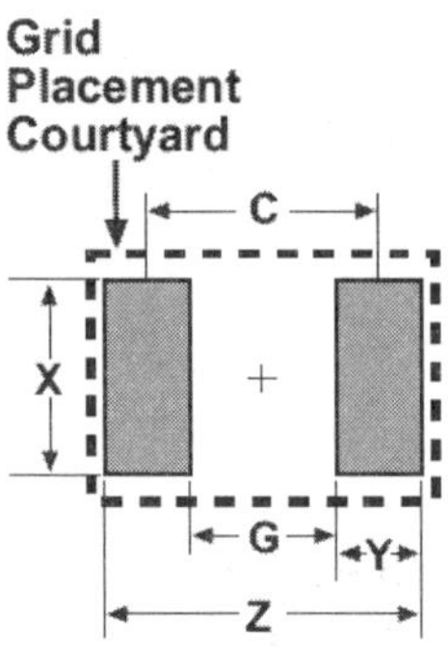

	Reflow Solder					Wave Solder				
Dimension	Z	G	X	Y(ref)	C(ref)	Z	G	X	Y(ref)	Smin
0402	2.14	0.28	0.74	0.93	1.21	Not Recommended				
0603	2.78	0.68	1.08	1.05	1.73	3.18	0.68	0.80	1.25	1.93
0805	3.30	0.70	1.60	1.30	2.00	3.70	0.70	1.10	1.50	2.20
1206	4.50	1.50	2.00	1.50	3.00	4.90	1.50	1.40	1.70	3.20
1210	4.50	1.50	2.90	1.50	3.00	4.90	1.50	2.00	1.70	3.20
1812	5.90	2.30	3.70	1.80	4.10	Not Recommended				
1825	5.90	2.30	6.90	1.80	4.10					
2220	7.00	3.30	5.50	1.85	5.15					
2225	7.00	3.30	6.80	1.85	5.15					

Calculation Formula
Z = Lmin + 2Jt + Tt
G = Smax - 2Jh -Th
X = Wmin + 2Js + Ts
Tt, Th, Ts = Combined tolerances

■ **R1206 (CERAMIC CHIP CAPACITORS ; EIA Size : 1206, METRIC Size : 3216)**

Part Name : **R/SMD3216**, Footprint Name : **RESC3216N**

SURFACE MOUNT LAND DIMENSIONS - CERAMIC CHIP RESISTORS - MM

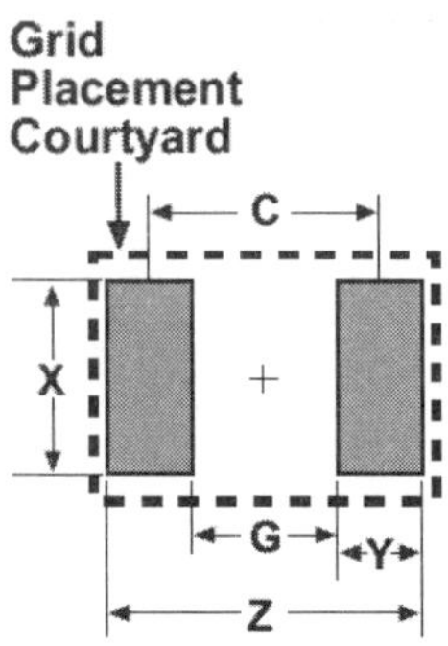

	Reflow Solder					Wave Solder				
Dimension	Z	G	X	Y(ref)	C(ref)	Z	G	X	Y(ref)	Smin
0402	2.14	0.28	0.74	0.93	1.21	Not Recommended				
0603	2.78	0.68	1.08	1.05	1.73	3.18	0.68	0.80	1.25	1.93
0805	3.30	0.70	1.60	1.30	2.00	3.70	0.70	1.10	1.50	2.20
1206	4.50	1.50	2.00	1.50	3.00	4.90	1.50	1.40	1.70	3.20
1210	4.50	1.50	2.90	1.50	3.00	4.90	1.50	2.00	1.70	3.20
1812	5.90	2.30	3.70	1.80	4.10	Not Recommended				
1825	5.90	2.30	6.90	1.80	4.10					
2220	7.00	3.30	5.50	1.85	5.15					
2225	7.00	3.30	6.80	1.85	5.15					

Calculation Formula
Z = Lmin + 2Jt + Tt
G = Smax - 2Jh -Th
X = Wmin + 2Js + Ts
Tt, Th, Ts = Combined tolerances

◆ 1_MAIN / 1_MAIN

■ Atmega8

Part Name : **ATMEGA8/TQFP**, Footprint Name : **TQFP32N**

Packaging Information (32A)

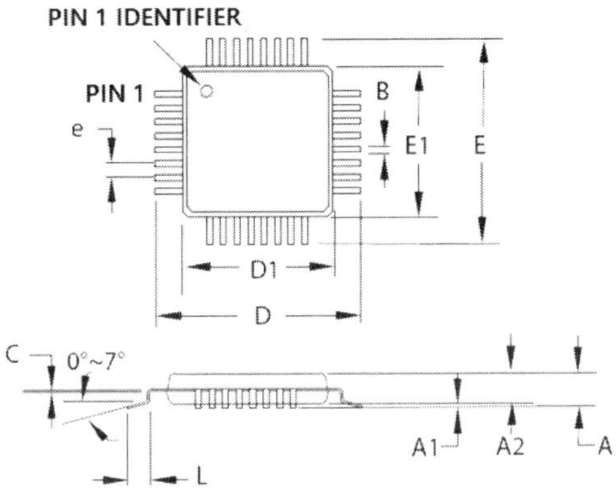

COMMON DIMENSIONS
(Units Of Measure = mm)

SYMBOL	MIN	NOM	MAX	NOTE
A	–	–	1.20	
A1	0.05	–	0.15	
A2	0.95	1.00	1.05	
D	8.75	9.00	9.25	
D1	6.90	7.00	7.10	Note 2
E	8.75	9.00	9.25	
E1	6.90	7.00	7.10	Note 2
B	0.30	–	0.45	
C	0.09	–	0.20	
L	0.45	–	0.75	
e		0.80 TYP		

Recommended Soldering Pattern
(Units : mm)

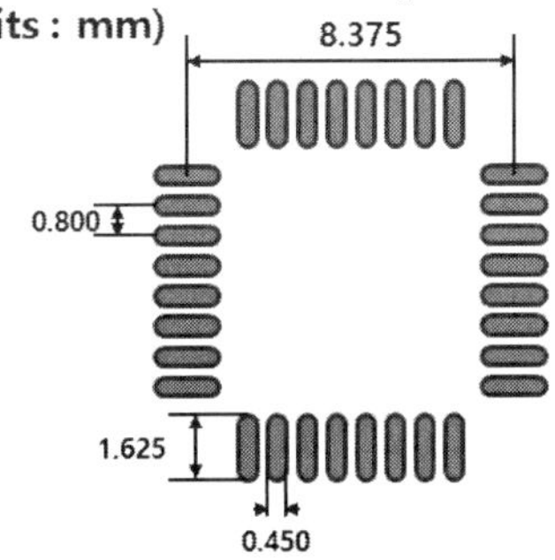

Schematic

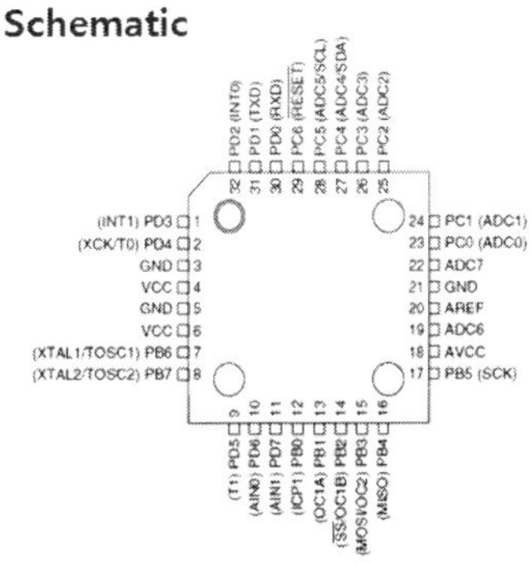

■ LM7805C

Part Name : **LM7805C/TO220**, Footprint Name : **TO220AB**

Connection Diagrams

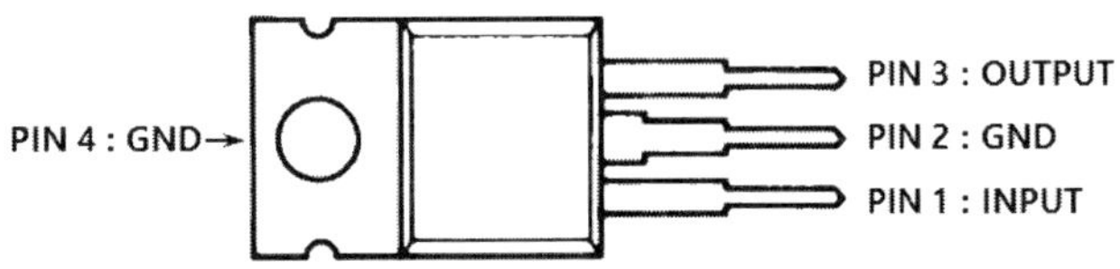

Package outline

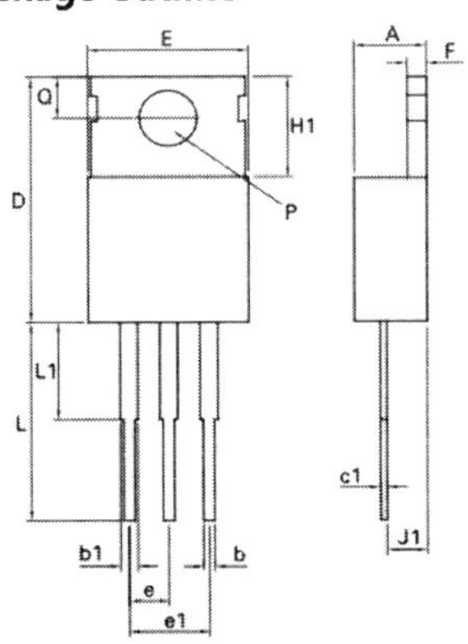

DIM	Millimeters	
	Min.	Max.
A	3.56	4.82
b	0.38	1.01
b1	1.15	1.77
c1	0.41	0.50
D	14.23	16.51
E	9.66	10.66
e	2.29	2.79
e1	4.83	5.33
F	0.51	1.39
H1	5.85	6.85
J1	2.04	2.92
L	12.70	14.73
L1	-	6.35
P	3.54	4.08
Q	2.54	3.42

- **ABLS Series (SMD Type, Crystal)**

  Part Name : **XTAL/SMD**, Footprint Name : **ABLS**

OUTLINE DIMENSIONS
Unit : Inch (mm)

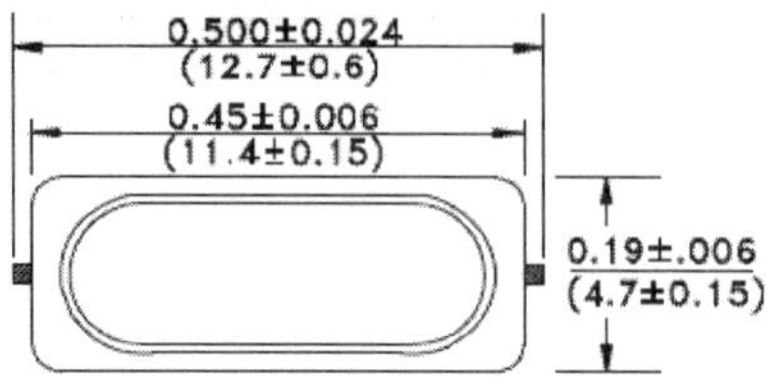

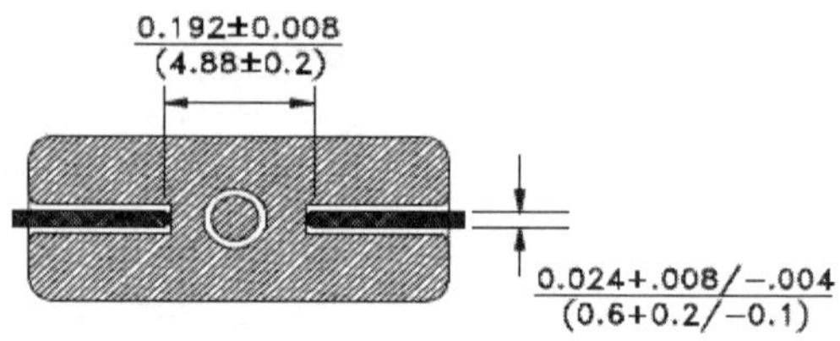

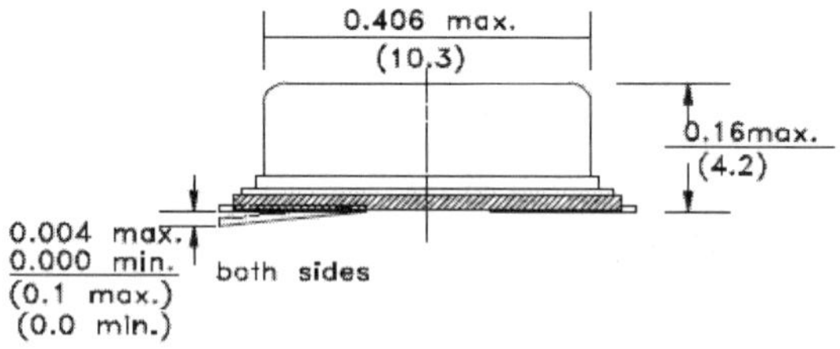

Recommended land Pattern
Unit : Inch (mm)

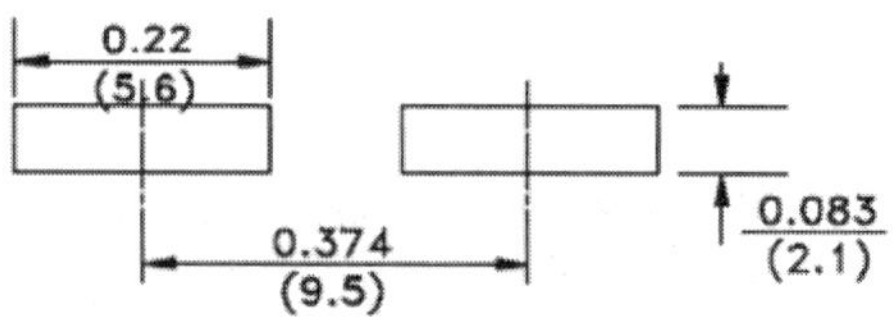

- **KT11P2SM (SMD Type, Push Switch)**

  Part Name : **XTAL/SMD**, Footprint Name : **ABLS**

OUTLINE DIMENSIONS

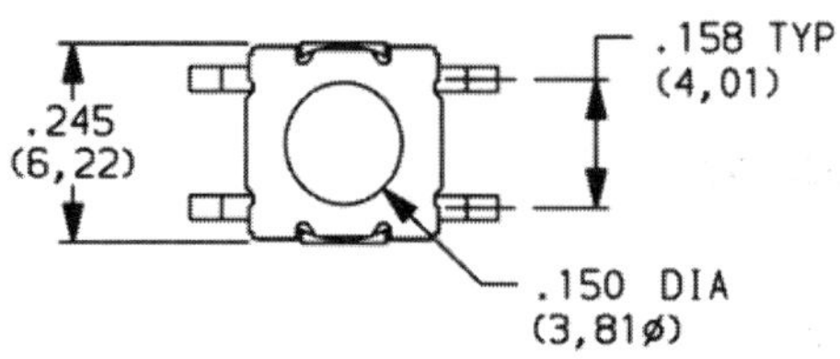

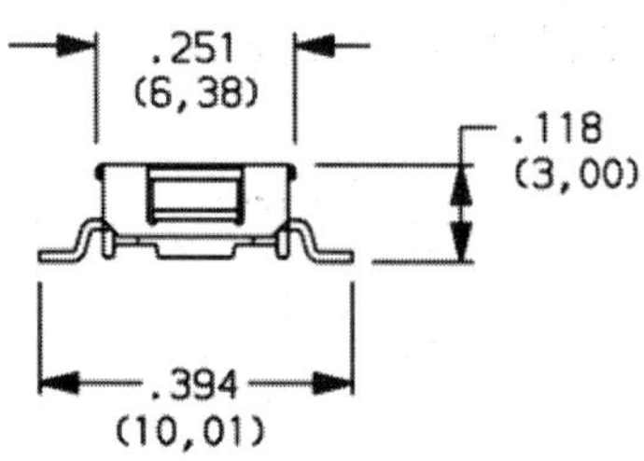

Schematic

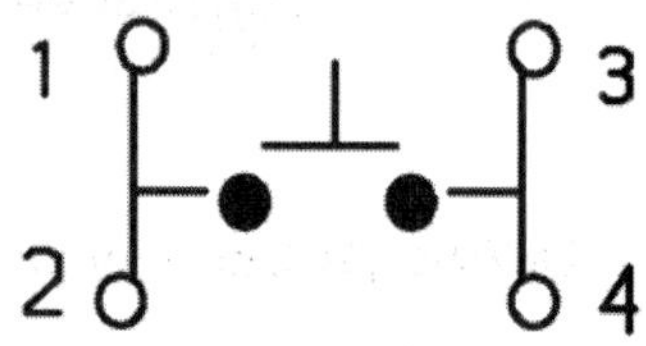

Recommended land Pattern

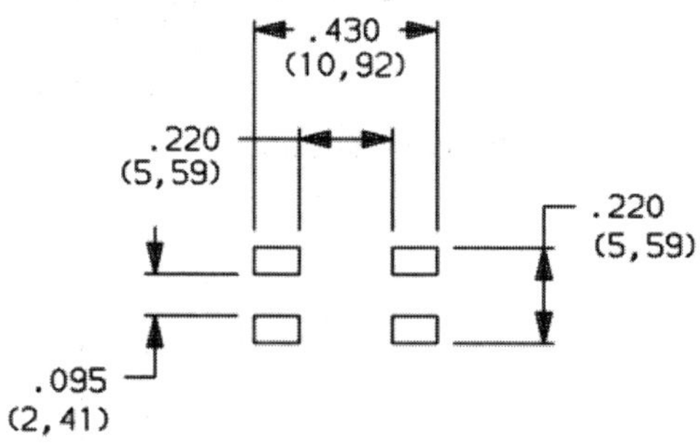

■ **PJ-002AH-SMT (DC Power Jack)**

Part Name : **POWER_JACK**, Footprint Name : **PJ-002AH-SMT**

MECHANICAL DRAWING
Unit : mm (Inch)

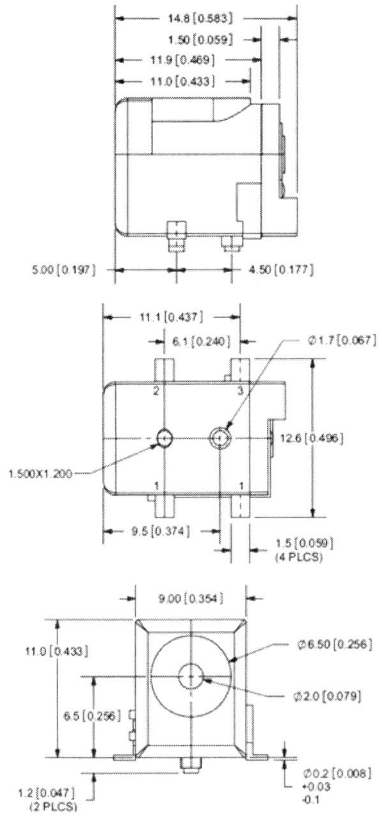

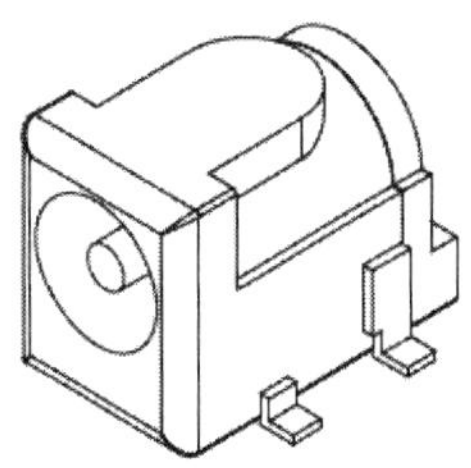

Schematic

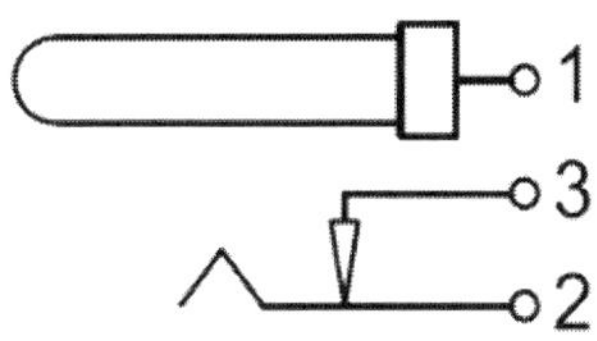

PCB LAYOUT (TOP VIEW)
Unit : mm (Inch)

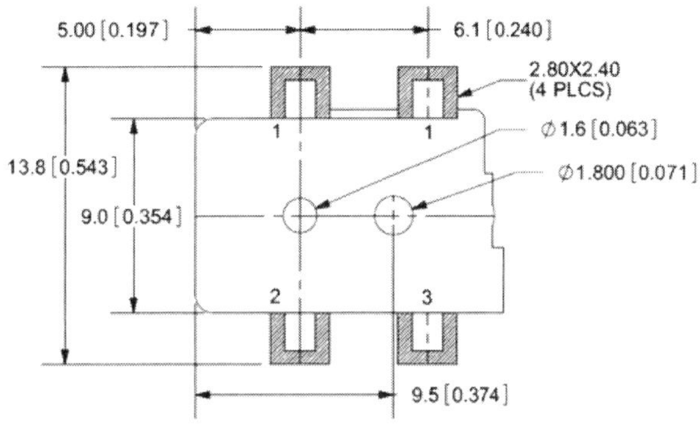

■ **Heatsink (TO220용)**

Part Name : **HeatSink**, Footprint Name : **HEATSINK_TO220**

PCB LAYOUT (TOP VIEW)
Unit : mm

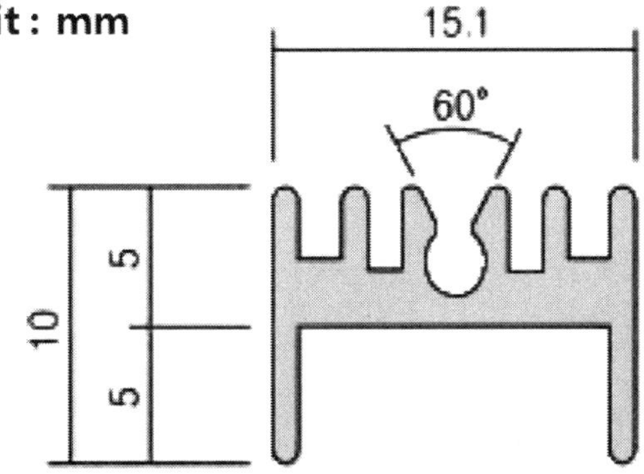

◆ **1_MAIN / 2_CONNECT**

■ **FT232R**

Part Name : **RT232R/SSOP**, Footprint Name : **SSOP28_FT232**

Package Dimensions
Unit : mm

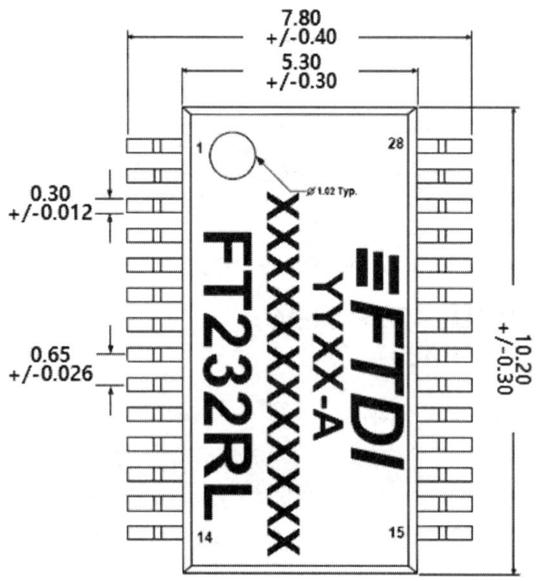

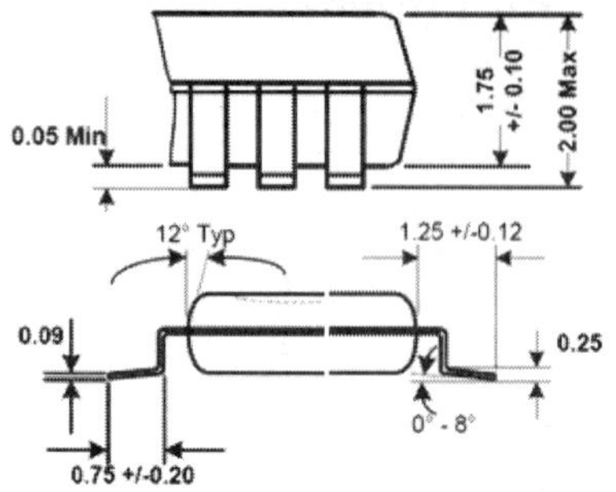

Recommended Soldering Pattern
(Units : mm)

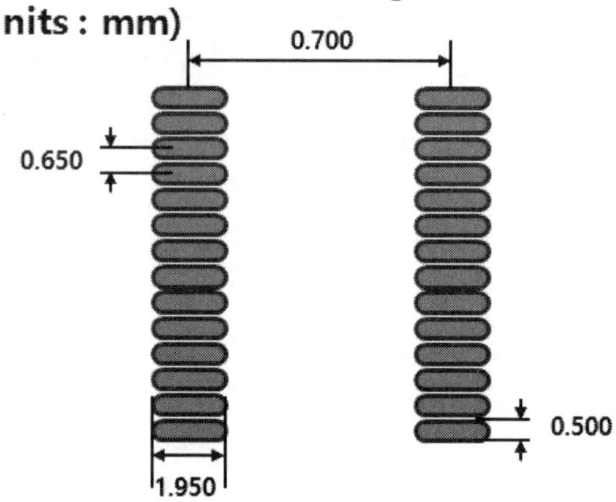

■ **5Pins Mini USB Connector**

Part Name : **CON_USB**, Footprint Name : **USB_MINI_SMT_AB**

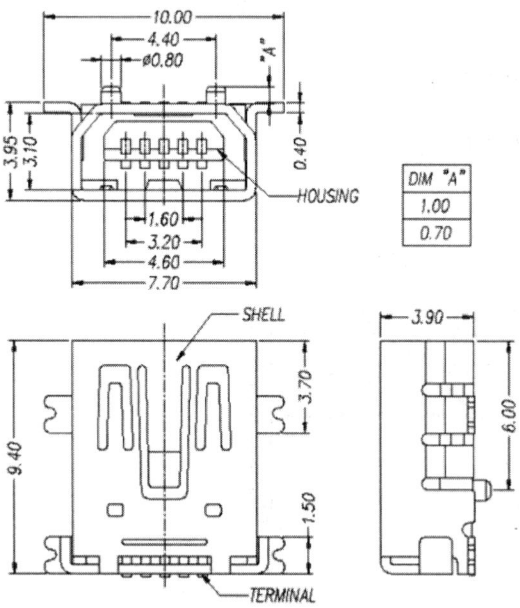

PCB LAYOUT (TOP VIEW)
Unit : mm

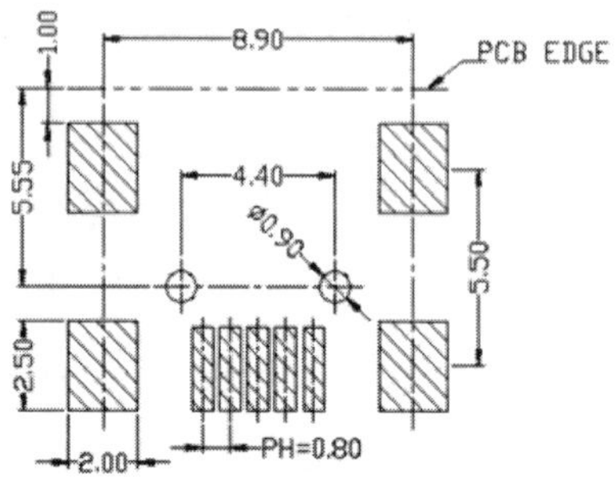

PCB LAYOUT

■ 2.54mm BOX HEADER CONNECTOR STRAIGHTr

Part Name : **CON10AP**, Footprint Name : **BHS-01-10P**

Package Dimensions
Unit : mm

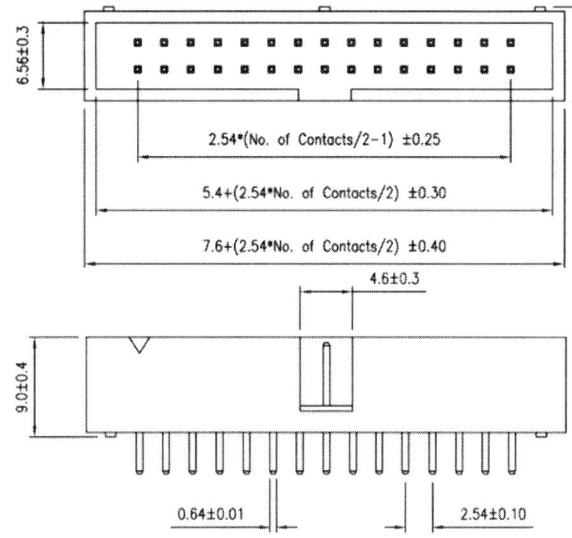

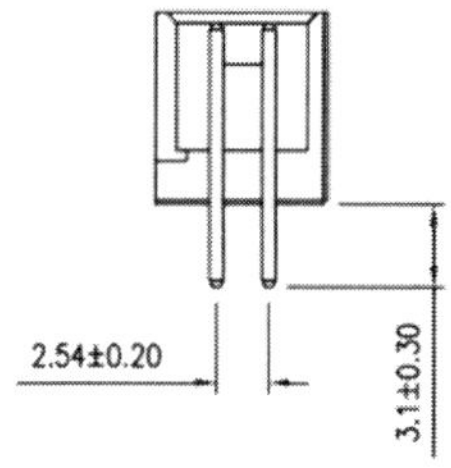

Recommended P.C. Board Hole Layout (Unit : mm)

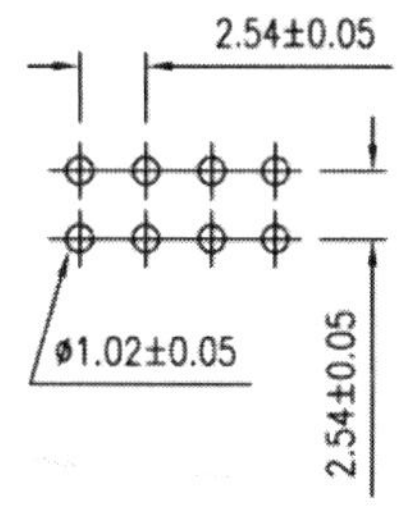

◆ 2_LED_MODULE / MODULE

■ CD74HC595

Part Name : **CD74HC595/SOIC**, Footprint Name : **SOIC16**

Schematic

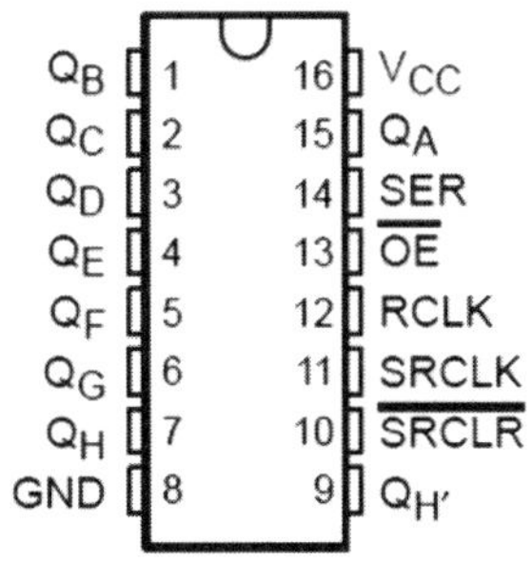

Example Board Layout
Unit : mm

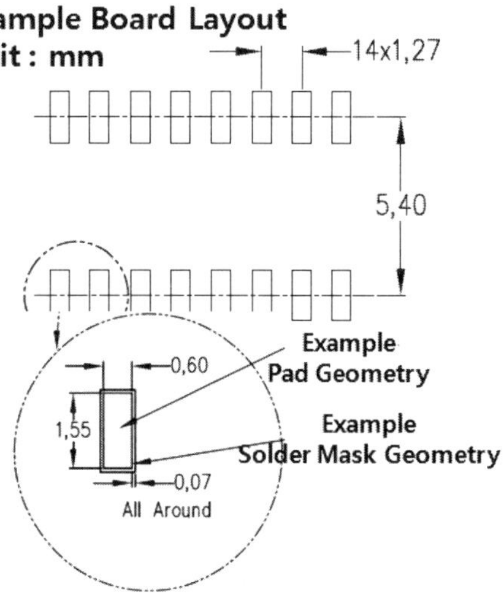

Package Dimensions
Unit : Inch (mm)

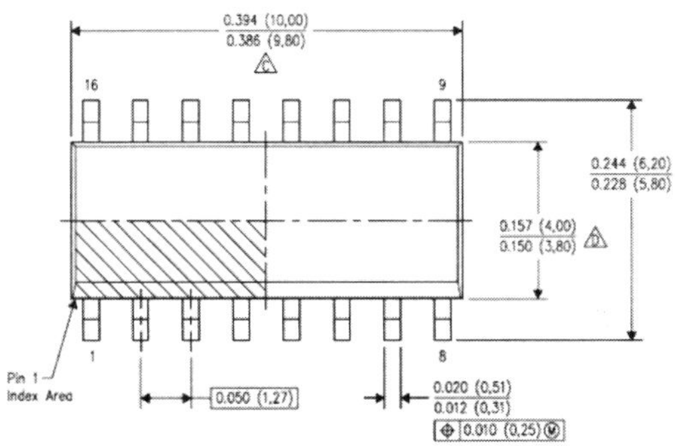

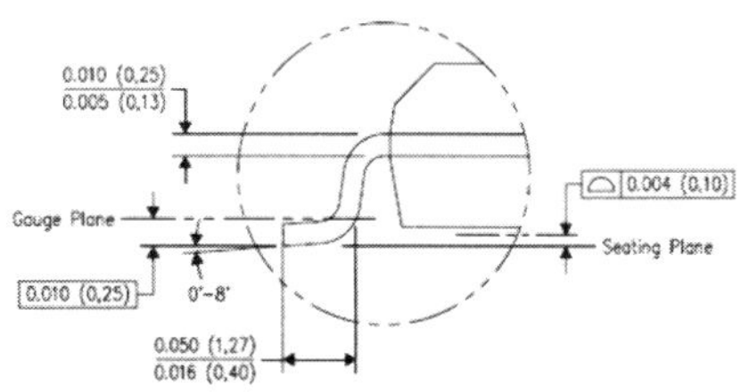

부록 D OrCAD Additional Products

OrCAD EDM는?

OrCAD® Engineering Data Management (EDM)은 종합적인 WIP (Work In Process)에서 OrCAD PCB의 설계 솔루션를 위해 데이터 관리 환경을 제공한다. OrCAD 환경에 완전히 통합되어진 OrCAD EDM은 엔지니어링 디자인팀의 효율적인 설계 데이터관리로 Time-to-Market에 효율적으로 대응할 수 있다. OrCAD EDM은 다중 사용자, 사용 지역 그리고 사용 분야(부서)를 고려하여 파일 관리와 관련된 여러 문제를 제거하는 솔루션을 지원한다.

OrCAD Engineering Data Management 다운로드

제품 특징

통합 관리

OrCAD 툴에서 조직별, 프로젝트 별로 설계된 데이터를 통합 관리가 가능 하며, PCB CAD를 고려한 설계데이터 관리를 지원

PCB CAD 관리

OrCAD EDM은 디자인이 진행됨에 따라 모든 과정을 동기화하고 PCB 설계 과정에서 생성되는 파일들의 기능적 요소를 구별하여 관리

PCB WIP 데이터 메니저

PCB 프로젝트와 함께 회로도, PCB, BOM, Gerber, 규격서 등을 포함하여 관련된 모든 파일을 관리한다.

효과적인 IP 관리

모든 권한 관리는 조직(부서)과 협력하여 작업하는 파트너의 중요한 IP정보를 보호하고 보장하는 설정을 지원

실시간 대시보드

EDM 대시보드를 통해 모든 프로젝트의 보기(View) 및 진행 상황을 확인할 수 있으며, OrCAD 툴에서 또는 웹 브라우저를 통해 접속이 가능

작업 이력 관리

모든 수정 및 업데이트는 자동으로 기록되며, 기록된 데이터를 통해 이전 버전으로 롤백 또는 작업 데이터간 변경 사항에 대한 비교

핵심 기능

OrCAD EDM 2.0
Checking Designs In & Out

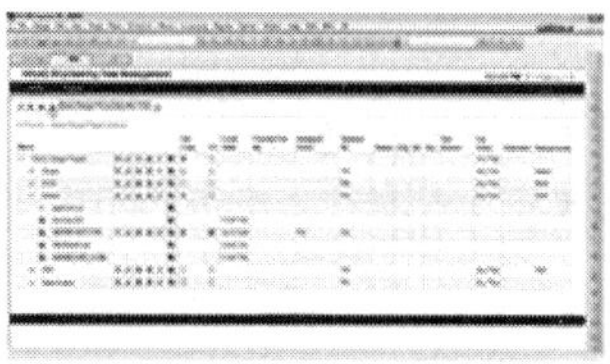

File Management
OrCAD EDM Short Demo

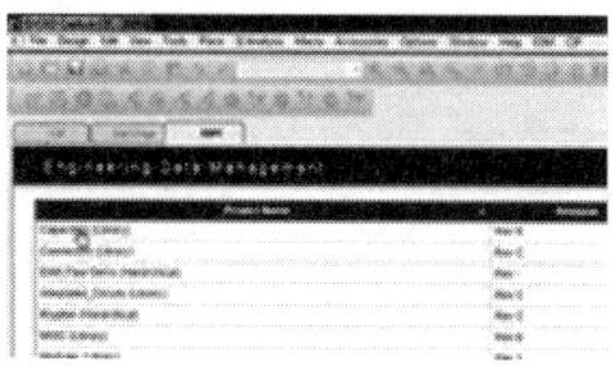

Library Management
OrCAD EDM Short Demo

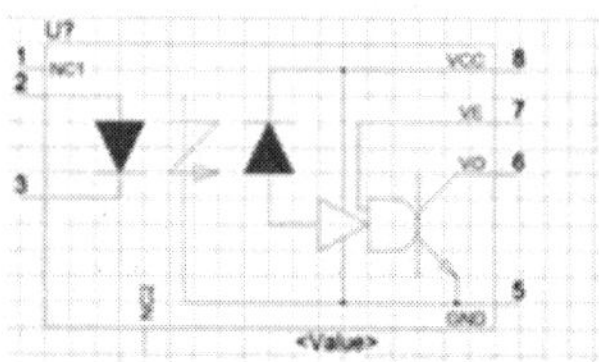

OrCAD Component Information Portal (CIP)
통합된 부품데이터 관리 및 부품 검색

OrCAD CIP는?

OrCAD® Component Information Portal™ (CIP)는 OrCAD CIS 데이터베이스 관리와 온라인 부품검색 환경을 포괄적으로 제공한다. OrCAD CaptureCIS와 함께 효율적인 부품관리 프로세스와 공유된 부품 데이터베이스의 극대화된 효과로 디자인팀은 빠르고 경제적인 비용의 포털(Portal) 사용이 가능하다.

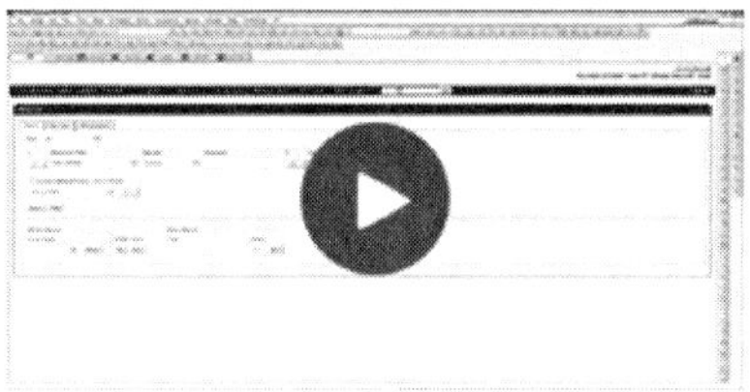

OrCAD CIP Datasheet 다운로드
Fundamentals of Component Data Management White Paper 다운로드

제품 특징

부품 데이터 관리

CIS 데이터베이스에서 부품/파라메터 정보를 직접 추가하거나 유지할 수 있는 직관적인 인터페이스를 제공

시작 라이브러리 및 데이터베이스 스키마 지원

미리 구성된 분류(Schema)와 5,000개 이상의 스타터 라이브러가 포함된 스타터 데이터베이스를 이용하여 쉽고 빠르게 시작 가능

DB 사용자 관리

데이터 무결성을 보장하고 사용자가 필요로 하는 정보에만 접속할 수 있도록 사용자의 정확한 접속 권한을 지정

유통사 자료 통합

OrCAD Capture CIS내에서 수 천개 공급사가 제공하는 수 만개의 부품 파라메타 데이터에 즉시 접속할 수 있음

새로운 부품 임시 지원

새로운 부품이 승인되고 도입되어지는 동안 디자인 작업을 진행할 수 있도록 임시부품생성을 지원

완벽한 부품 정보

부품 파라메터 데이터(Part Number, Value, Price, Qty on hand, RoHS status 등)를 자동으로 에러없이 다운로드 가능

핵심 기능

Build Rules
Description & Part Type Field

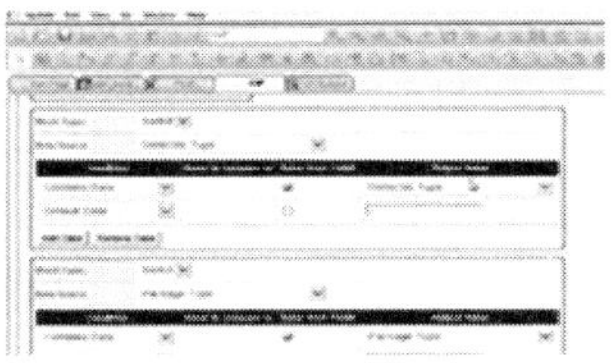

Multisource Support
Manufacturer Management

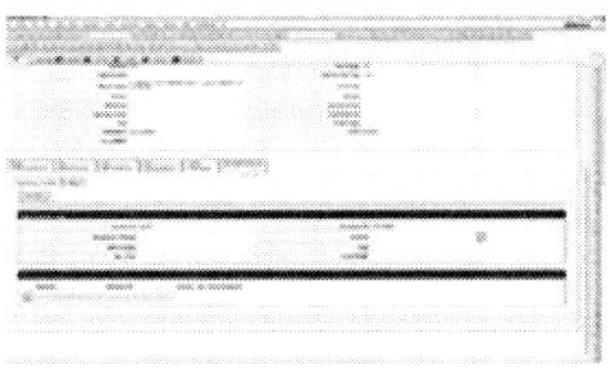

OrCAD CIP Importer
Enhanced Data Import

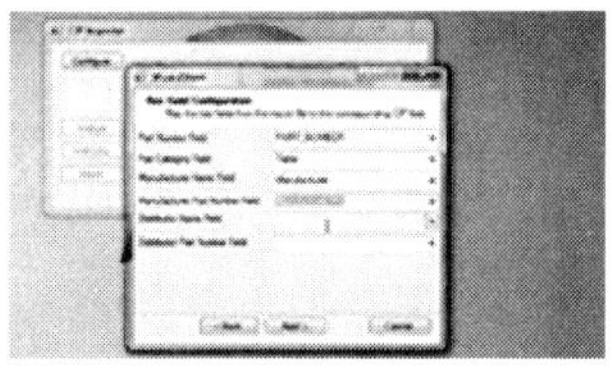

OrCAD Documentation Editor 는?

OrCAD® Documentation Editor는 PCB 자동화 문서 작성 툴로써, 기존의 방법보다고 더 빠르고 편리한 PCB 문서 작성이 가능하다. 친근한 UI 스타일과 사용자가 모델을 생성하여 PCB의 제조 및 조립 기반의 제조 도면을 생성 할 수 있다.

OrCAD Documentation Editor Datasheet 다운로드

제품 특징

제한없는 PCB 뷰어

설계한 PCB 데이터를 포함한 문서로 PCB 설계 툴과는 독립적으로 데이터를 가지며, 바로 PCB정보를 확인 가능

도면 작성

드래그 엔 드로잉 방식으로 툴파렛트 메뉴에서 요소를 작업화면에 배치함으로써 쉬운 도면 작성을 제공

제조 및 조립 도면

제조 및 조립 패널 뷰(view) 구성을 지원하며, 드로잉 마법사로 레이어 정보, 모따기, V-Cut 등을 제조에 필요한 정보를 문서로 작성 가능

기구 요소 부품 지원

기구 요소 부품을 정의하여 추후에 작업 시 반복적으로 재 사용 가능

PCB 데이터 기반의 문서

PCB Editor에서 설계한 데이터를 가져와 문서 작성 데이터로 활용

ECOs

CAD 데이터가 변경 시 기존의 문서 정보를 바탕으로 빠르고 완벽한 ECO 기능을 제공

핵심 기능

What's New
New features / capabilities

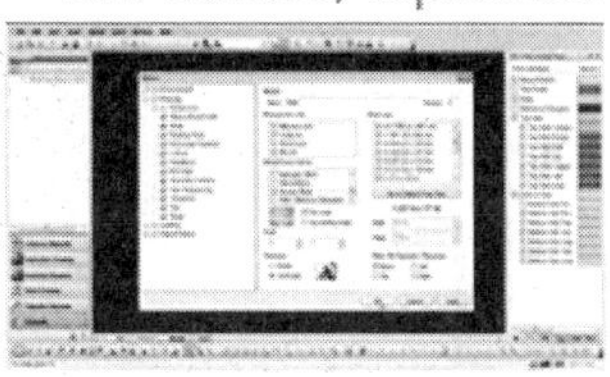

Revision Control
The "sign-off" process

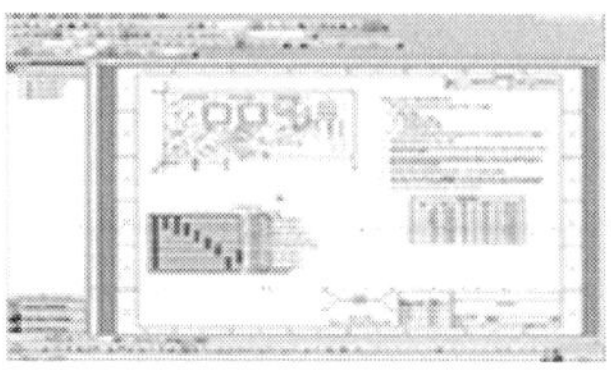

Output Options
Four output options

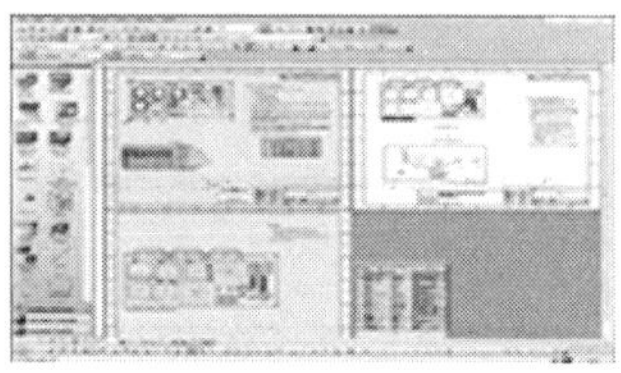

OrCAD Panel Editor는?

OrCAD® Panel Editor는 지능적으로 패널의 정의 및 문서화 프로세서를 이용하는 PCB 어셈블리 패널을 위한 디자인툴이다. 기존의 방식에 비해 짧은 시간에 PCB 어셈블리 패널을 생성할 수 있으며, PCB Editor에서 설계한 데이터를 바탕으로 직관적인 아이콘 스타일과 사용자 설정 모델로 제조 및 조립 중심의 빠른 패널과 도면을 만들 수 있다.

OrCAD Panel Editor Datasheet 다운로드

제품 특징

자동 배열 생성

OrCAD PCB 설계 데이터를 이용하여 단계별 마법사로 패널 (배열) 도면을 작성하며, 기존 작성한 패널데이터를 활용하여 동일한 설정을 적용

도면 작성 간소화

각 레이어데이터, 드릴 정보, 패널 정보, 노트 블록 등 다양한 정보를 드레그엔드롭 기능을 이용하여 빠른 작성을 지원

패널 좌표 인식

PCB를 배열 시 드릴의 좌표 및 기호, 드릴 사이즈, 수량 등의 위치가 자동으로 정의

PCB 데이터 기반의 문서

PCB Editor에서 설계한 데이터를 가져와 문서 작성 데이터로 활용

ECO

CAD 데이터가 변경 시 기존의 문서 정보를 바탕으로 빠르고 완벽한 ECO 기능을 제공

패넬 드로잉 마법사

패널 드로잉 마법사를 이용하여 기존의 PCB와 NC 드릴 데이터를 사용하여 자동으로 패널 내의 모든 정보에 적용

핵심 기능

OrCAD Panel Edtior
Feature overview

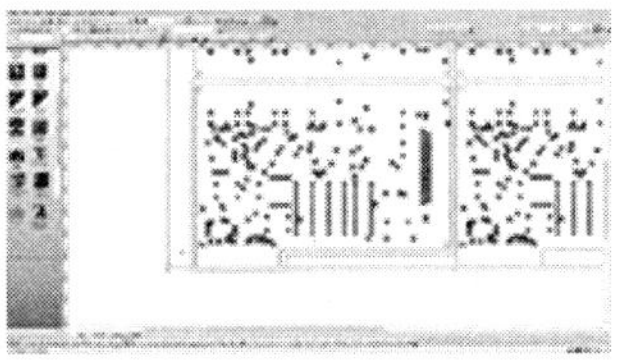

OrCAD Panel Editor
Add mill tab and drill chart

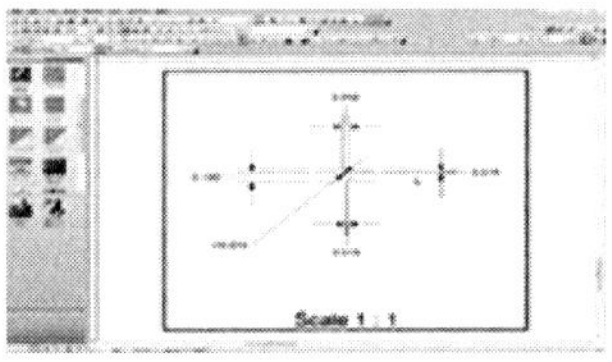

OrCAD Panel Editor
How to create panel drawing

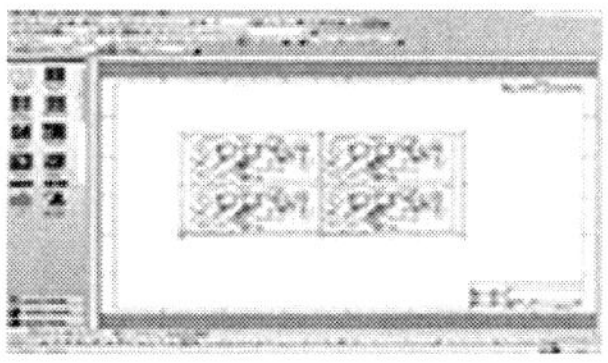

OrCAD DFM Checker 는?

OrCAD® DFM Checker는 PCB의 부품 실장 시 악영향을 미칠수있는 부분에 대하여 설계 규칙을 바탕으로 포괄적이고 사용하기 쉬운 PCB 제조 분석 기술을 제공한다. PCB 설계 시 표준 설계 규칙 검증을 통과한 제품이어도 낮은 제조/조립 수율, 또는 비용이 많이 드는 스크랩을 초래할 수 있는 중요한 문제를 포함 할 수 있다. DFM Checker는 제조 시 잠재적으로 문제될 부분을 미리 인지하여 제품 생산/출시 시간 지연을 방지할 수 있다.

OrCAD DFM Checker Datasheet 다운로드
White Paper - Understanding DFM and Its Role in PCB Layout 다운로드

제품 특징

제조 최적화

낮은 제조/조립 수율이나 비용이 많이 드는 스크랩을 초래할 가능성이 있는 잠재적 문제를 확인

PCB Editor와 통합

PCB Editor와 크로스 프로브 및 DRC 마커의 공유로 시각적으로 DFM 분석 제공

DFM 규칙 재사용

DFM 규칙을 정의, 저장, 그리고 재사용을 제공함으로써 동일한 순서 및 규칙으로 검사 가능

종합 분석

복잡한 PCB도 쉬운 사용 방법과 강력한 검사로 제조에 대한 해석 제공

오류 차트

DFM 해석 결과를 차트 형식으로 제공함으로써 빠르게 오류를 확인할 수 있음

카테고리별 분석

DFM 검사를 유형별로 하위 카테고리를 통해 규칙을 생성 및 결과를 확인 가능

핵심 기능

OrCAD DFM Checker Overview

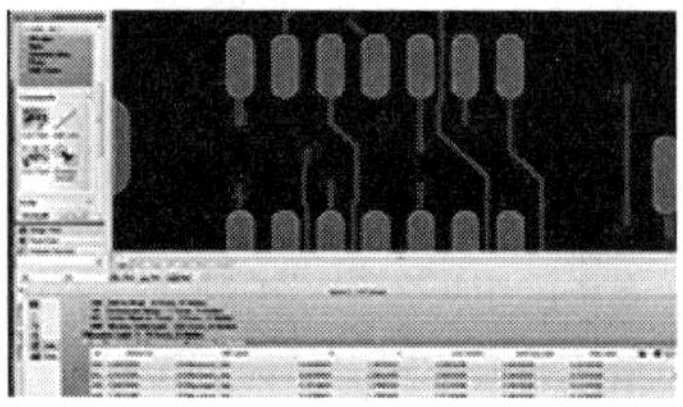

DFM Level	DFM Capability	OrCAD DFM	Allegro MFG
Basic	acid traps, copper slivers, mask slivers, solder bridging, antennas, pin holes, thermal relief errors and other basic checks.	✓	✓
Advanced	include plated or unplated holes, copper, blind and buried vias, back drills, more mask analysis, and a multitude of additional advanced analysis on intelligent design data.		✓
Design Analyzer	used to correlate PCB features such as trace width/spacing, number of layers, board size, and drill/via technologies to the capabilities of your preferred PCB fabricator		✓
Area Rules	Adherence to area based rules		✓

OrCAD Library Builder

Symbol and PCB footprint 자동 생성

OrCAD Library Builder는?

OrCAD® Library Builder는 부품 생성을 위한 자동화 기능을 제공한다. 한층 진보된 PDF 데이터시트 추출 기능은 일반적인 수동 생성시 발생하기 쉬운 오류를 제거하고 짧은 시간에 정확한 부품 라이브러리 Schematic Symbol과 PCB Footprint/ Land pattern 생성을 지원한다.

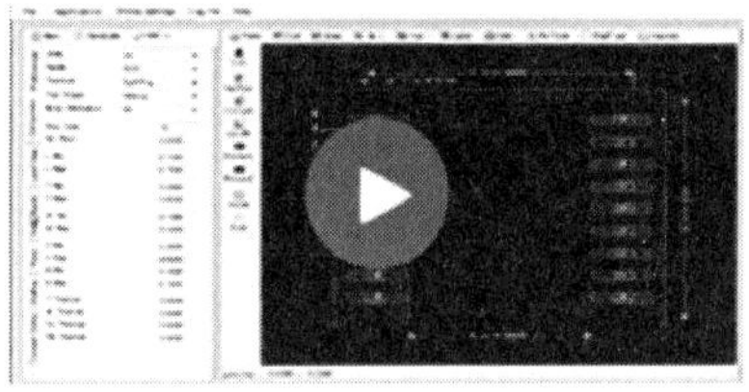

OrCAD Library Builder 다운로드

제품 특징

규칙에 맞춘 설계

자동 오류 수정 기능과 에러 체크 유틸리티의 완벽한 설정을 제공하여 처음 생성시 한번에 보증된 규격의 우수한 라이브러리를 생성

Symbol 생성

데이터시트에서 규격과 포멧을 추출하여 한번에 에러없이 심벌을 하고 최적화된 OrCAD Capture Part로 저장

IPC-7351 포맷

제조사의 데이터시트 또는 고객의 요구사항으로 정의된 항목으로부터 직접 값을 적용하여 IPC-7351 사양을 만족하는 footprint를 자동으로 생성

Symbol/Footprint 검사

Symbol과 Footprint의 매칭을 검증하기 위해 Cross probe를 지원하는 단일 화면에서 Symbol과 Footprint 뷰어를 통해 쉽게 검증

3D-모델 생성

3D 시각화를 위한 정밀한 기계적 모델을지원하며, Footprint 데이터로부터 자동으로 STEP모델을 생성

작성 능률 향상

PDF 데이터추출, Footprint 생성, 신뢰성 있는 output까지 하나로 통합된 환경을 제공함으로써 빠른 작업 지원

핵심 기능

OrCAD Library Builder
Fast Part Creation Demonstration

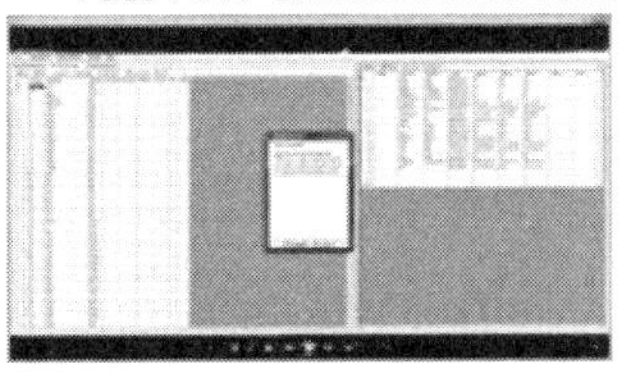

Footprint Builder
Footprint Creation

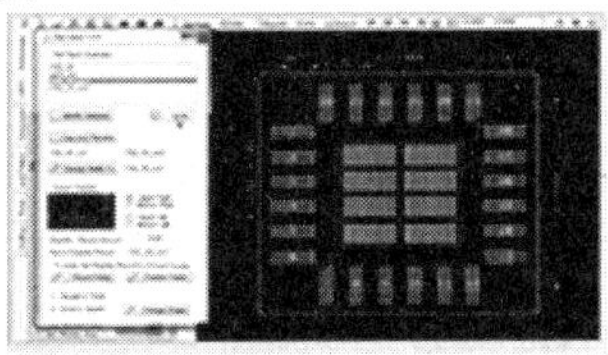

Front to Back
Highlight Demo

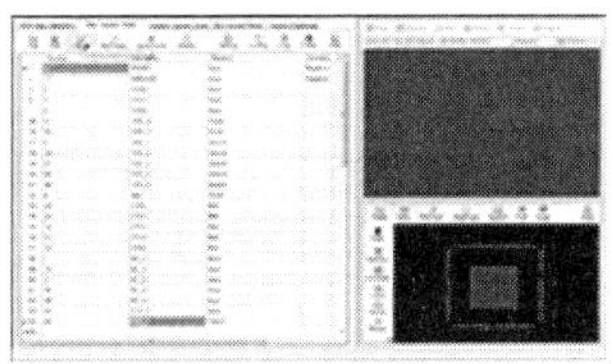

Cadence OrCAD 16.0 버전 이후부터 PCB Artwork 툴이 OrCAD® Layout®에서 최신의 고밀도 고성능 환경을 제공하는 OrCAD® PCB Design Suites로 업그레이드되어 제공됩니다.

OrCAD® PCB Design Suites의 PCB Artwork 툴인 PCB Editor는 Cadence® Allegro® 전문 툴을 기반으로한 High Speed PCB 설계를 위한 최적의 환경을 제공합니다.

최신 기술을 바탕으로 Complex, Multilayer, High-Speed, High-Density의 PCB 디자인을 제작하고 수정하는 작업에 Interactive 및 Constraint-Driven 환경을 제공합니다.

사용자들로 하여금 디자인 공정의 어느 단계에서든 민감한 High-Speed Signal을 정의, 관리 및 검증할 수 있도록 하며, 이를 통해 최신의 PCB 디자인 이슈를 습득하실 수 있습니다.

〈 Cadence® OrCAD® PCB Design Suites 〉

•OrCAD® PCB Designer Standard

OrCAD Capture / PCB Editor Basics

•OrCAD® PCB Designer Professional

OrCAD Capture / PCB Editor / SPECCTRA for OrCAD / Signal Explorer

•OrCAD® PCB Designer Professional with PSpice®

OrCAD Capture / PCB Editor / SPECCTRA for OrCAD / PSpice A/D / Signal Explorer

저자와의
협의에 의해
인지 생략

Cadence™ V17.2
OrCAD® Allegro® PCB Designer

1판 3쇄 2017년 2월 10일

저 자 김우성
발행인 송광헌
발행처 복두출판사
주 소 서울특별시 영등포구 경인로82길 3-4
센터플러스 807호 (우) 07371
전 화 02-2164-2580~1
FAX 02-2164-2584
등 록 1993. 11. 22. 제 10-902 호

정가 : 25,000원
ISBN : 979-11-5906-144-8 93560

한국과학기술출판협회 회원사